Vibration Fault Diagnosis and Dynamic Balancing Technique for
Large Turbogenerator Set

大型发电机组
振动故障诊断及动平衡技术

刘 石 编著

中国电力出版社
CHINA ELECTRIC POWER PRESS

内 容 提 要

在总结转子质量不平衡、动刚度变化、动静碰磨、集电环小轴振动异常、转子热变形、叶片断裂、振动测试信号干扰、汽流扰动、瓦振波动、汽轮机低压缸结构振动、发电机转子匝间短路、发电机定子绕组端部振动等各种振动故障机理、故障特征的基础上，介绍了各种振动故障的识别方法和处理策略。针对以上故障类型，重点介绍了机组典型复杂振动故障的诊断分析和处理过程，力求使读者更容易理解和掌握机组振动理论和处理方法。本书内容紧密贴近生产实际，具有较高的应用价值。

本书可供振动故障诊断行业技术人员使用，也可作为机组运行、调试技术人员以及高等院校相关专业师生参考用书。

图书在版编目（CIP）数据

大型发电机组振动故障诊断及动平衡技术/刘石编著. —北京：中国电力出版社，2021.12
ISBN 978-7-5198-5879-7

Ⅰ.①大… Ⅱ.①刘… Ⅲ.①发电机－机组－机械振动－故障诊断②发电机－机组－动平衡－研究 Ⅳ.①TM77

中国版本图书馆 CIP 数据核字（2021）第 162422 号

出版发行：中国电力出版社
地　　址：北京市东城区北京站西街 19 号（邮政编码 100005）
网　　址：http://www.cepp.sgcc.com.cn
责任编辑：赵鸣志（010-63412385）　柳　璐
责任校对：黄　蓓　常燕昆
装帧设计：赵姗姗
责任印制：吴　迪

印　　刷：三河市万龙印装有限公司
版　　次：2021 年 12 月第一版
印　　次：2021 年 12 月北京第一次印刷
开　　本：787 毫米×1092 毫米　16 开本
印　　张：22.5
字　　数：514 千字
印　　数：0001—1000 册
定　　价：128.00 元

前 言

对于发电机组来说，振动故障是一个永恒的话题，微小的振动不可避免，但如果运行中机组振动超过允许标准或出现大的变化，会危及机组和电网的安全稳定运行，过大的振动甚至还可能造成灾难性的毁机事故。任何一种振动异常都预示着机组运行状态正在发生变化，比如轴系平衡状态改变（旋转部件脱落、转子热弯曲等）、动静摩擦、轴承座刚度恶化、汽流激振、匝间短路等都会表现出振动变化；而强烈振动又会导致机组部件松动、疲劳损伤甚至损坏，如动静碰磨故障导致的转子临时热变形又会进一步加剧摩擦能量的集聚，某1000MW机组低压缸动静碰磨导致剧烈振动后，检修发现低压缸导流环螺栓多处断裂；某600MW发电机定子绕组端部振动，导致水电接头断裂，一年内造成两次定子接地保护动作，满负荷跳机对电网也造成巨大冲击。

随着我国装备制造业水平的不断提高，国产引进型超临界、超超临界600MW、1000MW机组以及F级燃机在近十多年大量投运，已成为发电行业的主力机型。新投产的大容量机组在振动故障特征上，相对于过去的125、200、300MW机组又有新的特点，且大容量机组发生振动故障的危害更大，造成停运检修的经济损失更为显著。与此同时，随着我国向全世界庄严承诺2030年碳达峰、2060年碳中和，构建以新能源为主体的新型电力系统，对传统火电机组的灵活性和安全性也提出了更高要求。特别是这些故障诊断技术还能用于压缩空气储能、飞轮储能、风力发电、波浪能发电等新能源形式。因此，当发电机组发生较大振动时，如何诊断振动故障、探明振动原因并及时进行减振处理，一直是发电企业关注和科技人员研究的热点问题。新能源的发展也将对技术人员提出更高的要求，迫切需要更多的专业技术人员掌握发电机组振动故障诊断和处理技术。

我的本科和硕士毕业于武汉水利电力大学热能动力工程专业，1994年在河南电力工业学校担任汽轮机原理教师，1999年在河南电力试验研究所开始从事汽轮发电机组的故障诊断工作。为了系统学习机械故障诊断知识，2002年到西安交通大学跟随屈梁生院士攻读博士学位，重点开展基于全息谱技术的柔性转子动平衡新方法的研究。2006年到广东电网电力科学研究院工作后，主要从事火电机组的故障诊断与动平衡工作。非常幸运的是博士毕业后正赶上国内火电机组的大发展，建设了一大批600MW、1000MW汽轮机发电机组和F级燃气-蒸汽联合循环机组，作者将博士期间学习的信息融合、全息诊断及动平衡技术与现场实际问题紧密结合，成功处理了包括广东省内首台F级燃气轮发电机匝间短路故障、600MW发电机动刚度恶化、600MW汽轮机低压缸转子叶片断裂、1000MW发电机端部振动超标、1000MW汽轮机汽流激振等故障。本书第1章对发电机组的振动及测试技术做了简要介绍；第2章、第3章是作者基于博士论文对以信息融合为基础的全息诊断与动平衡技术的理论分析与总结；第 4 章典型振动故障特征与诊断、第 5 章振动故障诊断案例、第 6 章大型发电机组现场动平衡均是作者对处理过的复杂振动故障的总结、凝练，部分方法除采用全息诊断技术外，也参考了同行们研究成果；第 7 章对核电及燃气轮机的典型故障进行了讨论。书中列举的振动分析和处理实例，绝大部分是从作者负责或参与处理过的振动故障案例中挑选出来的，还有少部分是从国内外公开发表的文献中选取的。这些故障分析和处理实例验证了书中阐述的振动故障诊断和治理技术。

本书的出版得到了国家重点研发计划 2017YFB0903604 的资助，在本书的撰写过程中，感谢西安交通大学机械学院诊断所老师和同学们的协助，感谢南网科技公司、广东电科院故障诊断团队冯永新、王飞、邓小文、肖小清、高庆水、张楚、杨毅、杜胜磊、李力等同事的大力支持，很多经典案例都是故障诊断团队和电厂技术人员共同研究和实施的结果，特别感谢在统稿过程中杨毅、黄正、区文俊、郭欣然、韩丹的辛勤付出。

希望本书的出版能够为从事发电机组故障诊断与处理工作的技术人员提供有益的参考。由于作者水平有限，本书难免存在不足之处，希望读者批评指正。

刘石
2021 年 4 月于广州

目 录

概　　述

1.1　发电机组主要振动故障

对于发电机组来说，振动可作为监测设备状态正常与否的体温计，微小的振动不可避免，但如果运行中机组振动超过允许标准、在原有基础上突变或出现大的变化等异常情况，就有可能威胁到机组安全稳定运行。任何一种振动异常都预示着机组运行状态正在发生变化，比如轴系平衡状态改变（旋转部件脱落、转子热弯曲等）、动静摩擦、轴承座刚度恶化、汽流激振等都会表现出振动变化；而强烈振动又会导致机组其他零部件松动甚至损坏，加剧结构疲劳损伤，形成恶性循环，加剧设备损坏程度甚至造成人身伤害，需要准确诊断和快速处理。

随着我国装备制造业水平的不断提高，汽轮发电机组不断向大容量、高参数、高效率方向发展，国产引进型 600MW、1000MW 机组以及 F 级燃机在近十年大量投运，已成为发电行业的主力机型（见图 1-1）。新投产的大容量机组在振动故障特征上，相对于过去的 125MW、200MW、300MW 机组又有新的特点，且大容量机组发生振动故障的危害更大、造成停运检修的经济损失更为显著。因此，先进的状态监测和准确的故障诊断技术仍然是众多科技人员研究的热点，这也是大容量机组发展对技术人员提出的更高要求。

图 1-1　大型汽轮发电机组

振动故障的分类有多种不同的方法，按振动原因通常将振动故障分为强迫振动、自激振动两大类。

强迫振动是指系统在周期性激振力持续作用下所发生的振动，系统的强迫振动达到稳定状态时，其振动的频率一般情况下与激振力频率相同。这种强迫振动对于运行中的发电机组是不可避免的，如轴系上总会存在轻微的不平衡，在不平衡离心力的激励下，轴系会产生振动，如果出现较大旋转部件脱落等故障导致轴系出现大的不平衡，将可能导致振动幅值超标成为振动故障。强迫振动的幅值大小与激振力的大小成正比，与系统的动态刚度成反比，一旦出现振动异常，必然是系统的激振力或动态刚度发生了改变，在故障诊断和处理时均需要同时加以考虑。当激振力的频率等于系统某一固有振动频率时，系统振动的振幅达到极值，产生共振现象，此时可以理解为在共振时系统的动态刚度最小，机组在启动升速过程通过轴系的某一阶临界转速时振幅变大就是由于这一原因，需要测试出各临界转速区，升速暖机过程应避免在该区域长时间停留。汽轮发电机组常见强迫振动故障原因包括轴系不平衡、对中不良、共振、轴承刚度恶化等。

自激振动又称为负阻尼振动，即振动本身运动所产生的阻尼力非但不能阻止运动反而将进一步加剧这种运动。这种振动完全依靠系统本身运动不断地向振动系统内馈送能量来激励振动，一个重要特征是转子的振动频率与转速不符，而与其临界转速基本一致。汽轮发电机组常见的自激振动故障主要有轴瓦自激振动和汽流激振两种。近年来，多台600MW、1000MW机组在调试过程中发生自激振动故障，该故障突发性强，短时间内振动低频分量突增，特别是部分机组在高负荷下发生自激振动，导致机组振动保护动作，瞬时甩掉几十万负荷，对机组设备本身和电网稳定都造成极大损害。

1.2 常用振动测试技术及分析

1.2.1 振动现场测试技术

振动现场测试是确保机组安全运行的一项重要工作内容。大型发电机组通常都安装有汽轮机安全监测系统（turbine supervisory instrumentation，TSI）对机组振动等参数进行监测，《防止电力生产事故的二十五项重点要求》（国能安全〔2014〕161号，简称《二十五项反措》）中要求，为防止汽轮机轴系断裂及损坏事故，已有振动监测保护装置的机组，振动超限跳闸保护应投入运行。为分析振动原因，振动工程师也会在机组现场已配置的振动传感器基础上，在测试过程增加振动临时监测点来获取更多的诊断信息。

常规振动测试和评价是按照 GB/T 6075《机械振动　在非旋转部件上测量和评价机器的机械振动》（等同采用 ISO 10816）和 GB/T 11348《机械振动　在旋转轴上测量评价机器的振动》（等同采用 ISO 10816）两个系列标准进行的。

振动测量通常采用加速度、速度、位移三种方式，采用手持式振动仪（图 1-2）时可以看到测量有三挡，显示屏对应从上至下单位 m/s^2、mm/s、mm 分别对应测量振动加速度、速度（有效值）和位移峰-峰值三个挡位。在大型发电机组的现场实际测量中，通常采用两种方式，一种是采用速度传感器测量轴承座振动烈度或积分成轴承座振动位移，另一种是采用电涡流传感器测量转轴的径向振动位移。

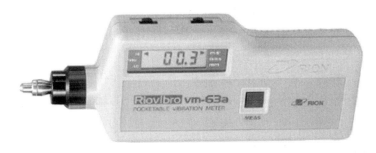

图 1-2　手持式振动仪

1. 轴承振动测试

轴承振动，又称为瓦振、盖振，通常是以支座轴承或端盖轴承的垂直、水平和轴向的最大振动量值为评定依据，国际标准组织（ISO）推荐振动烈度用机械设备上指定点处的振动速度的均方根值表示。

GB/T 6075.1《机械振动　在非旋转部件上测量评价机器的振动　第1部分：总则》建议，应该在轴承、轴承支座或者其他有明显动力响应并能表示机器整体振动特性的结构部件上进行测量，为确定每一测量位置上的振动特性，有必要在三个相互垂直的方向上进行测量，如图 1-3 所示。三个位置的全部测量一般仅是对验收测试的要求。对运行监测通常在一个或两个径向方向上测量（即在水平-横向和/或垂直方向上）。

GB/T 6075.2《机械振动　在非旋转部件上测量评价机器的振动　第2部分：功率 50MW 以上，额定转速 1500r/min、1800r/min、3000r/min、3600r/min 陆地安装的汽轮机和发电机》建议，连续运行监测通常不进行汽轮机和发电机径向承载主轴承的轴向振动测量。轴向振动测量主要在定期振动检查或者诊断时使用，标准仅规定在评价推力轴承轴向振动时，其振动烈度可以用径向振动相同的准则。没有轴向约束的其他轴承，对轴向振动的评价很少有严格的要求。

我国《电力工业技术管理法规》中规定，汽轮机在新安装投入运行时、大修前后及在正常运行（每月）中均应检查并记录汽轮机轴承在三个方向（垂直、横向、轴向）的振动情况。该

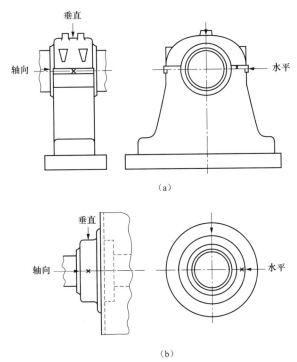

图 1-3　轴承盖和轴承座上典型测点和方向

（a）支座轴承测量点；（b）端盖轴承测量点

法规在我国电力行业长时间广泛应用，至今仍是汽轮发电机组轴承座振动评判的重要参考依据，该法规是以轴承振动位移峰-峰值为评价尺度。

轴承振动测量通常采用速度传感器，它是一种惯性传感器，利用磁电感应原理把振动速度信号变换成电压信号，该电压值正比于振动速度值。振动速度传感器主要由磁路系统、惯性质量、弹簧片等部分组成。如图 1-4 所示，在传感器壳体中刚性地固定有磁钢，并通过壳体安装在振动体上，与振动体一起振动；芯轴和线圈组成传感器的惯性质量，用弹簧片悬挂于壳体上。工作时，将传感器刚性安装在机器上，传感器壳体及磁钢随机器振动，此时线圈、弹簧片、阻尼环和芯杆的整体由于惯性而不随之振动，因此它们与壳体上的磁钢产生相对运动，切割磁力线，根据电磁感应定律，在线圈内产生感应电动势的大小为 $E = BLnv$，式中 B 为线圈所在磁钢间隙的磁感应强度，L 为每匝线圈的平均长度，n 为线圈匝数，v 为线圈相对于磁钢的运动速度，即系统惯性质量相对于传感器壳体的运动速度。对于传感器来说，BLn 是常量，在传感器工作频率范围内时，传感器输出电压（即感应电动势 E）是与相对运动速度 v 成正比。传感器与振动信号采集系统配合使用，即可显示测点的振动速度或积分后的位移值。

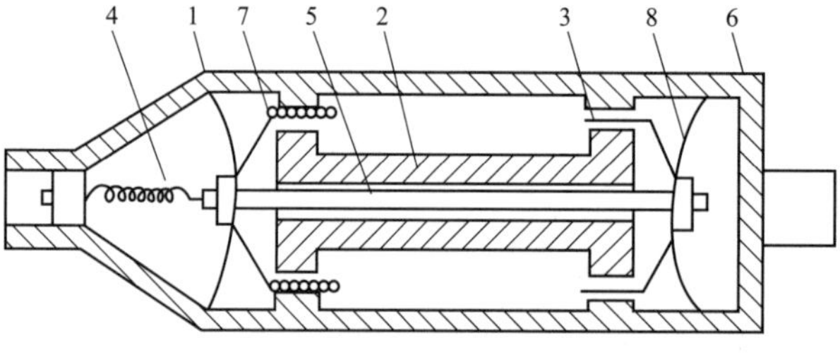

图 1-4　磁电式振动传感器结构原理

1—弹簧片；2—磁钢；3—阻尼环；4—引线；5—芯杆；6—壳体；7—线圈；8—弹簧片

振动烈度监测大多采用轴承振动速度的均方根值 $V_{\text{r.m.s}}$（或称有效值，r.m.s.表示均方根值（有效值）），GB/T 6075.1—2012 附录 A 列出了振动速度均方根值 $V_{\text{r.m.s}}$ 的表达式为

$$V_{\text{r.m.s}} = \sqrt{\frac{1}{T}\int_0^T v^2(t)\mathrm{d}t} \tag{1-1}$$

式中：$v(t)$ 是与时间有关的振动速度；T 为采样时间，它比组成 $v(t)$ 的任何主频率分量的周期长，通常为最长周期的整数倍。

如果轴承振动信号只含有单一频率 f 成分，振动位移 $s(t)$ 和振动速度 $v(t)$ 表达式分别为

$$s(t) = \frac{S_{\text{p-p}}}{2}\cos(\omega t - \gamma) = \frac{S_{\text{p-p}}}{2}\cos(2\pi f t - \gamma) \tag{1-2}$$

$$v(t) = \frac{\mathrm{d}s(t)}{\mathrm{d}t} = \frac{\omega S_{\text{p-p}}}{2}\cos\left[\omega t - \left(\gamma - \frac{\pi}{2}\right)\right] = V_{\text{p}}\cos\left[2\pi f t - \left(\gamma - \frac{\pi}{2}\right)\right] \tag{1-3}$$

式中：$S_{\text{p-p}}$ 为单一频率振动的位移幅值，采用峰-峰值表示，GB/T 6075.1—2012 推荐用 μm 为单位；ω 为该振动信号的单一角频率，即 $2\pi f$；γ 为该振动信号的相位角，该相位定义为振动信号采集的 0 点（当键相传感器对准键相槽或光标，产生触发脉冲信号时开始采集）导前于振动信号正峰值（高点）的角度；V_{p} 为单一频率振动的速度单峰值，等于

$\omega S_{\text{p-p}} / 2$，这也是一种振动速度幅值表示形式，GB/T 6075.1—2012 推荐用 mm/s 为单位。振动速度 $v(t)$ 积分可以获得振动位移 $s(t)$，二者波形如图 1-5 所示，图中可以看出振动速度导前于振动位移 $\pi / 2$，表示为式（1-2）和式（1-3）时，振动位移的相位比振动速度的相位大 $\pi / 2$。

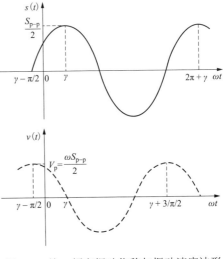

图 1-5　单一频率振动位移与振动速度波形

由此可以推导，用加速度 $a(t)$ 表示振动时，振动速度微分可获得振动加速度

$$a(t) = \frac{dv(t)}{dt} = \frac{\omega^2 S_{\text{p-p}}}{2} \sin\left[-\omega t + \left(\gamma - \frac{\pi}{2}\right)\right] \quad (1\text{-}4)$$
$$= A_{\text{p}} \cos[2\pi ft - (\gamma - \pi)]$$

其单峰幅值 $A_{\text{p}} = \omega V_{\text{p}} = \omega^2 S_{\text{p-p}} / 2$，振动加速度导前于振动速度 $\pi / 2$。后续论述中，统一用下角标 p-p 表示峰-峰值，p 表示单峰值，r.m.s.表示均方根值（有效值）。以速度为例，三者之间关系为

$$V_{\text{r.m.s}} = \sqrt{\frac{1}{T}\int_0^T v^2(t)dt} = \frac{\sqrt{2}}{2} V_{\text{p}} = \frac{\sqrt{2}}{4} V_{\text{p-p}} \tag{1-5}$$

如果已知单一频率 f 分量的振动速度均方根值 $V_{\text{r.m.s}}$，那么峰-峰位移为

$$S_{\text{p-p}} = \frac{450 V_{\text{r.m.s}}}{f} \tag{1-6}$$

式中：$S_{\text{p-p}}$ 为位移峰-峰值，μm；$V_{\text{r.m.s}}$ 为速度有效值，mm/s；f 为单一频率，Hz。

仅对单一频率振动分量进行振动加速度、速度或位移的变换，使用图 1-6 就能完成。很显然，如式（1-5）所示，三者之间的变换离不开频率 f 的影响。

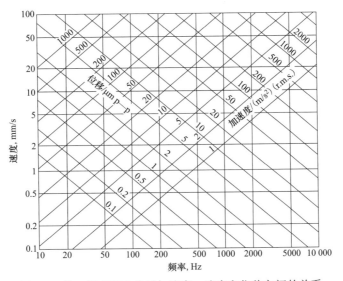

图 1-6　单一频率振动分量加速度、速度和位移之间的关系

通过振动位移和速度有效值之间的关系，技术人员仅通过手持振动仪就能得出很多有益的结论，例如，某机组的集电环处轴承垂直方向安装有某公司 9200 型速度传感器，集控室 TSI 显示该轴承振动位移峰-峰值达到 62μm，采用手持振动仪的位移档测量与 TSI 显示一致，采用振动速度档就地测量其有效值为 3.1mm/s，假定该振动频率单一，仅为工频分量 50Hz，由速度有效值 $V_{r.m.s}$ 按式（1-5）计算得到的位移峰-峰值为 27.9μm，远小于测量得到的位移峰-峰值，说明该振动故障频率并不是单一的工频分量，而是存在较大的低频分量；现场用手持仪测量轴承水平方向位移振动也只有 39.4μm，小于垂直方向振动，由此判断存在垂直方向动刚度不足的问题。考虑到该机组刚检修完成，未对发电机转子及集电环小轴进行处理，仅对该轴承进行了翻瓦检查并调整了标高，TSI 测量该瓦处轴振左、右 45°方向均在 90μm 以下，怀疑修后地脚螺栓没有恢复到原有紧力，检查轴承 4 个地脚螺栓处的振动，发现右侧励端螺栓处振动超过 40μm，没有紧力，紧固后振动恢复正常。

汽轮发电机组通常均采用滑动轴承，没有齿轮箱等传动部件，采用速度传感器即可满足监测和诊断要求。式（1-4）表明加速度幅值是位移幅值的 ω^2 倍，是速度幅值的 ω 倍，高频分量将在加速度信号中被显著放大。因此，为检测滚动轴承或齿轮箱的故障，需要采集、分析高频分量，通常采用加速度传感器比较适宜，就是这个道理。而上述地脚螺栓紧力不足的例子中，低频分量被位移信号显著地表现出来。

无论是采用位移、速度或加速度，要将振动波形准确表达出来，前面提到的振动幅值、振动频率、振动相位缺一不可，故称其为振动三要素。

2. 转轴振动测试

转子或转轴的振动，也称为转轴径向振动，通常简称为轴振，实际上是转轴在测量面的"涡动"，通常用位移峰-峰值表示幅值。

转轴在空间呈现复杂的运动状态，如图 1-7 所示，把转子简化为质量圆盘装在无质量的弹性转轴上，两端由轴承支承，转动后由于质量不平衡等原因转轴将弯曲变形，圆盘中心 O' 偏离转轴原始未弯曲变形时坐标中心 O 运动，转子旋转时一边围绕中心 O' 按角频率 ω 自转，同时圆盘中心 O' 又围绕 O 点公转，当仅由质量不平衡等原因引起时，公转的频率也是 ω。当转子系统各向同性时，O' 点公转形成的涡动轨迹为圆，通常在相互垂直的 X、Y 两个方向上测量的幅值不同，O' 点涡动轨迹为椭圆。

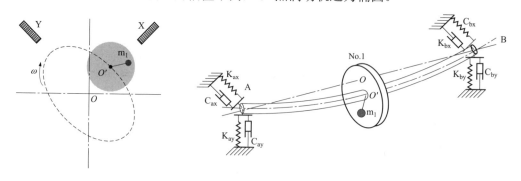

图 1-7　转子在空间的涡动轨迹

通常采用非接触式的电涡流传感器测量转子相对传感器固定位置的相对轴振。其原理是，当金属导体置于变化着的磁场中，导体内就会产生感应电流，这种电流像水中的漩涡那样，在导体内形成闭合回路，称为电涡流，这种现象也被称为涡流效应。电涡流传感器就是在涡流效应的基础上建立起来的，是发电机组常用的非接触式测量相对振动的传感器，如某公司的 3300 系列、PR642X 系列等，其核心部分就是一个激励线圈，测量原理如图 1-8 所示。

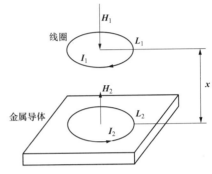

如果把电涡流传感器置于金属导体附近，给传感器激励线圈 L_1 通上高频电流 I_1（1～2MHz）时，在线圈 L_1 周围空间就产生了正弦交变高频磁场 H_1，该磁场作用于金属体，但由于趋肤效应，不能透过具有一定厚度的金属体，而仅作用于金属表面的薄层内。处于交变磁场中的金属导体就产生感应电涡流 I_2，I_2 也将产生交变磁场 H_2 并反作用于线圈上，根据楞次定理，H_2 的方向与 H_1 的方向相反，由于磁场 H_2 的反作用使激励线圈 L_1 的有效阻抗 Z 发生变化。

图 1-8　电涡流传感器测量原理

一般来讲，线圈的有效阻抗 Z 变化与金属导体的电阻率 ρ、导磁率 μ、线圈几何尺寸 r、激励电磁强度 H_1、激励电源频率 f 以及线圈到被测导体的距离 x 有关。线圈的阻抗可以用如下的函数式表示

$$Z = f(\rho,\ \mu,\ I_1,\ f,\ r,\ x)$$

如果改变上述参数中的一个参数，而其余参数恒定不变，则阻抗就成为这个变化参数的单值函数。

假定金属导体是均匀的，电阻率 ρ、导磁率 μ 为常数，传感器中的线圈几何尺寸 r、激励电流 I_1、激励电源频率 f 也为定值，于是线圈阻抗 Z 就成为距离 x 的单值函数。当只有距离变化时，阻抗的变化就可以反映激励线圈到被测金属导体间距离的变化，且两者之间的关系是线性的。

当电涡流传感器测量轴振动时，电涡流传感器的线圈和被测转子之间距离的变化，可以变换为线圈的等效电感、等效阻抗和品质因素三个电参数的变化，再配以相应的前置放大器，可进一步把这三个电参数变换成电压信号，即可实现对振动的测量。

GB/T 11348.1—1999《旋转机械转轴径向振动的测量和评定　第 1 部分：总则》规定了在旋转轴上测量评价机器振动的总体要求，优先选择的轴振动测量量是位移，测量单位是 μm，位移峰-峰值已经成为最常用的监测旋转机器振动的测量量。轴振测量又分为转轴相对和绝对振动测量，现场通常采用转轴相对振动测量，它是测量转轴相对于轴承座或机壳的振动位移，即传感器安装在轴承座、轴承箱上，通常一个轴承测量面布置左、右 45°两个电涡流传感器，如图 1-9 所示；由于运行中轴承座也在振动，要测量转轴相对于大地的绝对振动，需要把测量相对振动的非接触式传感器和测量支承振动的惯性传感器（速度计或加速度计）联用，由于增加惯性传感器且需要将两种传感器结果矢量合成，国内电厂较少采用。

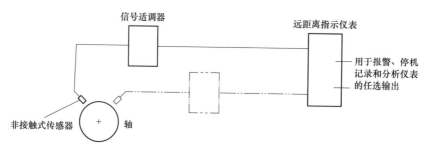

用于报警、停机
记录和分析仪表
的任选输出

信号适调器

远距离指示仪表

非接触式传感器   轴

图 1-9　使用非接触式传感器的相对运动测量系统

　　在转轴上所测的全部稳态振动信号在特征上是复杂的，并且由许多不同的频率分量组成。如前所述，无论采用何种方式测量振动，振动幅值、振动频率、振动相位缺一不可，通常采用通频振动幅值（包含了多个频率分量）来评价振动总体情况，在故障分析时，需要对每一频率分量的幅值和相位进行识别，并以矢量形式表示某一频率分量的幅值和相位，如在某方向上测量工频分量振动位移峰-峰值是 30μm、相位角 40°，测试记录为 30μm∠40°。

　　GB/T 11348.1—1999《旋转机械转轴径向振动的测量和评定　第 1 部分：总则》推荐采用振动位移峰-峰值评价转轴振动，假定轴的运动轨迹如图 1-10 所示，并且假定有两个测量转轴振动的传感器 A 和 B 相隔 90°安装，在某个瞬间轴中心在轨迹上的点 K，相应的离开轴平均位置的轴位移的瞬时值是 S_1，在传感器 A 和 B 的测量方向上离开轴平均位置的轴位移的瞬时值分别是 S_{A1} 和 S_{B1}，存在 $S_1^2 = S_{A1}^2 + S_{B1}^2$ 关系；当轴中心沿轴心轨迹运动时，值 S_1、S_{A1} 和 S_{B1} 将随时间而变化，如图 1-10 中传感器测出的相应波形所示。在传感器平面内传感器 A 测得的位移峰-峰值 $S_{A(p\text{-}p)}$，传感器 B 测得的位移峰-峰值 $S_{B(p\text{-}p)}$，一般情况下二者不相等，因此，位移峰-峰值与测量方向有关。

　　虽然在任何给定的两个正交方向上通过测量可以得到位移峰-峰值，但如图 1-10 所示，最大位移峰-峰值 $S_{(p\text{-}p)max}$ 和角度位置却难以直接求出，需要详细研究轴心轨迹后获得。对于汽轮机等旋转设备，为提高效率通常会尽量减小轴封间隙，在修后的启动过程中，常常出现虽然在两个相互垂直方向测量得到的位移峰-峰值没有超标，但有可能通过轴心轨迹获取的最大位移峰-峰值 $S_{(p\text{-}p)max}$ 已超过轴封最小间隙，导致碰磨故障的发生。因此，作为故障诊断技术人员应更为关注轴心轨迹的状态及其变化，国家标准 GB/T 11348.1《旋转机械转轴径向振动的测量和评定　第 1 部分：总则》也推荐采用最大位移峰-峰值 $S_{(p\text{-}p)max}$ 作为评价标准。本书重点阐述的二维全息谱技术实际上就是融合了一个测量面两个相互垂直传感器的振动信息，信息融合后提取了更为丰富的诊断信息，三维全息谱技术则将发电机组多个测量面的二维全息谱进一步融合以获得整个轴系的振动型态，传统的单个传感器的矢量合成与分解变为三维全息差谱和全息谱分解技术。

1.2.2　振动数据分析方法

1. 时域波形（waveform）

振动无论采用位移、速度或加速度哪种形式传感器采集，所获取的振动信号随时间变化的原始波形，称为时域波形，对波形的分析是时域分析，反映了信号的时域特征。

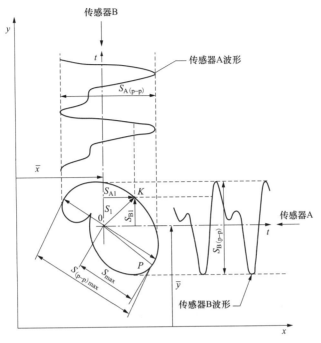

图 1-10　轴运动轨迹-位移的定义

对于轴振测量，测量面的缺陷在波形上表现得非常明显。某 600MW 机组由于曾发生过断油烧瓦故障，导致 10 号轴承（发电机后瓦）轴颈测量面磨损，在其波形上表现出明显的毛刺，如图 1-11 所示，在不同转速下，轴颈划痕对振动测量幅值的影响是不同的，图中明显看出该案例中 3000r/min 下振动幅值受轴颈划痕的影响较 2510r/min 大。图 1-11 是采用某公司 408 振动采集系统采集，采用键相触发，同步整周期采样，每旋转一周采样 128 点，该波形记录了 8 个周期。

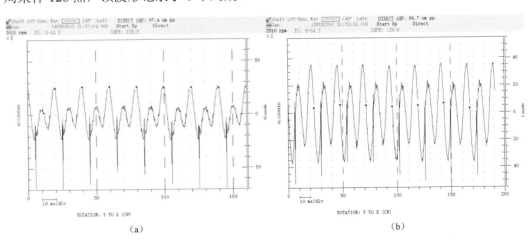

图 1-11　轴颈表面划痕导致的时域波形存在毛刺

（a）3000r/min；（b）2510r/min

某 135MW 双水内冷发电机转子加励磁前后，发电机励端轴承轴振发生突变，观察图 1-12 所示轴振波形，是电涡流传感器受到电磁干扰所致。

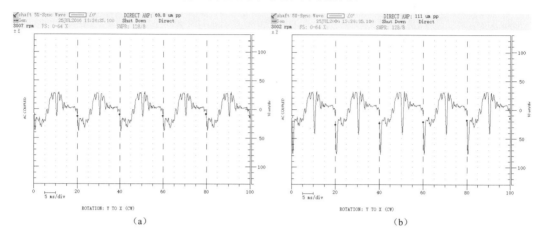

图 1-12　某发电机转子励端轴振加励磁前后时域波形

（a）加励磁电流前；（b）加励磁电流后

时域波形是通过采集系统呈现出的振动量值与时间的关系，通过直观的分析，可以有效判断该类型传感器与采集系统配合所呈现单一频率振动幅值和相位的定义方式，对于振动幅值有的用单峰值或双峰值，也有用有效值，简谐振动可以用三角函数的 sin 或 cos 表示，相位角可以用"+"或"−"表示，在式（1-2）中就是减去相位角。某 600MW 机组，发电机励端 8 号轴承处左右各 45°轴振 X（45R）、Y（45L），测量列表显示通频幅值为 71.7μm、147.0μm，工频幅值相位分别为 66.0μm∠196°、138.0μm∠40°，很显然该振动测量系统测量轴振的幅值为峰-峰值，相位角为键相导前振动波形高点，即采用三角函数 cos 表示时 $2\pi ft$ 要减去相位角，该轴承处的 50Hz 工频振动分量的波形图如图 1-13 所示，可以表示为

$$\begin{cases} x(t) = \dfrac{X_{p\text{-}p}}{2}\cos(2\pi ft - \alpha) = \dfrac{66.0}{2}\cos\left(100\pi t - \dfrac{196}{180}\pi\right) \\ y(t) = \dfrac{Y_{p\text{-}p}}{2}\cos(2\pi ft - \beta) = \dfrac{138.0}{2}\cos\left(100\pi t - \dfrac{40}{180}\pi\right) \end{cases} \quad (1\text{-}7)$$

2.　频谱图（spectrum）

多个频率不相同的简谐振动合成在一起，便形成一个复杂的周期振动；反过来，任何周期振动又可以分解成若干个不同频率、不同振幅的简谐振动。在振动分析中，将分解得到的不同频率简谐振动，按其频率的大小排列振动幅值而成的分析图形称为该复杂振动的频谱图，该分析方式也称频域分析。

如图 1-14 所示，时域分析与频域分析只是观察振动信号的视角不同。时域分析是以时间轴为坐标表示动态信号的关系；频域分析是把信号变为以频率轴为坐标表示出来。时域分析和频域分析在振动分析中缺一不可，相辅相成。通过式（1-8）傅里叶变换可以将时域函数转换为频域函数，通过式（1-9）傅里叶逆变换将频域函数转换为时域函数。

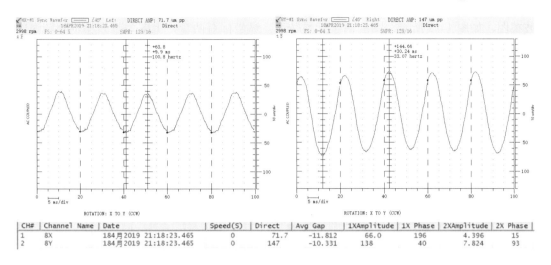

CH#	Channel Name	Date	Speed(S)	Direct	Avg Gap	1XAmplitude	1X Phase	2XAmplitude	2X Phase
1	8X	18 4月 2019 21:18:23.465	0	71.7	-11.812	66.0	196	4.396	15
2	8Y	18 4月 2019 21:18:23.465	0	147	-10.331	138	40	7.824	93

图 1-13　某发电机励端 8 号轴承处左右各 45°轴振波形及振动列表

$$F(\omega) = \int_{-\infty}^{\infty} f(t)e^{-j\omega t}\mathrm{d}t \qquad (1\text{-}8)$$

$$f(t) = \frac{1}{2\pi} \int_{-\infty}^{\infty} F(\omega)e^{j\omega t}\mathrm{d}\omega \qquad (1\text{-}9)$$

在振动数据采集系统中，实际采集的信号是离散的、有限长序列的，采用快速傅里叶变换（FFT）可以快速、方便地求出复杂振动信号中所含频率分量的幅值和相位，如图 1-14 所示，在信号采集的同时显示关注频率分量的幅值和相位。

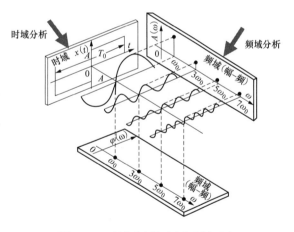

图 1-14　时域分析与频域分析示意

3. 轴心轨迹图（orbit plot）

轴心轨迹是指当转轴在自转的同时会绕转轴中心点公转，公转即"涡动"的轨迹就是轴心轨迹，如图 1-15 所示，即通过在某一轴承测量面上两个相互垂直的电涡流传感器实测的原始轴心轨迹，为观察方便，通常与波形排在一起分析。

轴心轨迹图有原始、提纯、平均、一倍频、二倍频、0.5 倍频等多种轴心轨迹，通过提纯轴心轨迹图等可以有效排除噪声和电磁等干扰，突出故障特征，如一倍频轴心轨迹可以更合理地看出轴承的间隙及刚度是否存在问题，通过轴心轨迹图，还可以判断转子的涡动是正进动还是反进动，如图 1-16 所示。二维全息谱就是一种轴心轨迹的新应用，在第二章的全息谱介绍中，有许多采用以轴心轨迹图为基础的分析方法。

4. 波德图（bode plot）

以图形方式将机组启、停过程中振动幅值和相位随转速的变化表示出来，即可得到

11

波德图,如图 1-17 所示,图的横坐标是转速,纵坐标有两个,上图为工频相位随转速的变化情况;下图为振幅随转速的变化情况,有两条曲线,上曲线是通频幅值,下曲线为工频幅值。转子动力学理论分析已知,在过临界转速前后,相位有 180°的翻转,幅值在过临界时出现振动峰值。某型燃气轮机配套发电机的励端轴承,由于转子-轴承系统各向异性的原因,两个相互垂直测点的相对轴振峰值对应转速存在约 60r/min 的差异。

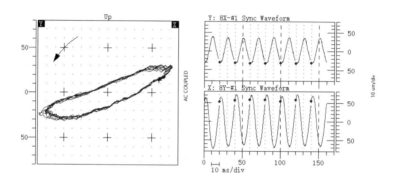

ROTATION: X TO Y (CCW)

图 1-15   通频轴心轨迹图

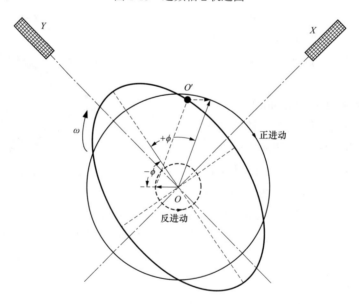

图 1-16   工频轴心轨迹分解为正进动和反进动

5. 极坐标图(polar plot)

极坐标图实质上就是振动矢量图,和波德图一样,振动向量可以是关注的工频 1X、二倍频 2X 或其他谐波的振动分量，由于各振动分量有幅值和相位，就可以如图 1-18 所示，用图中的一个点代表某转速下该测点某一关注频率分量的振动幅值和相位。极坐标图可以看成是波德图中的上下两个图在极坐标上的合二为一，它对于说明不平衡质量的部位，判断临界转速以及进行故障分析是十分有用的。极坐标图除了记录转子在升速或降速过程中系统幅值与相位的变化规律外，也可以描述在定速情况下，由于工作条件或负荷变化而导致的工频或其他频率分量幅值与相位的变化规律。

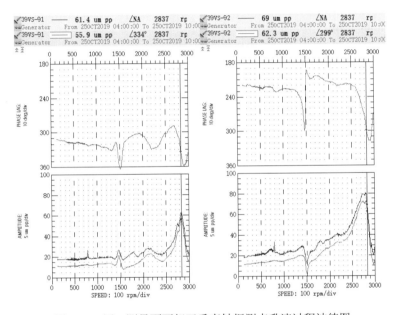

图 1-17　同一测量面两相互垂直轴振测点升速过程波德图

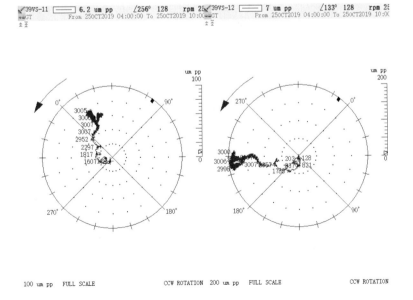

图 1-18　同一测量面两相互垂直轴振测点升速过程极坐标图

6. 瀑布图（waterfall plot）

机组运行时，不同时刻的振动信号有相应的频谱图，如果将这些谱图按时间顺序排列，可以在时间-频率平面上定义一个三维谱图。它的 X 轴为频率 f（Hz），Y 轴是时间（有时在另一侧也标出对应的转速），Z 轴为幅值（μm），如图 1-19 所示，它主要是刻画频谱随时间的变化。

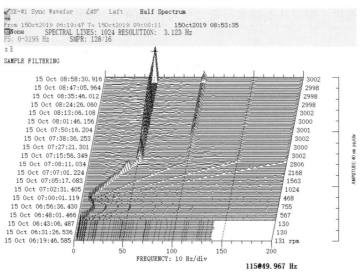

图 1-19　瀑布图

7. 级联图（cascade plot）

以机组启、停机为例，当转子升、降速时，各转速下都对应有反映转子频域特性的频谱图。将这些谱图按转速大小顺序排列，在转速-频率平面上定义了一个新的三维谱图，又称"级联图"（见图 1-20），它的 X 轴为频率 f（Hz），Y 轴是转速（r/min），Z 轴为幅值（μm），它是描述频谱随转速的变化。

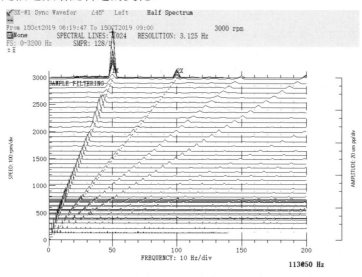

图 1-20　级联图

8. 轴心位置图（shaft centerline plot）

相对轴振测量的电涡流传感器输出的信号包括两个部分，即直流分量上叠加了交流分量，交流分量就是振动信号，形成了前述的轴心轨迹，而直流量代表了转轴中心相对于轴承中心的平均位置，它由两个相互垂直的电涡流传感器测得的间隙电压折算成位移表示。在启动过程中，随着转速的增加，在油膜力作用下，轴颈上浮，并顺着转子底部线速度方向偏移，不同转速下轴颈在轴承内的位置是不同的。

如图 1-21 所示，某燃气轮机 1 号、3 号轴承处轴心位置，转子逆时针旋转，在启动过程转子上浮的同时还向右偏移，注意到定速后该转子在 3 号轴承处轴心仍向右侧偏移约 300μm。

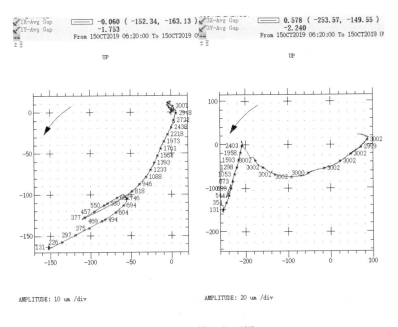

图 1-21　轴心位置图

9. 趋势图（trend plot）

趋势图是刻画振动特征量随时间的变化，时间间隔可长可短，常规对于通频幅值、一倍频幅值/相位、二倍频幅值/相位、半频幅值/相位、间隙电压等都能进行趋势分析，如图 1-22 所示，某机组 3 号轴承处左 45°轴振测点的通频、工频幅值/相位趋势图，结合图 1-22 右图的转速趋势，可以看出机组在定速后，振动还在不断爬升，最高处振动比刚定速时增加了 70μm。

1.2.3　变参数振动试验

机组检修后，常规振动测试工况包括升速、降速、3000r/min、超速、变负荷过程以及满负荷等；对运行的特殊要求，还包括特殊的振动测试，即变升速率、变暖机时间、变真空、变氢温、变氢压、变定冷温、变润滑油温、变调节汽门开启顺序、变有功试验、变无功试验等。

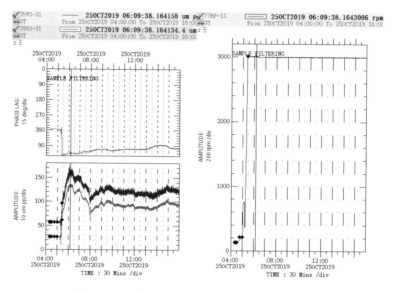

图 1-22　通频、工频幅值/相位、转速的趋势图

1.3　振动评价标准

1.3.1　轴承振动评价标准

我国《电力工业技术管理法规》中给出的以轴承振动位移峰-峰值为评价尺度的汽轮发电机组振动标准，如表 1-1 所示。很多中、小型汽轮发电机组，仍采用该评价标准，电厂通常要求将轴承振动必须控制在 50μm 以下，降到 30μm 以下就处于良好状态，工厂有时习惯用丝或道为单位表示轴承振动，1 丝=1 道=10μm。

表 1-1　　　　　　　　　　汽轮发电机组轴承振动标准　　　　　　　　　　（μm）

汽轮发电机组转速	优	良	合格
1500r/min	30	50	70
3000r/min	20	30	50

《二十五项反措》中要求，汽轮机发生下列情况之一，应立即打闸停机：①机组启动过程中，在中速暖机之前，轴承振动超过 0.03mm；②机组启动过程中，通过临界转速时，轴承振动超过 0.1mm，应立即打闸停机，严禁强行通过临界转速或降速暖机；③机组运行中要求轴承振动不超过 0.03mm，超过时应设法消除；当轴承振动变化量超过报警值的 25%，应查明原因设法消除，当轴承振动突然增加报警值的 100%，应立即打闸停机。

GB/T 6075.2—2012《机械振动　在非旋转部件上测量和评价机器的机械振动　第 2 部分　功率 50MW 以上，额定转速 1500r/min、1800r/min、3000r/min、3600r/min 陆地安装的汽轮机和发电机》给出了大型汽轮机和发电机轴承箱或轴承座振动速度区域边界的推荐值，如表 1-2 所示。

区域 A，新投产的机器，振动通常在此区域内。

区域 B，振动在此区域内的机器，通常认为可以不受限制地长期运行。

区域 C，通常认为振动在此区域内的机器，不适宜长期连续运行。该机器可在这种状态下运行有限时间，直到有合适时机采取补救措施为止。

区域 D，振动在该区域通常被认为振动剧烈，足以引起机器损坏。

表 1-2　　　　　大型汽轮机和发电机轴承箱或轴承座振动速度区域边界的推荐值

区　域　边　界	轴转速（r/min）	
	1500 或 1800	3000 或 3600
	区域边界振动速度均方根值（mm/s）	
A/B	2.8	3.8
B/C	5.3	7.5
C/D	8.5	11.8

GB/T 6075.4—2015《机械振动　在非旋转部件上测量评价机器的振动　第 4 部分　具有滑动轴承的燃气轮机组》给出了燃气轮机轴承箱或轴承座振动速度区域边界的推荐值，如表 1-3 所示。

表 1-3　　　　　　　燃气轮机轴承箱或轴承座振动速度区域边界的推荐值

区　域　边　界	区域边界振动速度均方根值（mm/s）
A/B	4.5
B/C	9.3
C/D	14.7

1.3.2　转轴振动评价标准

对于汽轮发电机组而言，转轴的旋转运动是振动产生的根源，转轴在空间的涡动通过周期性挤压滑动轴承的油膜传递给轴承，形成轴承的机械振动，因此，仅测量轴承或轴承座振动，并不能充分反映转轴在轴瓦内的涡动状态（轴振）。通常情况下对于落地式轴承，振幅采用位移峰-峰值表示，轴振是瓦振的 2 倍以上，但对于如低压座缸式轴承，支撑刚度偏弱，瓦振（部分测量轴承箱振动）可能还会大于轴振。对于大型汽轮发电机组，测量振动更关注直接测量转轴相对于轴承的振动，一是它更能直接反映激振力的原始状态，二是测量动静（测量面轴颈与传感器）间隙变化，有效避免动静碰磨故障的发生。目前，国内大型汽轮发电机组大多采用相对轴振作为振动状态评定的标准，并推荐用相对轴振带保护。

GB/T 11348.2—2012《机械振动　在旋转轴上测量评价机器的振动　第 2 部分　功率大于 50MW 以上，额定转速 1500r/min、1800r/min、3000r/min、3600r/min 陆地安装的汽轮机和发电机》给出了大型汽轮机和发电机各区域边界的轴相对位移的推荐值，如表1-4 所示，振动区域的划分与上节所述相同。表 1-4 给出的准则是在取两个正交方向上所测的位移峰-峰值的最大值（见 GB/T 11348.1—1999 附录 B 中的方法 B）。

表1-4   大型汽轮机和发电机各区域边界的轴相对位移的推荐值

区 域 边 界	轴转速（r/min）			
	1500	1800	3000	3600
	区域边界轴相对位移峰-峰值（μm）			
A/B	100	95	90	80
B/C	120～200	120～185	120～165	120～150
C/D	200～320	185～290	180～240	180～220

GB/T 11348.4—2016《机械振动　在旋转轴上测量评价机器的振动　第4部分　具有滑动轴承的燃气轮机组》给出了正常工作转速在3000r/min或3600r/min，直接连接蒸汽轮机和（或）发电机的燃气轮机组各区域边界内的轴相对位移的推荐值，如表1-5所示。

表1-5   正常工作转速在**3000r/min**或**3600r/min**，直接连接蒸汽轮机和（或）
发电机的燃气轮机组各区域边界内的轴相对位移的推荐值

区 域 边 界	轴转速（r/min）	
	3000	3600
	区域边界轴相对位移峰-峰值（μm）	
A/B	90	80
B/C	165	150
C/D	240	220

对在其他额定转速工作、输出功率大于 3MW 燃气轮机组，区域边界推荐值（单位 μm）与最高正常工作转速 n（r/min）的平方根成反比，见式（1-10）～（1-12）。

区域边界 A/B

$$S_{\text{p-p}} = 4800 / \sqrt{n} \qquad (1\text{-}10)$$

区域边界 B/C

$$S_{\text{p-p}} = 9000 / \sqrt{n} \qquad (1\text{-}11)$$

区域边界 C/D

$$S_{\text{p-p}} = 13200 / \sqrt{n} \qquad (1\text{-}12)$$

在大型汽轮发电机组设定报警值和跳闸值时，经常会采用相对轴振位移峰-峰值 125μm 报警、254μm 跳闸的设定，在新机调试验收时，要求机组轴振均在 76μm 以下，这是沿用了原美国西屋公司推荐的汽轮发电机组的轴振标准，与 GB/T 11348.2—2012 推荐值基本保持一致，在实际操作中，现场运行也不建议相对轴振动超过 180μm 运行。

《二十五项反措》规定，机组启动过程中，通过临界转速时，相对轴振动值超过 0.26mm，应立即打闸停机，严禁强行通过临界转速或降速暖机；机组运行中要求相对轴振动不超过 0.08mm，超过时应设法消除，当相对轴振动值超过 0.26mm，应立即打闸停机。

1.3.3　振动变化评价标准

GB/T 6075.1—2012 以及 GB/T 11348.1—1999 均推荐采用两个准则评定振动，一个准则（准则 I）考虑监测的宽带振动幅值的限值，如前所述；另一个准则（准则 II）考虑振动幅值的变化，不管它们是增加还是减少。

准则 II 的参考值是基于以前具体运行工况下测量得到的典型的、可重复的正常振动值。如果振动幅值变化显著，超过区域 B/C 边界值的 25%，不论振动幅值是增大还是减小，都应采取措施查明变化的原因。

《二十五项反措》也规定，机组运行中，当轴承振动或相对轴振动变化量超过报警值的 25%，应查明原因设法消除，当轴承振动或相对轴振动突然增加报警值的 100%，应立即打闸停机。

某供热机组 1、2 号轴承的瓦振和轴振连续多次出现大的突变，DCS 振动数据显示在振动突变前 1 瓦轴振 X、Y 方向分别为 30μm 和 37μm，突变后至 67μm 和 79μm，同时 1 瓦垂直瓦振（前箱上）从 6μm 突变至 13μm；突变时间过程持续 2 秒，同时 2X、2Y 轴振也出现突变，现象与 1 瓦相同；而后振动再次发生突变，此次突变，振动不是增加而是降低，1 瓦轴振 X、Y 方向分别降低 20μm 和 28μm，2 瓦轴振也同时降低。伴随振动突变，4 段抽汽温度出现爬升，升幅高达 20℃，说明抽汽前的通流部分发生改变，判断高压转子存在部件脱落，建议立即停机。揭缸后发现上部带动第十二级成组围带脱落 8 组，叶顶汽封体脱落，如图 1-23 所示。后分析原因是叶顶汽封体固定螺栓强度不足导致局部脱落，带动该级多组围带脱落，开始脱离几块围带在同一侧，导致振动突然增加，后再次脱离的围带在对称部位，所以平衡状态改善，振动反而降低了。因此，振动突然增大或减小，都应引起足够重视。

图 1-23　某机组叶片围带断裂

振动幅值变化显著，不仅是通频幅值，单一频率振动矢量的变化也应同样重视。GB/T 6075.1—2012 以及 GB/T 11348.1—1999 均在附录中强调监视振动矢量变化的重要性，如图 1-24 所示，初始稳态矢量 $A_1 = 30μm \angle 40°$，变化后的稳态矢量 $A_2 = 25μm \angle 180°$，虽然

振动幅值看似降低了 $|A_2|-|A_1|=-5\mu m$，而矢量变化达到 $|A_2-A_1|=52\mu m$，应该立即停机处理。

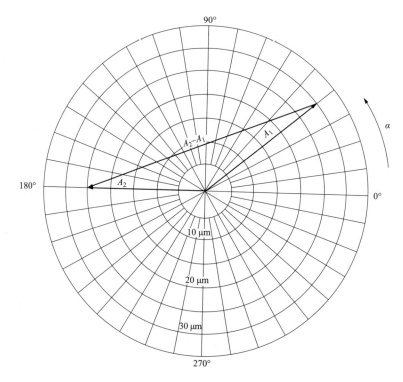

图 1-24   对于单一频率分量幅值变化和矢量变化的比较

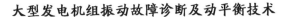

2

全息谱诊断技术

2.1 概 述

全息谱技术实质是一种在数据层进行信息融合的方法。在机组转子的一个截面上互相垂直布置两个传感器，两个传感器进行信息融合后，其综合信息将比单传感器更加全面地反映该截面的振动状态。全息谱具有很强的故障识别能力，许多在传统 FFT 谱下显示相同征兆的故障通过全息谱分析后可以作出明确的判断，这在多年的现场实践中得到了证实。

目前动平衡技术均利用从单方向采集的振动信号，信息的利用程度低，且假设了转子系统各向刚度相等。当转子系统各向刚度存在明显差异时，必然会带来误差，降低平衡精度，严重影响平衡的效率。全息谱技术通过信息融合使多个单维信息合成为多维信息，从而使得信息的特征更为明显地表露出来，而且各个单维信息之间的联系和相互关系也可以得到充分的体现。全息谱用于现场动平衡中，能够合理地将多个振动传感器的单一信息进行集成，从而更为全面地了解和把握转子的振动行为，弥补了传统动平衡技术中使用单向传感器信息利用率低的缺点，有助于提高平衡的效率和精度。全息谱是全息动平衡技术的基础，本章将系统地总结以往发展的全息谱技术及其基本原理，并对其关键技术进行评述。

转子不平衡是各种大型旋转机械如汽轮发电机、风机、水轮机、燃气轮机等的常见故障。不平衡故障最显著的特征表现为频谱图上工频分量大，按激振力类型划分属于普通强迫振动；然而，故障特征表现为工频分量大的有很多，如转子原始不平衡、转子或轴承刚性变化、轴承间隙过大或刚性不足、转子热弯曲等，因此采用传统的 FFT 谱很难将这些故障区分开。同时，由于转子不平衡所引起的工频故障所占比例最高，故现场技术人员在遇到工频振动大时，通常会认为这是由转子失衡造成的，并一概采用现场高速动平衡来解决这类振动问题。因此，很多情况下用现场动平衡来处理机组振动问题时并不能获得满意的平衡效果，究其原因，主要有两个方面：一是没有充分利用振动响应的信息，传统的傅氏谱技术是常规的分析方法，该方法的最大缺点是只重视幅频关系而忽略相频关系，相位信息往往被忽略，采用传统谱分析描述的不平衡响应特征并不能确诊失衡为机组主导故障，技术人员在没有查明工频振动大的确切原因前，就盲目采用动平衡方法来消除振动必然不能获得满意的平衡效果；二是即使在确诊失衡为主导故障后，也没有进一步判明失衡类型，不能有针对性地选择平衡方案，盲目采用动平衡方法消除工频故障，不仅因多次启停机带来巨大的经济损失，同时还会因没有查明真正的故障原因而埋下安全隐患。如何根据机组历史数据和振动变化情况，保证在进行动平衡操作前能首先确诊故障原因，消除动平衡的盲目性，是动平衡技术研究中的重要一环，也是动平衡技术能否成功消减振动的前提条件。

为了提高不平衡故障的确诊率，必须在传统谱分析基础上，充分利用现场采集的振动信息，并结合新的诊断方法来确诊故障，全息谱技术就是一种很好的多传感器信息融合方法。当采集的原始数据满足数据层融合的条件时，利用全息谱技术对旋转机械各测量面两个相互垂直的传感器所采集的原始数据进行融合，融合信息充分考虑了振动幅值与相位信息的综合影响，能深层次地揭示转子振动的全貌，因此全息谱具有很强的故障识别能力，许多在传统频谱分析中显示相同征兆的故障通过全息谱识别后可以作出明确的判断。

2.2 全息谱的构成原理

二维全息谱的构成示意如图 2-1 所示，如果采用任意时刻触发采样，首先对一个测量截面上两相互垂直传感器所采得的信号利用键相信号进行键相预处理（键相触发采样

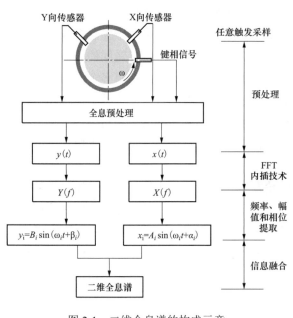

图 2-1 二维全息谱的构成示意

无需键相预处理），然后进行 FFT 变换，将变换后得到的频谱利用内插校正算法确定各频率分量的精确频率、幅值和相位，最后合成得到一个测量面的二维全息谱。二维全息谱通常由一系列的椭圆构成（特定情况下可能变为圆和直线），椭圆上带有初相点（当转子进动到初相点时，转子上的键相槽正好对着键相传感器），同时椭圆上标有各频率分量的进动方向。在机组发生故障或系统特性变化时，椭圆的大小、椭圆的偏心率、长轴方位、初相点位置、椭圆进动方向将随之变化，因而可以作为故障诊断的指标，提高故障诊断的确诊率。

二维全息谱综合利用两方向的幅值、相位和频率信息，因此与传统的频谱分析方法相比，更能全面反映转子的振动情况，为诊断提供更多的有用信息。为了反映一个具有多个支承截面转子的整体振动情况，将转子的多个支承截面的同阶二维全息谱进行综合，就得到了三维全息谱。图 2-2 所示是由二维全息谱构建三维全息谱的示意，将二维全息谱按照空间顺序排列，连接相位对应

的点（一般在圆周上等相位间隔取 10～15 个点进行连接），则构成了三维全息谱。三维全息谱显示了多个支承截面上同一阶分量的振动轨迹以及它们之间的相位关系等，可以反映转子在某阶频率下的整体振动情况。

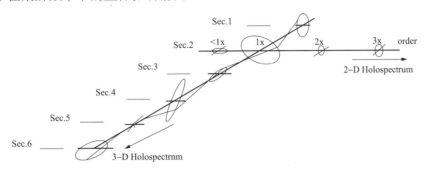

图 2-2　二维全息谱构建三维全息谱的示意

 ## 2.3　提高全息谱精度的采样要求

2.3.1　全息谱对传感器布置方式的要求

目前大型旋转机械，如 300MW 以上汽轮发电机组，都配备有电涡流传感器用以监测转子振动。通常在每个轴承截面都安装有相互垂直的两个传感器，其典型的安装形式如图 2-3 所示。这种相互垂直的传感器配置方式能够保证全面地采集到振动信息，这正是全息谱所要求的传感器布置方式，也就是说全息谱对一个截面两传感器的相对安装位置提出了明确要求，即满足垂直关系。但对传感器安装的绝对位置没有要求，可以是左右各 45°方向的马鞍状布置方式，也可以是水平、垂直布置方式。测量信号经过坐标变换后合成得到的二维全息谱在形状、大小和方位上并没有变化（见图 2-4），这说明全息谱不受传感器安装方位的影响，能更准确全面地反映机组的振动特性。

虽然现阶段石化和电力行业的大机组大多都采用这种双传感器配置方式，但在机组故障诊断和现场动平衡分析时没有充分利用双传感器提供的信息，而是用一个方向的信号进行故障诊断和动平衡计算，难以保证故障诊断的准确性和平衡计算的精度。机器的故障诊断问题，实质上是一个模式分类问题，包括判断机组的故障性质、部件和严重程度。为了提高确诊率和效率，不仅要深入地研究故障特征提取和分类的算法，关键还在于获取完整的诊断信息。因此，在平衡前的故障诊断中如果能够应用多传感器融合技术，对传感器信息进行集成处理，必然能够更深层次地揭示转子振动的全貌，从而提高诊断的确诊率，进而提高平衡的效率和精度。一个轴承截面双传感器相互垂直布置方式现已成为大机组振动监控系统的传感器标准配置方式，图 2-3 所示传感器的布置方式为通过多传感器信息融合技术提高故障确诊率和提高平衡精度提供了必要条件。

2.3.2　全息谱对采样方式的要求

为了实现多传感器的信息融合，必须要求融合数据的一致性，即满足六个条件：①传感器的安装要一致；②传感器的特性要一致；③采集的信号的传递路径要一致；④采样频率要一致；⑤采样起始时间要一致；⑥各融合分量信息的精确性。

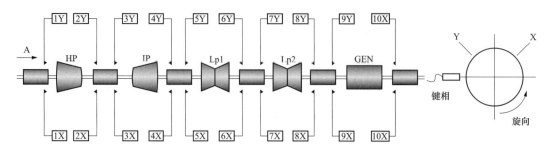

图 2-3　300MW 汽轮发电机组的传感器布置示意

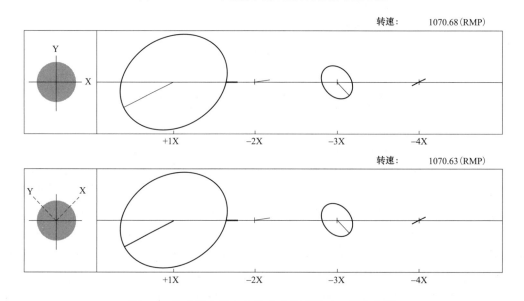

图 2-4　传感器布置方位的改变并不影响二维全息谱

前五个条件对现场安装的传感器和传输电缆以及采样频率提出了具体的要求，这些要求是为了最终满足信息融合条件⑥，以提高融合分量的精确性。

为了保证采样起始时间的一致性，一般采用分时采样的方法，需要触发信号开始采样，可以采用硬件触发，即依靠键相槽及键相传感器的脉冲信号触发采样；或采用软件触发，即软件触发采样不需要预处理，但滞后软件执行时间；还可以任意时刻采样。

上述三种触发采样方式中，硬件触发和任意时刻触发采样在现场应用最为广泛。现对这两种采样方式进行比较：

（1）硬件触发是当键相槽对准传感器产生脉冲信号时开始采样，从而保证采样信号和键相信号同步；任意时刻采样是人为手动触发采样，如果对采样得到的原始波形不做预处理，无法满足两次采样起始时刻的一致性，而这一点恰恰是动平衡对相位的高精度要求所必须做到的。

（2）硬件触发采样得到的各路信号同时性好，不需要预处理，但采样硬件复杂；任意时刻触发采样对硬件要求不高。

（3）任意时刻触发对各路信号进行预处理时，可以借助键相信号，将各个测量面振动信号的起始时刻统一到键相传感器对准键相槽的时刻，剔除键相脉冲之前的数据点，不足部分补零。

（4）对于硬件触发采样，当硬件中加入了转速判断功能时，可以实现整周期采样，在转子转动一周内采 2^N 个点，即采样频率是工频的 2^N 倍，如当 $N=7$ 时，转子转动一个周期内采 128 个点；对于任意时刻触发，采样时通常采用固定采样频率，容易造成频域分析时的能量泄漏；

（5）采用硬件触发整周期采样，在频域分析时虽然可以减少工频和倍频分量由于时域加窗造成的能量泄漏，能获得工频和倍频分量更为精确的频率、幅值和相位，但当信号中存在低频分量时，采用 FFT 仍然无法得到精确的低频分量的频率、幅值和相位信息。

为了在频域中信息融合得到精确的全息谱，无论是采用硬件触发整周期采样还是任意时刻触发固定频率采样，都是可行的，但由于大机组的多数故障在分倍频区，不论何种采样方式都必须采用内插技术以补偿时域加窗造成的能量泄漏和栅栏效应，从而提高采样信号中各频率分量的精度。不经过内插则无法全面、准确地使用全息谱技术。从工程实用的角度来说，虽然采用硬件触发整周期采样对硬件的要求更高，但由于后续的信号处理相对简单，无需键相截取，且只需在低频分量的处理中应用内插技术，因而提高了工程技术人员分析和处理问题的效率。关于如何采用内插技术提高各频率分量的精确性，特别是相位的精度，将在 2.3.4 中详细论述。

2.3.3 整周期采样的判断准则

在 2.3.2 的分析中，可以知道采用整周期采样方式后，无需内插技术就可以获得更精确的工频和倍频分量，而且采用键相触发时无需信号的预处理，提高了信号分析和处理的精度和效率。采用整周期采样时，为了计算采样频率，首先需要获得转速信号，从而得到工频大小和采样频率，因此对于转速信号的精度有很高要求，否则没有经过内插技术处理的工频和倍频特征值将无法满足动平衡计算的精度要求。

为了判断采样频率是否为整周期采样，建议将采样信号分段处理，然后再综合考察工频分量特征值变化规律的判别方法。设分段后的某段实信号序列为 $\{x(n)\}$ ，$x \in R$ ，经过离散时间傅里叶变换后得到

$$X(e^{j2\pi f}) = X_R(e^{j2\pi f}) + jX_I(e^{j2\pi f}) = \left| X(e^{j2\pi f}) \right| e^{j\theta(f)} \qquad (2-1)$$

X_R 和 X_I 为离散时间傅里叶变换的实部和虚部，$\left| X(e^{j2\pi f}) \right|$ 即为信号的幅值谱。设工频为 f_1 ，将工频分量的实部 $X_R(e^{j2\pi f_1})$ 作为 X 轴坐标，虚部 $X_I(e^{j2\pi f_1})$ 作为 Y 轴坐标，则工频分量在直角坐标系 $X–Y$ 中可以表示为一个点。将所有分段信号的工频分量都画在一个坐标系中，考察其变化规律。

下面举例说明整周期采样的评判准则：

【例 2-1】 以汽轮发电机组为例，其工频为 $f_1 = 50$ Hz，采样频率为 $f_s = 1600$ Hz，采样频率为信号工频的 $32 = 2^5$ 倍，连续采集一段较长的数据样本，将数据长度等分为若干小段分别进行快速傅氏变换。假定等分后每小段信号长度为 $m = 1024$ 采样点，总共有

$n = 256$ 段。

将各段信号的工频分量提取出来，实部作为 X 轴坐标，虚部作为 Y 轴坐标，这样一个工频分量可表示为其实部、虚部所构成坐标系中的一个点，将各段信号工频分量都画在一个坐标系中，如图 2-5 所示，当采样频率为工频的 2^N 倍时，各段信号在快速傅氏变换后，在 $X–Y$ 坐标系中由其工频分量的实部、虚部构成的点重合，该点到坐标系原点连线的长度就是工频分量的模，即振幅（在此为单峰幅值），与 X 轴的夹角为信号的相位〔注：此时信号表示为 $x = A\cos(\omega t + \alpha)$，$A$ 为单峰幅值，α 为相位。如信号表示为其他形式，相位的定义会有所变化〕。本例中，模拟信号的频率为 50Hz，幅值为 80.5μm，相位为 30.2°，快速傅氏变换后得到的频率、幅值、相位和模拟信号完全一致。

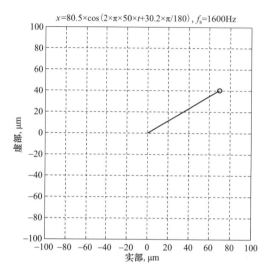

图 2-5 各段信号工频分量的实部和虚部合成图
（信号频率为 $f_1 = 50\text{Hz}$，采样频率为 $f_s = 1600\text{Hz}$）

【例 2-2】 当汽轮发电机组工作转速出现波动时，如转速变为 2997r/min，则工频变为 $f_2 = 49.95\text{Hz}$，如转速测量信号仍指示转速为 3000r/min，则同样按采样频率 $f_s = 1600\text{Hz}$ 采样，余下处理步骤同上，结果如图 2-6（a）所示。虽然转速测量误差只有 3r/min，频率误差仅为 0.05Hz，但在各段工频分量实部、虚部合成图上，出现了一个有趣的现象，代表各段工频分量的点在坐标系上近似沿半径为 $r = 80.37\mu\text{m}$ 的圆旋转，而且 256 个点的连线近似在坐标系中旋转了 8 周，但各点基本不重合（实际上有重合点，只是直接从图中观察较难分辨，例 2-3 将进一步讨论这一现象的原因）。间隔的角度可以用公式 $\Delta\alpha = [Rem(mf_c, f_s) - f]_s \times 360 / f_s$ 近似计算〔Matlab 函数 $Rem(x, y)$ 表示 x / y 的余数〕，本例中 $\Delta\alpha = -11.52°$，这正是由于没有实现整周期采样所带来的相位偏差，各段信号的相位如图 2-6（c）所示。虽然在图 2-6（a）中各段工频分量的模近似相等，实际上都偏离实际的幅值 80.5μm。以第一段信号为例，FFT 得到的频率为 50Hz，幅值为 80.3324μm，相位为 24.4632°，和信号的真实频率、幅值和相位相比较都存在误差，尤其是相位绝对误差达到 5.7368°，这样的相位误差必然会降低以此数据为基础的平衡计算精度。将 256 段信号作快速傅氏变换后得到的幅值、相位按各段信号的次序画出图 2-6（b），可以看出幅值基本按一正弦曲线在 80.325~80.405μm 间波动，但都没有一个点精确到实际的幅值 80.5μm，同时相位也随分段信号的序号呈周期性变化。

【例 2-3】 还有一种采样频率的设定方式，介于上述两种方式之间，也就是采样频率为信号工频的整数倍，但不是 2^N 倍。例如，当工频仍为 $f_1 = 50\text{Hz}$，采样频率为 $f_s = 1650\text{Hz}$，即 $f_s / f_1 = 33$，同样按上述步骤处理模拟信号，结果如图 2-7 所示，幅值和相位随分段信号的序号仍然呈周期性变化。在图 2-7（a）中，代表各段工频分量的点在坐

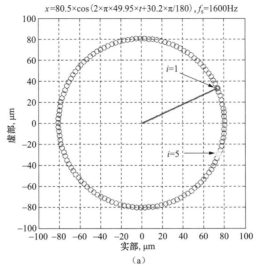

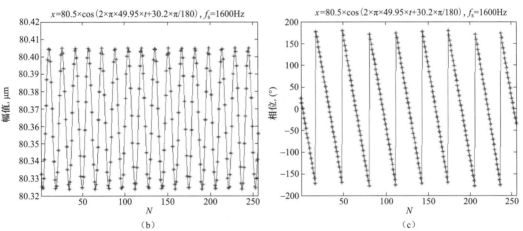

图 2-6　信号频率 $f_2 = 49.95$Hz，采样频率 $f_s = 1600$Hz

（a）各段信号工频分量的实部和虚部合成图；（b）各段信号工频分量的幅值；（c）各段信号工频分量的相位

标系上近似沿半径为 $r = 80.38$μm 的圆旋转，而且 256 个点的连线近似在坐标系中也旋转了 8 周，和上面两例的区别是各点既不是完全重合到一点也并非像例 2-2 一样基本不重合，而是每隔 33 个点重合一次。原因在于，当转子旋转一周内采 $f_s / f_1 = 33$ 个点时，总采样点如 1024 可能并非每转采样点 33 的整数倍，本例中采 1024 个点需要转子旋转 $m / (f_s/f_1) = 1024 \times 50 / 1650 = 31.0303$ 周，如下一段采样信号的相位和第一段的重合，则至少需要间隔 $[m/(f_s/f_1) - \mathrm{floor}(m/(f_s/f_1))]^{-1} = 33$ 个采样段后 [Matlab 函数 floor(x) 表示向 $-\infty$ 取整]，第 34 段 1024 个点的采样信号的相位和第一段的重合。在例 2-1 中，$f_s = 1600$Hz，$f_1 = 50$Hz，采 1024 个点转子刚好旋转整数 $m/(f_s/f_1) = 32$ 周，因而 256 个点的全部重合；在例2-2中，$f_s = 1600$Hz，$f_2 = 49.95$Hz，采1024个点转子需旋转 $m/(f_s/f_1)$ $= 31.968$ 周，和第一段工频分量点相位重合至少需要间隔 125 段，这说明图 2-6（a）中存在重合点，即图中只画出了 125 个点，其余 131 个点重合。

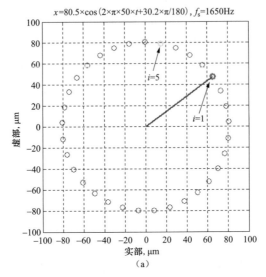

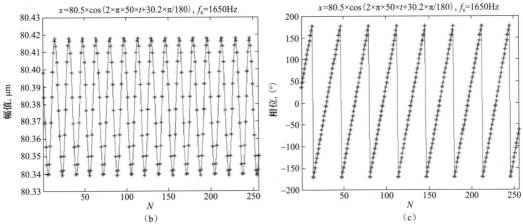

图 2-7　信号频率 $f_1=50\text{Hz}$，采样频率 $f_s=1650\text{Hz}$）

（a）各段信号工频分量的实部和虚部合成图；（b）各段信号工频分量的幅值；（c）各段信号工频分量的相位

当采样频率变为 $f_s=2000\text{Hz}$，$m/(f_s/f_1)=1024\times50/2000=25.6$ 周，则和第一段工频分量点相位重合只需要间隔 5 段即可，如图 2-8 所示，模、幅值和相位三个图上都能很清楚地观察到这一现象。以第一段信号为例，FFT 计算得到的频率为 50.7813Hz，幅值为 60.9479μm，相位为 $-42.1751°$，这些信号的特征值距离其精确值相差很大，在工程计算中基本无法使用。

当采样频率 f_s，采样点数 m（准确的说是 FFT 需要的点数），和转子工频 f_1 三者之间满足式（2-2），就可以称为整周期采样

$$m/(f_s/f_1)=2^N \qquad N=0,1,2,\cdots \qquad (2\text{-}2)$$

从上述例子的分析中，发现当整周期采样时，连续采集一段较长的数据样本，将数据长度等分为若干小段（每段 m 个采样点）分别进行快速傅氏变换，各段信号在快速傅

氏变换后，在 X-Y 坐标系中由其工频分量的实部、虚部构成的点重合，这一特征就是整周期采样的评判准则。

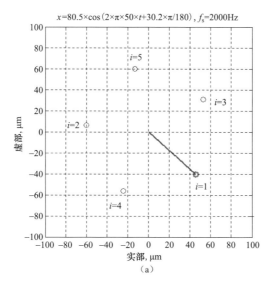

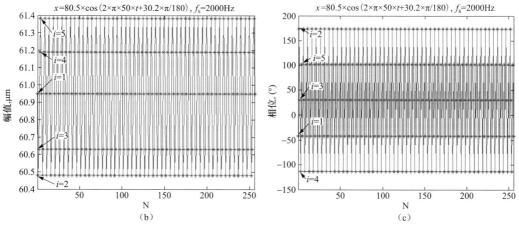

图 2-8　信号频率 $f_1 = 50\text{Hz}$，采样频率 $f_s = 2000\text{Hz}$

（a）各段信号工频分量的实部和虚部合成图；（b）各段信号工频分量的幅值；（c）各段信号工频分量的相位

对该评判准则的实际操作中，无需按例子中采样 256 段，最为简便的方法是只需连续采两段数据样本，例如 2048 个采样点分成两段 1024 点，按上述处理程序分别作快速傅氏变换，考察两段工频分量的实部、虚部构成的点是否重合。如果重合，分析该信号的各频率分量时，只需对低频分量用内插技术进行频谱校正；如果不重合，该信号的所有频率分量，包括工频和倍频分量，都要用内插技术进行频谱校正。因此，无论采用何种采样方式，都必须采用内插技术进行频谱校正，这是获得准确全息谱的要求。

2.3.4　频谱分析中窗函数的选择和内插技术

在频谱分析中，实际只能截取一段有限长的信号进行处理，同时所分析信号的频率，如信号中的低频分量，预先并不知道。在这种情况下，有两方面原因将引起频谱分析中信号频率、幅值和相位的误差。首先，截取一段有限长度的信号样本进行快速傅氏变换（FFT），就相当于给信号加了一个窗，引起频域的能量泄漏，泄漏的程度取决于所加窗在频域的主瓣和旁瓣的相对幅度；同时，离散傅里叶变换得到幅值谱是离散谱线，是信号频谱与窗函数频谱做复卷积后按 $\Delta\omega = 2\pi/N$ 等间隔频域抽样的结果，造成频谱的栅栏效应（梳状效应）。当分析点数为 N，信号采样频率为 f_s 时，谱线间隔即频率分辨率为 f_s/N。如果振动信号的频率正好对准某一谱线时，则得到的频率、幅值和相位信息都是准确的，如整周期采样的工频和倍频分量。在一般情况下，信号频率在两条谱线之间，并没有对准主瓣中心，因此在窗谱主瓣中经过栅栏抽选得到的最高谱线并不一定为信号的真实频谱，当频率分辨率低时将产生较大的误差。

为了提高全息谱中各频率融合信息的精确性，必须要减小上述两方面的误差影响，选择合适的窗函数和采用内插技术是解决这一问题的有效手段。

2.3.4.1 窗函数的影响

选择矩形窗、三角窗、汉宁（Hanning）窗、哈明（Hamming）窗、布莱克曼（Blackman）窗和高斯窗，分析窗函数对频谱分析的影响。设计如下 6 个频率成分的无噪声实仿真信号

$$x(t) = \sum_{i=1}^{6} A_i \cos(2\pi f_i t + \theta_i \pi/180) \tag{2-3}$$

式中的参数列于表 2-1。

表 2-1 无噪声仿真信号参数

i	f_i (Hz)	A_i (μm)	θ_i (°)	i	f_i (Hz)	A_i (μm)	θ_i (°)
1	72.23	25.00	68.00	4	106.00	32.00	83.16
2	100.00	28.22	36.45	5	110.00	4.00	159.60
3	101.00	30.00	66.36	6	130.00	6.00	136.00

6 个频率分量中，第 2、3 频率分量的频率和能量相当接近，用于考察窗函数主瓣的频率分辨能力；第 4、5 频率分量的频率接近，同时能量相差悬殊，用于考察窗函数旁瓣泄漏的影响。当采样频率为 1000Hz，采样长度为 1024 点，频率分辨率为 0.976 562 5。采用上述六种窗函数截取信号，快速傅氏变换后的结果以及误差列于表 2-2 和表 2-3，频谱如图 2-9 所示。可以看出，第 1、6 频率分量由于距离其他频率分量较远，无论采用何种窗函数都能很好地识别出来，但相位仍然存在较大的误差；第 2、3 频率分量由于频率接近使用矩形窗时［见图 2-9（a）］，两频率分量的旁瓣相互影响较为明显，造成两谱峰值有明显差异，但 6 种窗函数基本上都能识别出这两个频率分量；第 4、5 频率分量由于频率接近而且能量相差较大，使用矩形窗时第 4 频率分量的旁瓣在第 5 个频率分量点的输出值比其自身的谱峰还大，因此第 5 频率谱峰被第 4 频率分量的旁瓣淹没而无法识别，而其他几个窗函数都能分辨出第 5 个频率信号的谱峰。从各谱峰的相位来看，虽然加各种窗的相位相差不大，但相对于各频率分量的实际相位来说误差很大；从各谱峰的幅值来看，除了相距其他频率分量较远的第 1、6 频率分量，其他频率分量的幅值较实际值有

20%～30%误差。

上述分析只列举了几个有限的频率分量，当第 2、3 频率分量的频率间隔进一步缩小时，其他几个窗函数较矩形窗来说两频率分量谱峰重合的要早，也就是说矩形窗的主瓣分辨率较高，但就大机组的动平衡来说，当远频和能量悬殊时其他几个旁瓣较小并具有较大衰减速度，如 Hanning 窗和高斯窗（参数可调）应该得到优先考虑。在实际应用中，由于 Hanning 窗函数简单，容易采用简单的比值校正算法获得精确频率、幅值和相位，在现场得到了较广泛的应用。与此同时，从上述分析来看，如果不采取校正算法各频率分量的幅值和相位基本无法使用。

表 2-2　　　　　　　采用不同窗函数的各频率分量幅值（μm）和相位（°）

窗函数	A_1	θ_1	A_2	θ_2	A_3	θ_3	A_4	θ_4	A_5	θ_5	A_6	θ_6
矩形窗	24.973	63.219	27.586	119.281	19.394	−50.748	23.952	−5.145	—	—	5.004	158.719
三角窗	24.946	61.437	21.722	103.302	21.100	−35.469	26.799	1.076	3.549	90.804	5.917	157.597
Hanning	24.954	61.438	20.447	98.253	21.426	−31.873	27.858	1.343	3.696	96.879	5.940	157.580
Hamming	24.955	61.702	21.283	102.204	20.991	−34.411	27.260	0.500	3.403	88.885	5.801	157.726
Blackman	24.959	61.439	18.540	90.618	20.015	−26.006	28.767	1.214	3.752	95.446	5.952	157.580
高斯窗	24.667	61.596	20.166	99.251	20.301	−32.030	27.319	0.676	3.463	90.988	5.790	157.680

表 2-3　　　　　　采用不同窗函数的各频率分量幅值（μm）和相位误差（°）

窗函数	ΔA_1	$\Delta \theta_1$	ΔA_2	$\Delta \theta_2$	ΔA_3	$\Delta \theta_3$	ΔA_4	$\Delta \theta_4$	ΔA_5	$\Delta \theta_5$	ΔA_6	$\Delta \theta_6$
矩形窗	0.027	4.781	0.635	82.831	10.606	117.108	8.048	88.305	—	—	0.996	22.719
三角窗	0.054	6.564	6.498	66.852	8.900	101.829	5.202	82.084	0.451	68.796	0.083	21.597
Hanning	0.046	6.562	7.774	61.803	8.574	98.233	4.142	81.817	0.304	62.721	0.060	21.580
Hamming	0.045	6.298	6.937	65.754	9.009	100.771	4.741	82.660	0.597	70.715	0.199	21.726
Blackman	0.041	6.561	9.680	54.168	9.985	92.366	3.233	81.946	0.249	64.154	0.049	21.580
高斯窗	0.334	6.404	8.054	62.801	9.699	98.390	4.681	82.485	0.537	68.612	0.211	21.680

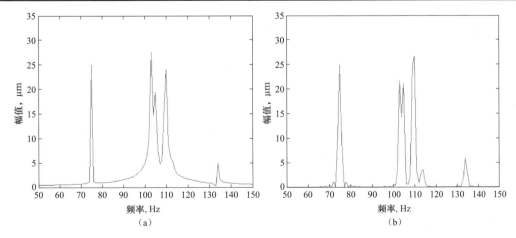

图 2-9　采用不同窗函数的仿真信号幅值谱（一）

（a）矩形窗；（b）三角窗

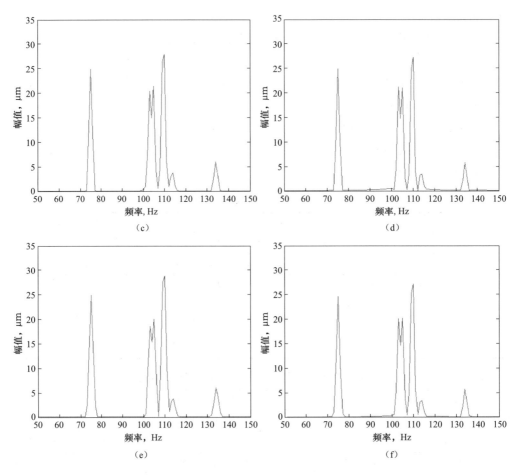

图 2-9　采用不同窗函数的仿真信号幅值谱（二）

（c）Hanning 窗；（d）Hamming 窗；（e）Blackman 窗；（f）高斯窗

2.3.4.2　比值校正内插算法

所谓内插算法，就是通过主瓣内的两根谱线来求主瓣中心的坐标，从而得到精确频率和幅值，进一步得到准确的相位。内插算法有两种解决途径，一是对于简单的窗函数（如矩形窗），可以采用比值校正算法，推导出其频率的校正公式，直接将快速傅氏变换后的频率、幅值和相位带入校正公式即可得到精确解；二是当窗函数比较复杂时，很难推导其校正公式，这时可以将内插算法转变为一个极值寻优问题，任何一种优化算法不论是经典的还是人工智能（AI）方法，都是可以用于内插来搜索峰值，关键是内插后各频率分量的精度是否满足要求，同时要求计算耗时尽可能少。

下面以矩形窗和汉宁窗为例说明比值校正算法。

1. 加矩形窗的比值校正算法

矩形窗的定义为

$$w(n) = 1, \qquad n = 0, 1, 2, \cdots, N-1 \qquad\qquad (2\text{-}4)$$

其频谱函数为

$$W(\omega) = \frac{\sin(N\omega/2)}{\sin(\omega/2)} \cdot e^{-j\frac{N-1}{2}\omega} \qquad (2\text{-}5)$$

$W(\omega)$ 是一个复函数，则其模为

$$W_0(\omega) = \frac{\sin(N\omega/2)}{\sin(\omega/2)} \qquad (2\text{-}6)$$

离散傅氏变换中，归一化频率分辨率 $\Delta\omega = 2\pi/N$，则 $\omega = \Delta\omega K (K = 1, 2, \cdots, N/2-1)$，代入式（2-6）即可得

$$W_0(K) = \frac{\sin(\pi K)}{\sin(\pi K/N)} \qquad (2\text{-}7)$$

当 $K = \pm 1$ 区间为主瓣区间时，因 $N \gg 1$，$1/N \to 0$，所以有 $\sin(\pi K/N) \approx \pi K/N$，故在主瓣区间可以得到

$$W_0(K) = N\frac{\sin(\pi K)}{\pi K} \qquad (2\text{-}8)$$

在用 FFT 的结果求幅值谱时，为了使幅值与时域相等，要乘以系数 $1/N$，消去了式（2-7）中的系数 N。因此，矩形窗主瓣函数可以表示为函数 $y = \sin(\pi x)/(\pi x)$，如图 2-10 所示。在图 2-10 矩形窗函数曲线上取两点 $P_1(x_1, y_1)$、$P_2(x_2, y_2)$，当 $-1 \leq x_1$，$x_2 \leq 1$ 且 $|x_1 - x_2| = 1$ 时，满足如下关系

$$x_1 \cdot y_1 + x_2 \cdot y_2 = 0 \qquad (2\text{-}9)$$

说明两点的重心在坐标原点，即主瓣中心。利用主瓣函数 $y = \sin(\pi x)/(\pi x)$ 的上述特性，可以通过内插技术利用两根谱线求取主瓣中心的横坐标。

假定主瓣内最高谱线的横坐标为 K，对应的频率为 $f = K \cdot f_s/N$，其左右两条相邻谱线的坐标 $(K-1)$ 和 $(K+1)$，则主瓣中心的横坐标为

$$x_0 = K + \Delta K \qquad (2\text{-}10)$$

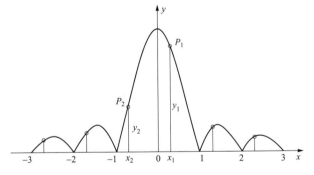

图 2-10　矩形窗主瓣函数与内插算法

用于求取 ΔK 的内插公式为

$$\Delta K = \begin{cases} \dfrac{y_{K+1}}{y_K + y_{K+1}} & (y_{K+1} \geqslant y_{K-1}) \\[3mm] \dfrac{-y_{K-1}}{y_K + y_{K-1}} & (y_{K+1} < y_{K-1}) \end{cases} \qquad (2\text{-}11)$$

因此，校正后的精确频率为

$$f_0 = (k + \Delta K)\frac{f_s}{N} \qquad (2\text{-}12)$$

相应的校正后幅值和相位分别为

$$A = \frac{\pi y_K \Delta K}{\sin(\pi \Delta K)} \qquad (2\text{-}13)$$

$$\varphi = \varphi' - \Delta K \pi \qquad (2\text{-}14)$$

其中 φ' 为 FFT 变换后得到的 K 点相位。

2. 加汉宁窗的内插算法

汉宁窗的定义为

$$w(n) = 0.5 - (1-0.5)\cos\left(\frac{2\pi}{N}n\right) \qquad n = 0,\ 1,\ 2,\ \cdots,\ N-1 \qquad (2\text{-}15)$$

其频谱函数为

$$W(\omega) = \left\{ \frac{1}{2}D(\omega) + \frac{1}{4}D\left(\omega - \frac{2\pi}{N}\right) + \frac{1}{4}D\left(\omega - \frac{2\pi}{N}\right) \right\} e^{-j\frac{N}{2}\omega} \qquad (2\text{-}16)$$

其中

$$D(\omega) = \sin(N\omega/2)/\sin(\omega/2) \cdot e^{j\omega/2}$$

当 $N \gg 1$ 时，可忽略三项之间的相位差 $2\pi/N$，则 $W(\omega)$ 的模可近似为三项模函数之和。使用类似矩形窗的办法可得汉宁窗的主瓣函数

$$\begin{aligned} W(x) &= \frac{1}{2} \cdot \frac{\sin(\pi x)}{\pi x} + \frac{1}{4}\left\{ \frac{\sin[\pi(x-1)]}{\pi(x-1)} + \frac{\sin[\pi(x+1)]}{\pi(x+1)} \right\} \\ &= \frac{\sin(\pi x)}{\pi x} \cdot \frac{1}{2(1-x^2)} \end{aligned} \qquad (2\text{-}17)$$

通常在汉宁窗的主瓣内有四条谱线，如图 2-11 所示。与矩形窗相似，函数 $f(x) = W(x)$ 满足下列等式

$$(x-1)f(x) + (x+2)f(x+1) = 0 \qquad (2\text{-}18)$$

如图 2-11 所示，式（2-18）也可以表示为

$$(x_1 - 1)y_1 + (x_2 + 1)y_2 = 0$$

式（2-18）表明，在图 2-11 曲线上取两点 $P_1(x_1, y_1)$、$P_2(x_2, y_2)$，当 $-1 \leqslant x_1,\ x_2 \leqslant 1$ 且 $|x_1 - x_2| = 1$ 时，将左边点左移一格，右边点右移一格，这时两点的重心在坐标原点，即图中点 $(x_1 - 1, y_1')$ 和点 $(x_2 + 1, y_2')$ 的重心在坐标原点。

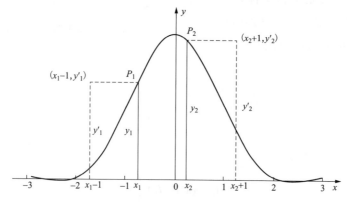

图 2-11　汉宁主瓣函数与内插算法

与矩形窗类似，用主瓣内两条相邻谱线 K 和 $(K+1)$ 按上述平移后使用内插算法，求取主瓣中心的横坐标。用于求取 ΔK 的内插公式为

$$\Delta K = \begin{cases} \dfrac{2y_{K+1} - y_K}{y_K + y_{K+1}} & (y_{K+1} \geqslant y_{K-1}) \\[2mm] \dfrac{y_K - 2y_{K-1}}{y_K + y_{K-1}} & (y_{K+1} < y_{K-1}) \end{cases} \tag{2-19}$$

因此，校正后的精确频率为

$$f_0 = (k + \Delta K)\frac{f_s}{N} \tag{2-20}$$

相应的校正后幅值和相位分别为

$$A = \frac{\pi y_K \Delta K}{\sin(\pi \Delta K)} \cdot 2(1 - \Delta K^2) \tag{2-21}$$

$$\varphi = \varphi' - \Delta K \pi \tag{2-22}$$

2.3.4.3 基于优化技术的内插方法

对于任意一个窗函数 $w(t)$，当其函数的频域变换 $W(f)$ 已知时，内插算法可以转化为一个优化问题

$$\min[F(x)] \quad 约束 \quad 0 \leqslant x \leqslant 1 \tag{2-23}$$

$$F(x) = \left[\frac{W(x)}{W(1-x)} - \frac{y_1}{y_r} \right]^2 \tag{2-24}$$

式中：y_1、y_r 分别为主瓣内从左至右的最高两谱峰。

通过优化方法求取使式（2-23）取得极小值的 x，这样可以保证无论所加窗函数形式多么复杂，都可以进行频率、幅值和相位的校正。

搜索函数极值的方法有很多，常规的搜索方法有黄金分割法、二分法以及变尺度共轭梯度。除了这些常规的搜索方法以外，遗传算法也是一种高效、全局的搜索方法，特别适合于处理传统的优化方法难以解决的复杂和非线性问题。本节中只列举变尺度共轭梯度和遗传算法，来介绍基于优化技术的谱峰搜索方法。

1. 变尺度共轭梯度法

考虑一个正定二元二次函数 $f(x) = \dfrac{1}{2}x^T Q x + b^T x + c$ 的优化问题。如图 2-12 所示，任选初始点 x_0，沿向量 p_0 方向作直线搜索得到目标函数 $f(x)$ 的极小值点 x_1，因此有 $x_1 = x_0 + \lambda_0 p_0$，而且满足 $\nabla^T f(x_1) p_0 = 0$，因此经过 x_0 的向量 p_0 所在直线必与某条等值线（椭圆）相切于 x_1 点；下一次迭代如果按最速下降法选择负梯度 $-\nabla^T f(x_1)$ 方向，会发生锯齿现象，降低了收敛速度。如果在迭代过程的第二步中将搜索方向 p_1 直指极小值点 x^*，那么对于二元二次函数只需顺次进行两次直线搜索就可以得到极小值。知道 $f(x)$ 的等值线为一簇以极小值点 x^* 为中心的椭圆，经过 x^* 作任意直线，此直线与椭圆簇交点处切线相互平行。因此，可以反推出：如果在两个相互平行的直线上，分别求出目标函数 $f(x)$ 的极小值点，此两点连线方向必通过椭圆簇的中心点 x^*，这个方向也就是要找的向量 p_1 的

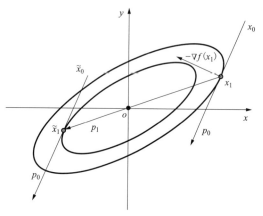

图 2-12 共轭方向示意

方向。按上述理论分析求解 p_1，如图 2-12 所示从另一点 $\tilde{x}_0$ 沿相同向量 p_0 方向作直线搜索得到目标函数 $f(x)$ 的极小值点 $\tilde{x}_1$，因此有 $\tilde{x}_1 = \tilde{x}_0 + \tilde{\lambda}_0 p_0$，而且满足 $\nabla^T f(\tilde{x}_1) p_0 = 0$，将两式相减得到 $[\nabla^T f(\tilde{x}_1) - \nabla^T f(x_1)] p_0 = 0$，考虑到 $\nabla f(x) = Qx + b$，同时令 $p_1 = \tilde{x}_1 - x_1$，得到 $p_0^T Q p_1 = 0$，这种关系称为向量 p_0 和 p_1 关于 Q 共轭。

变尺度共轭梯度法就是利用上述共轭关系求解极值的一种优化方法，和传统的共轭梯度法相比可以避免目标函数的收敛陷于局部极小值点，当第 $k+1$ 次的迭代步长 α_k 使得目标函数值增加时，将迭代步长 α_k 强制置零，同时将搜索方向重新定为负梯度方向，重新开始共轭梯度法。迭代完毕，所得结果将收敛于全局极小值点。

2. 遗传算法

遗传算法优化的程序流程如图 2-13 所示。由于采用了选择（selection）、交叉（crossover）、变异（mutation）和掺杂（doping）等构成的遗传操作，使遗传算法带有人工智能的特性，在分析复杂系统时较传统方法更有优势。

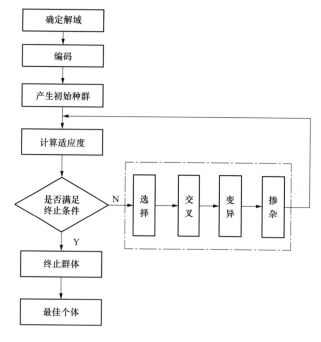

图 2-13 遗传算法流程

2.3.4.4 内插方法的精度比较

在 2.3.4.2 中已经介绍了单频周期信号 $x(t)$ 加矩形窗函数，并采用比值校正算法后的

幅值和相位表达式，分别表示为

$$A = \frac{\pi y_K \Delta K}{\sin(\pi \Delta K)} = F_A(f_0, f_s, N, A_0, \varphi_0) \qquad （2\text{-}25）$$

$$\varphi = \varphi' - \Delta K \pi = F_\varphi(f_0, f_s, N, A_0, \varphi_0) \qquad （2\text{-}26）$$

式中：$F_A(\cdots)$ 和 $F_\varphi(\cdots)$ 分别表示校正后幅值和相位的函数表达式；f_0 为信号频率；f_s 为采样频率；N 为窗长；A_0 和 φ_0 分别表示信号真实的幅值和相位。

因此校正后幅值和相位的误差估计可以用全微分方程表示为

$$\Delta A = A - A_0 \approx \frac{\partial F_A}{\partial f_0} \Delta f_0 + \frac{\partial F_A}{\partial f_s} \Delta f_s + \frac{\partial F_A}{\partial N} + \Delta N + \frac{\partial F_A}{\partial A_0} A_0 + \frac{\partial F_A}{\partial \varphi_0} \Delta \varphi_0 \qquad （2\text{-}27）$$

$$\Delta \varphi = \varphi - \varphi_0 \approx \frac{\partial F_\varphi}{\partial f_0} \Delta f_0 + \frac{\partial F_\varphi}{\partial f_s} \Delta f_s + \frac{\partial F_\varphi}{\partial N} + \Delta N + \frac{\partial F_\varphi}{\partial A_0} A_0 + \frac{\partial F_\varphi}{\partial \varphi_0} \Delta \varphi_0 \qquad （2\text{-}28）$$

通过式（2-27）和式（2-28）可以理论上分析矩形窗比值校正算法的校正精度。对于其他采用各种优化算法的内插技术，由于很难给出具体的理论表达式，采用上述理论分析方法评价其校正精度较为困难。因此，只列举了一个仿真信号初步比较各种内插方法的校正精度，对于各种内插方法理论上的精度分析仍有待进一步深入研究。

采用加噪仿真信号 $x(t) = s(t) + n(t)$，其中 $s(t) = 25\cos(2\pi \times 77.23t + 68 \times \pi/180)$，$n(t)$ 为随机噪声信号，选用矩形窗、汉宁窗作 1024 点 FFT 变换后，采用不同内插方法进行频谱校正。采样频率 2000Hz，频率分辨率为 1.953 125Hz，优化算法终止条件为迭代次数 20 次或者相邻两次迭代频率差小于 0.000 001。遗传算法的染色体长度为 11，交叉概率取为 0.45，变异概率取为 0.1，初始种群数量为 100；细化傅里叶谱（ZoomFFT）的细化倍数为 8。

当信噪比为 15dB 时，各种内插方法计算出的频率、幅值和相位及其误差列在表 2-4 中。从表 2-4 可以看出，当信噪比高时，虽然噪声的影响较小，没有经过内插算法校正的 FFT 谱，其频率、幅值和相位误差仍然很大，根本无法在工程中使用；采用细化傅里叶谱（ZoomFFT），由于细化倍数为 8，即频率分辨率提高 8 倍为 0.244 14Hz，相位仍然有较大误差；其他算法，无论是比值法还是优化算法都能较好满足精度要求；同时，加汉宁窗的误差从总体上来说小于矩形窗，用时也相对少一些。因此，在信噪比高时，采用汉宁窗和算法简单的比值校正就可以满足平衡中的精度要求。

当信噪比为–15dB 时，各种内插方法计算出的频率、幅值和相位及其误差列在表 2-5 中。从表 2-5 可以看出，当信噪比低时，比值法、二分法、黄金分割法的内插精度因噪声的影响大大降低；而算法复杂的变尺度共轭梯度法和带有人工智能的遗传算法受噪声的影响较小，仿真试验表明信噪比低至–20dB 仍然能满足工程使用的要求；采用细化傅里叶谱（ZoomFFT）抗噪声干扰的能力也较强，在一定范围内噪声对细化精度的影响不大。信噪比低时，加汉宁窗的误差从总体上来说小于矩形窗，用时也相对少一些。因此，在信噪比低时，建议采用加汉宁窗和变尺度共轭梯度或遗传算法进行频谱校正。

表 2-4　　　　　采用不同内插方法校正后的频率、幅值和相位，信噪比 15dB

算法	窗形	频率（Hz）		幅值（μm）		相位（°）		用时（s）
		校正值	误差大小	校正值	误差大小	校正值	误差大小	
FFT	矩形窗	78.125 000	0.895 000	17.059 559	7.872 147	−14.497 69	82.497 69	0.040
	汉宁窗	78.125 000	0.895 000	10.945 197	14.054 803	−13.940 13	81.940 13	0.036
比值法	矩形窗	77.222 501	0.007 499	25.012 509	0.012 509	68.949 623	0.949 623	0.051
	汉宁窗	77.228 328	0.001 672	25.011 245	0.011 245	68.119 256	0.119 256	0.040
二分法	矩形窗	77.226 362	0.003 638	24.852 074	0.147 926	68.438 408	0.438 408	0.091
	汉宁窗	77.2301 66	0.000 166	25.016 324	0.016 324	67.904 175	0.095 825	0.080
黄金分割	矩形窗	77.229 543	0.007 069	25.008 288	0.008 288	67.893 870	0.106 130	0.110
	汉宁窗	77.231 745	0.001 745	24.914 724	0.085 276	68.104 505	0.104 505	0.120
变尺度共轭梯度	矩形窗	77.218 438	0.011 562	24.743 805	0.256 195	69.327 743	1.327 745	0.200
	汉宁窗	77.238 784	0.008 783	24.986 491	0.013 509	66.381 724	1.618 276	0.130
遗传算法	矩形窗	77.226 639	0.003 361	24.963 161	0.036 839	68.540 175	0.540 175	0.381
	汉宁窗	77.231 222	0.001 222	24.967 061	0.032 939	67.784 890	0.215 110	0.380
ZoomFFT	矩形窗	77.270 508	0.040 508	24.418 123	0.581 879	60.693 553	7.306 447	0.434
	汉宁窗	77.270 508	0.040 508	24.737 107	0.262 893	60.629 254	7.370 746	0.388

表 2-5　　　　　采用不同内插方法校正后的频率、幅值和相位，信噪比 −15dB

算法	窗形	频率（Hz）		幅值（μm）		相位（°）		用时（s）
		校正值	误差大小	校正值	误差大小	校正值	误差大小	
FFT	矩形窗	76.171 875	1.058 125	19.549 084	5.450 916	154.386 73	86.386 732	0.038
	汉宁窗	76.171 875	1.058 125	12.454 403	12.545 597	167.888 55	99.888 553	0.036
比值法	矩形窗	77.330 506	0.100 506	29.171 668	4.171 668	85.802 864	17.802 864	0.050
	汉宁窗	77.201 036	0.028 964	25.590 732	0.590 732	83.813 964	15.813 964	0.042
二分法	矩形窗	77.416 868	0.186 868	25.249 808	0.249 808	49.315 407	18.684 593	0.081
	汉宁窗	77.600 869	0.370 869	26.818 118	1.818 118	26.375 555	41.624 444	0.090
黄金分割	矩形窗	77.043 616	0.186 384	23.563 850	1.436 150	95.197 554	27.197 554	0.110
	汉宁窗	77.404 562	0.174 562	23.225 083	1.774 917	52.586 499	15.413 501	0.141
变尺度共轭梯度	矩形窗	77.069 340	0.160 660	24.878 093	0.121 907	74.385 179	6.385 179	0.160
	汉宁窗	77.064 761	0.165 239	24.664 601	0.335 399	69.306 425	1.306 425	0.140
遗传算法	矩形窗	77.259 064	0.029 067	20.935 766	4.064 234	72.709 199	4.709 199	0.371
	汉宁窗	77.216 148	0.013 852	24.914 778	0.085 222	69.016 727	1.016 727	0.200
ZoomFFT	矩形窗	77.270 508	0.040 508	28.069 763	3.069 763	61.250 263	6.749 737	0.511
	汉宁窗	77.148 437	0.081 563	26.352 090	1.352 090	74.809 357	6.809 357 3	0.460

为了进一步说明噪声对各种内插方法精度的影响，选择比值法、黄金分割法、变尺

度共轭梯度法和遗传算法这四种作对比分析。将信噪比在 15～–15dB 间变化，加汉宁窗，将动平衡中最关心的相位作为考察对象，计算上述四种内插方法的相位误差，同时为考察相位误差随信噪比的变化趋势，用三阶多项式拟合数据点为光滑曲线，如图 2-14 所示。一般来说，现场动平衡所能允许的最大相位误差为±15°。图 2-14（a）表明比值法的相位误差随信噪比的降低迅速增加，加噪信号的信噪比在低于–10dB 后将超出相位的精度要求；图 2-14（b）表明黄金分割法的相位误差对信噪比的变化十分敏感，轻微地降低信噪比就会导致相位误差的迅速增加和波动，说明该法不适合加噪信号的频谱校正；变尺度共轭梯度法和遗传算法的相位误差随信噪比的降低增加平缓，在加噪信号的信噪比低至–15dB 时，相位误差仍基本在误差允许范围之内，见图 2-14（c）、（d）。在旋转机械运行的复杂工业环境中，环境噪声、线路耦合噪声、电磁场噪声恶化了真实信号，降低了信噪比，在分析各种内插算法精度时必须要充分考虑噪声对信号的干扰，上述对比分析说明变尺度共轭梯度法和遗传算法很适合强噪声环境下的频谱校正，在信噪比较低时校正后的精度能够满足工程应用的要求。

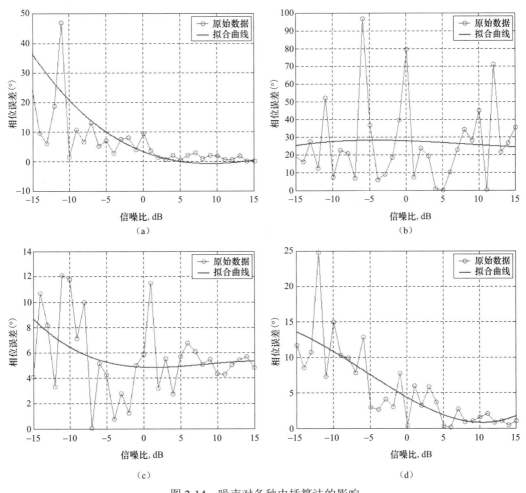

图 2-14　噪声对各种内插算法的影响

（a）比值法；（b）黄金分割法；（c）变尺度共轭梯度法；（d）遗传算法

2.4　转子不平衡响应的知识表达

大型旋转机械是一个包含多个转子、支承及润滑等各子系统的多自由度复杂系统，为了定性分析不平衡故障引起的振动响应，将其简化为一典型的弹性支承多圆盘转子系统。该转子系统的结构简图如图 2-15 所示，图中只象征性地画出两个圆盘，转子的截面惯性矩为 I（不计圆盘的转动惯量），弹性模量为 E，转子的质量集中到圆盘上，圆盘质量 m_n，圆盘的偏心距为 e_n，支承的刚度为 K_x 和 K_y，转子的弯曲刚度为 K，阻尼为 C_x 和 C_y。

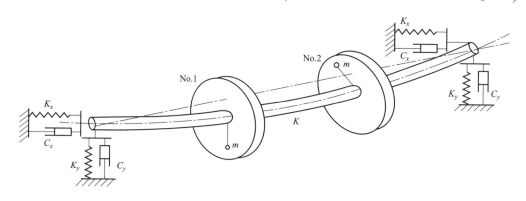

图 2-15　弹性支承多圆盘转子系统振动的力学模型

在不计转子陀螺力矩时，考虑到转子轴承系统刚性和阻尼等的各向异性，用复变量 $r = x + iy$ 表示系统的振动响应，这种表示方法融合系统水平和垂直两个方向的振动幅值、频率和相位信息，比单向的振动响应分析更能揭示转子振动的全貌。根据转子动力学理论，用复变量表示的转子振动微分方程为

$$[M]\{\ddot{r}\} + [C]\{\dot{r}\} + [K]\{r\} = \omega^2\{Q\}e^{i\omega t} \tag{2-29}$$

其中

$$\{Q\} = [m_1 e_1 e^{i\varphi_1},\ m_2 e_2 e^{i\varphi_2},\ \cdots,\ m_N e_N e^{i\varphi_N}]$$

式中：$[M]$ 为转子上各转盘质量 $m_1, m_2, \cdots, m_n$ 组成的对角阵；$[C]$ 为系统阻尼系数矩阵；$[K]$ 为轴的刚度矩阵。

第 j 个圆盘中心振动的稳态解为

$$r_j = \sum_{n=1}^{N} \frac{\lambda_n^2}{(1-\lambda_n^2)^2 + 4\xi_n^2\lambda_n^2} \frac{\varepsilon_n \phi_j^{(n)}}{M} e^{i(\omega t - \theta_n)} r_j \tag{2-30}$$

式中：λ_n 为转子转动频率与第 n 阶固有频率的比值；ε_n 为广义偏心距；$\phi_j^{(n)}$ 为第 n 阶模态振型 $\{\phi^{(n)}\}$ 的第 j 个元素；ξ_n 为第 n 阶模态阻尼系数；θ_n 为第 n 阶模态振型的相位滞后角；$i = \sqrt{-1}$。

式（2-30）说明，集中转子质量的圆盘中心不平衡响应可以看作各阶模态不平衡响应的线性叠加，在自转角速度 ω 确定时，其轨迹为一椭圆（转子各向异性造成）。不平衡响应式（2-30）可最终化简为如下形式

$$r_j = x_j + \mathrm{i}y_j = A_j \sin(\omega t + \alpha_j) + \mathrm{i}B_j \sin(\omega t + \beta_j) \tag{2-31}$$

2.4.1 全息谱中初相点的物理意义

在一个截面上布置两个互相垂直的位移传感器，将其信号经隔直、滤波处理后，应用上述内插技术精确确定出谱线的频率、幅值和相位。本节定义相位为键相信号脉冲前沿滞后第一个正向过零点的角度。提取两方向工频分量后加以合成，得到

$$\begin{cases} x_i = A_i \sin(\omega t + \alpha_i) \\ y_i = B_i \sin(\omega t + \beta_i) \end{cases} \tag{2-32}$$

式中：A_i、B_i 分别为 X 和 Y 两方向的振动幅值；α_i、β_i 分别为 X 和 Y 两方向的振动相位；ω 为转子回转的角速度，$\omega = 2\pi f$，rad/s；f 为回转频率，Hz。

式（2-32）可视为该截面转子工频轴心轨迹的参数方程，其形成的轨迹为一椭圆，称之为工频椭圆，即工频的二维全息谱。根据转子失衡响应的理论分析，当转子只存在不平衡故障时，式（2-32）的物理意义与理论分析所得结果式（2-31）在本质上是一致的，均代表了用向量形式表达的转子失衡响应，这种表达形式兼顾了转子两个方向的振动信息，考虑了转子—轴承系统各向刚度异性的因素，刻画转子的振动特征更全面。

定义当转子上的键相槽正好对着键相传感器，转子进动到初相点位置。由式（2-31）或式（2-32）可定义在第 i 个测量面上工频椭圆中心到初相点的矢量（初相矢）表达式为

$$\overrightarrow{IPP_i} = \sqrt{(A_i \sin \alpha_i)^2 + (B_i \sin \beta_i)^2}\, e^{\,\mathrm{i}\arctan \frac{B_i \sin \beta_i}{A_i \sin \alpha_i}} \tag{2-33}$$

$$\begin{cases} R_i = \sqrt{[A_i \sin(\alpha_i)]^2 + [B_i \sin(\beta_i)]^2} \\ \theta_i = \arctan\{[B_i \sin(\beta_i)] / [A_i \sin(\alpha_i)]\} \end{cases} \tag{2-34}$$

工频椭圆上的初相点，其实质就是转子工频轴心轨迹上 $\omega t = 0$ 的点，如图 2-16 所示。从其表达式可以看出，它兼顾了振动传感器的两个方向，较全面地反映了转子的振动，而且初相点可以明确地指示出转子上不平衡大小和方位。当不平衡的大小和方位发生变化时，工频椭圆上初相点的位置也随之改变。

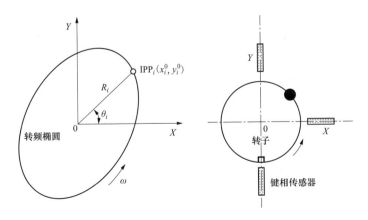

图 2-16 工频椭圆上的初相点

在转子试验台上验证全息谱中初相点所表征的物理意义，试验台如图 2-17 所示。转子上对称布置两个转盘 C 和 D，转盘圆周上均匀布置有螺孔用于添加不平衡质量；传感器 1～4 为电涡流传感器用于测量转子的相对径向振动，分别布置在 A、B 两测量面，且各测量截上两传感器按左右各 45°的方式布置；传感器 5 为键相传感器用于获取键相信号，以便在信号预处理中将各个测量面振动信号的起始时刻统一到键相传感器对准键相槽的时刻；转子的一阶临界转速为 2200r/min。试验转速为 1900r/min 和 3600r/min，分别低于和高于转子一阶临界转速。在试验之前，试验台转子已经过精确的平衡，由不平衡引起的振动响应可以忽略不计。两个转盘均在相同方位加相同试重，模拟不平衡故障。测量加重前后 X、Y 两个方向的轴振，通过全息谱技术分别得到两个测量截面上工频椭圆和初相点。两个工频椭圆大小一致、方位一致，初相点在同一位置。

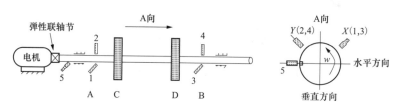

图 2-17　转子试验台布置图

2.4.2　三维全息谱表达不平衡振动响应

对于汽轮发电机组，其转轴是由各汽缸转子和电机转子通过刚性或半挠性联轴节连接而成的轴系，并由若干个轴承支撑，为了反映轴系整体振动的全貌，又在二维全息谱基础上将整个轴系的各测量面工频椭圆按时间和空间位置加以集成，即可获得三维全息谱。

以某电厂国产 200MW 汽轮发电机组为例，说明三维全息谱的信息融合原理。如图 2-18 所示，首先将位移传感器信号经隔直、滤波处理，通过带内插校正算法的 FFT 提取工频分量；将一个测量面 X、Y 两个方向的工频分量加以集成，合成得到工频椭圆；然后将各截面工频椭圆根据空间相对位置排列，并按时间顺序连接工频椭圆上相应的点，即生成三维全息谱。图 2-19 是由上图轴系四个测量面的数据合成得到的三维全息谱，它由四个工频椭圆、四个初相点（IPP）、四根初相矢（IP）以及若干创成线组成。三维全息谱的四个构成要素在旋转机械的故障诊断中分别起到不同的作用，特别是在现场动平衡中，可以通过观察创成线来判明失衡的类型，椭圆的形状和长轴方位反映了轴承的刚性和润滑情况，初相点代表了失衡的方位，初相矢反映了失衡响应的大小。图 2-19 实际上是在 2、3 轴承之间的刚性联轴节上加配重后的结果，由于是刚性联轴器致使其两侧的 2、3 号轴承上工频椭圆的初相点方向相同，创成线基本平行，而 1、2 号轴承之间以及 3、4 号之间的初相点相反、创成线交叉、三维全息谱呈倒锥状，说明此配重在两端轴瓦间为力偶响应。

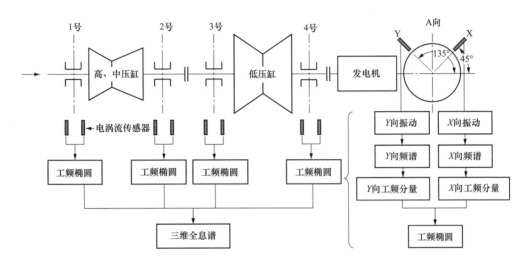

图 2-18 三维全息谱的信息融合结构

对于第 i 个测量面的工频振动信号还可表示为

$$\begin{cases} x_i = A_i \sin(\omega t + \alpha_i) = s_{xi} \sin(\omega t) + c_{xi} \cos(\omega t) \\ y_i = B_i \sin(\omega t + \beta_i) = s_{yi} \sin(\omega t) + c_{yi} \cos(\omega t) \end{cases} \tag{2-35}$$

式中：s_{xi}、c_{xi} 为信号 x_i 的正弦项和余弦项系数；s_{yi}、c_{yi} 为信号 y_i 的正弦项和余弦项系数。

当有 n 个测量面时，为了方便动平衡中的矢量运算，任一测量面 i 的工频椭圆用向量表示为

$$r_i = [s_{xi}, c_{xi}, s_{yi}, c_{yi}], \\ i = 1, 2, \cdots, n \tag{2-36}$$

三维全息谱集成了全部支承处的工频椭圆，其参数矩阵表达式为

$$\mathbf{R} = \begin{bmatrix} r_1 \\ r_2 \\ \vdots \\ r_n \end{bmatrix} \tag{2-37}$$

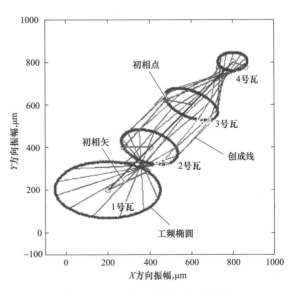

图 2-19 三维全息谱的构成要素

三维全息谱采用式（2-37）的矩阵表达方式后，在动平衡计算中繁琐的矢量计算可以转化为三维全息谱矩阵间的简单加、减，可以方便平衡技术人员的手工计算，提高平衡效率；同时，三维全息谱矩阵表达式不仅能重新绘制出各工频椭圆，而且保留了初相点的相位信息，这对于平衡前的诊断和平衡计算是至关重要的；当三维全息谱矩阵表示添加试重 $1000g\angle0°$ 产生的振动响应时，该矩阵称为迁移矩阵，可以用于动平衡计算。根据初相点的定义，工频椭圆上的初相点其实就是转子工频轴心轨迹上 $\omega t=0$ 的点，坐标为 $x_0=A\sin\alpha$，$y_0=B\sin\beta$。当转子进动到初相点时，转子上的键相槽正好对着键相传感器。因此，当工频椭圆用式（2-36）、式（2-37）的矩阵方式表达后，各工频椭圆上初相点的坐标也可以表示为向量 $[c_{xi}, c_{yi}]$。整个轴系各测量面初相点的矩阵表达式为

$$IPP=\begin{bmatrix} c_{x_1} & c_{y_1} \\ c_{x_2} & c_{y_2} \\ \vdots & \vdots \\ c_{x_n} & c_{y_n} \end{bmatrix} \tag{2-38}$$

不难发现，初相点的矩阵实际就是抽取式（2-37）三维全息谱矩阵的第二、四列得到的，因而三维全息谱的矩阵表达方法能完全重现图 2-19 所示的三维全息谱的所有构成要素。

如前所述，二维全息谱技术综合了两个测量方向的信息，三维全息谱则综合了整个转子各测量面的振动信息，因而在平衡操作时，可以通过带有初相点等要素的工频椭圆和三维全息谱这种二维图形来观察和分析转子某个截面以及整个转子的不平衡振动响应。

2.5 全息谱识别工频故障的技术要点

2.5.1 初相点分析

根据全息谱理论，假定转子轴承系统各向刚性的差异不变时，工频椭圆的偏心率不会发生改变，即椭圆形状不会改变；假定油膜润滑状态没有发生改变时，工频椭圆的长轴倾角就不会发生变化。在此假设条件下，当转子上不平衡质量大小变化 $M_2\neq M_1$，失衡方位不改变 $\Phi_2=\Phi_1$，初相点的初相角不变 $\theta_2=\theta_1$，初相点工频椭圆上的切线仍保持平行，椭圆大小发生改变，初相点矢径长随之改变 $R_2\neq R_1$，如图 2-20a 所示。

当转子上不平衡质量大小不变 $M_2=M_1$，失衡的方位改变 $\Phi_2\neq\Phi_1$，初相点在工频椭圆上的位置必然随之改变，即初相角改变 $\theta_2\neq\theta_1$，初相点工频椭圆上的切线不再保持平行，如图 2-20（b）所示；当转子上失衡大小与方位均发生变化时，椭圆大小变化，同时初相点的矢径长和初相角均发生变化，如图 2-20（c）所示。了解失衡响应的这一规律后，可以通过监测初相点来判断转子的不平衡状态是否改变，某机组高压缸，正常转子连续运行 12 个月，每个月作一组工频椭圆，共十二组（见图 2-21），从图 2-21 可以看出，初相点很稳定，说明转子平衡状态没有变化。

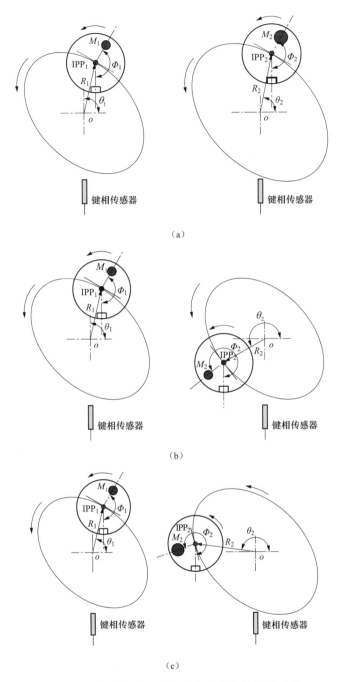

图 2-20　初相点随不平衡大小和方位变化的示意

（a）不平衡质量 $M_2 \neq M_1$，失衡方位 $\Phi_2 = \Phi_1$；（b）不平衡质量 $M_2 = M_1$，

失衡方位 $\Phi_2 = \Phi_1$；（c）不平衡质量 $M_2 \neq M_1$，失衡方位 $\Phi_2 = \Phi_1$

2.5.2　三维全息差谱

不难发现，三维全息谱采取式（2-37）这种矩阵表达方式后，通过矩阵的相减可以更加容易获取转子振动响应的变化，称为全息差谱。例如，当轴系的原始振动用三维全

息谱 R 表示，添加试重 P 后的振动用 R′ 表示，则由纯试重引起的振动响应

$$AR = R' - R \qquad (2\text{-}39)$$

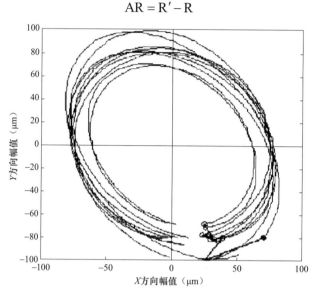

图 2-21　初相点监测图

对于线性的转子模型，全息差谱代表了转子振动响应的变化量，反映转子所受激振力的大小和方位。

如图 2-22 显示了三维全息差谱在动平衡中的一个应用，某汽轮发电机组在一次小修后，发现 1 号轴瓦处在 3000r/min 空载下振动值已达到 270μm，于是机组打闸停机，技术人员决定对高压转子进行动平衡。平衡前振动数据表示为三维全息谱，如图 2-22b 所示 1 号瓦处振动最大，利用 1 号瓦处的振动幅值、相位通过历史数据估算不平衡大小及方位，在汽轮机前箱内转子上添加试重 Q=610g∠250°，再次测量添加试重后的振动响应 [见图 2-22（a）]，利用全息差谱技术获得纯试重 Q 产生的振动响应 [见图 2-22（c）]。在分析中，发现图 2-22（b）中 1、2 号之间创成线交叉，主要表现为力偶不平衡。前箱内添加试重后，图 2-22（c）所示纯试重的振动响应在 1、2 号之间创成线交叉，也主要表现为力偶不平衡。因此，可以预测在前箱内添加合适配重后完全可以实现 1、2 号瓦的振动同时降低，关于如何判别单面配重是否能同时消减两个或更多支承处振动将在第六章详细论述。与此同时，差谱得到的纯试重振动响应还可以通过转换得到单位纯试重 $Q_0 = 1000g∠0°$ 引起的振动响应即该平衡面的迁移矩阵，可以用于平衡计算。

2.5.3　三维全息谱分解

三维全息谱融合了所有轴承横断面的信息和转子的相位信息，其分解技术是进一步利用这些信息用于动平衡和故障诊断的有效手段。当柔性转子工作转速介于第一、二阶临界转速之间时，转子主要受工作转速左右两个相邻不平衡振型的影响，这时转子的三维全息谱可以被分解为力和力偶两部分（见图 2-23）。力不平衡分量由一阶不平衡引起，力偶不平衡分量由二阶不平衡所引起。因此，利用三维全息谱及其分解技术辨别不平衡的类型有着独到的优势，能有效指导动平衡方案的制定。

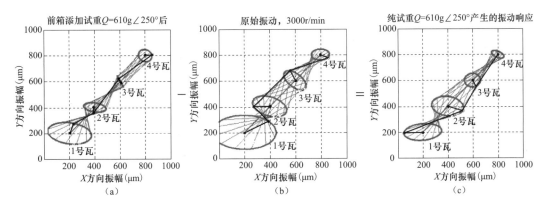

图 2-22　三维全息差谱

（a）添加试重后的三维全息谱；（b）原始振动的三维全息谱；（c）纯试重的三维全息差谱

前面已经分析了通过全息谱技术可以找出转子不平衡响应的变化规律，利用初相点分析等方法判断转子是否失衡，并将不平衡和其他工频故障区分开。一旦确诊不平衡为机组的主导故障，接下来就可以通过三维全息谱分解进一步判断转子的不平衡类型，以便采取相应的平衡方法。当旋转机械转速处于转子一阶、二阶临界转速之间，机组振动主要受一阶、二阶振型的影响，这时原始振动的三维全息谱的创成线一般与椭圆中心的连线不在同一平面上［见图 2-23（a）］，三维全息谱表现为一双曲面。通过三维全息谱分解为力不平衡分量和力偶不平衡分量［见图 2-23（b）、（c）］，可以迅速判明不平衡类型，当不平衡类型是以力不平衡为主时可以采用刚性转子的平衡方法，在工程精度允许范围内直接加纯力不平衡配重加以平衡；当力偶分量较大时，可以采用两面同时加试重的全息动平衡方法。对称转子双面加平衡试重的方法，可以采用将力不平衡分量反向 180°，与力偶分量重新合成；合成的矢量大致表征了原始不平衡量的方向，可以在其反向添加试重。

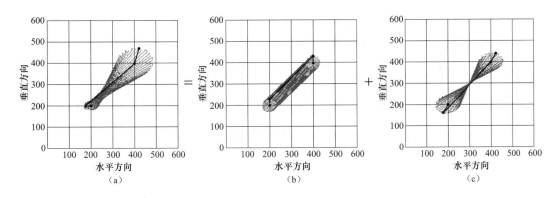

图 2-23　三维全息谱分解

（a）原始振动三维全息谱；（b）分解所得力分量；（c）分解所得力偶分量

2.5.4　空间模态振型

2.5.4.1　发电机组模态分析的难点

模态分析理论是借助自动控制理论中的传递函数概念，用传递函数反映某一系统的输入输出关系，从而计算出该系统的固有特性。对一个复杂系统，利用线性系统的叠加原理，分别研究各阶固有频率附近的振动特性。模态分析的核心内容是确定用以描述结构系统动态特性的固有频率、阻尼比、特别是振型等模态参数，它包括解析模态分析和试验模态分析。

解析模态分析从机械、结构的几何特性与材料特性等原始参数出发，采用有限单元法形成系统的离散数学模型（质量矩阵和刚度矩阵），然后通过求解特征值问题，确定系统的模态参数，它属于结构动力学的问题。对于简单的转子系统，可以通过离散数学模型较为准确获得特征值，然而对于复杂的汽轮发电机转子来说，特别是多转子组成的轴系，通过数学模型求取误差较大。

试验模态分析则是依靠动态测试技术对系统进行测量，得到该系统各测点对某一测点的传递函数。然后采用模态参数辨识方法对实测到的每一个传递函数进行模态参数（固有频率、模态振型、模态阻尼、模态刚度等）辨识，从而也就得到被测系统的固有特性，它属于结构动力学的逆问题。由于试验模态分析的结果来源于对实物的测试，因而得到的模态参数完全符合实物的实际情况。近十年来被广泛地应用于机械行业和其他相关行业，并常常被用作检验理论模型正确与否。工程中的实际结构都是连续振动系统，由于该系统的惯性、弹性、阻尼和运动都依赖于空间坐标，人们不可能获得连续分布式的响应测量和无限多个特征解，因而实际做振动分析、参数识别时，通常将无限多个自由度的连续振动系统离散为有限自由度的离散振动系统。

对于汽轮发电机组而言，制造商在设计阶段都对转子进行了数值计算，同时在制造完成后还需在高速试验台进行了模拟测试，以期获得较为准确的特征值。因此，发电企业在机组安装调试期间就获得了该机组各转子的模态参数。但由于大型汽轮发电机组由较多转子构成，连成轴系后的转子和单个转子的参数存在较大差异，同时支撑系统较试验台也有较大变化。所以，常常需要在机组首次启动时通过振动测量重新确定轴系的临界转速，通常称为实测临界转速，以区别与制造商提供的设计临界转速。

临界转速只是模态参数之一，在振动故障分析中，模态振型的确定尤为重要，在动平衡试验中如果没有得到准确的振型，很难一次配平成功。在制造商的高速试验台（真空状态）上，转子被大型电动机驱动，转子沿轴向可以安排很多测点，获得较为准确的模态振型，然而在机组安装好后，由于转子与汽缸之间有高参数工质，无法布置传感器，只能通过轴承端部的传感器测量振动响应，传统的分析方法只通过单方向的振动响应进行分析，造成模态振型分析准确度大打折扣，同时轴系和单转子的边界条件差异很大，制造商提供模态振型参考价值下降。转子在空间呈现复杂的运动状态（见图2-24），孤立地分析某一方向的振动，并不能了解转子振动的全貌。为此，需要通过新的思路确定轴系的模态振型，以提高故障确诊率和处

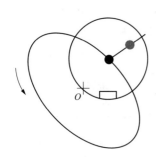

键相传感器

图 2-24　单测量面的
转子运动状态

理效率。

2.5.4.2　空间模态振型的构成原理及要素

在全息谱基础上，通过拟合各工频椭圆上的初相点，结合制造商提供的单转子的振型，可以获得与传统模态振型一致的振型表现形式。由于建立在多传感器的三维全息谱基础上，新的振型更为全面反映机组整个轴系空间的振动形态，称为三维空间模态振型。在此基础上形成的系统的诊断和处理方法，称为三维空间模态分析技术。空间模态振型的构成流程如图 2-25 所示。

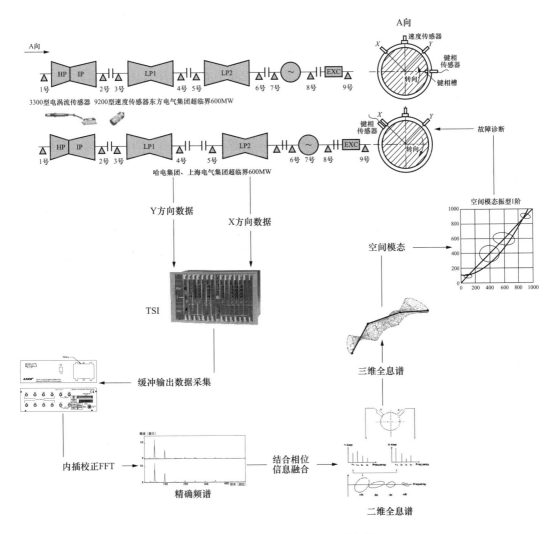

图 2-25　空间模态振型的构成流程图

空间模态振型由工频椭圆、初相点、初相矢量、振型曲线四大要素构成。四个构成要素在发电机组的故障诊断中分别起到不同的作用，特别是在现场动平衡中，可以通过观察振型曲线来判明失衡的类型，椭圆的形状和长轴方位反映了轴承的刚性和润滑情况，初相点代表了失衡的方位，初相矢反映了失衡响应的大小。

2.6 全息谱和其他融合方法的比较

在西安交通大学提出全息谱后，国内外学者也陆续提出了一些类似的方法来研究多传感器信息融合，较有影响的是美国本特利博士提出的全频谱（full spectrum）技术。全频谱的构成原理是：根据解析几何知识，转子的各频率分量轴心轨迹（一般为椭圆）可以分解为正进动圆轨迹和反进动圆轨迹，正进动圆方向和轴心轨迹方向相同，反进动圆方向和轴心轨迹方向相反，将正进动圆半径和反进动圆半径分别按频率画在坐标轴两侧，即可得到全频谱，图 2-26 说明了其构成原理。全频谱也是一种多传感器信息在频域的融合方法，但该方法在相位利用方面同全息谱相比仍有差距，全息谱在每个频率分量的椭圆（轨迹）上都标有初相点，初相点在故障诊断中有着不可或缺的重要作用，例如判断失衡方位等，关于初相点在故障诊断中的作用在下一章中有详细的论述。当分析轴系的振动状况时，全息谱技术可以将各个测量截面的二维全息谱中同频率分量椭圆合成三维全息谱，而全频谱不具备这个功能。与此同时，全频谱由于对相位的利用不充分，无法用于现场动平衡中。表 2-6 给出了全息谱和全频谱在提供诊断特征方面的比较列表。

综上所述，全息谱较其他融合方法所传递的信息更为丰富，尤其是相位信息的利用更为全面。正是基于全息谱的这一技术优势，提出将全息谱用于动平衡前的故障诊断和失衡类型的分析中，减少动平衡的盲目性。关于平衡前的诊断将在第三章中给出详细的阐述。

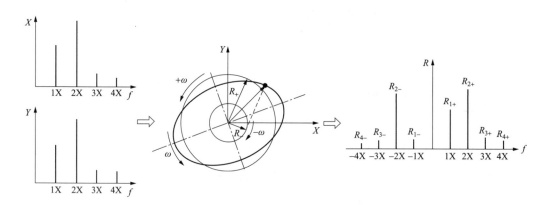

图 2-26　全频谱构成示意

表 2-6　　　　　　　　　　全息谱和全频谱的对比

功　　能	全息谱	全频谱	作　　用
融合了频率信息	●	●	全面了解和应用振动信息
融合了幅值信息	●	●	
融合了相位信息	●	◎	

续表

功　　能	全息谱	全频谱	作　　用
表示进动方向	●	◎	部分低频故障特征为反进动
初相点分析	●	○	不平衡确诊，失衡方向的判断
椭圆偏心率分析	●	○	考察系统刚性的变化
转子姿态角分析	●	○	考察轴承润滑状态的变化
多支承截面分析	●	○	全频谱无法对轴系的多支承截面的振动进行综合分析
用于现场动平衡	●	○	全息谱可以用于表示不平衡振动响应，全息谱分解可用于失衡类型分析等

　　注　●表示具备该功能；○表示不具备该功能；◎表示初步具备该功能。

2.7　常见工频故障的识别

　　除转子不平衡外，常见的工频故障还包括转子热弯曲、转子永久性弯曲、转子或轴承刚性变化、润滑油温改变引起的失稳、轴承间隙过大和刚性不足。

　　根据全息谱理论，假定转子轴承系统各向刚性的差异不变，工频椭圆的偏心率不会发生改变，即椭圆形状不会改变；假定油膜润滑状态没有发生改变，工频椭圆的长轴倾角就不会发生变化。在此假设条件下，当转子上不平衡质量大小不变，失衡的方位改变，初相点在工频椭圆上的位置必然随之改变，即初相角改变；当转子上不平衡质量大小变化，失衡方位不改变，初相点在工频椭圆上的切线仍保持平行，椭圆大小发生改变，初相点矢径长随之改变；当转子上失衡大小与方位均发生变化时，椭圆大小变化，同时初相点的矢径长和初相角均发生变化（见图2-27）。

　　当轴承间隙太大或轴瓦磨损导致间隙过大时，由于初相点在工频椭圆上的位置及其切线方向只取决于转子平衡状态，即不平衡质量的大小与方位，所以工频分量上的初相角不会发生变化；由于轴承间隙变化使支撑刚性发生变化，工频椭圆长短轴比变大，椭圆变扁，很显然这不是失衡问题。同样，

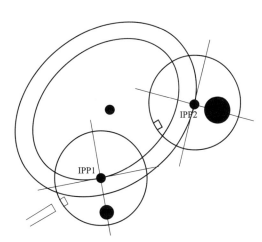

图 2-27　失衡响应示意图

当转子或轴承刚性发生变化时，工频椭圆上的初相点的切线方向仍然保持平行，但椭圆形状和长轴倾角均会发生变化，如图 2-28 所示。当润滑油温改变时，通过二维全息谱分析，如图 2-29 所示，工频椭圆的姿态角发生改变，很容易将其与不平衡故障区分开。

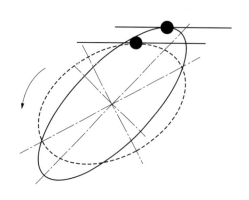

图 2-28　转子轴承系统刚性
发生变化时的二维全息谱

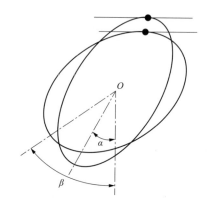

图 2-29　润滑油温改变时
椭圆姿态角的变化

　　不对中故障由于 1X 分量较大，也容易与不平衡故障相混淆，过去采用二维全息谱与提纯轴心轨迹的方法诊断不对中故障取得了很好的效果，这里再补充一点，用联轴节两端的三维全息谱诊断联轴节的不对中故障。某电厂一台国产 300MW 机组的高中压转子和低压转子间为刚性联轴器，作联轴器两端 2 号和 3 号轴承截面的全息谱，发现 2 号轴承二倍频椭圆十分"扁"，偏心率很大，表明该联轴器存在不对中（见图 2-30）；同时，三维全息谱创成线与中心连线不平行，则进一步判明存在较大的角度不对中（见图 2-31）。

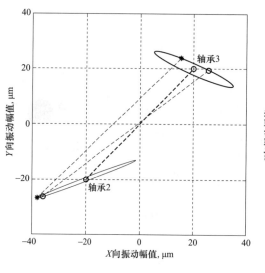

图 2-30　联轴器两端二倍频全息谱

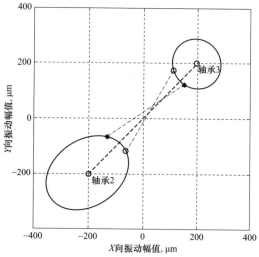

图 2-31　联轴器两端工频全息谱

　　全息谱由于集成了转子运行中各支撑面振动的全面信息，可以在进行全息动平衡前对转子—轴承系统的隐含故障加以确诊和识别。这是一般的傅氏谱或轴心轨迹方法所不能做到的。表 2-7 总结了常见工频故障的类型和借助全息谱识别的方法。

表 2-7 常见工频故障和识别方法

序号	故障类型	识别简图	识别方法
1	转子失衡		发生失衡时，振动增大，同时初相点在工频椭圆上的位置因转子重点位置改变而改变
2	静力失衡		静力失衡时，因转子两端受同向激励，故工频三维全息谱的创成线与轴线平行，初相点方位一致
3	力偶失衡		力偶失衡时，转子两端受反向激励，故工频三维全息谱的创成线交叉成对顶锥形，初相点相位相反
4	转子失衡与系统刚性不对称		系统刚性不对称时，工频二维全息谱呈椭圆形，这类转子失衡改变时工频椭圆形状不变，但初相点位置变化
5	转子或轴承系统刚性变化		转子或轴承刚性发生变化时，工频椭圆形状改变，初相点位置改变，但过初相点椭圆切线与原来平行

大型发电机组振动故障诊断及动平衡技术

续表

序号	故障类型	识别简图	识别方法
6	润滑油温改变		工频椭圆姿态角发生改变
7	轴承间隙过大和刚性不足		工频椭圆的偏心率大
8	转子临时热弯曲		转子临时热弯曲时，工频椭圆大小会改变，初相点位置也会发生变化，但过初相点椭圆切线与原来平行
9	轴承座热态标高变化		振动攀升前后的三维全息差谱呈倒锥形，说明转子在支承截面受到一个附加的力偶

2.7.1 案例：轴承座热态标高变化

目前国内绝大部分汽轮发电机组转子找中心都是在冷态下进行的，当机组启动带负荷后，机组受热使轴承热态下的标高发生变化，导致各轴承负荷重新分配和轴承动力特性的改变，引起轴系振动的明显增加。由于现场检测手段的局限性，很难迅速判明引起剧烈振动的故障原因是轴承座热态标高的改变，通过传统的频谱分析往往将其与转子失衡相混淆，并采用现场动平衡方法消振，不仅效果不明显，而且多次的平衡启停机消耗了大量的燃油和煤，造成巨大浪费。为了测量汽轮发电机组轴承座标高的变化，国内外学者提出了采用连通管原理，通过涡流传感器测量水银面或液面上的金属浮漂，测量两轴承座相对标高的变化，以及利用激光干涉方法测量轴承座绝对标高。针对目前国内300MW以上大型发电机组基本上在各轴承已安装相互垂直的两电涡流传感器的现状，提出在不增加额外轴承座标高监测设备的情况下，运用多传感器信息融合技术充分利用各传感器信息，采用三维全息差谱的分析方法，有效地识别和诊断轴承座热态标高变化的振动故障。

一台国产300MW亚临界中间再热两缸两排汽凝汽式机组，经过现场动平衡后，启

54

动过临界至定速时各瓦振动均正常，并网带负荷后 3、4 号瓦振动值开始爬升，经常达到 160～170μm，振动以一倍频分量为主，含有少数高倍频分量。依靠平衡前所监测的振动数据作工频椭圆（见图 2-32，只选取了一个时间段作为示意）观察，显示转子在稳态运行时，4 号瓦的工频椭圆形态稳定，各个椭圆的初相点位置基本不变，初相点处的切线大致平行，说明转子的原始平衡状态在监测时间内没有变化，不能依靠重新平衡来解决机组的振动问题。

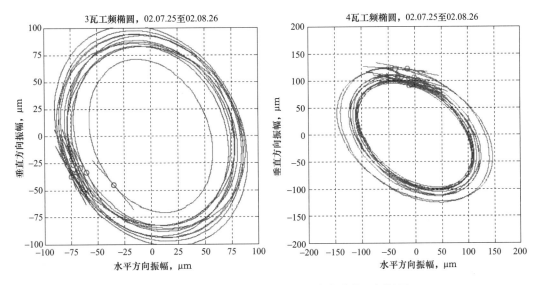

图 2-32　机组 3 瓦与 4 瓦振动二维全息谱的工频椭圆

转子启动时，在低速下振动量不大，说明转子无永久性弯曲。将 2002-04-21 23:40 的 3、4 号瓦轴振数据作出三维全息谱，再与 2002-04-25 8:05 和 2002-04-22 14:05 的两组数据作出的三维全息谱相减，得到的两个差谱均呈倒锥形（见图 2-33），说明转子在 3、

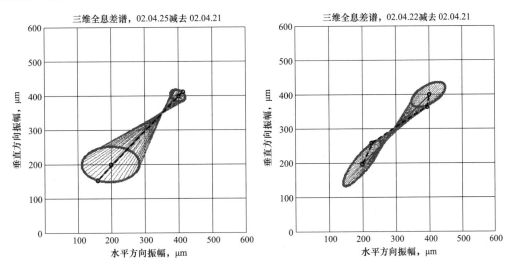

图 2-33　振动爬升前后的工频三维全息差谱

4 号瓦处受到一个附加的力偶，此力偶在刚启动后不存在，时间越长越大，说明了转子受到很大的力偶（见图 2-34），由于转子的转速离二阶临界转速尚远，此力偶分量不可能是二阶模态形成。因此三组数据是在负荷相同，所加的配重相同的条件下采集的，所以只能是转子在运行一段时间后，受热影响导致轴承中心线上抬引起的。轴心轨迹显示严重时还要引起动静部件碰磨，因此伴随有高频分量，如图 2-35 所示的 2002-06-24 第 4 瓦轴心轨迹。

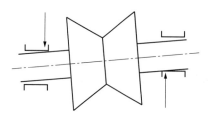 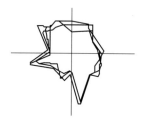

图 2-34　低压缸转子受力偶作用简图　　　图 2-35　振动爬升后 4 号轴承处轴心轨迹图

2.7.2　案例：转子临时热弯曲

全息诊断理论认为，当转子发生热弯曲时，如果转子的原始不平衡状态没有改变，即失衡大小方位没有改变，仅仅因为临时热弯曲后工频振动加大，这时在振动加大前后初相点在工频椭圆上的切线应保持平行。

当转子发生热弯曲时，如果转子的原始不平衡状态没有改变，即失衡大小方位没有改变，仅仅因为热弯曲后工频振动加大，这时在振动加大前后初相点在工频椭圆上的切线应保持平行，表征失衡方位的初相角没有改变；但由于热弯曲会改变激振力的大小，使振动响应变大，工频椭圆变大。某机组启动过程的临界转速前振动还正常，等带负荷后转子受热不均匀，振动逐渐增大直至最后超过安全报警线。工厂一直认为振动原因是不平衡，把转子送到汽轮机厂做高速动平衡，平衡三次仍没有启动成功。后经生产厂家检查回流冷却不均匀致使转子上、下两部分温度不一样，导致热弯曲故障的发生，进气越多，弯曲越厉害；重新按规程安装后，故障消除。通过对转子振动增大过程中不同时段的振动信号的分析，如图 2-36 所示工作转速下不同时段下的工频二维全息谱，是一簇椭圆，作初相点处椭圆切线，发现即使振动很大椭圆长轴的方向都变了，初相角还是没有变，切线还是平行的；而转子发生不平衡故障时，其失衡方位通常是随机产生的，初相角也会随机发生变化，切线保持平行的概率很低，这样就把平衡的问题和弯曲的问题彻底区分开。

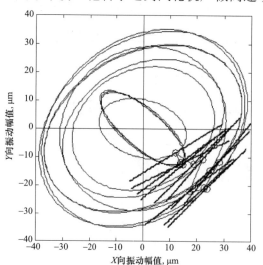

图 2-36　某机组高压缸联轴节端工作转速下热弯曲的二维全息谱

3

轴系全息谱动平衡技术

3.1 概 述

　　大量的统计数据表明，转子的不平衡通常是引起大型汽轮发电机组振动故障的主要原因。大型汽轮发电机组转子是由多个挠性转子组成的轴系，即使各个转子在制造厂经过高速动平衡，在装配成轴系或运行一段时间后，其平衡状态将会发生变化，为降低振动一般采取现场动平衡。现场平衡理论发展很快，目前已基本成熟，但如何进一步提高动平衡精度、减少启动次数仍然是困扰众多工程技术人员的问题。首先，现阶段的平衡方法（无论是模态平衡法或影响系数法），都需要多次试重启动以获取试重的振动响应。另外，尽管机组上为提供了多传感器的信号，但目前平衡技术所用的振动信息，一般都是用一个传感器从一个测量截面的单方向采集，信息的利用程度低，且假设了转子系统各向同性。当转子各向刚度存在明显差异时，必然会带来误差，并导致现场平衡中常常出现用不同方向振动信息所获取的加重方案互相矛盾的现象，降低了平衡精度和效率。

　　转子运动是一种复杂的空间运动，仅用单向传感器测量是不能客观、可靠地反映转子空间运动状态的，必须将传感器信息加以融合。对于大型汽轮发电机组，为了全面了解机组振动状况，一般在每个轴承截面均安装有两个相互垂直的电涡流传感器用以监测转子振动，这为通过信息融合技术提高平衡精度和效率提供了条件。转子的二维全息谱是将转子表面互相垂直的振动位移信号加以集成的结果，充分利用了幅、频、相信息。为了反映一个转子的整体振动，又将多个振动截面的同一阶二维全息谱图进行综合，就形成了三维全息谱。由于全息谱技术充分利用了常常忽视的相位信息，同时又充分考虑了多传感器信息之间的相互关系，将该技术用于轴系的现场动平衡中必将提高平衡精度和效率。

　　在全息谱技术基础上，将多传感器信息融合技术与柔性转子现场动平衡技术充分结合，提出了针对轴系的全息动平衡方法；同时，将计算机模拟、遗传算法优化等优化技术应用到现场动平衡中，简化了平衡操作，提高了平衡的精度和效率。

3.2 轴系全息动平衡中的技术要点

3.2.1 迁移矩阵

设机组上有 A，B，C，$\cdots$，M 个平衡面，在 A 平衡面上加单位试重 $1000\mathrm{g}\angle0°$ 后，

通过三维全息差谱计算单位试重所产生的振动响应，也可用一个三维全息谱矩阵表示

$$R_A = \begin{bmatrix} r_1 \\ r_2 \\ \vdots \\ r_n \end{bmatrix}_{n \times 4} \tag{3-1}$$

同理，可以得到其他平衡面添加单位试重的振动响应 R_B、R_C、$\cdots$、R_M。不同于传统影响系数法中的影响系数 α_{ij}（表示在第 i 个平衡面加重对 j 测量面上某个方向振动的影响），R_A、$R_B$$\cdots$充分利用了轴系中所有传感器的信息，表达了平衡面 A，B，C，$\cdots$ 上加有试重$1000g\angle 0°$ 时，此试重形式对各个支承面1，2，3，$\cdots$振动的综合影响，称为迁移矩阵。迁移矩阵是进行轴系全息动平衡的基础。

迁移矩阵可以跟踪一次现场动平衡过程得到，亦可以用实验或计算得到。对于新机组，可以类比现有同类机组的迁移矩阵，然后根据实际平衡的结果加以修正。

3.2.2 线性假设

线性假设可以描述为若机组上提供多个可用的平衡面，机组各个平衡面上全部配重在轴承上的总振动响应等于各个配重在轴承上的单独振动响应之和，即机组对配重质量的响应呈线性叠加关系

$$f(x, y, z, \cdots) = f(x) + f(y) + f(z) + \cdots \tag{3-2}$$

实践证明，即使是数十万千瓦的大机组，仍然在现场平衡过程中遵循此线性假设关系。依据此线性假设，便可以借助机组各个平衡面的迁移矩阵，通过简单的加减运算来获得不同平衡配重分布下各个轴承处的振动响应。因此，若机组上分布数个不平衡，也可以通过逐个平衡的方法来实现机组整体平衡，这保证了通过数个平衡面实现机组整体平衡的可行性。

验证现场动平衡中的线性假设：利用迁移矩阵按照线性假设计算某个配重分布下各轴承处的振动三维全息谱，并将该配重分布添加到机组上，测量其实际振动，通过比较计算结果与实测结果验证线性关系的正确性。图 3-1（a）是在某高中压分缸机组上添加试重后的实测结果构建的三维全息谱，图 3-1（b）是在已知迁移矩阵基础上根据所加试重分别进行适当的缩放和旋转，线性叠加后得到的振动影响三维全息谱。二者不论从工频椭圆的形状、大小以及初相点的方位都较为一致，说明线性假设完全能够满足工程计算的要求。

3.2.3 角度补偿

转子在空间一边自转一边公转（涡动），自转是均匀的圆周运动，而公转轨迹为一椭圆。虽然转子自转一周的同时也在工频椭圆上公转一周，但两者间并不是固定的对应关系。转子公转在工频椭圆的长轴附近的角速度慢，在短轴附近的角速度快。只有从长轴两个端点到与短轴两个端点之间，转子的公转与自转转过的角度相等，即等于90°。因此，初相点在工频椭圆上移过涡动 δ 角，则转子自转过 θ 角，一般情况下两者并不相等，且工频椭圆的偏心率越大二者之间的差别越大。如图 3-2 所示，初相点在椭圆上由点 X_1 移到 X_2，则两者之间的关系

$$\begin{cases} \theta = \arctan\{(a/b)\tan(\beta-\phi)\} - \arctan\{(a/b)\tan(\alpha-\phi)\} \\ \delta = (\beta-\phi)-(\alpha-\phi) \end{cases} \quad (3\text{-}3)$$

式中：φ 为工频椭圆长轴的倾角；a、b 为椭圆长轴与短轴的半长；α、β 为椭圆上 X_1 与 X_2 和 X 轴的夹角。

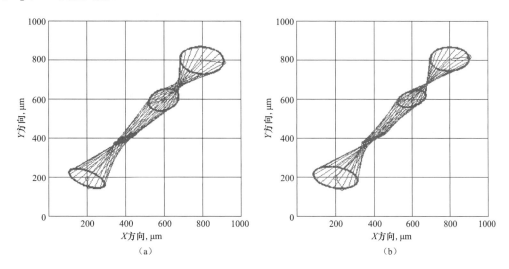

图 3-1　验证线性假设

（a）实测振动三维全息谱；（b）线性叠加后得到的振动三维全息谱

在全息动平衡的计算中，失衡点在转子上移动一定的角度，对应的工频椭圆初相点也在椭圆上移动一定的角度，在系统其他参数不变的情况下，这一对应关系相当于转子自转角度对应转子涡动角度间的关系。因此，在全息动平衡中若想利用这一关系寻找失衡点，即某一个涡动角求取对应的自转角，就需要对两者之间的差异进行补偿计算。

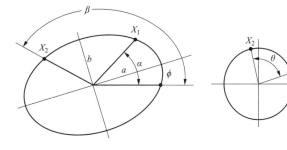

图 3-2　角度补偿示意

传统的影响系数法利用单方向的信号进行动平衡计算，实质上是假定转子系统的各向同性，认为转子在一个测量面的涡动是一个圆，单位时间内转子的自转角度等于空间涡动角度，应该不存在从信号到转子的角度误差。但是，影响系数法的核心在于影响矩阵——该矢量矩阵的物理意义就是单位试重引起的响应，在使用影响矩阵计算能够消减振动的配重分布时，仍然涉及从信号相位到转子物理角度这样一个对应过程，同样的角度误差已被涵盖在计算中。特别是当工频椭圆过扁时，会导致影响系数法的影响矩阵失真（趋于奇异），从而导致计算失败。

在轴系全息动平衡中，当根据纯试重振动响应计算迁移矩阵，以及由迁移矩阵计算平衡配重时，都必须用到角度补偿。

3.2.4　移相椭圆

转子轴系原始振动三维全息谱上，各工频椭圆的初相点提示了失衡的相位和大小，应该将配重椭圆上初相点放在与前述初相点呈镜面对称的位置上，即移相椭圆的中心。设原始振动轨迹上轴承中心到初相点的向径为 org，加试重后初相点的向径为 res，则向量 tw 表示了试重使初相点产生的移位。若加重后的初相点的向径为 res 仍然在原始轨迹上，则这时，试重仅仅起到使初相点在原始轨迹上移位的作用，并没有改变原始轴心轨迹的形状与大小。把这样一类的试重连接起来，形成了一个与原始轨迹形状相同，但中心移位的试重椭圆，称之为移相椭圆，如图 3-3 中虚线所示。

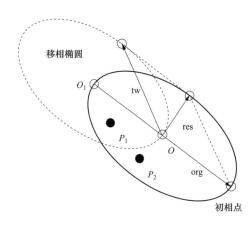

图 3-3　移相椭圆的形成

按照矢量相加原理，当试重椭圆的初相点位于移相椭圆之外时，如图 3-3 中的 P_2 点，试重只有加大振动；反之，当试重椭圆的初相点位于移相椭圆之内时，如图 3-3 中的 P_1 点，试重有减小原始振动的作用；而当试重椭圆的初相点位于移相椭圆之上时，试重将不会改变原始椭圆的大小。移相椭圆是界定所加试重对平衡影响大小的边界，所以在平衡时，应以移相椭圆的中心作为试重椭圆初相点的努力目标。

 ## 3.3　基于全息谱技术的不平衡方位估计

对于传统的动平衡过程，通常采用的方法是，先在各平衡面添加试重，测量各平衡面的试重响应，计算影响系数，建立平衡方程组，最后求解平衡配重。当采用一次加准法时，可以不再按传统平衡方法的规定步骤进行，而是直接根据测量的机组振动信号来估计不平衡的大小和方位。对于不平衡量（或试重）的大小，估计方法有两种，一种是根据经验公式计算，当转子在机器本体上进行平衡时，每个加重面上的试加重量为

$$M = A_0 \frac{Gg}{r\omega^2 S} \tag{3-4}$$

式中：M 为转子某一平衡面上试加重量，kg；A_0 为转子某一轴承处的原始振幅，μm；r 为加重半径，m；ω 为平衡时转子角速度，rad/s；G 为转子质量，kg；g 为重力加速度，m/s^2；S 为灵敏度系数，根据机组类型及轴承座动刚度取不同的值。

另一种是根据同型机组影响系数计算求得，计算公式如下

$$M = \frac{A_0}{|\alpha|} \tag{3-5}$$

式中：α 为相关测点影响系数，μm/kg。

对于不平衡方位的估计方法也有两种：一种是影响系数法，该方法实际上是将式

（3-5）中变量变为矢量后计算的结果；另一种方法是机械滞后角法。使用影响系数法计算试重方位虽然简单，但由于影响系数法方向上存在较大分散性（转子轴承系统的各向异性造成），同时当受非线性因素的影响时影响系数的重复性很差，即使是同型机组，求得的试加重量方向也不可靠，同时平衡人员要想积累各种形式、不同加重平面的影响系数需要较长时间，因此影响系数法确定试加重量的方向也有较大误差和局限性，所以在平衡中更为常用的是后一种方法，即机械滞后角法。

希望通过一次加重就能达到较好的平衡效果，不平衡方位相对不平衡大小的估计更为关键，本节将利用全息谱技术和启停机数据改进机械滞后角法，以提高该方法的精度。

3.3.1 估计不平衡量方位的机械滞后角法及其误差分析

为了讨论方便，以一个刚性转子为分析模型（见图 3-4），说明利用机械滞后角估计不平衡方位的方法。

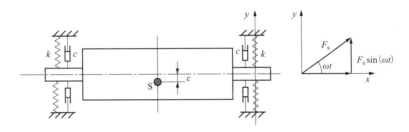

图 3-4　分析机械滞后角的力学模型

假定转子的质心 S 位于两轴承的中心，且两侧轴承的支承刚度 k 相等，转子质量为 m，偏心距为 ε，系统阻尼系数为 c，转动时产生的静不平衡离心力为 $F_s = m\varepsilon\omega^2$，系统在不平衡离心力的作用下的 y 方向的运动方程为

$$R_A = \begin{bmatrix} r_1 \\ r_2 \\ \vdots \\ r_n \end{bmatrix}_{n\times4} \quad m\frac{\mathrm{d}^2 y}{\mathrm{d}t^2} + c\frac{\mathrm{d}y}{\mathrm{d}t} + 2ky = m\varepsilon\omega^2 \sin(\omega t) \tag{3-6}$$

方程的解是由通解 y_1 和特解 y_2 叠加而成。其中

$$\begin{cases} y_1 = e^{-\zeta t}[A_1 \sin(\sqrt{\omega_1^2 - \zeta^2}\,t) + A_2 \cos(\sqrt{\omega_1^2 - \zeta^2}\,t)] \\ y_2 = A\sin(\omega t - \delta_0) \end{cases} \tag{3-7}$$

其中

$$A = \frac{\varepsilon\omega^2}{\sqrt{(\omega_1^2 - \omega^2)^2 - 4\zeta^2\omega^2}} \tag{3-8}$$

$$\delta_0 = \arctan\left(\frac{2\zeta\omega}{\omega_1^2 - \omega^2}\right) \tag{3-9}$$

式中：$\omega_1 = \sqrt{2k/m}$；$\zeta = c/2m$ 为阻尼比。随着时间 t 的增加，$e^{-\zeta t} \to 0$，所以稳定状态下 $y = y_2 = A\sin(\omega t - \delta_0)$，显然强迫振动力 $F_y = m\varepsilon\omega^2 \sin(\omega t)$ 所产生的振动在其相位上

落后于激振力 δ_0 角，在振动研究中，通常把 δ_0 角称为机械滞后角。上述结论虽然是以刚性转子为动力学模型推导出来的，工程实践表明在柔性转子的动平衡中仍然适用，只是机械滞后角针对不同的支承方式和自振频率取值不同。

通过式（3-7），可以将转子振动响应的相位和物理上的转子不平衡方位联系起来。因此，在现场动平衡过程中，如果已事先知道机械滞后角，就可以通过振动响应的相位判断出转子不平衡的方位。

传统的通过单方向传感器的机械滞后角法如图 3-5 所示，以 X 方向传感器为例，机械滞后角法估计不平衡方位的步骤如下：

（1）测量 X 方向振动响应表示为 $x = A\sin(\omega t + \alpha)$，$A$ 为幅值，α 为相位。

（2）以 X 方向传感器顺转向标出相位 α（正向零点到键相脉冲的角度）为起点，逆转向 90° 获得振动高点。

（3）由于振动落后于激振力 δ_0 角，由振动高点顺转向 δ_0 角为激振力方位，即不平衡方位，计算出转子键槽顺转向到不平衡方位的角度 Φ；记键相传感器顺转向到 X 方向传感器的角度为 ϕ_x，则不平衡方位 Φ 为

$$\Phi = \phi_x + \alpha - 90° + \delta_0 \tag{3-10}$$

（4）添加平衡配重的方位，即为转子键槽顺转向（$\Phi-180°$）。

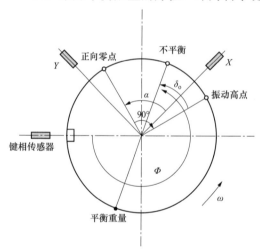

图 3-5　利用机械滞后角确定不平衡方位

在现场动平衡中，机械滞后角法被技术人员广泛应用于转子不平衡方位的估计，希望在此基础上一次添加试重就能将不平衡引起的振动降低。然而，在实际应用中，发现传统的基于单传感器的机械滞后角法存在较大的估计误差。当技术人员采用式（3-10）估计不平衡方位时，其估计精度主要受 α（单向传感器测得的振动响应相位）和 δ_0（机械滞后角）这两个因素的影响：

（1）转子的运动是一种复杂的空间运动，仅用单向传感器测量是不能客观和可靠地反映转子空间运动状态的。尤其是当转子轴承系统各向刚度存在明显差异时，X 和 Y 两方向传感器测量的振动相位相差并非 90°，因而造成利用两个不同方向传感器计算得到的不平衡方位相差较大，平衡技术人员难以取舍，从而降低了平衡的精度。

（2）在许多参考文献中都给出了不同的支承方式和平衡转速下机械滞后角的选取范围，但合理的选取机械滞后角仍很大程度上依赖平衡人员的经验。对于一组相同的不平衡测试数据，不同的平衡技术人员往往会根据自己的经验得到不同的结论。

因此，要想提高不平衡方位的估计精度，必须利用多传感器融合技术以减少应用单传感器带来的估计误差，同时减少机械滞后角选取时对平衡人员经验的依赖，提高选取

机械滞后角的精度。

3.3.2 基于双传感器的机械滞后角法

在前面章节中已多次提到，当一个测量截面上安装由两个相互垂直的传感器时，采用基于信息融合的全息谱方式描述振动响应能更加全面地反映转子的振动行为，因此希望将工频二维全息谱用于不平衡方位的估计。

首先需要说明的是基于单传感器的相位估计误差。假定在顺转向上依次布置有两个相互垂直的传感器 X 和 Y，从 X 方向传感器拾取的工频振动响应可以表示为 $x = A\sin(\omega t + \alpha)$，从 Y 方向传感器拾取的工频振动响应表示为 $y = B\sin(\omega t + \beta)$。按照式（3-10）的推导方式，可以得到 Y 方向传感器估计得到的不平衡方位，为了加以区别，用 $\varPhi_x$ 表示用 X 方向传感器估计得到的不平衡方位，用 $\varPhi_y$ 表示用 Y 方向传感器估计得到的不平衡方位，记键相传感器顺转向到 Y 方向传感器的角度为 $\phi_y = \phi_x + 90°$，$\varPhi_y$ 表达式为

$$\varPhi_y = \phi_y + \beta - 90° + \delta_0 \tag{3-11}$$

当转子-轴承系统符合各向同性要求时，两传感器拾取的振动响应幅值相等 $A = B$，相位存在关系 $\beta = \alpha - 90°$，如图 3-6 所示。用 X、Y 两方向传感器获得的振动高点重合，高点的相位为 X 方向传感器顺转向 $\alpha - 90°$。

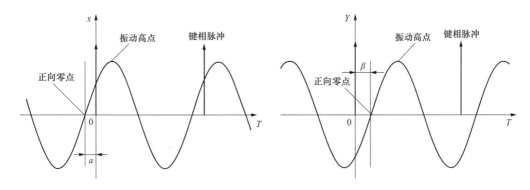

图 3-6　当转子各向同性时 X、Y 两方向振动的相位关系图

将两个传感器的信号合成转子的工频进动轨迹（二维全息谱上的工频椭圆），当转子上键槽对准键相传感器即 $t = 0$ 时，转子在进动轨迹上的坐标 $x_0 = A\sin\alpha$、$y_0 = -A\cos\alpha$，坐标原点到该点的矢量表示为 $Ae^{i(\alpha - 90)\pi/180}$，这其实是一个特殊的初相点，其所在的工频进动轨迹是一个圆，如图 3-7 所示。从 X 方向传感器顺转向到该初相点的角度为初相角 $\theta = \alpha - 90°$，由图 3-7 不难看出初相角与振动高点相位一致，因此式（3-10）可以改写为

$$\varPhi = \phi_x + \theta + \delta_0 \tag{3-12}$$

由于此时 $\varPhi_x$ 与 $\varPhi_y$ 相等，所以式（3-12）略去了下标，θ 即为高点相位。

显然，上述推导是在假设系统各向同性时得到的，在系统各向同性时，通过 X、Y 单向传感器获得的振动高点和初相点重合。

由于现场机组转子－轴承系统往往存在各向异性，采用不同方向传感器获得的振

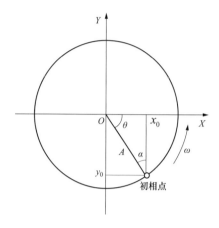

图 3-7　转子-轴承系统各向同性时
初相点和振动高点的关系

动高点不一致，甚至出现用不同传感器估计的不平衡方位相互矛盾的情况。如果转子顺时针方向旋转，从 X 方向传感器拾取的工频振动响应为 $40\mu m\angle 40°$，从 Y 方向传感器拾取的工频振动响应为 $60\mu m\angle -20°$，则用 X 方向传感器计算的高点相位为 $-50°$，用 Y 方向传感器计算的高点相位为 $-20°$，二者相差 $30°$，用于不平衡相位估计误差较大。将各方向计算得到的振动高点和初相点画在一个图上，考察转子-轴承系统各向异性时初相点和振动高点的关系，如图 3-8 所示。图 3-8 中假定 X 方向传感器拾取的工频振动响应幅值为 $40\mu m$，从 Y 方向传感器拾取的工频振动响应幅值为 $60\mu m$，两传感器获取的工频振动响应在相位上相差

$\alpha-\beta=60°$。从图 3-8 可以看出，由于转子-轴承系统的各向异性，两个单向传感器的振动高点相位和初相点相位均不重合。进一步研究表明，三点不重合的原因是转子失衡与系统刚性不对称故障同时存在。

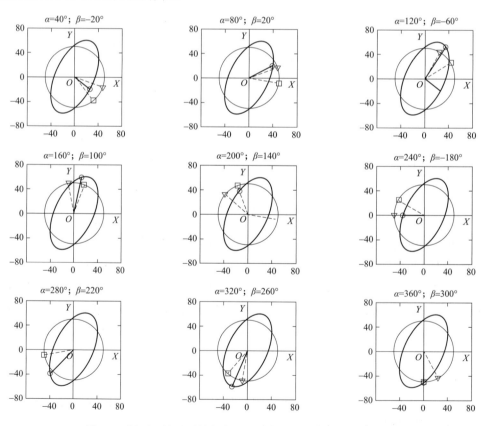

图 3-8　转子-轴承系统各向异性时初相点和振动高点的关系

□—X 方向传感器获得的振动高点；▽—Y 方向传感器获得的振动高点；○—初相点

从纯数学的角度分析，工频椭圆可以分解为正进动圆和反进动圆（见图 3-9），正进动圆方向和工频进动轨迹方向相同，反进动圆方向和轨迹方向相反。进一步的转子动力学理论研究表明，分解得到的正进动圆和反进动圆分别代表不同的物理含义。当系统只存在失衡与系统刚性不对称两种故障时，正进动圆代表了失衡引起的响应，而反进动圆则是由于刚性不对称造成。当转子-轴承系统各向同性时，工频椭圆退化为一个正进动圆，反进动圆退化为一个点，此时两个单向传感器的振动高点和初相点重合。当转子-轴承系统各向异性时，为了消除系统的各向异性对不平衡估计的影响，可以先将工频椭圆进行正进动圆和反进动圆分解，同时将工频椭圆上的初相点 IPP 也向正进动圆和反进动圆上分解，得到正进动圆上初相点为 IPP_p，用正进动圆代表失衡引起的振动响应，在正进动圆上估计振动高点。

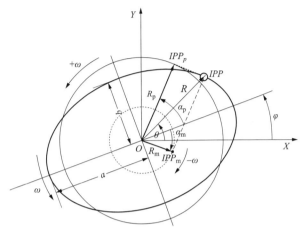

图 3-9　工频椭圆的分解（图中符号的下标 p 表示正进动，下标 m 表示反进动）

将工频振动信号表示为

$$\begin{cases} x = A\sin(\omega t + \alpha) = s_x\sin(\omega t) + c_x\cos(\omega t) \\ y = B\sin(\omega t + \beta) = s_y\sin(\omega t) + c_y\cos(\omega t) \end{cases} \tag{3-13}$$

式中：s_x、c_x 为信号 x 的正弦项和余弦项系数；s_y、c_y 为信号 y 的正弦项和余弦项系数。工频椭圆上 $\omega t = 0$ 时的初相点表示为：$x_0 = c_x$，$y_0 = c_y$。计算椭圆长短轴半径 a 和 b，以及长轴倾角 φ

$$\begin{cases} a = 0.5(d_1 + d_2) \\ b = 0.5(d_1 - d_2) \\ \varphi = \dfrac{1}{2}\arctan\left[\dfrac{2(c_x c_y + s_x s_y)}{(c_x^2 + s_x^2) - (c_y^2 + s_y^2)}\right] \end{cases} \tag{3-14}$$

其中

$$\begin{aligned} d_1 &= \sqrt{(c_x^2 + s_x^2) + (c_y^2 + s_y^2) + 2(s_y c_x - s_x c_y)} \\ d_2 &= \sqrt{(c_x^2 + s_x^2) + (c_y^2 + s_y^2) - 2(s_y c_x - s_x c_y)} \end{aligned} \tag{3-15}$$

图 3-9 中正进动圆和反进动圆的半径及初相点相位（从 X 方向顺时针计算）表示为

$$\begin{cases} R_{\mathrm{p}} = 0.5(a+b) \\ \theta_{\mathrm{p}} = \varphi + \alpha_{\mathrm{p}} = \varphi + \arctan\left(\dfrac{a}{b}\dfrac{c_y\cos\varphi - c_x\sin\varphi}{c_y\sin\varphi + c_x\cos\varphi}\right) \\ R_{\mathrm{m}} = 0.5(a-b) \\ \theta_{\mathrm{m}} = \varphi + \alpha_{\mathrm{m}} = \varphi - \alpha_{\mathrm{p}} = \varphi - \arctan\left(\dfrac{a}{b}\dfrac{c_y\cos\varphi - c_x\sin\varphi}{c_y\sin\varphi + c_x\cos\varphi}\right) \end{cases} \quad (3\text{-}16)$$

正进动圆上初相点可以表为矢量形式 $R_{p}\angle\theta_{p}$

$$\begin{cases} R_{\mathrm{p}} = 0.5(a+b) \\ \theta_{\mathrm{p}} = \varphi + \alpha_{\mathrm{p}} = \varphi + \arctan\left(\dfrac{a}{b}\dfrac{c_y\cos\varphi - c_x\sin\varphi}{c_y\sin\varphi + c_x\cos\varphi}\right) \end{cases} \quad (3\text{-}17)$$

将正进动圆作为排除各向异性干扰后的不平衡振动响应，X、Y 两方向传感器的振动信号表示为

$$\begin{cases} x_{\mathrm{p}} = A_{\mathrm{p}}\sin(\omega t + \alpha_{\mathrm{p}}) = R_{\mathrm{p}}\sin(\omega t + \theta_{\mathrm{p}} + 90°) \\ y_{\mathrm{p}} = B_{\mathrm{p}}\sin(\omega t + \beta_{\mathrm{p}}) = R_{\mathrm{p}}\sin(\omega t + \theta_{\mathrm{p}}) \end{cases} \quad (3\text{-}18)$$

显然，经过正进动圆和反进动圆分解后，用正进动圆作为不平衡振动响应，消除了各向异性对振动高点估计的影响，正进动圆上 X、Y 方向传感器获得的振动高点和初相点又重新重合在一起，此时振动高点相位为 θ_{p}。因此，式（3-12）可以改写为如下等式

$$\Phi = \phi_x + \theta_{\mathrm{p}} + \delta_0 \quad (3\text{-}19)$$

将图 3-9 中的正进动圆初相点 IPP_{p} 用于获于振动高点，就可以同时兼顾两个方向传感器的相位信息，消除转子—轴承系统各向异性的影响，提高不平衡方位的估计精度。为此，将机械滞后角重新定义为：用正进动圆上初相点方位表示的不平衡振动响应相位落后于不平衡激振力的角度，仍用 δ_0 表示。在现场动平衡中的应用表明，上述方法能减少不平衡方位的估计误差。某电厂引进型 600MW 机组，1 号轴承处振动超标，X 方向振动 $251\mu m\angle132°$，Y 方向振动 $132\mu m\angle11°$，两传感器振幅相差近一倍，可以看出系统存在明显的各向异性。按式（3-17）计算正进动圆上初相点来表示 1 号轴承处振动：$R_{\mathrm{p1}} = 201.2\mu m$，$\theta_{\mathrm{p1}} = 22.4°$。该机组高压缸转子为柔性支承，支承共振转速约为 2400r/min 左右低于工作转速，根据历史平衡记录取机械滞后角为 175°，转子上键槽顺转向到 X 方向传感器的角度为 135°，因此估计的不平衡方位 $\Phi = 135° + 22.4° + 175° = 332.4°$，平衡配重应添加在从键槽起顺转向 152.4°，结合经验公式和影响系数法（按初相矢计算）计算添加配重质量为 690g，按计算结果添加配重 1 号轴承处振动 X 方向降为 $73.4\mu m\angle328°$，Y 方向振动 $58.5\mu m\angle66°$，实现了机组的一次加准平衡，且平衡效果较好。

3.3.3 启停机数据在机械滞后角法中的应用

在 3.3.2 中，已经论述了采用正进动圆上初相点代替传统意义上振动高点估计不平衡方位，可以消除了各向异性的干扰，在实际应用中较传统单传感器的机械滞后角法能更为准确地确定不平衡方位。然而，即使采用正进动圆上初相点代替振动高点后，仍有一

个很关键的因素制约着不平衡方位的估计精度，那就是机械滞后角的选取。在许多参考文献中都给出了不同的支承方式和平衡转速下机械滞后角的选取范围，但合理的选取机械滞后角仍很大程度上依赖平衡人员的经验。当机组存在历史平衡的记录时，为了避开选取机械滞后角时对平衡人员经验的依赖，提出利用历史平衡记录的启停机数据进一步提高估计精度。

在机械滞后角的理论推导中，发现式（3-9）中机械滞后角 δ_0 并不是一个常数，在机组启动过程中它将随着转速等参数变化，但由于不同转速下测得的振动响应不同，因而采用公式（3-19）仍能得到一致的不平衡方位。通常都是利用工作转速下的振动响应估计不平衡方位，如果能将启停机的数据加以综合利用，必然会提高不平衡方位估计的精度。

不同转速下的机械滞后角可以采用理论计算或试验方法获得，由于理论计算需要对转子系统的固有特征参数如阻尼系数等进行假设或估计，尤其对于柔性转子采用式（3-9）计算机械滞后角时，精度不能满足要求，所以采用试验的方法，利用机组加试重前后的启停机数据来拟合机械滞后角随转速的变化关系。

下面以单面平衡为例，说明如何利用经验模态分解技术处理启停机数据来提高不平衡方位估计精度：

（1）选择一次机组平衡的历史数据，采用经验模态分解技术获得启动的波德图，在一定的转速范围内等间隔选择一组测量转速 $V_i (i = 1, 2, \cdots, N)$ ，将未加配重前的机组停机数据中各测量转速 V_i 下的原始振动响应，表示为三维全息谱矩阵形式 $R_0^i (i = 1, 2, \cdots, N)$ 。

（2）将转子上添加配重 $M \angle \Phi$ 后的启动数据也按照上述方式选取，将各测量转速 V_i 下添加配重后振动响应表示为三维全息谱矩阵形式 $R_T^i (i = 1, 2, \cdots, N)$ ；用全息差谱方式获得不同转速下纯试重产生的振动响应 $R_P^i = R_T^i - R_0^i (i = 1, 2, \cdots, N)$ 。

（3）为了消除各向异性的影响，将工频椭圆（工频二维全息谱）进行正进动圆和反进动圆分解，按式（3-13）～式（3-17）计算正进动圆上初相点相位 θ_p^i ，然后计算不同转速下的机械滞后角 δ_i

$$\delta_i = \Phi - \phi_x - \theta_\mathrm{p}^i \qquad (3\text{-}20)$$

（4）建立在整个变转速范围内转速和机械滞后角之间的映射关系，如图 3-10 所示。

（5）当机组出现新的不平衡时，测量机组在不同转速下的振动响应，获得各测量转速下不平衡响应的正进动圆初相点相位 θ_p^i ，将各测量转速带入到上述映射关系中，获得相应转速下的机械滞后角 δ_i ，代入式（3-19）

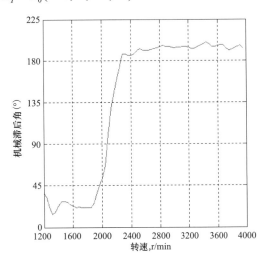

图 3-10　启动过程转速和机械滞后角间的关系

计算不平衡方位，将不同转速下估计得到的不平衡方位取均值作为估计结果，试验表明

大型发电机组振动故障诊断及动平衡技术

选择 3～5 个转速下的不平衡方位估计值作平均即可得到较好的平衡效果。

为了检验上述方法的平衡精度，在转子试验台上添加了三组试重 1.0g∠0°、1.2g∠112.5°，0.8g∠270° 来模拟不平衡故障，工作转速设为 3000r/min，采用单传感器机械滞后角法、以及基于正进动圆初相点的机械滞后角法估计不平衡方位，结果列于表 3-1。试验证明利用全息谱技术和启停机数据的改进机械滞后角法能提高不平衡方位估计的精度，是实现一次加准平衡的有效手段。

表 3-1   不同估计方法的精度比较   (°)

实际不平衡方位	X 传感器机械滞后角法		Y 传感器机械滞后角法		基于正进动圆初相点的机械滞后角法		
	估计值	误差	估计值	误差	初相角	估计值	误差
0	9.64	9.64	14.84	14.84	−9.40	4.92	4.92
112.5	127.89	15.49	122.71	10.21	106.05	120.37	7.87
270	−102.67	12.67	−97.30	7.30	259.87	274.19	4.19

注 为了方便起见，转子上方位可以定义为：当键槽对准键相传感器时，X 方向传感器对准转子上的 0°，顺转向为正，这样 $\phi_x = 0$，式（3-19）简化为 $\Phi = \theta_p + \delta_0$。

3.4 轴系动平衡求解优化算法

3.4.1 最小二乘影响系数法

影响系数法实质上是矢量平衡法的发展，把矢量平衡法从单测点单平面扩展到多测点多平面的场合。它是基于转子系统不平衡量及其响应线性关系，在失衡量不影响转子系统动力学参数假设条件下进行平衡操作的平衡方法。

假设转子系统具有 M 个平衡面、N 个测振截面，平衡方案中只有一个平衡转速（多个平衡转速），那么期望寻找一组合适的配重向量 $\{p_j\}$ 使得配重后转子系统满足以下的振动方程

$$\left.\begin{aligned} A_{10} + \sum_1^M c_{1j} p_j &= 0 \\ A_{20} + \sum_1^M c_{2j} p_j &= 0 \\ &\cdots \\ A_{N0} + \sum_1^M c_{Nj} p_j &= 0 \end{aligned}\right\} \tag{3-21}$$

式中：A_{k0} 为 k 测振截面的原始振动；c_{kj} 为 j 配重截面对 k 测振截面的影响系数；p_{ji} 为在平衡面 j 上施加的配重。

在式（3-21）中，如果 $M = N$，则方程组有唯一解，此时对应的平衡方案 $\{p_j\}$ 可以表示为

$$\{p_j\} = -[c_{kj}]^{-1}\{A_{k0}\} \tag{3-22}$$

如果 $M < N$，这时方程组的未知数少于方程的个数，理论证明，此时并不能保证式（3-21）成立，设备测点所出现的残余振动为 Δ_k，机组振动方程可以表示为

$$\{A_k\} + [c_{kj}]\{p_j\} = \{\Delta_k\} \tag{3-23}$$

为了实现此条件下配重方案的获取，Goodman 提出最小二乘影响系数平衡法。用最小二乘的方法对式（3-23）进行处理，使平衡后残余振动向量 $\{\Delta_k\}$ 幅值的平方和 S 最小，即 $\{\Delta_k\}$ 向量模的平方和最小。残余振幅的平方和 S 可以表示为

$$S = \sum_{k=1}^{N} |\Delta_k|^2 \tag{3-24}$$

式中：$|\Delta_k|$ 为复数 Δ_k 的模。

当 $M < N$，式（3-23）所示方程用最小二乘法处理时其方程为

$$[c_{kj}^*]^T[c_{kj}]\{p_j\} = -[c_{kj}^*]^T\{A_{k0}\} \tag{3-25}$$

式中：c_{kj}^* 为复数 c_{kj} 的共轭复数；$[c_{kj}^*]^T$ 为 $[c_{kj}^*]$ 矩阵的转置矩阵。

因为 $[c_{kj}^*]^T[c_{kj}]$ 是一个方阵，因此式（3-25）的解可表示为

$$\{p_j\} = -([c_{kj}^*]^T[c_{kj}])^{-1}[c_{kj}^*]^T\{A_{k0}\} \tag{3-26}$$

以上为影响系数法的基本原理。从理论上来讲，影响系数法能够保证残余振动的平方和达到最小，可以满足一般的平衡需求。而且影响系数法计算过程简单，求解运算量小，计算速度快。但是影响系数法容易受相关平衡面的影响，造成影响系数矩阵的病态化，导致计算出来的配重量大的无法实施。另外，影响系数法无法根据机组的实际需求，对各平衡面的配重量进行约束，也无法对机组轴系平衡进行多目标优化，从而导致了动平衡效果不佳。为了达到满意的平衡状态，不得不多次启停机，增大了动平衡成本，也延误了宝贵的生产时间。

3.4.2 遗传算法优化

随着科学技术的发展，新的优化理论和方法不断出现。这就为机组平衡结果的优化提供了坚实理论基础。尤其是遗传算法、粒子群优化等方法的出现，为人们又提供了新的更为高效的优化手段，也使得现场动平衡结果的优化成为可能。本小节主要讨论遗传算法和粒子群优化算法在轴系动平衡中的应用，以及两种方法的精度与效率。

遗传算法（Genetic Algorithm，GA）最早是由美国 Michigan 大学的约翰·霍兰德（J. Holland）教授于 1975 年提出来的。该算法借助于生物进化中"优胜劣汰，适者生存"的自然规律，即最适应环境的群体往往能够在环境的选择中生存下来，并产生较多的后代群体。作为一种新的全局优化搜索方法，遗传算法通过计算机模拟实现生物进化的群体竞争、自然选择、基因遗传与变异等操作，已被广泛应用于复杂工程优化问题的求解。

遗传算法的基本思想是模拟自然界优胜劣汰的进化现象，把搜索空间映射为遗传空间，把可能的解编码为一个向量——染色体，染色体一代代不断进化，包括复制、交叉和变异等操作，通过不断计算各个染色体的适应值，选择最好的染色体，获得最优解。

遗传算法主要有以下主要操作：

选择：就是按照一定的概率从群体中选择若干个体的操作。一般而言，选择的过程是一个优胜劣汰的过程，首先计算父代个体的适应度，然后按照适应度选择父代个体。通常采用的选择方法有适应度比例方法，最佳个体保存方法，排序选择方法等。

交叉：遗传算法中起核心作用的操作之一，所谓交叉就是把两个父代个体的部分加以替换重组而生成新个体的操作，通过交叉，遗传算法的搜索能力得到显著提高。遗传算法的收敛性主要取决于作为核心操作的交叉算子，常用的交叉方法有一点交叉、两点交叉、多点交叉和一致交叉等。

变异：变异的基本内容就是对群体中的个体串的某些基因位上的基因值作变动。就基于[0,1]字符集的二进制编码而言，变异操作就是把某些基因位上的基因值取反，即 $0 \rightarrow 1$ 或 $1 \rightarrow 0$，变异操作同样是随机的。通过引入变异算子，一方面可以使遗传算法具有局部的随机搜索能力，当遗传算法的交叉算子已接近最优解领域时，利用变异算子的这种局部随机搜索能力可以加速向最优解的收敛，另一方面可以维护群体的多样性，以防止出现未成熟收敛现象。

遗传算法中，交叉算子因其全局搜索能力而作为主要算子，变异算子因其局部搜索能力而作为辅助算子。遗传算法通过交叉和变异这一对相互配合又相互竞争的操作，使其具备兼顾全局和局部的均衡搜索能力。相互配合，是指当群体在进化中陷入搜索空间中某个超平面而仅依靠交叉不能摆脱时，通过变异操作可有助于这种摆脱。相互竞争，是指当通过交叉已形成所期望的积木块时，变异操作有可能破坏这些积木块。在问题的求解过程中，遗传算法就是这样不断地选择、交叉和变异，不断地迭代处理，使得群体朝着适应度不断增大的方向一代一代的进化，从而最终获得全局最优解或近似最优解。遗传算法的流程如图 3-11 所示。

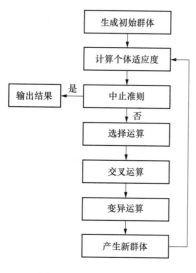

图 3-11 遗传算法流程

遗传算法具有很强的全局寻优能力和处理离散变量的特性。可以用于机组轴系动平衡优化的求解。但是在轴系动平衡计算时，由于求解的参数较多，并且对参数的精度要求也较高，为了达到精度要求，就必须扩大基因的长度。比如求解具有三个配重面的轴系平衡计算问题，需要确定每个平衡面的加重角度和质量，共六个参数。如果每个平衡面加重的质量范围为 [0, 2000] g，质量精度要求为 1g，则每个加重质量所需要的基因长度为 11 位。如果角度精度要求为 1°，每个加重角度所需要的基因长度为 9 位，则整个基因的长度为 60 位。在这种基因较长的情况下，为了保持种群的多样性，提高搜索效果，就必须扩大种群规模，然而种群规模的增大又导致了算法的效率降低。因此，用遗传算法求解机组动平衡优化问题就形成了求解精度和效率之间的矛盾，这一问题仍需要平衡人员根据现场情况进行合理选择。

3.4.3 粒子群优化算法

粒子群优化（Particle Swarm Optimization，PSO）算法最早由埃伯哈特（R. C. Eberhart）和肯尼迪（J. Kennedy）于 1995 年提出，它的基本概念源于对人工生命和鸟群捕食行为的研究。1986 年，克雷格·雷诺兹（Craig Reynolds）提出了 Boid（Bird-oid）模型。该模型用来模拟鸟类聚集飞行行为，他提出了如下三个规则作为群体中的每个个体的行动规则：

（1）向背离最近的同伴的方向运动；

（2）向目的运动；

（3）向群体的中心运动。

在这个群体中每个个体的运动都遵循这三条规则，通过这个模型来模拟整个群体的运动。PSO 算法的基本概念也是如此，每个粒子（particle）的运动可用几条规则来描述，因此 PSO 算法简单，容易实现，已越来越多地引起人们的注意。

粒子在搜索空间中以一定的速度飞行，这个速度根据它本身的飞行经验和同伴的飞行经验来动态调整。所有的粒子都有一个被目标函数决定的适应值（fitness value），这个适应值用于评价粒子的"好坏"程度。每个粒子知道自己到目前为止发现的最好位置（particle best，记为 pbest）和当前的位置，pbest 就是粒子本身找到的最优解，这个可以看作是粒子自己的飞行经验。除此之外，每个粒子还知道到目前为止整个群体中所有粒子发现的最好位置（global best，记为 gbest），gbest 是在 pbest 中的最好值，即是全局最优解，这个可以看作是整个群体的经验。在找到这两个最好解后，粒子根据式（3-27）和式（3-28）来更新自己的速度和位置，如图 3-12 所示。粒子群优化搜索正是在由这样一群随机初始化形成的粒子组成的一个种群中，以迭代的方式进行的。

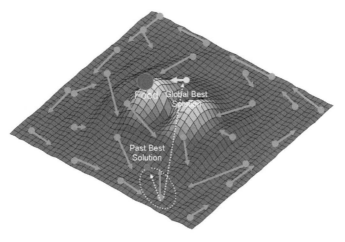

图 3-12　粒子群优化示意

$$v_{id}^{k+1} = \omega v_{id}^{k} + c_1 \mathrm{rand}_1^{k} (\mathrm{pbest}_{id}^{k} - x_{id}^{k}) + c_2 \mathrm{rand}_2^{k} (\mathrm{gbest}_{d}^{k} - x_{id}^{k}) \tag{3-27}$$

$$x_{id}^{k+1} = x_{id}^{k} + v_{id}^{k+1} \tag{3-28}$$

式中：v_{id}^{k} 是粒子 i 在第 k 次迭代中第 d 维的速度；c_1 和 c_2 是加速系数（或称学习因子），

分别调节向全局最好粒子和个体最好粒子方向飞行的最大步长，若太小，则粒子可能远离目标区域，若太大则会导致突然向目标区域飞去，或飞过目标区域。合适的 c_1 和 c_2 可以加快收敛且不易陷入局部最优，$c_1 = c_2 = 2.05$；$rand_1$，$rand_2$ 是 $[0,1]$ 之间的随机数；x_{id}^k 是粒子 i 在第 k 次迭代中第 d 维的当前位置；$pbest_{id}$ 是粒子 i 在第 d 维的个体极值点的位置；$gbest_d$ 是整个群在第 d 维的全局极值点的位置。为防止粒子远离搜索空间，粒子的每一维速度 v_d 都会被钳位在 $[-v_{d\max}, +v_{d\max}]$ 之间，$v_{d\max}$ 太大，粒子将飞离最好解，太小将会陷入局部最优，将 $v_{d\max}$ 设计为 $0.1x_{d\max}$。ω 为惯性权重，其大小决定了对粒子当前速度继承的多少，合适的选择可以使粒子具有均衡的探索和开发能力。采用将惯性因子从 $1\sim0.2$ 随迭代过程线性减小的方法，使其在前期具有较高的搜索能力以得到合适的种子，在后期具有较高的收敛能力以加快收敛速度。

粒子群优化算法（PSO）是通过模拟鸟群的捕食行为来达到优化问题的求解算法。问题的每一个解对应于搜索空间中一只鸟的位置，这些鸟称为"粒子"，每个粒子都有自己的速度和位置，这些粒子通过先前速度、当前位置与自己最好位置之间的距离（认知部分）及当前位置与群体最好位置之间的距离（社会部分），计算更新自己的位置，在解空间搜索最优解。PSO 算法同遗传算法相比原理简单，参数少、收敛速度快、并行性及鲁棒性好。

根据以上粒子群算法基本原理，并结合全息轴系动平衡多目标优化需求，将粒子群优化算法流程设计如下：

1. 粒子的数据结构设计

要平衡一个具有 N 个平衡面的机组，需要确定各平衡面上添加配重的质量和角度，因此，每个粒子都应包含各平衡面的配重的质量和角度信息，其维数为 $2N$，可以表示成如下形式：

$$P_k = [m_1, \alpha_1, m_2, \alpha_2, \cdots, m_N, \alpha_N] \tag{3-29}$$

2. 粒子搜索空间的确定

对于不同的旋转机械，其允许的配重量是不同的。对于实验室中的动平衡实验台，其允许加重量一般不超过 5g，对于烟机、风机、空气压缩机等高速旋转设备，其允许配重量一般为几十克，而对于 300MW 以上的大型汽轮发电机组，为了平衡需要，可以在联轴节上添加上千克的配重。另外，对于轴系平衡，由于结构原因，各平衡面上允许的配重质量也是不同的。因此，采用交互式的方法，让平衡人员根据机组具体情况设定各平衡的最大加重量，以此作为粒子的质量搜索范围。这种交互式的搜索空间确定方法，既可以满足缩小有效搜索范围，提高运行速度，又可以兼顾机组的实际加重需求。

3. 粒子的初始化

在粒子的搜索空间内，随机地生成一个初始种群。种群的大小根据求解问题的规模而定。种群数量大，可以保证粒子的多样性，有利于粒子收敛到最优解，但同时会影响求解速度。一般来说，对于具有三个平衡面的机组，其种群大小可以选择 $100\sim200$。

4．各优化目标函数极值的搜索

为了构造各目标函数的隶属函数，首先应在粒子搜索空间内，确定各目标函数的最大值 M_i 和最小值 m_i。

5．适应度函数的确定

根据上一步的计算结果，确定机组平衡状态评判函数中各参数的数值，并将该函数作为粒子的适应度函数。

6．计算种群中个粒子的适应值

将各粒子所代表的配重方案带入，求解得出种群中各粒子的适应值，得到各粒子所经历的最好位置 pbest 和种群的最好位置 gbest。

7．速度和位置更新

各粒子根据式（3-27）和式（3-28）更新自己的速度和位置，形成新的一代。

8．终止条件判断

如果满足终止条件，则停止循环，得到机组全息轴系平衡多目标优化方案。

算法可以用流程图表示，见图 3-13。

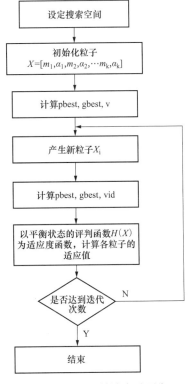

图 3-13　PSO 算法在动平衡优化中的流程图

3.5　轴系全息动平衡步骤

全息动平衡实施的前提是机组各测量面配备双向位移传感器，并具备键相信号。

（1）跟踪一次现场动平衡过程或者采用其他方法求出相应的迁移矩阵 $\boldsymbol{R}_A$、$\boldsymbol{R}_B$、$\boldsymbol{R}_C$、$\cdots$、$\boldsymbol{R}_M$。它们是机组的平衡特性，存储备用。

（2）在进行动平衡前测量机组在空载下各支承面处振动，对信号进行预处理，构建原始振动的三维全息谱。

（3）对三维全息谱进行分析和故障诊断，确诊转子的主导故障是由失衡产生，参阅第二章。

（4）平衡面上的配重以各自消除某一轴承截面上的失衡响应为目标，按移相椭圆中配重初相点与原始振动初相点呈镜面对称的原则，确定其大小和在平衡面上的圆周位置（以键相槽为基准顺转向计算）。

（5）用遗传算法优化、粒子群优化等优化方法配重结果，并用计算机模拟的方法微调各配重的大小和圆周位置，以获取最满意的结果。

（6）实施平衡操作后，对迁移矩阵进行修正。

4

发电机组典型振动故障特征与诊断

4.1 动刚度变化导致振动故障的诊断及处理

4.1.1 影响动刚度的基本因素

线性振动系统在周期性的外力作用下，其所发生的振动称为强迫振动，这个周期性的外力称为驱动力或激振力。机组部件的强迫振动达到稳定状态时，其振动的频率与激振力频率相同，而与部件的固有频率无关。例如，汽轮机在稳定运行时，其转子在不平衡激振力作用下产生的振动频率与转子转动频率一致，而与转子的固有频率无关。作强迫振动的部件一边从激振力的做功中吸收能量，一边克服阻尼做功消耗能量；当激振力输入系统的能量等于克服阻尼做功输出的能量时，系统的能量达到动态平衡，机组部件的振幅保持不变。

在评定振动对发电机组安全性的影响时，通常使用振动的位移幅值来加以区分，这包括振动的当前幅值是否超标，以及与历史数据比较其变化量。为了分析影响振幅的相关因素，通过单圆盘对称转子的不平衡振动响应来加以分析

$$r = \frac{e(\omega/\omega_n)^2}{\sqrt{[1-(\omega/\omega_n)^2]^2 + 4\xi_n^2(\omega/\omega_n)^2}} e^{i(\omega t - \theta)} = Ae^{i(\omega t - \theta)} \tag{4-1}$$

其中不平衡振动响应的振幅绝对值 A 可以表示为

$$A = \frac{1}{\sqrt{[1-(\omega/\omega_n)^2]^2 + 4\xi_n^2(\omega/\omega_n)^2}} \frac{em\omega^2}{k} \tag{4-2}$$

式中：e 为圆盘质量偏心距；$em\omega^2$ 即为偏心质量产生的不平衡离心力 P；k 为转子的静刚度。则幅值 A 可以表示为

$$A = \frac{P}{K_d} \tag{4-3}$$

$$K_d = \frac{k}{\beta} \tag{4-4}$$

$$\beta = \frac{1}{\sqrt{[1-(\omega/\omega_n)^2]^2 + 4\xi_n^2(\omega/\omega_n)^2}} \tag{4-5}$$

$$\xi_n = (c/2m)/\omega_n = c/(2\sqrt{mk})$$

$$\omega_n = \sqrt{k/m}$$

式中：K_d 为转子的动刚度；β 为动态放大系数；ξ_n 为阻尼比；c 为系统阻尼；ω 为转动角速度，rad/s；ω_n 为转子的无阻尼临界角速度，rad/s。

由式（4-3）～式（4-5）可知，不平衡响应振幅 A 与作用在转子上的不平衡激振力 P 成正比，与动刚度 K_d 成反比。这个公式可以理解为胡克定律的延伸，当转子只受静力作用时，转子产生单位弯曲弹性变形所需的静力即为转子的静刚度，而动刚度是表示转子在旋转状态下圆盘中心产生单位振动（涡动）位移所需的不平衡激振力。因此，动刚度不仅与静刚度有关，同时与转子的转速、临界转速以及系统的阻尼特性相关。

4.1.2 动刚度对振动的影响

动刚度不仅与静刚度有关，同时还与转子转速、临界转速、系统阻尼等特性相关。升降速过程就是一类典型的动刚度变化过程。定性分析，当转速接近临界转速时，ω/ω_n 接近为 1，不考虑阻尼影响时，振动动态放大系数 β 将接近无穷大，动刚度将接近 0，振幅在过临界时被动态放大。定量分析，如图 4-1 为式（4-2）得到的幅频响应曲线，该曲线表明：

（1）对于理想的无阻尼系统 $\xi_n = 0$，当转动角速度 $\omega = \omega_n$ 时，不平衡导致的强迫振动幅值将无限增大，称为共振。

（2）由于系统存在阻尼，转子圆盘中心对不平衡的振动响应在 $\omega = \omega_n$ 时并不是无穷大；阻尼比 ξ_n 越大，发生共振时的振动幅值越小。

（3）将式（4-2）转为如下形式

$$A/e = \frac{(\omega/\omega_n)^2}{\sqrt{[1-(\omega/\omega_n)^2]^2 + 4\xi_n^2(\omega/\omega_n)^2}} \tag{4-6}$$

令 $s = \omega/\omega_n$，从 $\mathrm{d}(A/e)/\mathrm{d}s = 0$ 可以推导出，最大幅值处的角速度 $\omega_{cr} = \omega_n/\sqrt{1-2\xi_n^2}$，因此对于有阻尼转子系统的共振，振动的最大幅值发生在转动角速度 ω 略大于转子临界角速度 ω_n 时；对于部分振动力学参考文献中，提到有阻尼系统的共振发生在略小于临界角速度 ω_n，其前提是其强迫振动的激振力幅值是恒定的，而对于转子系统，其不平衡激振力的幅值是与转速的平方成正比，对应强迫振动激振力幅值恒定情况下的振动加速度共振频率。

（4）对于汽轮发电机组而言，工程上是通过测量升、降速过程的最大

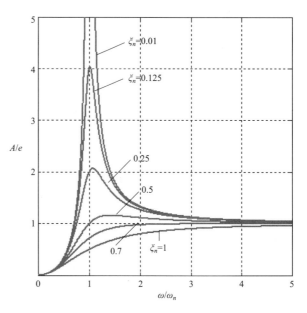

图 4-1 有阻尼单元盘转子振动幅频特性曲线

振幅处的转速作为临界转速 n_c（r/min），与前面定义的转子临界角速度 ω_n 的单位不同，但物理意义一致，其换算关系为 $\omega_n = n_c \times 2\pi / 60$。为方便起见，通常情况下将转子临界角速度 ω_n 也称为临界转速。工程实际测量时，测量所得的临界转速在升速时略大于前面定义的临界转速 ω_n，而在降速时则略小于 ω_n。

从动刚度的角度来说，转子在升、降速过程通过临界转速发生共振的现象可以理解为，该工况下动刚度最小，动态放大系数 β 达到最大值，导致振幅达到最大。临界转速附近，即使转速变化较小，也即不平衡激振力变化也较小，但动刚度急剧变化，振动响应也会发生急剧变化，主要原因在于动刚度变化相比激振力变化在其中起主导作用。

在正常运行工况下，汽轮发电机组各振动测点由强迫振动产生的振动幅值与激振力成正比，与支撑系统动刚度成反比。当机组发生强迫振动故障时，通常首先考虑到激振力发生变化，如转子发生新的不平衡、碰磨导致的临时热弯曲等，往往忽视支撑系统动刚度发生变化。动刚度作为振幅表达式（4-3）的分母，很显然当动刚度降低，即动刚度恶化时，振动将增加。因此，现场分析强迫振动故障时，应该综合考虑激振力和动刚度，在处理时也应考虑实际情况，灵活采用降低激振力和提高动刚度的处理手段。

4.1.3 动刚度恶化的诊断

伴随着汽轮发电机向大容量方向发展，600MW、1000MW 发电机已是目前的主力机型，600MW 发电机转子重量可高达数十吨，在运行状态下如果支撑系统出现异常将极大影响安全运行。支撑系统故障在振动上的表现特性与许多其他如转子匝间短路等电气故障在表征上较为一致，导致在故障预测和诊断上很难得出准确区分与判断，极大影响了故障处理精度和效率。

由于采用传统振动频谱分析难以有效区分机械及电气故障，笔者创新性提出采用间隙电压作为一种有效的特征指标反映综合反应转子相对于轴承的位置变化，通过监控汽轮发电机转子动态中心对轴承承载状态进行判断，进而预测和诊断轴承系统故障，对保障发电机安全运行具有较为重要意义。

4.1.3.1 间隙电压

在汽轮发电机组振动测试中，常用的传感器包括速度传感器和电涡流位移传感器。速度传感器，安装在轴承座或轴承箱上，速度传感器输出的速度信号通过积分变换为位移，因现场安装使用方便，在过去较长时间故障诊断技术人员均采用轴承座的振动信号作为故障分析依据，特别是在动平衡时，往往只需要振动工频的幅值和相位就能进行动平衡试验，因此，在大机组都采用电涡流传感器监测转子相对振动后，受习惯影响，技术人员仍只关注轴振的幅值、相位，而对电涡流传感器特有的间隙电压特征缺乏重视。

间隙电压，又叫 GAP 电压，是指电涡流传感器测量信号中的直流分量，在仪表上指示一般是一个直流电压值，其值反映了电涡流传感器顶部与轴颈之间的静态间隙。为了确保电涡流传感器测量有良好的线性度，在安装传感器时必须调整好合适的初始间隙，一般在 -12V 左右，如果传感器灵敏度按 8mv/μm 计算，初始间隙约为 1.5mm。

76

电涡流传感器的测量输出量一般为电压，采用电涡流传感器测量的转子振动，输出的信号示意如图4-2所示。

由图4-2分析可知：

（1）输出电压可以分解为两个部分，一个是直流电压，另一个是交流电压。

（2）直流分量也即间隙电压，反映了电涡流传感器顶部与轴颈之间间隙。电压初始值一般为−12V，启动过程中转子上浮，与传感器间的间隙逐渐减小，间隙电压（绝对值）会向小的方向变化，如变至−9.2V。

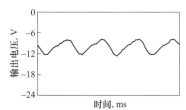

图4-2　电涡流传感器测量的转子振动信号

（3）交流分量反映振动幅值，相对于直流分量来说幅值较小。该信号经过A/D转换，转换为数字信号送至处理器处理（FPGA），而后经上位机分析运算，得出转轴振动时域图，分析转轴的振动情况。

电涡流传感器一般安装在轴承顶部，在机组启动过程中，随着转速的增加，由于油膜的作用转子将逐步上浮，转子相对于传感器将发生位移，其间隙将减少。因此，在排除传感器受到干扰后，间隙电压作为一种有效的特征指标，综合反应转子相对于轴承的位置变化，能将部分机械故障有效地与电气故障进行区分。当瞬态数据管理系统TDM逐步在电厂推广应用后，现场技术人员常用间隙电压分析启动顶轴油泵后转子是否抬起，这样避免了很多由于抬轴量不足导致的碾瓦故障。

4.1.3.2　发电机组振动间隙电压特性分析

以某电厂一台600MW超临界汽轮发电机组启停机测试数据为例，分析发电机振动间隙电压的特性。该机组7、8瓦为发电机轴承，在降速和升速过程的转速变化曲线如图4-3所示。

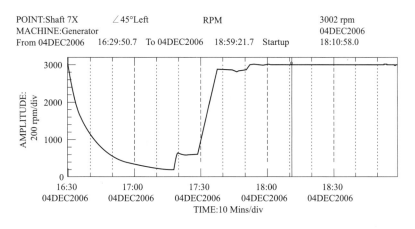

图4-3　降速和升速过程的转速变化曲线

在降速和升速过程间隙电压趋势如图4-4所示。表4-1为升、降速过程不同转速下的间隙电压。将表4-1中间隙电压和相应转速拟合出随转速的间隙电压变化趋势。

大型发电机组振动故障诊断及动平衡技术

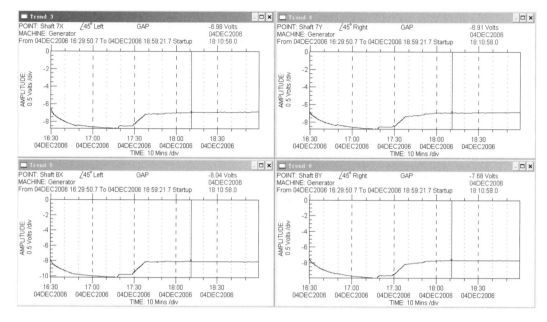

图 4-4　降速和升速过程间隙电压变化趋势

表 4-1　　　　　　　　　　降速和升速过程间隙电压列表　　　　　　　　　　（V）

转速	降速过程				升速过程			
	7X	7Y	8X	8Y	7X	7Y	8X	8Y
200r/min	−8.75	−8.74	−10.1	−9.89	−8.75	−8.78	−10.10	−9.88
600r/min	−8.52	−8.41	−9.80	−9.39	−8.50	−8.53	−9.80	−9.63
1000r/min	−8.15	−8.09	−9.40	−9.00	−8.31	−8.42	−9.48	−9.44
1400r/min	−7.81	−7.80	−9.06	−8.65	−8.01	−8.24	−9.14	−9.22
1800r/min	−7.52	−7.53	−8.79	−8.34	−7.79	−7.97	−8.90	−8.91
2200r/min	−7.28	−7.31	−8.57	−8.07	−7.57	−7.75	−8.63	−8.65
2600r/min	−6.99	−7.13	−8.31	−7.85	−7.39	−7.53	−8.35	−8.39
3000r/min	−6.60	−6.88	−7.95	−7.58	−7.06	−7.04	−8.07	−7.78

从图 4-4 和图 4-5 分析，可总结间隙电压的特征如下：

（1）在机组启动过程中，转子回转中心将逐步上升，间隙电压的绝对值将减少；在机组停机惰走过程，转子回转中心将逐步下降，间隙电压的绝对值将增加。

（2）在正常带负荷运行时，间隙电压将趋于稳定。

（3）在启动和停机过程中，在相同转速下，升速时的间隙电压绝对值要高于降速时的间隙电压绝对值，这说明在降速过程中转子中心的位置要高于同转速下升速过程的转子中心位置，这是由于降速过程中，由于黏度和惯性影响，油膜的厚度随转速下降有一定的滞后性。

上述分析说明，间隙电压能有效识别转子动态中心的变化。

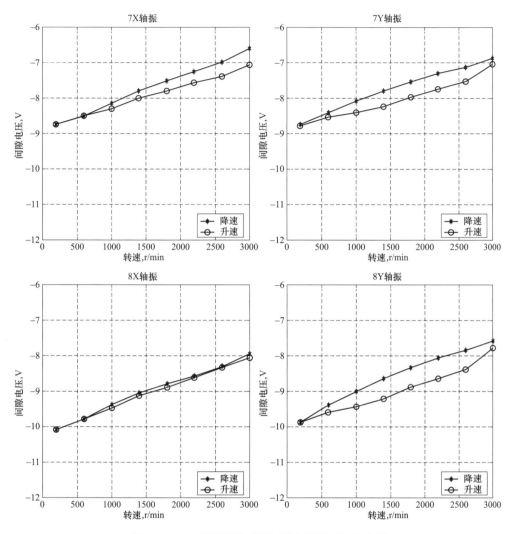

图 4-5 7、8 瓦轴振传感器间隙电压随转速变化图

4.1.3.3 案例：JW 电厂 600MW 机组发电机轴承动刚度恶化故障诊断

以 600MW 发电机振动故障的分析和处理为例，说明通过间隙电压辨识转子动态中心变化，从而识别发电机轴承动刚度恶化故障。

上汽厂亚临界 600MW 机组为引进美国西屋技术制造的中间再热式、四缸四排汽、单轴、凝汽式汽轮机。机组型号 N600-16.7/537/537；装配有 QFSN-600-2 型发电机；机组轴系由高压转子、中压转子、低压 1 转子、低压 2 转子、发电机转子、集电环转子以及支承转子的 11 个轴承组成，发电机、集电环转子为三支承轴系型式，各转子之间采用刚性联轴器连接。

1. 发电机故障特征

该机组 2005 年 1 月进行了安装投产以来的第一次大修，大修后发电机轴承（9、10 瓦）轴振状况良好。2006 年 8 月 C 级检修后启动升速过程中轴系振动良好，带满负荷一段时间后 9、11 瓦轴振偏大，机组在 600MW 负荷时，9X 振动 86.6μm；9Y 振动 88.5μm，并且有爬升的趋势。在以后的运行过程中，9瓦轴振最终保持在116μm左右，10瓦轴振在90μm左右，11瓦在122μm左右。2007年7月C级检修前，9、10、11瓦振动第二次升高，最终9瓦轴振稳定在120μm左右，10瓦轴振在95μm左右，11瓦在130μm左右。从振动产生、增大的过程来看，振动异常起源于9号轴承处，进而发展到10、11号轴承。

（1）振动第一次攀升前后振动现象及特征。2006年8月机组C级检修后启动，升速过程中，发电机轴瓦振动正常，在机组带600MW负荷时，发电机轴系振动有轻微变化，但振动幅值基本都在优良范围内。机组小修后带600MW负荷振动未攀升轴振值见图4-6。

Channel	Date/Time	Speed	Direct	Gap	1X Ampl	Phase
shaft 8X	21SEP2006 13:28:40.2	2997	41.7	-8.20	21.9	256
shaft 8Y	21SEP2006 13:28:40.2	2997	19.6	-9.67	9.93	32
shaft 9X	21SEP2006 13:28:40.2	2997	82.6	-8.46	50.2	166
shaft 9Y	21SEP2006 13:28:40.2	2997	79.2	-8.46	60.6	251
shaft 10X	21SEP2006 13:28:40.2	2997	81.5	-8.84	37.9	334
shaft 10Y	21SEP2006 13:28:40.2	2997	88.0	-8.46	28.5	44
shaft 11X	21SEP2006 13:28:40.2	2997	63.0	-9.59	47.0	17
shaft 11Y	21SEP2006 13:28:40.2	2997	41.1	-9.88	30.0	106

图4-6　机组小修后带600MW负荷振动未攀升轴振值

机组在运行一段时间后，9瓦轴振增大明显，振动分量主要为工频及二倍频，并且工频、二倍频分量增大比例相近，相位基本保持稳定；集电环轴承11瓦轴振增大，主要是工频分量增大，11瓦二倍频分量轻微增加，振动相位基本保持稳定。机组小修后带600MW负荷振动攀升后轴振值见图4-7。

Channel	Date/Time	Speed	Direct	Gap	1X Ampl	Phase
shaft 8X	09OCT2006 15:46:52.2	3001	40.4	-7.89	19.9	235
shaft 8Y	09OCT2006 15:46:52.2	3001	19.2	-9.73	7.31	339
shaft 9X	09OCT2006 15:46:52.2	3001	94.0	-8.80	59.3	166
shaft 9Y	09OCT2006 15:46:52.2	3001	104	-8.80	84.9	256
shaft 10X	09OCT2006 15:46:52.2	3001	94.8	-9.01	44.1	14
shaft 10Y	09OCT2006 15:46:52.2	3001	87.1	-8.41	32.9	95
shaft 11X	09OCT2006 15:46:52.2	3001	78.2	-9.62	65.8	36
shaft 11Y	09OCT2006 15:46:52.2	3001	55.3	-9.79	43.1	119

图4-7　机组小修后带600MW负荷振动攀升后轴振值

（2）振动第二次攀升振动现象及特征。2007年2月机组停运60h重新启动后9、10、11瓦振动第二次攀升，至2007年7月C级检修前，一直稳定在较高的振动幅值，如图4-8所示。

Channel	Date/Time	Speed	Direct	Gap	1X Ampl	Phase
shaft 8X	09JAN2007 15:15:33.2	2999	46.5	-7.64	33.2	225
shaft 8Y	09JAN2007 15:15:33.2	2999	27.7	-9.64	17.8	332
shaft 9X	09JAN2007 15:15:33.2	2999	106	-10.1	70.5	165
shaft 9Y	09JAN2007 15:15:33.2	2999	118	-10.4	96.4	261
shaft 10X	09JAN2007 15:15:33.2	2999	82.4	-9.06	43.4	351
shaft 10Y	09JAN2007 15:15:33.2	2999	100	-8.41	41.5	51
shaft 11X	09JAN2007 15:15:33.2	2999	111	-9.62	89.6	39
shaft 11Y	09JAN2007 15:15:33.2	2999	56.4	-9.46	44.7	104

图4-8　振动第二次攀升振动数据

其中9瓦增加的主要是工频及二倍频，但在此期间，工频分量增加比例要大于二倍频分量，振动相位变化不大；10瓦振动有轻微变化；11瓦振动增大仍然主要是工频分量，振动相位变化不大。

（3）2007 年 7 月停机过程中振动现象及特征。从机组停机过程波德图可以看出，发电机的临界转速在 780r/min 附近，与 2006 年 C 级检修后启动过程时的临界转速 820r/min 相比已经变化，在临界转速下 9Y、10Y、11Y 的振动与 2006 年小修后机组启动过程中的振动值相比大幅增加，并且 9 瓦处轴颈在 600r/min 以下晃度比较大。

2. 振动原因初步分析

从上述数据看 9、10、11 各瓦轴振的二倍频振动分量偏大，由于汽轮发电机轴系在机械方面和电气方面的许多故障都会产生二倍频振动分量，因此在现场分析此类振动故障需要多方面考虑。结合现场数据分析，二倍频振动分量产生的可能原因主要来自以下几个方面：

（1）轴系转轴中心变化。轴系转轴不对中会对转子产生附加弯矩，使转子在轴承内产生附加负载，造成相邻轴承之间负载分配发生改变，产生的振动频谱特征包括：

1）轴系转轴不对中产生的振动大都含有大量的谐波成分，其中工频分量 40%左右，二倍频分量 50%左右，其他 3～5X 分量 10%左右。

2）轴线不对中会对转子产生轴向力的分量，会引起很大的轴向振动，并且转子两端轴向振动的相位相反。

3）在轴心轨迹方面，转轴轻微不对中时，轴心轨迹呈椭圆形；中等不对中时，轴心轨迹呈香蕉形；严重不对中时则呈现 8 字形。

（2）发电机转子转轴截面刚度不对称。3000r/min 的两极发电机转子具有两个磁极，在非磁极部分，为了嵌放励磁线圈而铣有辐射状线槽，这一部分称为小齿；而没有开槽的部分即磁极部分称为大齿。由于开槽的原因使发电机转子在大齿和小齿方向的抗弯刚度有明显的不同，当转子旋转时，每旋转一周，发电机转子抗弯刚度变化两次，转子两端轴承承受两次惯性力冲击，产生两个激振周期。因此，当发电机转子在额定转速（3000r/min）下运行时，转子以及两端轴承就会出现 100Hz 的振动分量。

（3）电磁力激振。汽轮发电机组振动信息中，振动相应与励磁电流关系密切时，一般表明振动激振力是由发电机转子的不对称电磁力引起的。引起不对称电磁力的原因主要有三个方面：

1）发电机转子线圈匝间短路或者对地短路。发电机转子匝间短路可以直接地产生不对称电磁激振力或者间接地引起转子的不均匀加热导致转子和两端轴承的振动。

2）三相负载不平衡。发电机三相负载不对称，其不对称分量主要有正序和负序电流两个分量，负序电流分量在定子三相绕组内产生一个逆序旋转磁场，与转子旋转方向相反，与转子的相对转速是两倍的关系，除在转子绕组表面产生涡流，引起损耗和发热外，在转子绕组内也会产生二倍频交流电流，引起发电机定子和转子二倍频振动。

3）发电机定子和转子之间空气间隙不均匀。

（4）碰磨故障。在振动爬升过程中，一倍频幅值增加，相位变化不大，符合碰磨导致转子热变形的能量特征。

从该汽轮发电机组振动增大的特征分析：由于 9、10 瓦轴振在 1/2 临界转速未出现二倍频振动峰，可以排除发电机转子转轴截面刚度不对称的原因；通过观察运行过程中9 瓦、10 瓦的振幅与励磁电流的变化趋势，发现振幅大小与励磁电流变化关系不大，电磁力激振的原因也可以排除；此外，9 瓦轴振攀升过程中 8 瓦和 9 瓦的二倍频分量明显增加，由此分析产生振动的原因为低—发对轮不对中，另外，8 瓦和 9 瓦的相位角差值在 180 度，说明不对中的形式是综合不对中。

3. 通过间隙电压确诊故障

为了对低-发对轮联轴器不对中的原因进行查找，通过 8、9、10 瓦的振动测量数据的对比，发现 9 瓦间隙电压在 1 号机组 2006 年 2 月 C 级检修启动后绝对值逐渐增大，至 2007 年 3 月共增大 2V 左右，如图 4-9 所示（数据来自机组自备 System1 系统），10、11 瓦间隙电压变化则不明显。

从振动攀升过程中伴随的 9 瓦间隙电压的绝对值增大近 2V 来分析，转子与探头之间的间隙增大约 0.254mm；由于振动探头没有向上的外力作用，不可能远离转子，说明9 瓦处转子测量面出现下沉，即 9 瓦标高发生变化是使机组低发对轮中心在运行过程中出现变化的根本原因。那么 9 瓦处转子测量面为什么会出现下沉呢？图 4-10 为 9 瓦处轴承支座的结构图。

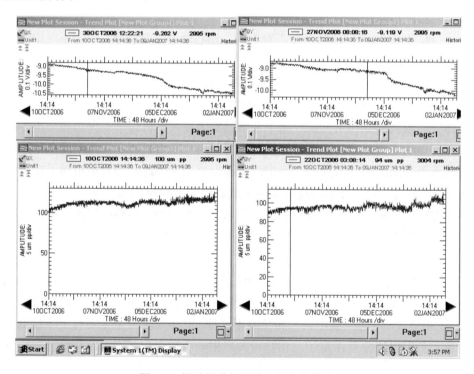

图 4-9　振动爬升与间隙电压变化趋势

按照机组检修规范的要求，9 瓦轴承支座与发电机下半大端盖之间为经过研磨的70%以上接触，不可能在运行中变化；而 9 瓦下部支撑垫铁与轴承支座之间是通过 4 根M12 的钢制内六角螺栓穿过绝缘垫片与轴承支座连接（见图 4-11），在机组运行过程中绝缘垫片长期受力压缩，使垫片厚度不均匀减薄，造成支撑垫铁与支座之间的连接螺栓紧力下降，使得支撑垫铁发生松动，并在转子和轴瓦的重力作用下位置下移。由于 9 瓦支撑垫铁松动，造成转子中心发生变化，使得 9 瓦轴振上升。这也验证了振动第二次攀升时工频分量增大的特征。

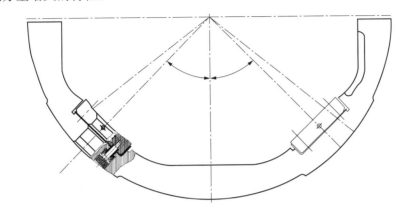

图 4-10　9 瓦轴承支座结构图

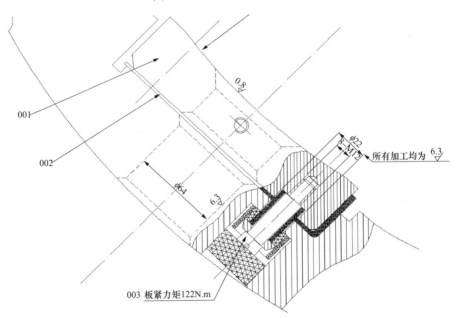

图 4-11　9 瓦轴承支座垫铁详图

　　在 9 瓦振动攀升过程中，工频分量增加一直是主要因素，这主要是动静碰磨造成的，由于 9 瓦处外油挡下部间隙在检修组装时控制在 0.10～0.15mm，9 瓦处转子出现下沉后，当下沉量大于下部油挡间隙，就造成转子与油挡齿发生碰磨，9 瓦振动工频分量上升。在 2007 年 7 月停机后，发电机转子的低速晃度较大，即是动静碰磨产生的转子热弯曲造成的。发电机端盖结构见图 4-12。

　　4. 检修及处理故障

　　（1）检修发现的问题。在机组停机后，检修人员解列低发对轮并拆开发电机端盖进

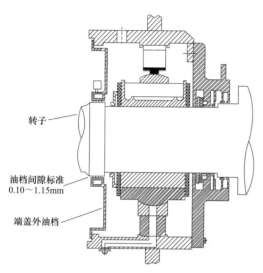

转子

油档间隙标准
0.10～1.15mm

端盖外油档

图4-12 发电机端盖结构图

行检查，发现存在以下问题：

1）9瓦下部支撑垫铁松动，两侧支撑垫铁位置已经向下偏移，9瓦上部垫铁与轴瓦间隙由2006年小修后的0.18mm增大到0.57mm，由于9瓦所处的发电机端盖定位销并无松动，说明9瓦本身出现下沉，并且与9瓦间隙电压的变化量基本相符。

2）发电机转子在9瓦外油挡处有明显的摩擦痕迹，在转子全周已经产生深约0.15mm的沟槽。

3）低-发对轮中心值与2006年小修相比，在圆周和张口方面均发生较大变化。

（2）故障处理。为保证发电机转子中心不发生大的变化，决定将9瓦支撑垫铁尽量恢复到原始安装位置，同时改变发电机轴承支撑垫铁固定方式，并加装定位销，这样从根源上解决支撑垫铁松动的问题。

（3）处理后振动。处理后开机9瓦处轴振动降至83μm，运行未再出现振动爬升现象。

4.2 动静碰磨引起振动的诊断及处理

4.2.1 动静碰磨的种类及特征

对于旋转机械来说，转子涡动中心（公转）偏离定子几何中心的偏心量与振幅矢量之和达到间隙时将发生碰磨。转子在转动中始终与静子接触称为全周碰磨；转子转动一周中只有部分弧段接触称为部分碰磨。部分碰磨含有碰撞、摩擦和刚度改变三种物理现象。转子做周期性碰撞，使得转轴在质量不平衡等故障引起的强迫振动基础上叠加一个自由振动响应和一个由碰撞力决定的周期振动，同时碰磨造成的刚度变化使得响应中含有高次谐波和分数谐波成分。

碰磨产生的主要影响是力效应和热效应。碰磨时作用在转轴上的碰磨点有两种力：一是法向冲击力，即碰撞力，这个力引起碰磨点局部压缩变形，并引起转轴反弹运动；二是与旋转方向相反的切向摩擦力，大小取决于接触点的法向力及摩擦表面性质。它使转轴转动出现附加阻力，降低机组效率。部分摩擦时，摩擦力产生的附加扭矩与转速同频，可以产生扭振分量。在大多数情况下，碰磨接触表面为干摩擦状态，也存在部分润滑的状况。转动和静止部件相互摩擦会产生巨大的热量，接触处局部温升可达到数百度（这可从碰磨后接触部位金属发蓝，甚至发生塑性变形得到证实）。这必然会使转子出现热变形弯曲，引起的附加不平衡质量使工频振动增大。

在研究发电机碰磨时，有必要对碰磨故障发生时的三种物理现象进行主次分析。实际上由于支持轴承的定位作用，对于重达几十吨的转子而言，动静接触产生的正压力与转子自身的重量或支持轴承的支承力比较往往是微不足道的。动静接触处的刚度、阻尼与支持轴承油膜的刚度、阻尼比较也是很微小的，不大会对转子的运动产生明显影响。

特别是对于发电机的密封瓦碰磨故障，尤其不能将高频或分频成分的存在与否作为判断摩擦振动的依据。由于密封瓦与轴之间有少量密封油，且密封环具有一定的浮动性，摩擦程度相对较轻，波形畸变或频谱中高频分量不是很大。

在分析发电机碰磨故障时，摩擦产生的热量导致转子变形对振动的影响要作为其主导因素加以分析，其振动表现形式是工频分量增加。从多台发电机摩擦振动的实测结果看，振动的主要频率分量也都是工频（转动频率），其他频率分量很小。因此，对于发电机而言，动静碰磨故障应该以工频分量的变化作为其主要特征，而不是将低频和高频分量的出现与否作为判断碰磨出现的准则。

如图 4-13 所示，当转子涡动中心偏离定子几何中心的偏心量 OO' 与振幅矢量 $\bar{r}$ 之和达到间隙时将发生碰磨，碰磨将在 θ 弧段上发生。动静摩擦使接触处相对运动的动能转换为热能，单位时间产生的热量可以表示为

$$Q = \mu F_N R \theta f \qquad (4\text{-}7)$$

式中：μ 为摩擦系数；F_N 为接触面平均法向力（不同接触点的法向力与偏离碰磨中心的角度余弦成正比）；R 为转子半径；θ 为动静碰磨弧段对应弧度；f 为转动频率。

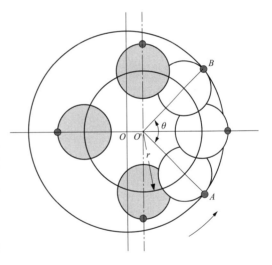

图 4-13 转子碰磨示意

动静摩擦产生的热量由接触处进入转子，热量的传递属于非稳态的导热，动静接触处温升最高，远离该处的位置则温升较低。这必然引起转子截面温度的不对称分布，转子将产生热变形，工频振动将产生变化。

4.2.2 动静碰磨的诊断及处理方法

对于运行中的发电机，要动态测量碰磨故障产生的热量是十分困难的，需要一种新的指标来衡量碰磨的剧烈程度，从而据此判断碰磨部位和选择应对策略。编者通过信息融合，将振动特征转化为摩擦能量，来衡量摩擦剧烈程度。

4.2.2.1 发电机碰磨的转子弯曲特性

关于碰磨的大量研究资料几乎都是着眼于摩擦力的特性上，因此得到的结论是：摩擦的动力学特性是非线性的，因此其频谱分析必然具有很丰富的谐波成分。但在笔者现场工作十多年的经历中，这一传统的摩擦特征在发电机碰磨故障分析的实际工作中却很难看到。一般的发电机碰磨特征都是工频占主要成分并伴随一定的低频分量。当实际转子出现上述摩擦的动力学特性时，摩擦力已经非常的大了，也就是说，当看到这些摩擦

特征时，往往已经是摩擦晚期，造成严重误诊。因此必须找到在摩擦初期，就能敏感反映的物理量。研究发现在摩擦初期，摩擦力的作用并不是很大，但是振动却往往有很大变化。这主要是动静碰磨后，转子局部发热，造成热变形，打破了机组原来的平衡状态。因此，发电机的实际摩擦特征主要是热态弯曲的特征，在频谱分析中主要以工频分量为主的，同时其振动大幅波动，反映一定的低频成分。总体上归纳实际机组的摩擦特性主要有如下几点：

在摩擦的初始阶段，即碰磨阶段，主要反映振动的还是单一频率，但是其幅值和相位均有较大波动，从长时间看，有明显的低频成分。

在单点全摩擦阶段，振动幅值会明显爬升，此时相位不再大幅波动，频率成分以工频为主。

无论是碰还是磨，都会具有停机过程临界转速下振动比启动过程大的情况，表面经过"碰磨"，转子产生弯曲的特性。

由热弹性力学理论可知，转子截面温度分布不均将在该截面 x，y 方向上分别产生一个弯矩

$$
\begin{cases}
M_{Tx} = \displaystyle\int_A \alpha E T(x,y,t) y \mathrm{d}A \\
M_{Ty} = \displaystyle\int_A \alpha E T(x,y,t) x \mathrm{d}A
\end{cases}
\tag{4-8}
$$

式中：α 为线膨胀系数；E 为弹性模量。

在这两个弯矩的作用下，轴系上任意一点 x，y 方向上的弯曲量 (v, w) 满足

$$
\begin{cases}
\dfrac{\mathrm{d}^2 v(z)}{\mathrm{d}z^2} = +\dfrac{M_{Ty}}{EI_y} \\
\dfrac{\mathrm{d}^2 w(z)}{\mathrm{d}z^2} = -\dfrac{M_{Tx}}{EI_x}
\end{cases}
\tag{4-9}
$$

式中：I_x，I_y 分别为转子截面 x，y 轴的惯性矩。

由此得出轴系上该节点处由热弯曲产生的作用到转子上的力分别为

$$
\begin{cases}
F_{t,x}(z) = m(z)v(z)\omega^2 \\
F_{t,y}(z) = m(z)w(z)\omega^2
\end{cases}
\tag{4-10}
$$

式中：$m(z)$ 为节点质量；ω 为旋转角速度 rad/s。

将式（4-10）代入 Jeffcott 转子在没有发生碰磨时的运动方程中，将改变原运动方程右侧的周期性激振力，从而仅仅改变工频振动。

4.2.2.2 摩擦能量的概念和特点

编者将前述机组运行时碰磨过程中改变平衡状态的能量，定义为摩擦能量。摩擦能量具有以下特性：

（1）振动的主要特征是不平衡的特征。

（2）摩擦能量主要反映运行中平衡状态的变化。

（3）平衡状态的变化是连续的，用来区分部件脱落。

（4）振动幅值不一定是增大，振动减小也表现为具有摩擦能量。

（5）振动幅值不变，相位的变化也要在摩擦能量中反映出来。

（6）摩擦能量参考轴承金属温度和润滑油温度作为加权修正，效果更好。

（7）摩擦能量这个指标与振动能量有本质的区别，机组在稳定工况运行时如果振动大，其振动能量就大，但是其摩擦能量可能很小，甚至为零。

（8）摩擦能量是振动变化，相位变化，温度变化及其相互关系的一个综合指标。

4.2.2.3 摩擦能量的表达式

下面将从信息融合的角度推导符合上述要求的摩擦能量表达式。

假定发电机某轴承处测量截面 i 在左、右各 $45°$ 安装有两个位移传感器，其振动的原始工频分量分别表示为

$$\begin{cases} x_i = A_i \cos(\omega t - \alpha_i) = s_{xi} \sin(\omega t) + c_{xi} \cos(\omega t) \\ y_i = B_i \cos(\omega t - \beta_i) = s_{yi} \sin(\omega t) + c_{yi} \cos(\omega t) \end{cases} \quad (4\text{-}11)$$

式中：ω 为旋转角速度；$s_{xi} = A_i \sin\alpha_i$、$c_{xi} = A_i \cos\alpha_i$ 为信号 x_i 的正弦项和余弦项系数；$s_{yi} = B_i \sin\beta_i$、$c_{yi} = B_i \cos\beta_i$ 为信号 y_i 的正弦项和余弦项系数。当有 n 个测量面时，为了方便动平衡中的矢量运算，发电机任一测量面 i 的原始工频振动用式（4-12）所示向量表示

$$\boldsymbol{r}_i = [s_{xi}, c_{xi}, s_{yi}, c_{yi}] \quad (4\text{-}12)$$

测量面可以是发电机汽端轴承、励端轴承、集电环轴承或励磁机轴承。全部支承处测量面的工频振动，其参数矩阵表达式为

$$\boldsymbol{R} = \begin{bmatrix} r_1 \\ r_2 \\ \vdots \\ r_n \end{bmatrix} \quad (4\text{-}13)$$

当发生碰磨故障后，转子产生热变形，振动的工频分量变化为

$$\begin{cases} x_i' = A_i' \cos(\omega t - \alpha_i') = s_{xi}' \sin(\omega t) + c_{xi}' \cos(\omega t) \\ y_i' = B_i' \cos(\omega t - \beta_i') = s_{yi}' \sin(\omega t) + c_{yi}' \cos(\omega t) \end{cases} \quad (4\text{-}14)$$

表示为向量 $r_i' = [s_{xi}', c_{xi}', s_{yi}', c_{yi}']$，全部支承处测量面的工频振动表示为 $\boldsymbol{R}'$。

在某测量面 $\boldsymbol{i}$，碰磨故障导致的振动工频变化量为

$$\varDelta r_i = r_i' - r_i = [\varDelta s_{xi}, \varDelta c_{xi}, \varDelta s_{yi}, \varDelta c_{yi}] \quad (4\text{-}15)$$

在全部支承处测量面处，碰磨故障导致的振动工频变化量为

$$\varDelta \boldsymbol{R} = [\varDelta r_1' \, \varDelta r_2' \cdots \varDelta r_n']^T \quad (4\text{-}16)$$

每个测量面的工频分量变化均可以表示为一个椭圆,当不考虑轴承金属温度、润滑油温的影响,对于某一振动测量面所能感受到的摩擦能量可以用椭圆面积表示,首先推导出椭圆的长、短轴及长轴倾角公式。

由工频振动表征的摩擦能量为

$$\begin{cases} a_i = 0.5 \times \left[\sqrt{(\Delta c_{xi}^2 + \Delta s_{xi}^2) + (\Delta c_{yi}^2 + \Delta s_{yi}^2) + 2(\Delta s_{yi}\Delta c_{xi} - \Delta s_x \Delta c_y)} \right. \\ \left. + \sqrt{(\Delta c_{xi}^2 + \Delta s_{xi}^2) + (\Delta c_{yi}^2 + \Delta s_{yi}^2) - 2(\Delta s_{yi}\Delta c_{xi} - \Delta s_{xi}\Delta c_{yi})} \right] \\ b_i = 0.5 \times \left[\sqrt{(\Delta c_{xi}^2 + \Delta s_{xi}^2) + (\Delta c_{yi}^2 + \Delta s_{yi}^2) + 2(\Delta s_{yi}\Delta c_{xi} - \Delta s_{xi}\Delta c_{yi})} \right. \\ \left. - \sqrt{(\Delta c_{xi}^2 + \Delta s_{xi}^2) + (\Delta c_{yi}^2 + \Delta s_{yi}^2) - 2(\Delta s_{yi}\Delta c_{xi} - \Delta s_{xi}\Delta c_{yi})} \right] \\ \varphi_i = 0.5 \times \arctan\left[\dfrac{2(\Delta c_{xi}\Delta c_{yi} + \Delta s_{xi}\Delta s_{yi})}{(\Delta c_{xi}^2 + \Delta s_{xi}^2) - (\Delta c_{yi}^2 + \Delta s_{yi}^2)} \right] \end{cases} \quad (4\text{-}17)$$

$$Q_V = \pi a_i b_i \quad (4\text{-}18)$$

考虑到轴承金属温度、润滑油温等的影响,总的摩擦能量表示为

$$Q_R = Q_V + Q_M + Q_O \quad (4\text{-}19)$$

式中:Q_M 为引起轴承金属温度变化的摩擦能量;Q_O 为引起润滑油温度变化的摩擦能量。它们可以通过质量、比体积和温升计算得出。

需要指出的是,在多次的现场发生的发电机碰磨故障,油挡碰磨和密封瓦碰磨,在支承轴承温度和润滑油回油温度上都没有明显的反应。

4.2.3 机组动静碰磨诊断实例

JW 公司 3 号机是由上海汽轮机厂制造的 N600-24.2/566/566 引进型超临界、一次中间再热、三缸四排汽凝汽式汽轮机,配有上海汽轮发电机有限公司生产的 QFSN-600-2 型水氢氢冷发电机。该机组采用高中压合缸,轴系为 5 转子 9 轴承结构,在 1～9 瓦的 X (45L)、Y (45R) 两方向设置了电涡流探头测量轴颈处的相对轴振动。

该机组于 2008 年 5 月 A 级检修后首次开机,低速时 7 瓦振动较历史数据偏大,在 2350r/min 暖机过程发现 6、7 号轴承处的相对轴振动爬升现象明显,特别是 7X、7Y 在打闸停机前最高分别达到 240μm 和 220μm。通过分析判断 7 瓦附近存在碰磨故障,结合检修数据并最终将碰磨部位锁定在 7 瓦外油挡,更换问题油挡后碰磨故障消除,机组顺利启动。

4.2.3.1 A 级检修后启动振动特征

2008 年 5 月机组修后开机,按照冷态启动的正常参数及程序机组在 600r/min 摩检后升速至 2350r/min 暖机。在暖机开始时,7 瓦 X、Y 两个方向轴振分别为 163μm 和 147μm,暖机仅 6min 后 7 瓦轴振已爬升至 240μm 和 220μm,同时 6 瓦轴振也有不同程度的爬升,如表 4-2 所示,振动增加主要以工频分量为主,7X 和 7Y 相应的工频分量从 143μm 和 129μm 分别增加到 213μm 和 192μm,图 4-14 所示爬升前后工频三维全息谱图说明 7 瓦附近轴系的平衡状态在暖机过程迅速恶化,为避免设备损坏迅速

打闸停机。在转速不变的状态下,短短 6min 内转子-轴承系统的动刚度的弱化是十分有限的,且轴系原始不平衡产生的激振力在相同转速下是不变的,导致工频振幅的激增应来自转子受到了新的不平衡量影响。新的不平衡量可能来源于动静部件碰磨导致转子临时热变形。

表 4-2		大修后启动暖机过程振动数据			(μm)
工 况	测点	6 瓦	7 瓦	8 瓦	9 瓦
2008-05-25 20:22, 2350r/min	X 轴振	61 43∠163	164 143∠299	77 30∠73	21 8∠168
	Y 轴振	70 54∠241	147 129∠30	61 35∠197	24 9∠253
2008-05-25 20:28, 2350r/min	X 轴振	75 59∠158	240 213∠301	60 8∠83	25 14∠226
	Y 轴振	80 61∠230	220 192∠34	51 26∠231	34 25∠314

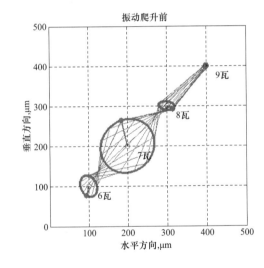
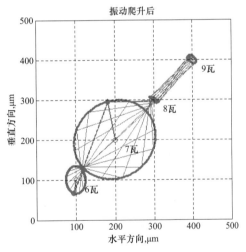

图 4-14　大修后首次启动暖机开始和打闸前全息谱图

在停机过程该机组 6、7 瓦在过临界时振动明显高于启动升速过程,特别是 7 瓦轴振在过 820r/min 附近的发电机一阶临界时,停机过程振动高出启动过程 160μm,如图 4-15～图 4-17 所示。现场决定盘车 4h 后再次冲转,希望碰磨部位的动静间隙通过此次开机碰磨后得到扩大,机组碰磨部位脱离。盘车 4.5h 后再次冲转,在 600r/min 摩检过程发现,6、7、8 瓦均有不同程度的爬升,特别是 7 瓦轴振在 15min 内 7X 从 44μm 爬升至 99μm。在 600r/min 的低转速下振动爬升如此剧烈,说明碰磨故障较为剧烈,放弃了启动过程通过碰磨扩大间隙让碰磨故障自行消除的设想,决定进行停机检查和处理。

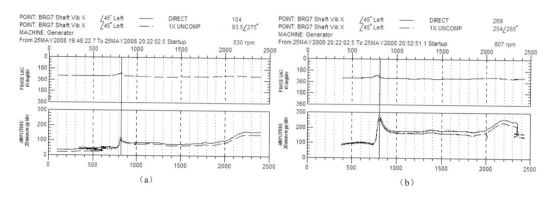

图 4-15　大修后首次启动升速及降速过程 7X 轴振波德图

（a）升速过程；（b）降速过程

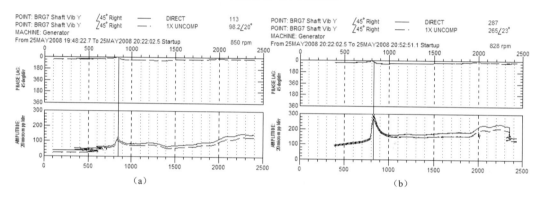

图 4-16　大修后首次启动升速及降速过程 7Y 轴振波德图

（a）升速过程；（b）降速过程

4.2.3.2　碰磨故障分析及处理

1. 碰磨故障的判断

汽轮发电机组转动部件与静止部件的碰磨是启动及运行中经常发生的故障。检修或改造后的机组，为提高效率或防止漏汽和漏油将动静间隙变小，更容易发生碰磨，碰磨故障最多集中在端部汽封以及轴承油挡等部位，在隔板汽封、叶顶汽封上也时有发生，在修后的首次启动中较正常运行时更容易发生。碰磨一般表现为振幅与相位的周期性波动或振幅一直增大，升速过程发生碰磨时振动一般会急剧增大、相位变化不大，降速过程较升速过程振动幅值明显增加。从上一节两次冲转的振动数据分析，在启动过程中暖机过程转速稳定时振动仍持续爬升，对振动进行频谱分析，振动主要表现为工频分量，其他频率成分很小，属强迫不稳定振动；停机过程较启动过程振动增幅明显，特别是第二次启动在 600r/min 时（低于发电机转子一阶临界）振动幅值和相位均增加，符合碰磨故障的特征，可以确诊不稳定振动为碰磨所致。

2. 碰磨部位的分析

从首次冲转振动幅值增加的程度看，三维全息差谱（见图 4-18）显示 7 瓦工频轴振增幅明显大于相邻的低压缸后瓦（6 瓦），发电机后瓦（8 瓦）轴振在暖机过程振动变化

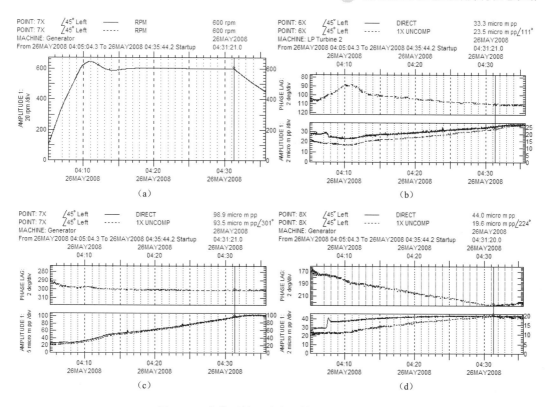

图 4-17　大修后第二次启动转速及轴振趋势图

（a）转速；（b）6X 轴振；（c）7X 轴振；（d）8X 轴振

平稳，从降速过程的波德图也可以看出 7 瓦轴振较升速过程增幅最大，从系统论的相邻原则可以初步判断碰磨部位应该集中在 7 瓦附近。7 瓦附近可能的碰磨部位有三个，一是 6 瓦轴承箱电侧外油挡；二是发电机汽侧密封瓦，在多台 600MW 机组上曾发生过密封瓦碰磨故障；三是发电机 7 瓦外油挡。检修人员反映，在 3 号机本次检修中为解决油挡漏油，对 7、8 瓦油挡进行了改造，均更换为浮动式油挡，如图 4-19 所示。浮动油挡由外套和内环两部分组成，外套和内环均为对开式结构，外套采用铝合金材料，固定在轴承箱外侧，内环采用高分子复合材料，能够在内环表面和转轴表面形成稳定油膜，内环硬度低，运行时不损伤设备转动部件。虽然高分子复合

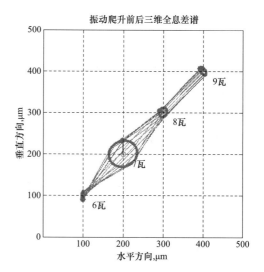

图 4-18　检修后首次启动暖机开始和
打闸前工频三维全息差谱

材料耐磨性能好，使用周期长，但如果间隙不当仍会造成摩擦，且发生动静碰磨时碰磨部位很难脱离。因此，笔者判断检修中更换的浮动油挡造成碰磨的概率较大。

图 4-19　改造后的浮动油挡

3．检查及处理

停机后的检查工作首先从 6 号轴承箱电侧外油挡开始，吊开盘车齿轮箱外盖后发现 6 号轴承箱电侧外油挡碰磨较轻，轴上仅有轻微划痕。随后对 7 瓦外油挡及密封瓦进行了检查，密封瓦活动自如，检修中密封瓦间隙尺寸如表 4-3 所示，安装间隙符合标准要求。对 7 瓦外油挡的解体检查中发现，轴上虽然没有明显的严重磨损痕迹，但浮动油挡内环由于退让后直径仍小于轴颈直径 2～3mm，使浮动油挡内环在安装后将轴抱死，无法自由浮动。内环采用的高分子材料较软不会对转子造成损伤，但由于油挡制造尺寸不当仍会产生动静摩擦。由于内环分为 4 块周向布置，各块高分子材料自由浮动的间隙不尽相同，造成内环各部位与转子接触部位的压力产生差异，摩擦产生的温度变化不均衡将导致转子的变形，产生新的热不平衡量。考虑到 8 瓦的振动平稳以及减少检修处理时间，决定不对 8 瓦附近相关可能部位进行检查。最终确认本次大修后开机振动爬升原因就是 7 瓦新油挡制造尺寸不当造成的碰磨，随后将新换的 7 瓦处浮动油挡更换回原来的旧油挡，准备再次启动。

表 4-3　　　　　　　　　　检修后的密封瓦间隙　　　　　　　　　　（mm）

设备名称	径向总间隙		轴向总间隙	
	组装值	标准值	组装值	标准值
汽端密封瓦	0.23	0.23～0.28	0.35	0.306～0.385
励端密封瓦	0.25	0.23～0.29	0.35	0.306～0.386

4.2.3.3　处理后振动情况

处理 7 瓦处浮动油挡后机组再次启动，在 2350r/min 暖机 3.5h 后，顺利定速 3000r/min。在定速后，2、3、4 瓦的轴振都有不同程度的爬升，随着 3000r/min 下暖机时间的延长，振动恢复正常。3000r/min 下空载振动及带负荷后振动如表 4-4 所示，振动合格。

表 4-4　　　　　　　　　　处理后轴系振动　　　　　　　　　　（μm）

工　况	方向	1 瓦	2 瓦	3 瓦	4 瓦	5 瓦	6 瓦	7 瓦	8 瓦	9 瓦
空载 3000r/min	X 相对	44	25	69	39	60	41	66	62	37
	Y 相对	40	23	70	27	56	55	44	81	50
300MW	X 相对	48	26	69	39	60	41	66	62	37
	Y 相对	40	23	70	27	56	55	44	81	50
600MW	X 相对	52	29	51	55	58	54	37	59	63
	Y 相对	44	27	62	60	60	68	38	69	101

4.3 集电环小轴的振动诊断及处理

4.3.1 集电环小轴振动机理分析

引进型 600MW 机组均采用励磁机/发电机三支撑结构，集电环小轴通过对轮与发电机共用一轴承，从表 4-5（在表 4-5 中列出了部分投运的 600MW 机组的振动问题分类统计信息）中可见集电环小轴的振动问题在多台上海、哈尔滨产机组中都曾出现（注：东电配套的超临界机组在 9 瓦处未安装轴振测点），表现的主要振动特征是，轴振大、瓦振小，瓦振垂直方向通常都不超过 10μm，而首次启动轴振通常都超过报警值，部分机组超过跳机值，振动主要以工频分量为主，空负荷和带负荷均表现相同特征。

表 4-5 600MW 机组调试期间振动问题统计

电厂和机组号	制造厂	故 障 类 型
TS 电厂 5 号机	上电亚临界	发电机振动逐步爬升、集电环小轴振动
GG 电厂 1 号机	上电超临界	低压缸轴振动波动，碰磨
GG 电厂 2 号机	上电超临界	发电机振动逐步爬升
JW 电厂 3 号机	上电超临界	轴系不平衡、集电环小轴振动、碰磨故障
JW 电厂 4 号机	上电超临界	轴系不平衡、发电机振动逐步爬升
HHW 电厂 1 号机	东电超临界	盘车时的振动跳动问题、低压缸结构共振
HHW 电厂 2 号机	东电超临界	盘车时的振动跳动问题、低压缸结构共振、轴系不平衡
JH 电厂 1 号机	东电超临界	发电机振动逐步爬升
CZ 电厂 1 号机	哈电超临界	轴系不平衡、集电环小轴振动
CZ 电厂 2 号机	哈电超临界	集电环小轴振动
ST 电厂 3 号机	哈电超临界	轴系不平衡
HY 电厂 1 号机	哈电超超临界	轴颈磨损、轴系不平衡、集电环小轴振动
HY 电厂 2 号机	哈电超超临界	碰磨故障、集电环小轴振动

在机组调试期间，由于安装单位对三支撑导致的振动问题认识不足，多台机组在首次启动中都表现为集电环小轴振动偏大。由于调试期间为了节省处理时间，在多台机组上如 JW3 号机、TS3 号机和 5 号机、CZ2 号机等均采用现场动平衡方法处理，上海机组平衡面位于集电环风扇平衡槽以及励发刚性对轮，哈尔滨机组则可通过在 9 瓦外伸端的平衡盘添加配重。

TS 电厂 5 号亚临界 600MW 机组（四缸四排汽）调试后整组启动，带负荷至 600MW。在升速过程中，各瓦轴振动情况基本良好；在带负荷过程中，11 瓦轴振随负荷变化明显，在带负荷初期轴振随负荷增加迅速上升，一度达到 137μm；在 170MW 后 11 瓦轴振趋于稳定，在 130μm 左右；负荷增加至 260MW 后 11 瓦轴振开始回落，最低降至 87μm；负荷增加至 400MW 后 11 瓦振动又开始爬升，至 600MW 时 11X 达到 126μm，见表 4-6。

11 瓦轴振在空载状态下稳定且接近优秀值，说明在带负荷前，集电环小轴平衡状态较为良好。随负荷变化过程中，11 瓦轴振变化的主要成分为工频分量，同时相位较为稳定。如图 4-20 所示，在带负荷过程中，发电机 10 瓦轴振与集电环 11 瓦轴振变化趋势一致，但变化幅值却差异较大，带负荷后发电机转子热态下的轻微振动变化，对集电环转子的振动有较明显的影响。通过升降负荷试验发现该不同负荷下对应的热不平衡较为稳定，可以通过动平衡的方法削减高负荷下的振动。

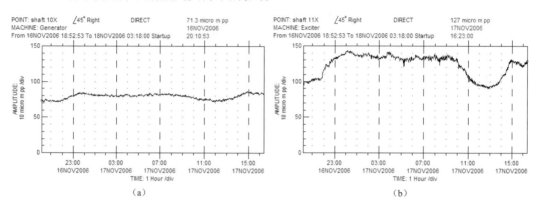

图 4-20　加负荷过程轴振随时间趋势图

（a）测点 10X；（b）测点 11X

表 4-6　　　　　　　　　　平衡前 TS 电厂 5 号机轴振列表　　　　　　　　　（μm）

工况	测点	1 瓦	2 瓦	3 瓦	4 瓦	5 瓦	6 瓦	7 瓦	8 瓦	9 瓦	10 瓦	11 瓦
空载	X	25	39	58	30	84	50	57	60	38	67	85
	Y	29	33	42	34	59	75	20	74	54	69	75
60MW	X	36	46	58	36	86	52	62	62	51	71	101
	Y	37	43	42	35	58	82	20	71	56	74	104
90MW	X	31	49	61	36	85	48	62	63	51	77	127
	Y	35	43	43	34	59	81	20	67	60	80	107
270MW	X	43	66	53	46	62	37	72	64	53	73	99
	Y	43	60	45	39	54	58	21	73	47	82	89
366MW	X	38	50	54	42	69	36	72	68	49	73	90
	Y	37	48	47	39	49	56	20	73	48	82	80
600MW	X	35	49	56	46	65	36	79	68	61	81	126
	Y	35	50	53	42	48	50	21	76	61	88	98

　　由于 10 瓦振动在高负荷下也超过了 76μm，根据满负荷下发电机转子及集电环小轴振动数据，综合估算试加重量，励发对轮加重 330g∠140°，励磁机集电环风扇槽加120g∠240°。盘车 4h 后，偏心恢复冷态启动前数据，机组重新启动，并顺利带至满负荷600MW。添加平衡试重后，在空载和满负荷下 10 瓦和 11 瓦振动都有 30～40μm 的明显下降，如表 4-7 所示，平衡效果较好。

表 4-7　　　　　　　　　　平衡后 TS 电厂 5 号机轴振列表　　　　　　　　　　（μm）

负荷	测点	1 瓦	2 瓦	3 瓦	4 瓦	5 瓦	6 瓦	7 瓦	8 瓦	9 瓦	10 瓦	11 瓦
空载	X	34	64	56	37	83	44	70	88	62	25	42
	Y	37	68	42	35	52	79	22	98	43	34	64
60MW	X	28	46	61	37	85	46	71	87	56	30	51
	Y	33	43	45	34	51	80	21	96	35	27	87
320MW	X	35	56	56	44	71	37	79	72	47	57	84
	Y	38	50	48	38	51	58	21	83	49	64	82
540MW	X	31	44	56	48	69	37	85	65	59	58	89
	Y	32	44	54	41	47	53	21	76	49	59	78
600MW	X	34	46	56	50	68	39	87	67	51	55	79
	Y	35	46	55	42	45	52	21	77	61	56	75

从上述现场处理案例可以看出，动平衡作为一种有效手段，通过在集电环风扇槽和发电机-集电环对轮上单独或同时加重，可以显著降低集电环小轴振动，成功将发电机和集电环各瓦轴振降至合格范围内。

然而，从多台机组的平衡响应来看，表现为影响系数高且同类型机组在相同平衡面试重影响系数差异较大；从平衡效果看一次平衡后振动平均仅能维持 6 个月，随后最后一个瓦（9 瓦或 11 瓦）连同发电机后瓦振动出现爬升并逐步稳定在较高值（约 160～190μm），该振动特征与发电机转子热弯曲引发的振动特征十分吻合，最初曾怀疑密封瓦有碰磨，但调整密封油温后振动并没有明显变化，检修中也未发现明显的碰磨点。通过多台机组检修中的数据分析，发现出现集电环小轴振动爬升故障的机组都存在两个方面的问题，一是集电环支撑瓦修前顶隙超标；二是励-发对轮和集电环小轴末端晃度超标。检查安装期间的数据均在标准范围，说明安装参数超标是机组运行一段时间后才出现，轴承间隙超标导致支承动刚度不足，9 瓦（或 11 瓦）负载较轻，轴振大、瓦振小，垂直瓦振一般不超过 10μm（在现场处理中唯一一次瓦振超标是由于底脚螺栓没打紧）。

过去处理引进型 300MW 机组振动时，就多次碰到过三支撑发电机和励磁机转子（对应 5、6、7 瓦）振动大的问题，与引进型 600MW 机组振动的特点相比有共性也有差异，主要共性是都发生在三支撑的轴系上，对于引进型 300MW 机组 5、6、7 瓦的振动问题，已有的研究成果认为三支撑方式导致励磁机转子实际变为发电机转子的外伸端，发电机转子工作转速超过其二阶临界转速，对二阶不平衡量较为敏感，当外伸端励磁转子的一阶临界转速接近工作转速，其一阶不平衡会引起励磁机转子显著的一阶挠曲，从而引起发电机转子二阶平衡状态的改变，瓦振和轴振均增大。从已积累的 600MW 机组最后一个瓦振动处理经验看，主要区别是轴振大但瓦振小，9 瓦的爬升对相邻的发电机转子的振动影响较小。600MW 机组发电机、励磁机轴系振型见图 4-21。

通过多台机组 9 瓦（或 11 瓦）振动问题的分析和处理，总结该瓦处轴振动原因除了不平衡外，更为重要的原因可以归结为以下两点：一是三支撑形式使集电环小轴减少了一个径向约束，且该转子位于自由端所受负载小，容易出现类似悬臂外生端的"摆头"现象，该轴承的瓦温及回油温度均较低；二是励-发对轮紧力不足，在运行一段时间后容易出现中心偏移，导致摆头现象加剧。

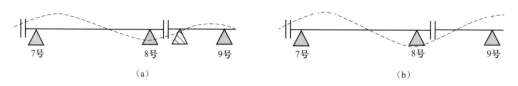

图 4-21　600MW 机组发电机、励磁机轴系振型

（a）模拟四支撑（b）实际三支撑

4.3.2　集电环小轴振动故障处理策略

在多台亚临界 600MW 集电环小轴振动处理基础上，笔者总结出了一套较为完整的办法，确保轴系在没有新不平衡量产生时，集电环小轴在检修后振动能较长时间保持稳定。

（1）减小原始不平衡量，除现场动平衡外，要控制小轴的弯曲度、靠背轮瓢偏度、轴颈椭圆度、锥度等方面。

（2）提高安装、检修工艺，保证集电环小轴与尾部轴承的平行度，保证励/发转子中心、提高励/发对轮联接同心度，增加励/发对轮连接刚度，保证集电环转子晃度等方面。励/发对轮中心调整标准：下张口 0.10～0.14mm，考虑到尾部轴承标高，修订标准尽量靠近上限；励-发对轮螺栓力矩取上限。

（3）提高尾部轴承支承刚度以增加轴承稳定性，包括适当提高轴瓦标高、增加轴承载荷；适当减小轴瓦径向间隙，适当增加轴瓦座顶部紧力，保证瓦底部垫块与洼窝的接触等方面。左右瓦块顶隙偏差小于等于 0.02mm，轴瓦顶隙 0.18～0.22mm，靠近下限；轴瓦与瓦套紧力值：0.03～0.05mm 紧力。

4.3.3　600MW 机组集电环小轴振动处理实例

JW3 号机调试整套启动首次定速 3000r/min 时发电机及集电环的 7、8、9 瓦处轴振较大，特别是集电环 9 瓦轴振动约 120μm，数据如表 4-8 所示。

表 4-8　　　　　　　　　　　调试首次定速 3000r/min 轴振动数据　　　　　　　　（μm）

工况	测点	4 瓦	5 瓦	6 瓦	7 瓦	8 瓦	9 瓦
3000r/min	X	52	48	53	76	75	103
	Y	47	59	46	78	84	119

机组在调试期间，首先在集电环风扇槽加重 196g∠25°，9 瓦轴振动降低 20μm，但未达到理想水平；后根据首次加重后的数据调整动平衡配重，在集电环风扇槽继续加重 186g∠35°，同时在发电机－集电环对轮上加重 255g∠303°，定速后 8、9 瓦轴振动比平衡前大幅降低，轴振均在 80μm 以内。机组顺利并网并通过 168h 试运，满负荷下振动数据如表 4-9 所示。

表 4-9			动平衡后满负荷下轴振动数据					(μm)
测点	1 瓦	2 瓦	3 瓦	4 瓦	5 瓦	6 瓦	7 瓦	8 瓦	9 瓦
X	35	55	62	58	62	45	59	70	78
Y	29	43	61	47	73	63	53	75	80

该机组在随后的商业运行中 9 瓦轴振出现了爬升现象，2008 年 2 月机组首次 A 级检修前 9 瓦 Y 方向轴振一度超过 180μm，大修中通过严格控制安装参数来改善 9 瓦振动。检修前振动爬升原因分析：一是 9 瓦相位变化较大，可能励-发对轮中心出现偏移，停机检修测量励-发对轮晃度有 0.11mm，且高点在键相附近与振动相位吻合；二是 9 瓦负荷较轻，表现为瓦振小，轴振大，9 瓦对集电环转子的支撑和约束能力较弱；三是碰磨故障造成振动不断爬升。

调整方案：①将励发对轮原始晃度尽量控制在 0.05mm 标准以下；②调整 9 瓦顶隙至标准值；③按照经验值，建议将 9 瓦标高提高 0.12mm，增加 9 瓦的负载；④鉴于目前 9 瓦相位较调试期间平衡后的测试结果相差较大（70°～100°），保留原平衡块不做调整；⑤增加励-发对轮的紧力，取上限 1930N·m。检修处理获得了预期的良好效果，带负荷后 9 瓦两个方向振动均未出现报警值。

 ## 4.4 转子热变形故障诊断与处理

转子热变形，也可称为转子热弯曲，本书中之所以没有按传统方式称为"热弯曲"，主要是源于多年前经历的一次故障诊断中，转子临时热弯曲故障被误传为大轴弯曲，造成了不必要的紧张。为了与《二十五项反措》中的"汽轮机大轴弯曲"相区别，本节中阐述的转子热变形故障均指转子未发生永久性塑性变形的临时热弯曲故障，其相关分析诊断及处理方法的论述也在此基础上展开。值得注意的是，转子发生临时热弯曲时虽然是未发生永久性塑性变形，但如果不及时的加以预防和处理，热弯曲引起的振动进一步增加，极有可能恶性循环发展成为永久性的大轴弯曲，因此对转子热变形故障的准确判断及有效处理具有十分重要的意义，其预防与大轴弯曲是一致的。

本节将针对 600MW 机组转子热变形的产生原因、振动特征及应对策略进行论述，并给出典型热变形振动故障分析和处理案例。

4.4.1 转子临时热变形产生原因及特征

600、1000MW 机组由于轴系较长、挠性大以及参数高、功率大，更容易在启停机过程及运行中发生热变形故障。

转子热变形故障本身并不是一个孤立的直接振动源，它往往和其他故障，如动静碰磨等，一起耦合作用于汽轮发电机组转子导致振动超标。发电机转子和汽轮机转子均会出现热变形故障，且导致转子热变形故障的原因较多，但均离不开转子内部温度场的变化，最终反映出来的现象是机组原始平衡状态发生改变导致振动变化。下面列出目前遇到的 600MW 机组汽轮机及发电机转子热变形的主要原因。

1. 运行参数控制不当导致的热变形

由于运行参数控制不当造成的转子热变形是最为常见的一种。机组在启停机及变工况运行中，转子的温度场及应力场在不断发生变化。启动时机组经历了从冷态或热态逐步增温到满负荷下温度的过程；停机时机组又经历了从满负荷下减到空负荷到停止运行时，温度逐步降低的过程；正常运行中的加减负荷也将导致机组经历一定幅度增温和减温的过程。当机组启动时暖机时间不足、升速过快、快速加减负荷及蒸汽参数变化剧烈时，转子在该加热和冷却过程中就会由于温差产生不均匀膨胀或收缩，转子就会产生热变形。除了转子产生热变形外，汽缸等静止部件也会由于热膨胀不一致或受阻产生热变形，进一步增大了动静碰磨的概率，导致转子进一步的弯曲变形和振动变化。

600MW 机组大多采用无中心孔转子，无中心孔转子具有受热膨胀更加迅速、均匀的特点，导致制造厂一度认为采用无中心孔转子的 600MW 机组暖机时间可以缩短甚至取消，并将其写入运行指导书，导致最初投运的几台机组均在启动过程出现振动问题。暖机的目的是使汽轮机各部件（不仅仅是转子）的温度均匀上升，温度差减小，避免产生过大的热应力及变形。根据运行经验，如果汽缸没有得到充分膨胀仍然容易造成汽缸与转子间动静碰磨，导致热变形的发生。国产 300MW 机组经过多年的运行考核，已经对不同启动状态下的暖机时间及相关参数控制进行了明确的规定，但 600MW 机组无统一的国家标准，各制造厂家也无明确的规定。通过多台 600MW 运行经验的总结，各电厂基本都将暖机时间延长到了 3～4h，汽缸左右膨胀达到 12mm，且左右膨胀均匀后，方可继续升速，以确保启动过程转子与汽缸膨胀的一致性。

控制好轴封供汽参数也是避免转子临时热变形的一项重要措施。在机组投入连续盘车前，不允许向轴封送汽，否则将引起转子弯曲变形。为了防止转子在轴封段范围内由于热应力而产生变形或损坏，在启动和停机时，轴封蒸汽和转子表面之间的温差应保持最小，轴封管路经充分疏水后方可投汽，严格控制轴封供汽温度，防止轴封供汽带水或轴封供汽管积水。

2. 动静碰磨导致的热变形

对于新装或大修后的机组，为确保机组效率，一般都将间隙控制在下限，容易造成动静碰磨，动静碰磨发生后的一个重要特征就是碰磨产生的热量会造成转子部件上出现温差引起热变形，碰磨部位包括汽封、油挡、密封瓦等。根据碰磨严重程度的不同，可分为早期、中期和晚期碰磨 3 个阶段。在早期阶段由于碰磨较轻，热弯曲量较小，另外接触部分的金属很快被磨损，这时动静部件磨损量大于转轴碰磨点热弯曲增长量，从而形成间断碰磨，造成振动时大时小地随机波动，或维持在某一水平上。碰磨处于中期时，动静部件磨损量始终小于转子热弯曲的振动的增长量，碰磨会不断加重，使热弯曲和振动进一步加大，形成恶性循环。转轴碰磨进入中期时轴振增长率高达 150～200μm/min，若不及时打闸停机控制振动，很快转轴碰磨会进入晚期，而晚期振动增长率将几倍于中期，会出现转轴弯曲处挤压应力大于材料屈服极限，将造成弯轴事故。

3. 发电机转子冷却不均导致的热变形

大型汽轮发电机转子主要由铜绕组、导磁铁心以及护环、风扇等组成，由于其材质多样、结构复杂，加励磁后其发热量如果无法正常均匀被带走，容易产生随负荷变化的发电机转子临时热变形。

（1）对于氢内冷发电机，通风孔变形、杂物堵塞等会引起通风孔通流面积减小，破坏转子热交换的对称性，使转子横截面的温度不对称，进而引起热变形。

（2）当发电机带负荷运行时，通入励磁电流的转子绕组温度比转子铁心温度高，两者温度的不同及热膨胀系数不一样，导致不同的延伸变形。大型发电机转子在槽绝缘内表面、槽楔下垫条靠铜线侧、转子护环下扇形绝缘瓦与转子绕组相接触部分均喷涂滑移层。多次发现返厂转子槽楔下垫条滑移层表面的保护膜没有去除，如果由于安装不当造成绕组滑移局部受阻，或者设计转子绕组没有充分考虑滑移量，均会造成线圈热膨胀不均引起转子热变形。

（3）如果发电机转子出现匝间短路故障，也会产生类似与膨胀不畅的转子热变形，但该故障会逐步恶化，配合电气试验应尽快明确故障后返厂处理。

转子临时热变形的振动特征主要表现为：

（1）振动频率主要为工频分量，主要是因为热变形导致新的热不平衡量；

（2）如果转子在启动过程发生由于碰磨、轴封疏水不畅、暖机时间不足等导致临时热变形，降速过程的振动将大于升速过程，如果没有充足的盘车时间，偏心没有恢复原始状态就再次启动，机组再次启动时在低速阶段振动幅值就比较大，会导致振动大无法过临界的情况发生。

（3）对于氢冷发电机，如果出现由于通风孔堵塞故障，通过变氢温试验，发电机转子轴振与氢温变化的相关性较大作为判据。

（4）对于转子绕组膨胀不畅，其产生的转子热变形随着转子励磁电流增大而加大，这类故障需要通过其他的电气试验与转子匝间短路故障相区别。

4.4.2 转子临时热弯曲的模态分析

对于单盘 Jeffcott 转子，当圆盘的不平衡量为 $m e_u e^{i\varphi_m}$，同时转子还存在静态初始弯曲量为 $\lambda_b e^{i\varphi_b}$ 时，不平衡弯曲转子的振动响应为

$$r = r_u + r_b = \frac{\omega^2 e_u e^{j\varphi_m} + \omega_{cr}^2 \lambda_b e^{j\varphi_b}}{\omega_{cr}^2 - \omega^2 + 2i\xi\omega_{cr}\omega} \qquad (4\text{-}20)$$

从式（4-22）可以看出，转子的响应 r 是不平衡响应 r_u 与弯曲响应 r_b 二者的叠加。应用模态分析理论，将 Jeffcott 转子的不平衡弯曲响应式（4-20）推广到多圆盘弹性支承系统，此时第 m 个转盘中心工频响应可表示为

$$r(m,\omega) = r_u(m,\omega) + r_b(m,\omega) = \sum_{n=1}^{N}(u_n\omega^2 + \varepsilon_n\omega_n^2)N_n(\omega)\phi_m^{(n)}e^{j\omega t} \qquad (4\text{-}21)$$

其中 $\qquad\qquad N_n(\omega) = [(\omega_n^2 - \omega^2) + 2i\xi_n\omega_n\omega]^{-1}$

热弯曲通常具有一定的方向性，即转子弯曲量增大，而其相位保持稳定。设转子产生临时热弯曲故障，其第 m 个圆盘处弯曲量为

$$E(m) = \sum_{n=1}^{N} \varepsilon_n \phi_m^{(n)} e^{j\omega t} \tag{4-22}$$

式中：$E(m)$ 为转子弯曲量；ε_n 为转子第 n 阶弯曲量；$\phi_m^{(n)}$ 为第 n 阶模态振型 $\{\varphi^{(n)}\}$ 的第 m 个元素。由式（4-21）可得此时转子的工频响应 $r(m,\omega)$ 为

$$r(m,\omega) = r_b(m,\omega) = \sum_{n=1}^{N} \varepsilon_n \omega_n^2 N_n(\omega) \phi_m^{(n)} e^{j\omega t} \tag{4-23}$$

设转子继续发生热弯曲，达到弯曲量 $E'(m) = \delta E(m)$，第 m 个圆盘处相同转速下转子的工频振动量 $r'(m,\omega)$ m 为

$$E'(m) = \delta \sum_{n=1}^{N} \varepsilon_n \phi_m^{(n)} e^{j\omega t} = \sum_{n=1}^{N} \delta \varepsilon_n \phi_m^{(n)} e^{j\omega t} = \sum_{n=1}^{N} \varepsilon_n' \phi_m^{(n)} e^{j\omega t} \tag{4-24}$$

$$r'(m,\omega) = r_b'(m,\omega) = \sum_{n=1}^{N} \varepsilon_n' \omega_n^2 N_n(\omega) \phi_m^{(n)} e^{j\omega t}$$

$$= \delta \sum_{n=1}^{N} \varepsilon_n \omega_n^2 N_n(\omega) \phi_m^{(n)} e^{j\omega t} = \delta r(m,\omega) \tag{4-25}$$

由式（4-25）可知，在不同热弯曲量的情况下，转子工频响应的大小会发生变化，但其相位是稳定的。

由前述分析，知道当转子不平衡质量的大小和方位发生变化时，初相点必然发生变化。将工频分量的参数方程两边分别对时间求导（为方便起见，此处略去了下标 i），可得

$$\begin{cases} dx/dt = A\omega\cos(\omega t + \alpha) \\ dy/dt = B\omega\cos(\omega t + \beta) \end{cases} \tag{4-26}$$

因此，此时全息谱工频椭圆上初相点切线的斜率 k 为

$$k = \frac{dy}{dx}\bigg|_{t=0} = \frac{B\cos\beta}{A\cos\alpha} \tag{4-27}$$

由弯曲响应的理论分析结果式（4-27）可知：当转子不平衡状态没有改变时，在不同热弯曲量的情况下，转子工频响应的大小虽然发生了变化，但其相位是稳定不变的，因此当转子继续发生热弯曲时，振动信号变为

$$\begin{cases} x' = \delta A\sin(\omega t + \alpha) \\ y' = \delta B\sin(\omega t + \beta) \end{cases} \tag{4-28}$$

此时初相点切线的斜率 k' 为

$$k' = \frac{dy'}{dx'}\bigg|_{t=0} = \frac{\delta B\omega\cos\beta}{\delta A\omega\cos\alpha} = \frac{B\cos\beta}{A\cos\alpha} = k \tag{4-29}$$

由式（4-29）可知，在恒定转速下，当转子不平衡状态没有改变，热弯曲量不断加大时，代表转子工频响应的工频椭圆不断变大，而工频椭圆上初相点处的切线仍然保持相互平行。初相点的这一特征可以作为判断机组发生失衡还是热弯曲的诊断指标。

如前理论分析和初相点的特征可知，当转子发生热弯曲时，如果转子的原始不平衡状态没有改变，即失衡大小方位没有改变，仅仅因为临时热弯曲后工频振动加大，这时

在振动加大前后初相点在工频椭圆上的切线应保持平行，表征失衡方位的初相角没有改变。

4.4.3 转子热变形的应对策略

按照二十五项反措要求，汽轮机启动前必须符合以下条件，否则禁止启动：

（1）大轴晃动（偏心）、串轴（轴向位移）、胀差、低油压和振动保护等表计显示正确，并正常投入。

（2）大轴晃动值不超过制造商的规定值或原始值的±0.02mm。

（3）高压外缸上、下缸温差不超过50℃，高压内缸上、下缸温差不超过35℃。

（4）蒸汽温度必须高于汽缸最高金属温度50℃，但不超过额定蒸汽温度，且蒸汽过热度不低于50℃。

机组启、停过程操作措施应严格执行：

（1）机组启动前连续盘车时间不得少于2~4h，热态启动不少于4h，若盘车中断应重新计时；机组启动过程中因振动异常停机必须回到盘车状态，应全面检查、认真分析、查明原因。当机组已符合启动条件时，连续盘车不少于4h才能再次启动，严禁盲目启动；停机后立即投入盘车。当盘车电流较正常值大、摆动或有异音时，应查明原因及时处理。

（2）当汽封摩擦严重时，将转子高点置于最高位置，关闭与汽缸相连通的所有疏水（闷缸措施），保持上下缸温差，监视转子弯曲度，当确认转子弯曲度正常后，进行试投盘车，盘车投入后应连续盘车。当盘车盘不动时，严禁用起重机强行盘车。

（3）冷态启动时，无中心孔转子的600MW机组仍需要充分高速暖机3~4h。

（4）停机后因盘车装置故障或其他原因需要暂时停止盘车时，应采取闷缸措施，监视上下缸温差、转子弯曲度的变化，待盘车装置正常或暂停盘车的因素消除后及时投入连续盘车。

（5）机组热态启动前应检查停机记录，并与正常停机曲线进行比较，若有异常应认真分析，查明原因，采取措施及时处理。

（6）机组热态启动投轴封供汽时，应确认盘车装置运行正常，先向轴封供汽，后抽真空。停机后，凝汽器真空到零，方可停止轴封供汽。应根据缸温选择供汽汽源，以使供汽温度与金属温度相匹配。

（7）疏水系统投入时，严格控制疏水系统各容器水位，注意保持凝汽器水位低于疏水联箱标高。供汽管道应充分暖管、疏水，严防水或冷汽进入汽轮机。

（8）启动或低负荷运行时，不得投入再热蒸汽减温器喷水。在锅炉熄火或机组甩负荷时，应及时切断减温水。

当发电机转子出现较为明显的热变形特征时，要尽快确定是否存在匝间短路故障。二十五项反措推荐，对于频繁调峰运行或运行时间达到20年的发电机，或者运行中出现转子绕组匝间短路迹象的发电机（如振动增加或与历史比较同等励磁电流时对应的有功和无功功率下降明显），或者在常规检修试验（如交流阻抗或分包压降测量试验）中认为可能有匝间短路的发电机，应在检修时通过探测线圈波形法或RSO脉冲测试法等试验方法进行动态及静态匝间短路检查试验，确认匝间短路的严重情况，以此制订安全运行条件及检修消缺计划,有条件的可加装转子绕组动态匝间短路在线监测装置。经确认存在较严重转子绕组匝间短路的发电机应尽快消缺,防止转子、轴瓦等部件磁化。

4.4.4 转子热变形典型案例诊断与处理

1. 振动测量情况

(1)第一次启动的振动状况。机组于 2006 年 9 月 1 日下午 14:40 第一次启动冲转,采用高、中压缸联合启动方式,启动前偏心为 56μm。在 600r/min 下检查听音后,转速升至 2350r/min 高速暖机 30min,然后升至 2850r/min 进行阀切换,现场人员发现 6 瓦电机侧油挡处有火星冒出,为保证安全转速未达到 3000r/min 即打闸停机,最高转速 2920r/min。

(2)第二次启动的振动状况。处理 6 瓦处:油挡碰磨故障后,机组第二次启动前盘车状态偏心为 58μm,但在升速至 600r/min 过程中偏心一度超过 80μm。在 600r/min 下检查听音后,转速升至 2350r/min 高速暖机 30min,然后升至 2850r/min 进行阀切换,后定速在 3000r/min。由于现场 TSI 显示的 5Y 绝对振动超过 180μm,后打闸停机。

(3)第三次启动的振动状况。在第二次启动后,发现润滑油质不合格,后进行翻瓦检查,并加强滤油直至油质合格,同时扩大了轴封间隙。第三次冲转过程中,机组在 600r/min 下停留 1h,升至 2350r/min 下高速暖机,在高速暖机过程中 1、2、3、5 瓦振动有不同程度的爬升,2 瓦从 21.3μm 升至 52.5μm,高速暖机 3.5h 后机组顺利定速 3000r/min,除 11 瓦振动偏大(X 方向轴振约 100μm),其他各瓦处轴振均合格。第三次启动 1X、2X、3X、4X、5X、6X、7X、8X、9X 相对轴振升速过程波德图见图 4-22~图 4-24。

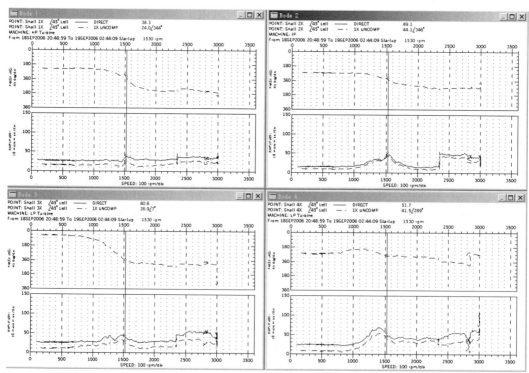

图 4-22 第三次启动 1X、2X、3X、4X 相对轴振升速过程波德图

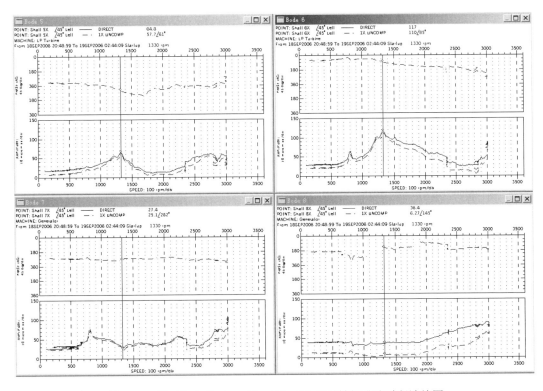

图 4-23 第三次启动 5X、6X、7X、8X 相对轴振升速过程波德图

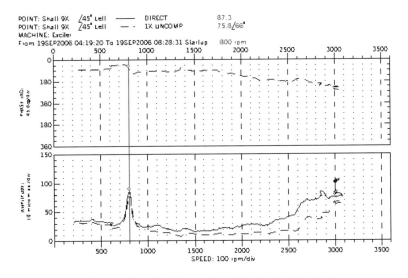

图 4-24 第三次启动 9X 相对轴振升速过程波德图

2. 振动特征

在启动过程的振动监测过程中，机组呈现如下振动特征：

（1）从监测的 X 方向相对轴振来看，在第一次启机升速过程中，发电机及励磁机的 7、8、9 瓦处轴振较汽轮机各瓦大。在 2900r/min 时，除 9 瓦超过报警值外，机组整体振动均在 125μm 的报警值以下。

（2）从监测的 X 方向相对轴振来看，在第一次启机升速过程中，在 2350r/min 至 2900r/min 的升速过程中，3X～7X 的高倍频分量明显增加，机组存在较为严重的碰磨故障。现场人员也发现 6 瓦油挡处有火星冒出。

（3）在处理 6 瓦油挡的碰磨故障后，第二次启机过程中，汽机的 2～6 瓦的振动较第一次启机明显增大，振幅增加接近一倍左右，过临界时振动更为强烈。振动以工频分量为主，存在一定的高倍频分量。在 3000r/min 时，4、5、6、7、9 瓦均超过报警值。主要原因在于盘车时间不足，第二次冲转时转子上仍存在残余热变形，使转子产生不平衡振动加大。

（4）第三次启机顺利定速 3000r/min，波德图显示，各瓦轴振动和首次冲转一致，由于第二次和第三次冲转间隔 18 天，转子的临时热变形现象已经消失，振动状态恢复正常。

3．振动分析与处理

（1）从前两次启机的振动数据来看，机组轴系存在一定的碰磨故障，尤其在低压缸的 4、5、6 瓦处的碰磨特征比较明显。

（2）第二次启机各瓦振动大幅上扬的原因，可以归纳为：一是第一次启机的碰磨故障可能造成转子存在一定的临时热变形，在偏心没有稳定的恢复到原始值就第二次冲转，残余的转子热变形加剧了振动；二是合理的冲转参数还需要进一步摸索和调整，前两次冲转的主蒸汽温度和再热蒸汽温度偏高，轴封供汽温度偏低（要求在 120～170℃），真空偏高，上下缸温差较大（要求在 41℃内）；三是暖机时间较短，汽缸没有得到充分膨胀。

（3）决定第三次启机参数控制如下：润滑油质量合格；盘车至偏心恢复初始值，检查疏水系统，保证阀门全开；主蒸汽压力和温度控制在 8.0～8.4MPa，350～380℃；再热蒸汽压力和温度控制在 0.5～0.6MPa，380～420℃；轴封供汽温度 150℃；真空控制在 85～90kPa；冲转过程注意上下缸温差不超过要求的 41℃；600r/min 转速下振动稳定后再冲转，2350r/min 下暖机 3h 以上，确保汽缸与转子膨胀一致。

通过探索优化机组冲转参数，消除了前两次启动过程中转子因动静碰磨产生的临时热变形，最终顺利定速 3000r/min。

4.5 叶片断裂故障的诊断与处理

4.5.1 叶片断裂故障的特征分析

通常叶片断裂时，由于轴系平衡状态的改变，机组振动突变；汽轮机内部有明显的金属撞击声；由于通流部分的变化，某监视段压力异常，轴向位移，推力轴承金属温度异常变化。当机组出现上述征兆或部分征兆时，能否判断为叶片断裂还需要进行具体分析，例如，机组振动突变，是立即恢复，还是突变后维持在新的状态，突变量有多大，这都需要详细分析，而参照现有的振动标准很难给出明确的结论。

4.5.1.1 现有振动安全评价的缺陷

目前大部分机组为了监测振动，都在每个轴承安装了轴振和瓦振传感器，且轴振传感器在一个测量截面安装了两个，一旦轴系出现旋转部件的脱落，在振动上都会有改变。

二十五项反措中对于振动有明确的规定：在第十节"防止汽轮机大轴弯曲、轴瓦烧损事故"中，规定"机组运行中要求轴承振动不超过 0.03mm 或相对轴振动不超过 0.080mm，超过时应设法消除，当相对轴振动大于 0.260mm 应立即打闸停机；当轴承振动变化±0.015mm 或相对轴振动突然增加±0.05mm，应查明原因设法消除，当轴承振动突然增加 0.05mm，应立即打闸停机"。

在 GB/T 6075.2—2012《机械振动 在非旋转部件上测量评价机器的机械振动 第 2 部分：50MW 以上，额定转速 1500r/min、1800r/min、3000r/min、3600r/min 陆地安装的汽轮机和发电机》中在"4.3 准则Ⅱ"中对振动幅值的变化进行了规定："本准则提供了评价振动幅值偏离以前建立的基线值的变化。宽带振动幅值可能明显地增大或减小，甚至在未达到准则Ⅰ的区域 C 时，就要求采取某种措施。这种变化可以是瞬时的或者随时间而发展的，它可能表明已产生损坏，或者是故障即将来临的警告，或发生某些其他异常。准则Ⅱ是在稳态工况下宽带振动幅值变化的基础上规定的。这些工况允许发电机在正常工作转速下输出功率有小的变化""在应用准则Ⅱ时，每次测量时传感器位置和方向都应相同，机器工况相近似。偏离正常振动幅值的明显变化应予研究以避免危险。如果振动幅值变化某个明显的数量（一般为区域边界 B/C 值的 25%），不管振动幅值是增大或者减小都宜查明变化的原因和确定进一步采取的措施"。"25%是作为振动幅值显著变化的导则提出的，当然也可以根据具体机器的经验，采用其他的数值"。在 GB/T 11348.2—2012《机械振动 在旋转轴上测量评价机器的振动 第 2 部分：功率大于 50MW，额定工作转速 1500r/min、1800r/min、3000r/min、3600r/min 陆地安装的汽轮机和发电机》中也有相应的规定。表 4-10 摘取了 GB/T 6075.2—2012 和 GB/T 11384.2—2012 中对于工作在 3000r/min 转速下机组振动的区域边界推荐值。

表 4-10　　　汽轮机和发电机轴承座振动速度及转轴相对位移的

推荐值（仅列出工作转速 3000r/min）

区域边界	测　量　方　式	
	振动速度均方根值（mm/s）	轴相对位移峰-峰值（μm）
A/B	3.8	90
B/C	7.5	120～165
C/D	11.8	180～240

目前，现场对于瓦振的监测仍习惯于将速度传感器的输出值积分为位移，参照旧的部颁标准认为 0.05mm 为合格，而没有采用表 4-10 中的速度有效值，因此 25%的变化量应对应为±0.0125mm；表 4-10 中的区域边界 B/C 值 7.5mm/s 全部按工频分量折算成位移为 0.0675mm，其 25%为±0.0169mm，与二十五项反措中的规定比，三个值中±0.0125mm 是最小的，是否变化量小于该值就是安全的呢？

在相对轴振的标准中，现场通常采用 0.125mm 或 0.127mm 报警，该阈值的 25%为 0.031mm，对于表 4-10 中的 B/C 区域边界，对应的 25%为 0.030～0.375mm，如果取最小值 0.03mm 作为振动变化出现异常的准则是否就合适呢？

另外，在二十五项反措中只对振动通频振幅进行了规定，在 GB/T 6075.1 和 GB/T 11348.1 的总则的附录 D 中均对"振动变化的矢量分析"进行了说明，由标准中的截图（见图 4-25）可以看出"仅考虑振动幅值变化而建立的评定准则的局限性"。在 GB/T 6075.2 和 GB/T 11348.2 的第 4.5 节"基于振动矢量信息的评价"中再次说明，"本部分的评价限于宽带振动幅值而不考虑频率分量或相位。在大多数情况下，这对于验收试验和运行监测是合适的。而对于长期机器状态监测和诊断，使用振动矢量信息对发现和确定机器动态的变化特别有用，在某些情况下，只测量宽带振动可能不会发现这种变化（参见 GB/T 6075.1）。振动相位和频率信息越来越多地用于状态监测和诊断。然而，这种准则规范已超出了本部分的现有范围"。

由于叶片断裂对振动的影响是产生振动突变，可以是突然增加，也可以是突然降低。现场运行人员大部分都对振动突然增加较为敏感，对于振动突然降低缺乏足够的重视，在上述二十五项反措和国标中均明确要求对于振动突降也进行了规定，这一点是需要运行人员值得注意的；但从对标准的解读看，其关于振动幅值变化的论述是不适合对叶片断裂故障进行安全评定和诊断的，运行人员按照振动在报警值或 B/C 区域边界以下，振幅变化量不超过 B/C 区域边界 25% 来指导运行，可能会忽视叶片断裂故障的发生。

D2 矢量变化的重要性

图 D1 是极坐标图，以矢量形式同时显示复杂振动信号某一频率分量的幅值和相位。

矢量 A_1 描述了初始稳态振动状况，即在这一状况下，振动幅值是 30μm，相位角 40°。矢量 A_2 描述了机器发生变化后的稳态振动状况，即振动幅值是 25μm，相位角 180°。因此，虽然振动幅值减少了 5μm，但是矢量 A_2-A_1 表示了振动的真实变化，其值为 52μm，仅比较振动幅值就超出了 10 倍。

这个例子说明了仅考虑振动幅值变化而建立的评定准则的局限性。

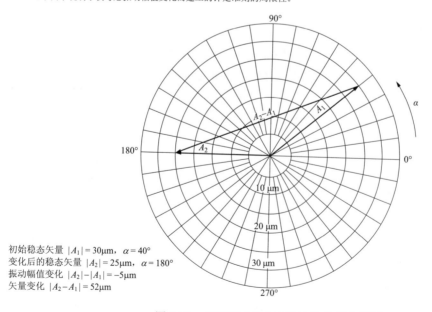

初始稳态矢量 $|A_1|=30$μm，$\alpha=40°$
变化后的稳态矢量 $|A_2|=25$μm，$\alpha=180°$
振动幅值变化 $|A_2|-|A_1|=-5$μm
矢量变化 $|A_2-A_1|=52$μm

图 4-25　GB/T 11348.1 中附录 D 的部分截图

下面列举一个叶片断裂的案例进行说明。

某电厂 2 号机组系由哈尔滨汽轮机厂与日本三菱公司联合设计生产的超超临界 600MW 汽轮机，型号为 CLN600-25/600/600 型超超临界、一次中间再热、单轴、两缸、两排汽、凝汽式汽轮机。机组设有一个高中压缸和一个低压缸，及发电机和集电环，共 7 个轴承，轴承座采用落地结构，轴瓦均采用可倾瓦结构。汽轮机高中压转子和低压转子均为整体转子。

该机组 TSI 系统为 Bently 公司的 3500 系统，在 1-7 号轴承附近设置了互为垂直安装（X 为 45L，Y 为 45R）的涡流传感器测量轴颈处的相对轴振，并将数据传至 DCS 对振动进行实时显示。该机组配套了深圳 ALSTOM-创为实公司的振动远程监测 TDM 系统，能对振动数据实时采集和分析，并且能对振动异常变化数据自动捕捉。

异常发生前，机组带满负荷正常运行，轴系振动总体较好，轴振通频均不超过 40μm，瓦振不超过 10μm。异常发生后，轴系振动有明显变化，但总体振动水平仍较小，轴振不超过 51μm，瓦振不超过 21μm，其中 3、4 瓦振动变化最大。相对轴振通频峰-峰值最大变化不超过 15μm，瓦振最大变化不超过 11μm，无论从相对轴振还是瓦振，其变化量和突变后的绝对值，都是符合前述标准要求的，且变化后的振动仍处于优良范围。

幸运的是在汽机平台的巡检人员听到"砰"的一声异响，这才通知集控室人员调阅 DCS 振动数据，发现振动有所变化。电厂立即通知笔者所在单位通过远程诊断系统查阅振动特征数据，通过对特征数据的分析，发现 2、3、4、5 号轴承的相对轴振和瓦振工频分量的幅值和相位均在几秒内发生突变，振幅突增和突降同时存在，但变化量中以 3、4 号轴承最为明显，且突变后振动维持不变。诊断人员判断机组低压转子出现了部件脱落，建议立即停机揭缸检查，发现中压缸侧末二级自带冠叶片断裂（见图 4-26），脱落质量达 800g，相邻叶片及隔板损伤严重。

图 4-26 低压反向次末级叶片断裂一片

机组异常发生前后 Y、X 方向轴振见表 4-11 和表 4-12。

上面的案例说明，当机组出现叶片断裂等突发故障时，通过现有的标准是无法对机组能否继续安全运行进行合理评估，更无法对是否发生叶片断裂突发故障进行准确判断。

表 4-11　　　机组异常发生前后 Y 方向轴振（2011.9.29 满负荷，工频峰-峰值）　　　（μm）

序号	时间	转速	1#轴振 Y	2#轴振 Y	3#轴振 Y	4#轴振 Y	5#轴振 Y	6#轴振 Y
1	10:16:49.028	2997	57∠85	15∠4	7∠64	20∠278	21∠324	64∠127
2	10:21:49.019	2997	58∠85	15∠5	8∠60	20∠277	21∠325	65∠128
3	10:23:00.562	2997	53∠90	19∠359	3∠281	17∠304	20∠339	66∠128
4	10:23:00.612	2997	52∠91	20∠357	6∠260	17∠315	20∠344	67∠128

序号	时间	转速	1#轴振 Y	2#轴振 Y	3#轴振 Y	4#轴振 Y	5#轴振 Y	6#轴振 Y
5	10:23:00.860	2997	47∠97	23∠352	19∠248	23∠347	22∠1	69∠127
6	10:23:00.910	2997	46∠99	24∠351	22∠248	25∠353	23∠5	69∠127
7	10:23:00.960	2997	45∠100	24∠350	22∠247	26∠355	23∠8	70∠127
8	10:23:01.010	2997	46∠102	25∠349	27∠246	28∠359	24∠11	70∠127
9	10:23:02.017	2997	47∠101	23∠333	34∠239	34∠0	25∠20	72∠127
10	10:23:02.067	2997	47∠100	23∠333	34∠239	34∠0	25∠20	72∠127
11	10:26:49.340	2997	46∠97	21∠337	31∠237	32∠356	21∠16	65∠128
12	10:31:49.010	2997	48∠96	21∠336	30∠236	32∠354	20∠16	59∠128
13	10:31:53.951	2997	48∠93	21∠337	30∠236	32∠354	20∠15	59∠128
14	10:31:54.000	2997	47∠97	21∠336	30∠236	32∠354	20∠15	59∠128
15	10:36:49.019	2996	53∠90	20∠334	30∠236	32∠354	20∠15	55∠129

表 4-12　　　　机组异常发生前后 X 方向轴振（2011.9.29 满负荷，工频峰-峰值）　　　　（μm）

序号	时间	转速	1#轴振 X	2#轴振 X	3#轴振 X	4#轴振 X	5#轴振 X	6#轴振 X
1	16:49.0	2997	59∠351	19∠284	27∠307	23∠173	18∠206	62∠215
2	21:49.0	2997	59∠351	18∠282	27∠307	22∠178	18∠206	63∠215
3	23:00.6	2997	56∠356	18∠286	18∠308	20∠209	16∠221	63∠216
4	23:00.6	2997	54∠357	18∠287	14∠311	21∠221	15∠229	63∠216
5	23:00.9	2997	51∠5	17∠293	3∠13	31∠252	16∠258	64∠216
6	23:00.9	2997	51∠7	17∠294	4∠68	34∠258	16∠264	64∠216
7	23:01.0	2997	50∠8	16∠294	5∠88	36∠259	17∠267	64∠216
8	23:01.0	2997	50∠11	17∠294	8∠99	39∠262	18∠272	64∠216
9	23:02.0	2997	54∠11	20∠282	9∠108	42∠264	16∠277	63∠215
10	23:02.1	2997	54∠11	20∠281	9∠108	42∠264	16∠277	63∠215
11	26:49.3	2997	53∠10	19∠285	9∠98	42∠262	12∠268	57∠216
12	31:49.0	2997	55∠9	19∠283	9∠95	42∠260	11∠263	51∠217
13	31:54.0	2997	54∠10	19∠284	9∠94	42∠260	11∠262	51∠217
14	31:54.0	2997	54∠9	19∠285	9∠93	42∠260	11∠263	51∠217
15	36:49.0	2996	53∠7	17∠286	9∠92	42∠259	10∠260	47∠218

4.5.1.2　叶片断裂的振动特征

针对前述案例，可以对叶片断裂的振动特征进行总结。

首先是存在振动突变，一般来说，振动突变的原因有旋转部件脱落、对轮发生错位、动静部件剧烈碰磨、信号受干扰突变、工况不稳定。

说明了其他几项故障与旋转部件脱落在振动特征的区别，叶片断裂故障的振动特征也就明晰了。

1. 对轮错位

通常是由于机组负荷存在较大变化引起的，一般只对对轮两侧轴承造成较大影响，而本次振动发生变化的轴承较多，因此可能性较小；同时，本次出现振动突变时，机组带满负荷运行，锅炉正在进行蒸汽吹灰，按照规程，主蒸汽温度比额定温度低30℃左右。机组其他各系统运行参数稳定，符合要求，无突然变化。

2. 剧烈碰磨

是由于局部摩擦引起转子热弯曲导致的，前期动静部件摩擦引起热弯曲的过程较为缓慢，因此排除此项可能。

3. 信号受干扰突变

只会影响对应测点的振动值，不会对其他测点造成影响，除非采集卡件均受到干扰。而本次 $2 \sim 5$ 瓦的相对轴振动和瓦振都发生变化，因此排除此项可能。

信号干扰是常见的导致振动突变的影响因素，某电厂 1 号机为一台 100MW 的供热机组，几次振动异常的诊断中发现信号干扰和真实发生叶片断裂后的振动突变有明显的差异。该机组没有安装 TDM 系统，只能通过 DCS 记录数据进行分析，该机组于 2007 年 10 月 22 日振动大跳机是由于 $1X$ 轴振超过 $250 \mu m$ 跳机值，1 号机组"振动大"跳机保护的逻辑是 $1X$、$2X$、$3X$ 采用或的关系输出至继电器，而 Y 方向轴振只作为报警，同时振动保护没有延时。$1X$ 振动突增超标时，历史记录显示，同一测量面的其他两个测点 $1Y$ 与 1 瓦盖振均未出现振动突变现象，而且 $1X$ 振动突增持续时间不超过 1s（DCS 记录周期为 1s，跳机时 $1X$ 轴振最高纪录为 $166 \mu m$），可以初步怀疑：$1X$ 振动突增并非来自轴系和支撑系统的故障，而是振动信号受到干扰。后更换了 $1X$ 传感器振动突变的现象消失，为确保机组不会因为单一振动传感器受到干扰而跳机，同时也修改了保护逻辑并将保护延时 3s。

同样是该机组随后也发生了高压转子叶片断裂及围带脱落故障，发生该故障时，1、3 号轴承附近的轴振、瓦振均出现突变，突变后维持在新的状态保持稳定，2 号轴承瓦振也出现突变（2 号轴承处未装配轴振传感器），由于该级叶片随后脱落围带较多，在 DCS 显示振动趋势图上呈现有趣的振动突增突降，类似如图 4-27 所示的一串不规则的矩形脉冲，最后一组叶片围带断裂使机组的振动较断裂前更好。

图 4-27 多组围带断裂的振动趋势图

4. 工况不稳定

由于调节系统故障导致的工况不稳定，也会导致振动出现类似于叶片断裂的特征。某电厂 2 号机 1、2 瓦盖振和轴振于 2007 年 8 月底多次出现了大的波动。现场负荷由 99MW 变负荷至 91MW，现场 TSI 监测 1、2 瓦轴振、盖振均连续出现跳变量，现场安装的 9200 速度传感器信号也出现跳变量，数据存储时间间隔 2s，图 4-28、图 4-29 所示为 2007 年 9 月 4 日 13:45～

15:11 监测数据趋势图，说明信号是真实的。正常时 1 瓦现场垂直瓦振为 7μm，最大跳动至 37μm，2 瓦正常时垂直瓦振为 3μm，最大跳动至 13μm。图 4-30、图 4-31 所示为振动波形对比。

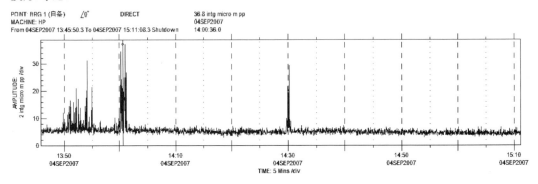

图 4-28　1 瓦垂直盖振趋势图（现场安装 9200 速度传感器）

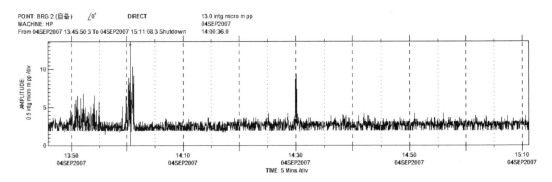

图 4-29　2 瓦垂直盖振趋势图（现场安装 9200 速度传感器）

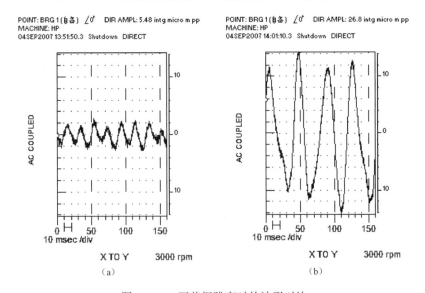

图 4-30　1 瓦盖振跳变时的波形对比

（a）1 瓦盖振正常信号（幅值 5.48μm）；（b）1 瓦盖振跳动时信号（幅值 26.8μm）

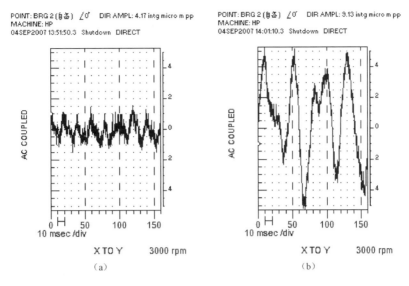

图 4-31　2 瓦盖振跳变时的波形对比

（a）2 瓦盖振正常信号（幅值 4.17μm）；（b）2 瓦盖振跳动时信号（幅值 9.13μm）

振动分析表明，振动突增量主要为低频信号，1 瓦振动增幅较 2 瓦大很多，说明激振源更接近 1 瓦。振动突增出现在机组从 99MW 降负荷至 91MW 过程中，在该过程中 GV4 阀门卡涩，GV4 阀门开度波动致使汽流对转子扰动，振动突增。为避免阀门开度波动，临时固定 GV4 阀芯位置，振动突增现象消失，监视 9 月 4 日 16:31～9 月 5 日 13:50 振动，趋势图如图 4-32、图 4-33 所示，振动未再出现突增现象。

该故障与叶片断裂的振动特征最大的区别在于，当工况稳定后，振动还能恢复到突变前的状态。

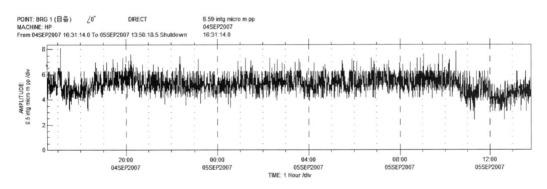

图 4-32　1 瓦垂直盖振趋势图（现场安装 9200 速度传感器）

4.5.1.3　叶片断裂导致其他运行参数的变化

通过对多台机组叶片断裂故障的诊断，发现叶片断裂对除振动以外的其他运行参数也会产生影响，不同的断裂部位对这些参数的影响不尽相同。综合起来有以下几个方面：

（1）由于通流部分的变化，临近部位的压力、温度异常变化，某供热机组旋转隔板后的叶片及围带断裂前后，该级后的抽汽温度升高了 20℃；而对于目前遇到的 600MW

机组低压转子末几级叶片断裂，未发现相邻蒸汽参数的异常变化，可能原因是断裂部位较小，对该级的通流影响较小；

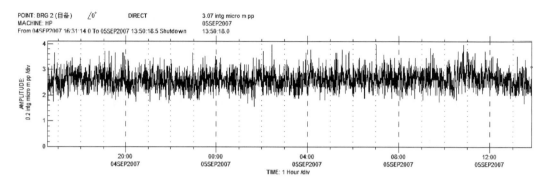

图 4-33　2 瓦垂直盖振趋势图（现场安装 9200 速度传感器）

（2）轴向位移、推力轴承金属温度异常变化，某 600MW 机组配套汽动给水泵的汽机叶片断裂，发现该转子的轴向位移变化 0.3mm；

（3）低压末几级叶片断裂造成凝汽器管泄露，引起凝结水质的变化。

4.5.2　叶片断裂的诱发因素

汽轮机叶片断裂的诱发因素主要有叶片疲劳失效、叶片共振、运行参数不当以及设计、加工及装配缺陷。

叶片疲劳失效的机理包括长期超载疲劳损坏、长期疲劳损坏、高温疲劳损坏、应力腐蚀损坏、腐蚀疲劳损坏、接触疲劳损坏。

汽轮机在工作过程中，当叶片强迫振动频率与叶片固有频率相同或成倍数时，就会导致叶片或叶片组的共振。当叶片在此状态下长时间运行后，超过了材料的疲劳极限，就会造成叶片的断裂。

当汽轮机参数运行不当时，也会造成叶片断裂，主要包括固体颗粒冲蚀、水蚀、蒸汽品质不合格、汽轮机超速、启停机及增减负荷时操作不当以及负荷不当、偏离额定频率运行等情形。

　4.6　叶片断裂提供的轴系动力学信息

4.6.1　概述

研究叶片断裂前后的振动矢量变化、叶片断裂部位及质量，能提供轴系动力学信息。当叶片更换后，启动过程的轴系振动仍处于不理想的状态，断裂叶片提供的动力学信息将有助于提高振动处理的精度和效率。

断裂的叶片如果在末级，很快就能从断裂叶片的大小、方位及工频特征量的变化，推导出在末级叶轮平衡槽或平衡孔（见图 4-34）加配重的影响系数。

当断裂叶片不在末级，或者说断裂叶片不在现场可以操作的平衡截面上时，如何将断裂叶片所提供的动力学信息转换到平衡截面上，为现场实施动平衡提供有效信息是值得研究的问题。编者提出了空间模态比的概念，并结合转子动力学理论，对空间模态比所能提供的信息加以理论分析和解释；同时，利用空间模态比对现场动平衡进行指导，使其能适用于非平衡截面叶片断裂后的减振。

图 4-34　末级平衡槽及平衡孔

4.6.2　空间模态比

通过回顾转子主振型函数，定义和引入一个重要的概念——空间模态比。

转子主振型 $\varphi_n(s)$（$n=1, 2, \cdots, \infty$，n 为主振型阶数）是转子轴向坐标 s 的函数，它是一簇沿轴向分布，且具有不同空间方位的平面曲线。转子主振型是转子系统固有的模态参数，当转子系统的物理及几何参数一定时，也就具有了确定的主振型函数。图 4-35 所示为弹簧阻尼支承的单跨转子的示意图，A、B 为转子的两个轴振测量面，在转轴上安装有四个圆盘 C、D、E、F，采用对称布置方式，即 C 和 D 对称、E 和 F 对称，其上有螺孔用于加装平衡螺钉，作为离散不平衡量，其中 $O\text{-}XYS$ 是转子系统固定坐标系，这样设计的目的是模拟大型汽轮机低压对称转子。图 4-36 所示为该转子在其结构左右对称时，前两阶主振型函数的示意图。根据转子动力学理论，沿轴向的转子振动测量面的不平衡响应，是由相应测点无穷阶主振型位移按一定的比例叠加而成。当转子在第 n 阶临界转速下运行时，第 n 阶主振型就绝对占优，各测点响应就呈现出相应阶主振型的形状，此时各测点的不平衡响应位于同一平面内，即一阶主振型位移 $\varphi_1(s_A)$、$\varphi_1(s_B)$、$\varphi_1(s_C)$、$\varphi_1(s_D)$、$\varphi_1(s_E)$、$\varphi_1(s_F)$ 在同一平面上，二阶主振型位移 $\varphi_2(s_A)$、$\varphi_2(s_B)$、$\varphi_2(s_C)$、$\varphi_2(s_D)$、$\varphi_2(s_E)$、$\varphi_2(s_F)$ 在同一平面上。

为刻画不同轴向位置两测点第 n 阶主振型位移之间的关系，定义空间模态比

$$\gamma_{i,j}^n = \frac{\varphi_n(s_i)}{\varphi_n(s_j)} \qquad (4\text{-}30)$$

$\gamma_{i,j}^n$ 表示轴向测点 i（即测量面 i 处）相对测点 j（即测量面 j 处）第 n 阶主振型位移 φ_n 的比值。由空间模态比的定义可知，它应为一个实数，但对于实际的转子-轴承系统而言，由于转子内外阻尼以及测量误差等因素的影响，求解的空间模态比有可能为一复数。将可以从下面的分析和讨论中看出，利用两测量面及四平衡面处的空间模态比就可以分解转子一、二阶不平衡量和不平衡响应，提炼转子-轴承系统动力学信息，进而利用断裂叶片实施无试重现场动平衡。

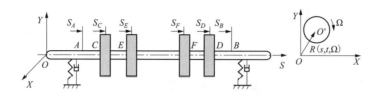

图 4-35 转子系统结构及其不平衡响应示意

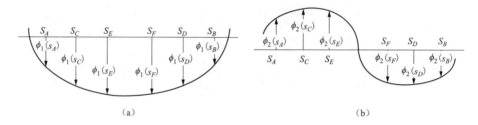

图 4-36 转子系统前两阶主振型函数示意

（a）一阶主振型；（b）二阶主振型

4.6.3 提取断裂叶片的动力学信息

4.6.3.1 转子动力学特性

由转子动力学理论可知，对图 4-35 所示转子，在 t 时刻轴向坐标为 s 处转子的稳态工频响应 $\boldsymbol{R}(\boldsymbol{s}, \boldsymbol{t}, \Omega)$，可表示为无穷阶不平衡响应 $r_n(s,t,\Omega)$（$\boldsymbol{n}=1,\ 2,\ \cdots,\ \infty$）的叠加。即有

$$\boldsymbol{R}(\boldsymbol{s},\ \boldsymbol{t},\ \Omega)=\sum_{n=1}^{\infty}r_n(\boldsymbol{s},\ \boldsymbol{t},\ \Omega)=\sum_{n=1}^{\infty}A_n(\Omega)E_n\boldsymbol{\varphi}_n(s)e^{i(\Omega t-\phi_n(\Omega))} \tag{4-31}$$

式中：$A_n(\Omega)$ 为第 n 阶不平衡量的动态放大系数；E_n 为第 n 阶不平衡量；$\phi_n(\Omega)$ 为第 n 阶不平衡响应相位滞后角；$\varphi_n(s)$ 为轴向坐标为 S 处的转子第 n 阶主振型位移；Ω 为工作转速，介于转子一阶和二阶临界转速之间；t 为时间；i 为虚数单位。

第 n 阶不平衡量的动态放大系数为

$$A_n(\Omega)=\frac{\lambda_n^2}{\sqrt{(1-\lambda_n^2)^2+(2\zeta_n\lambda_n)^2}} \tag{4-32}$$

式中：λ_n 为第 n 阶模态频率比；ξ_n 为转子第 n 阶模态阻尼系数。

第 n 阶不平衡量为

$$E_n=\frac{\int_0^l u(s)\varphi_n(s)ds+\sum_{k=1}^{M}U_k\varphi_n(s_k)}{Mr_n} \tag{4-33}$$

式中：$u(s)$ 为沿转子轴向连续分布的不平衡量；U_k 为轴向坐标为 S_k 处的离散不平衡量（图 4-35 中，k 即为 C、D、E、F）；l 为转子的轴向长度；M 为转子离散不平衡量的个数；Mr_n 为第 n 阶模态主质量。

第 n 阶不平衡响应相位滞后角为

$$\phi_n(\Omega) = \tan^{-1}\left(\frac{2\xi_n\lambda_n}{1-\lambda_n^2}\right)$$

4.6.3.2 末级叶片断裂提供的动力学信息

在工程实际中，汽轮机转子大部分均为运行于第一、二阶临界转速之间的转子，当要求转子在工作转速附近振动较小，且能顺利通过一阶临界转速时，可以只考虑转子前两阶模态不平衡量对转子的影响。

汽轮机转子上可供现场动平衡的部位是有限的，通常在末级叶轮的平衡槽或平衡孔，以及靠背轮上平衡槽；在部分机型的高压和中压转子上，考虑到在缸内高温部件上加重不方便，在轴封处的转子斜面凸台上设计有周向布置平衡螺孔。

如图 4-35 所示的转子，当工作转速介于第一、二阶临界转速之间，在两平衡面 C、D 上分别添加试重量 T_C、T_D（模拟末级叶片断裂，叶片断裂就是减重量），并设在 $t=0$ 时刻、靠近转子两端轴承处、由试重引起的两个测振平面 A、B 内的纯不平衡响应为 $\boldsymbol{R}_A^1$、$\boldsymbol{R}_B^1$，则

$$\begin{cases} \boldsymbol{R}_A^1 = A_1 E_1^1 \varphi_1(s_A)e^{-i\phi_1} + A_2 E_2^1 \varphi_2(s_A)e^{-i\phi_2} \\ \boldsymbol{R}_B^1 = A_1 E_1^1 \varphi_1(s_B)e^{-i\phi_1} + A_2 E_2^1 \varphi_2(s_B)e^{-i\phi_2} \end{cases} \tag{4-34}$$

其中

$$E_1^1 = \frac{T_C\varphi_1(s_C) + T_D\varphi_1(s_D)}{Mr_1} \tag{4-35}$$

$$E_2^1 = \frac{T_C\varphi_2(s_C) + T_D\varphi_2(s_D)}{Mr_2} \tag{4-36}$$

式中：$\boldsymbol{R}_A^1$、$\boldsymbol{R}_B^1$ 为两平衡面 C、D 试重产生的纯不平衡响应；E_1^1、E_2^1 为两平衡面 C、D 试重产生的第一、二阶不平衡量；A_1、A_2 为第一、二阶不平衡量的放大系数；$\varphi_n(s_i)$ 为轴向坐标为 S_i 处的转子第 n 阶主振型位移。T_C、T_D 为转子两平衡面 C、D 试重量（模拟断裂叶片）；Mr_1、Mr_2 为转子第一、二阶模态主质量。

模拟 C、D 平衡面为现场低压转子两侧的末级叶轮（现场加重面即在末级叶轮平衡槽或平衡孔），如果在 C、D 平衡面配重，很容易通过试重 T_C、T_D（模拟断裂叶片）和响应 $\boldsymbol{R}_A^1$、$\boldsymbol{R}_B^1$（叶片断裂前后的振动工频响应矢量差）获取该平面的影响系数。当该转子末级叶片出现断裂时，通过断裂前后的振动响应和断裂叶片重量及部位，就可以获取该末级叶轮的动平衡影响系数，需要现场动平衡时，可以通过该影响系数获取配重方案。

根据模态平衡理论，当转速介于一阶和二阶临界转速之间时，忽略高阶模态的影响，可以将振动响应 $\boldsymbol{R}_A^1$、$\boldsymbol{R}_B^1$ 分解为两个独立的部分：一个是静力不平衡的响应，另一个是力偶不平衡的响应。对应于实际生产中汽轮机机组，其工作转速大多介于系统的一阶和二阶临界转速之间，其振动主导成分也为一阶振型和二阶振型的叠加，而力不平衡、力偶不平衡引起的振动对应于转子系统的第一、第二阶振型，所以通过矢量分解，获取力不平衡的影响系数及力偶不平衡的影响系数。

在转子系统的结构是左右对称时，在工作转速下，具体的振动响应矢量分解如

图 4-37 所示，表示为

$$\begin{cases} \boldsymbol{R}_A^1 = \boldsymbol{R}_{Af}^1 + \boldsymbol{R}_{Ac}^1 \\ \boldsymbol{R}_B^1 = \boldsymbol{R}_{Bf}^1 + \boldsymbol{R}_{Bc}^1 \end{cases} \tag{4-37}$$

从式（4-37）可以推出

$$\begin{cases} \boldsymbol{R}_{Af}^1 = \boldsymbol{R}_{Bf}^1 = \dfrac{\boldsymbol{R}_A^1 + \boldsymbol{R}_B^1}{2} \\ \boldsymbol{R}_{Ac}^1 = -\boldsymbol{R}_{Bc}^1 = \dfrac{\boldsymbol{R}_A^1 - \boldsymbol{R}_B^1}{2} \end{cases} \tag{4-38}$$

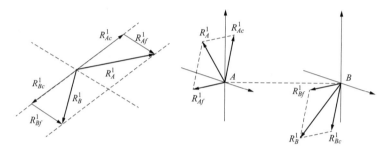

图 4-37　转子振动矢量分解示意

如果断裂叶片位于低压转子两侧的末级，用图 4-35 中转子上的 C、D 平衡面模拟，如单侧断叶片（双侧在同一时刻断叶片的概率是微乎其微的），相当于在 C 或 D 平衡面添加不平衡试重，假定汽轮机转子励侧末级断叶片，即模拟转子上施加试重 $T_C = 0$、$T_D \neq 0$（仅 D 平衡面添加试重）。

对断裂叶片产生的不平衡量 $T_C = 0$、$T_D \neq 0$ 做分解，分解为力不平衡分量和力偶不平衡分量

$$\begin{cases} \boldsymbol{T}_C = \boldsymbol{T}_{Cf} + \boldsymbol{T}_{Cc} \\ \boldsymbol{T}_D = \boldsymbol{T}_{Df} + \boldsymbol{T}_{Dc} \end{cases} \tag{4-39}$$

$$\begin{cases} \boldsymbol{T}_{Cf} = \boldsymbol{T}_{Df} = \dfrac{\boldsymbol{T}_C + \boldsymbol{T}_D}{2} = \dfrac{\boldsymbol{T}_D}{2} \\ \boldsymbol{T}_{Cc} = -\boldsymbol{T}_{Dc} = \dfrac{\boldsymbol{T}_C - \boldsymbol{T}_D}{2} = -\dfrac{\boldsymbol{T}_D}{2} \end{cases} \tag{4-40}$$

式中：T_{Cf}、T_{Df} 为在平衡面 D 断裂叶片产生不平衡分量分解到 C、D 平面的力不平衡分量；T_{Cc}、T_{Dc} 为在平衡面 D 断裂叶片产生不平衡分量分解到 C、D 平面的力偶不平衡分量。

由此可以直接推导出三类动平衡影响系数：

（1）第一类：单独在 D 平衡面（励侧末级叶轮）平衡槽或孔添加配重的影响系数

$$\begin{cases} \alpha_D^A = \dfrac{\boldsymbol{R}_A^1 \boldsymbol{L}_{CD}}{\boldsymbol{T}_D \boldsymbol{L}_D^T} \\ \alpha_D^B = \dfrac{\boldsymbol{R}_B^1 \boldsymbol{L}_{CD}}{\boldsymbol{T}_D \boldsymbol{L}_D^T} \end{cases} \tag{4-41}$$

式中：α_D^A 为在平衡面 D 平衡槽或孔试重对 A 测量面产生的纯不平衡响应的影响系数；α_D^B 为在平衡面 D 平衡槽或孔试重对 B 测量面产生的纯不平衡响应的影响系数；L_D^T 为平衡面 D 上叶片断裂部位的半径；L_{CD} 为平衡面 C、D 上叶轮平衡槽或孔试重的半径（汽侧、励侧平衡半径相等）。

（2）第二类：在 C、D 平衡面（汽侧和励侧末级叶轮）同时添加力不平衡配重的影响系数

$$\alpha_{CD}^f = \frac{R_{Af}^1 L_{CD}}{T_{Cf} L_D^T} = \frac{R_{Bf}^1 L_{CD}}{T_{Df} L_D^T} \tag{4-42}$$

式中：α_{CD}^f 为在平衡面 C、D 平衡槽或孔加相同质量及角度试重对 A、B 测量面产生的纯力不平衡响应的影响系数。

（3）第三类：在 C、D 平衡面（汽侧和励侧末级叶轮）同时添加力偶不平衡配重的影响系数（注：由于力偶不平衡量是 C 和 D 平衡面的角度成对称关系，即相差180°，定义角度以 C 平衡面的试重角度为基准）

$$\alpha_{CD}^c = \frac{R_{Ac}^1 L_{CD}}{T_{Cc} L_D^T} = \frac{R_{Bc}^1 L_{CD}}{T_{Dc} L_D^T} \tag{4-43}$$

式中：α_{CD}^c 为在平衡面 C、D 平衡槽或孔加相同质量及角度相反试重对 A、B 测量面产生的纯力偶不平衡响应的影响系数。

通过式（4-41）可以推导出各影响系数的关联性如下

$$\alpha_D^A = \frac{\alpha_{CD}^f - \alpha_{CD}^c}{2} \tag{4-44}$$

$$\alpha_D^B = \frac{\alpha_{CD}^f + \alpha_{CD}^c}{2} \tag{4-45}$$

如果在检修更换叶片后的启动中发现该转子振动仍然偏大，且振动特征和现场条件都指向在 C 平衡面配重，现在还缺少 C 平衡面配重对 A、B 测量面的影响系数。

假定，断裂叶片处于汽侧末级叶轮 C 平衡面，即断裂叶片产生的不平衡量 $T_C \neq 0$、$T_D = 0$，很容易得出在 C 平衡面（励侧末级叶轮）平衡槽或孔添加配重的影响系数

$$\begin{cases} \alpha_C^A = \dfrac{R_A^1 L_{CD}}{T_C L_C^T} \\ \alpha_C^B = \dfrac{R_B^1 L_{CD}}{T_C L_C^T} \end{cases} \tag{4-46}$$

式中：α_C^A 为在平衡面 C 平衡槽或孔试重对 A 测量面产生的纯不平衡响应的影响系数；α_C^B 为在平衡面 C 平衡槽或孔试重对 B 测量面产生的纯不平衡响应的影响系数；L_C^T 为平衡面 C 上叶片断裂部位的半径。

不论叶片断裂发生在 D 平衡面（励侧末级）或是在 C 平衡面（汽侧末级叶轮），都可以推导出在 C、D 平衡面同时加力不平衡试重和力偶不平衡试重的影响系数，计算结果必须是一致的。因此，在前述推导的三个影响系数基础上，可以通过第四类影响系数

与第二类、第三类影响系数之间的关系，推导出第四类影响系数：单独在 C 平衡面（励侧末级叶轮）平衡槽或孔添加配重的影响系数，而无需等待断裂叶片真实处于汽侧末级叶轮 C 平衡面按照式（4-46）计算。

单独在 C 平衡面（励侧末级叶轮）平衡槽或孔添加配重的影响系数如下

$$\alpha_C^A = \frac{\alpha_{CD}^f + \alpha_{CD}^c}{2} = \alpha_D^B \tag{4-47}$$

$$\alpha_C^B = \frac{\alpha_{CD}^f - \alpha_{CD}^c}{2} = \alpha_D^A \tag{4-48}$$

通过上述分析，得出如下结论：

（1）对于大型汽轮机低压转子均为对称布置，如果单侧末级叶片断裂（如励侧），可以通过断裂叶片部位及质量、断裂前后振动工频特征量的变化，推导出在该末级叶轮平衡面单独配重和两侧叶轮同时同向及反向配重等三类影响系数：α_D^A、α_D^B、α_{CD}^f、α_{CD}^c。

（2）通过分析单面配重与两侧同时配重的影响系数之间的关系，可以推导得出非断裂侧末级叶轮（如汽侧）加重的影响系数：α_C^A、α_C^B。

（3）在线性系统下，通过这四类影响系数，可以针对不同的振动特征，合理选择加重方式，不论是单侧加重还是两侧同时加重，均能通过上述影响系数获得准确的代数解。

4.6.3.3 非末级叶片断裂提供的动力学信息

如果断裂叶片并非末级叶轮，而是位于 E 或 F 平面，如何通过断裂叶片提取在 C、D 平衡面配重的信息，这需要用到空间模态比 $\gamma_{i,j}^n$。

如图 4-35 所示的转子，当工作转速介于第一、二阶临界转速之间，在两平衡面 E、F 上分别添加试重量 T_E、T_F（模拟非末级叶片断裂），并设在 $t=0$ 时刻，靠近转子两端轴承处，由试重引起的两个测振平面 A、B 内的纯不平衡响应为 R_A^2、R_B^2，只考虑转子前两阶模态不平衡量对转子的影响，并忽略断裂叶片对转子模态主质量的影响可得

$$\begin{cases} R_A^2 = A_1 E_1^2 \varphi_1(s_A)e^{-i\phi_1} + A_2 E_2^2 \varphi_2(s_A)e^{-i\phi_2} \\ R_B^2 = A_1 E_1^2 \varphi_1(s_B)e^{-i\phi_1} + A_2 E_2^2 \varphi_2(s_B)e^{-i\phi_2} \end{cases} \tag{4-49}$$

其中

$$E_1^2 = \frac{T_E \varphi_1(s_E) + T_F \varphi_1(s_F)}{Mr_1} \tag{4-50}$$

$$E_2^2 = \frac{T_E \varphi_2(s_E) + T_F \varphi_2(s_F)}{Mr_2} \tag{4-51}$$

式中：R_A^2、R_B^2 为两平衡面 E、F 试重产生的纯不平衡响应；E_1^2、E_2^2 为两平衡面 E、F 试重产生的第一、二阶不平衡量；A_1、A_2 为第一、二阶不平衡量的放大系数；$\varphi_n(s_i)$ 为轴向坐标为 S_i 处的转子第 n 阶主振型位移。T_E、T_F 为转子两平衡面 E、F 试重量（模拟非末级断裂叶片）；Mr_1、Mr_2 为转子第一、二阶模态主质量。

对比式（4-34）和式（4-49），在忽略叶片断裂对低压转子振型、放大系数及主质量的影响，二者的区别在于叶片断裂部位的主振型位移 $\varphi_n(s_i)$ 不一致。

假定在平面 F 处出现叶片断裂，即不平衡量 $T_C = 0$、$T_D = 0$、$T_E = 0$、$T_F \neq 0$，式（4-40）变为

$$\begin{cases} \alpha_C^A = \dfrac{R_A^1 L_{CD}}{T_C L_C^T} \\[3mm] \alpha_C^B = \dfrac{R_B^1 L_{CD}}{T_C L_C^T} \end{cases} \tag{4-52}$$

$$E_1^2 = \frac{T_F \varphi_1(s_F)}{Mr_1} \quad E_2^2 = \frac{T_F \varphi_2(s_F)}{Mr_2} \tag{4-53}$$

对于对称转子，如图 4-36 所示，可以认为 $\varphi_1(s_A) = \varphi_1(s_B)$，$\varphi_2(s_A) = -\varphi_2(s_B)$，将式（4-52）代入式（4-49）得到

$$\begin{cases} R_A^2 = \eta_1 T_F \varphi_1(s_F) + \eta_2 T_F \varphi_2(s_F) \\ R_B^2 = \eta_1 T_F \varphi_1(s_F) - \eta_2 T_F \varphi_2(s_F) \end{cases} \tag{4-54}$$

$$\eta_1 = \frac{A_1 \varphi_1(s_A) e^{-i\phi_1}}{Mr_1}, \quad \eta_2 = \frac{A_2 \varphi_2(s_A) e^{-i\phi_2}}{Mr_2} \tag{4-55}$$

可以推导出，当 E、F 面（汽侧和励侧非末级）同时断裂相同质量、相同部位叶片（相当于添加力不平衡）的影响系数可以表示为

$$\alpha_{EF}^f = \frac{R_A^2 + R_B^2}{T_F} = \eta_1 \varphi_1(s_F) \tag{4-56}$$

当 E、F 面（汽侧和励侧非末级）同时断裂相同质量，但断裂部位相互对称叶片（相当于添加力偶不平衡）的影响系数可以表示为

$$\alpha_{EF}^c = \frac{R_A^2 - R_B^2}{T_F} = \eta_2 \varphi_2(s_F) \tag{4-57}$$

为了对比分析，列出在励侧末级叶轮平面 D 处出现叶片断裂，即不平衡量 $T_C = 0$、$T_D \neq 0$、$T_E = 0$、$T_F = 0$ 时，式（4-53）变为

$$E_1^1 = \frac{T_D \varphi_1(s_D)}{Mr_1} \tag{4-58}$$

$$E_2^1 = \frac{T_D \varphi_2(s_D)}{Mr_2} \tag{4-59}$$

将式（4-58）、式（4-59）代入式（4-54）得到

$$\begin{cases} R_A^1 = \eta_1 T_D \varphi_1(s_D) + \eta_2 T_D \varphi_2(s_D) \\ R_B^1 = \eta_1 T_D \varphi_1(s_D) - \eta_2 T_D \varphi_2(s_D) \end{cases} \tag{4-60}$$

因此，在 C、D 平衡面（汽侧和励侧末级叶轮）同时添加力不平衡配重的影响系数可以表示为（为简化公式推导，先不考虑断裂叶片部位半径与平衡槽半径的影响）

$$\alpha_{CD}^f = \frac{R_A^1 + R_B^1}{T_D} = \eta_1 \varphi_1(s_D) \tag{4-61}$$

在 C、D 平衡面（汽侧和励侧末级叶轮）同时添加力偶不平衡配重的影响系数可以

表示为（为简化公式推导，先不考虑断裂叶片部位半径与平衡槽半径的影响）

$$\alpha_{CD}^c = \frac{R_A^1 - R_B^1}{T_D} = \eta_2 \varphi_2(s_D) \qquad (4\text{-}62)$$

对于图 4-35 所示的转子，根据空间模态比的定义，引入表 4-13 所列的转子汽侧、励侧平衡面及非平衡面处的四个空间模态比。

表 4-13　　　　　　　　转子两侧平衡面及非平衡面处的空间模态比

空间模态比	汽侧截面 C、E 处	汽侧截面 D、F 处
一阶空间模态比	$\gamma_{C,E}^1 = \dfrac{\varphi_1(s_C)}{\varphi_1(s_E)}$	$\gamma_{D,F}^1 = \dfrac{\varphi_1(s_D)}{\varphi_1(s_F)}$
二阶空间模态比	$\gamma_{C,E}^2 = \dfrac{\varphi_2(s_C)}{\varphi_2(s_E)}$	$\gamma_{D,F}^2 = \dfrac{\varphi_2(s_D)}{\varphi_2(s_F)}$

将表中的空间模态比代入式（4-61）、式（4-63），可以将在 C、D 平衡面（汽侧和励侧末级叶轮）同时添加力不平衡配重及力偶不平衡配重的影响系数 α_{CD}^f、α_{CD}^c 用 α_{EF}^f、α_{EF}^c 表示

$$\alpha_{CD}^f = \frac{\varphi_1(s_D)}{\varphi_1(s_F)} \eta_1 \varphi_1(s_F) = \gamma_{D,F}^1 \alpha_{EF}^f \qquad (4\text{-}63)$$

$$\alpha_{CD}^c = \frac{\varphi_2(s_D)}{\varphi_2(s_F)} \eta_2 \varphi_2(s_F) = \gamma_{D,F}^2 \alpha_{EF}^c \qquad (4\text{-}64)$$

考虑到在 F 截面断裂叶片部位半径与 D 平衡槽半径不一致的影响，将式（4-63）、式（4-64）改写为

$$\alpha_{CD}^f = \gamma_{D,F}^1 \alpha_{EF}^f \frac{L_{CD}}{L_F^T} \qquad (4\text{-}65)$$

$$\alpha_{CD}^c = \gamma_{D,F}^2 \alpha_{EF}^c \frac{L_{CD}}{L_F^T} \qquad (4\text{-}66)$$

式中：L_F^T 为非末级叶片截面 F 上叶片断裂部位的半径。

式（4-65）、式（4-66）的物理意义在于，当非末级叶片断裂时，可以先求出该级叶片断裂对测量面 A、B 产生的力不平衡影响系数 α_{EF}^f 和力偶不平衡影响系数 α_{EF}^c，根据叶片断裂截面在转子轴向空间的位置所呈现的不同振型位移，利用空间模态比折算出在两侧末级叶轮上同时添加力分量和力偶分量配重的影响系数，用于指导平衡操作。

在获取非末级叶片断裂产生的力不平衡影响系数 α_{EF}^f 和力偶不平衡影响系数 α_{EF}^c 后，可以推导出末级叶轮 C 或 D 单面配重的影响系数

$$\alpha_C^A = \frac{\gamma_{D,F}^1 \alpha_{EF}^f + \gamma_{D,F}^2 \alpha_{EF}^c}{2} \frac{L_{CD}}{L_F^T} = \alpha_D^B \qquad (4\text{-}67)$$

$$\alpha_C^B = \frac{\gamma_{D,F}^1 \alpha_{EF}^f - \gamma_{D,F}^2 \alpha_{EF}^c}{2} \frac{L_{CD}}{L_F^T} = \alpha_D^A \qquad (4\text{-}68)$$

以上结论是假定在励侧非末级平面 F 处出现叶片断裂，即不平衡量 $T_C = 0$、$T_D = 0$、$T_E = 0$、$T_F \neq 0$ 时推导得到；当在汽侧非末级平面 E 处出现叶片断裂时，通过断裂叶片所提供的信息，同样可以推导出两侧末级叶轮的单面影响系数、两侧同时加力不平衡及力偶不平衡的影响系数。

到此为止，通过空间模态比、力分量及力偶分量分解法，利用非末级叶片断裂部位、质量与断裂前后的工频特征分量变化，成功提取了在末级叶轮加重的四类影响系数。

4.6.4 空间模态比的获取

由以上理论分析可知，通过空间模态比可以利用非末级叶片断裂的信息确定低压对称转子在末级叶轮添加配重的影响系数，当检修后的轴系仍需要现场动平衡时，只需转子一次试重启动便可实现平衡。由此可见，空间模态比获取的可能性及途径是至关重要的。空间模态比的获取实际就是对转子（准确的说应该是连成整体的轴系）的模态进行识别，在前面的章节进行过模态识别的论述，主要是针对叶片的模态识别，现在要进行的是整个轴系的模态识别，原理上是一致的。通过模态分析方法明晰轴系在受影响的频率范围内各阶主要模态的特性，就可能预估该结构在此频段内在外部或内部各种振源作用下实际振动响应。模态参数可以由计算或试验分析取得，这样一个计算或试验分析过程称为模态分析。这个分析过程如果是由有限元计算的方法取得的，则称为理论模态分析或计算模态分析；如果通过试验将采集的系统输入与输出信号经过参数识别获得模态参数，称为试验模态分析。

轴系空间模态比的获取同样可以通过理论模态分析和试验模态分析两种途径展开。通过研究轴系的结构，利用有限元分析工具进行理论模态分析；在制造厂高速动平衡车间，在转子轴向各截面增加轴振测点进行试验模态分析。

通过理论和试验两种途径获得轴系的横向振型，通过轴向位置，即可确定空间模态比。因此，获取各阶振型即是获取了各阶空间模态比。

以图 4-38 所示亚临界 600MW 汽轮发电机组为例，采用有限元分析获取轴系横向振动振型。轴系由高压转子、中压转子、2 段低压转子、发电机和励磁机组成，各轴段之间是由转子连接器连接，而且每个轴段都有轴承支撑。有限元分析中，建立的有限元模型为 253 段圆柱形的套接转轴，254 个节点，13 个轴承节点，总长达到 48 557mm。

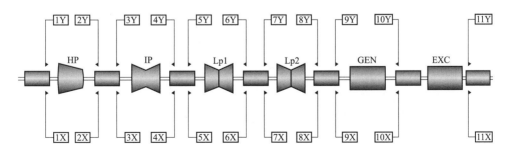

图 4-38 亚临界 600MW 机组示意

对 2 号低压转子进行建模分析，如图 4-39 所示，由 47 个节点（从节点 149 到节点

195），46 段截面和材料不同的圆柱形的轴段组成。其中在节点 154 和节点 190 处分别有轴承套接，全长 7544mm，总质量达到 62 673.594kg。计算得到的前四阶模态振型如图 4-40 所示，一阶振型中间和两端的振幅较大，所以对于一阶不平衡，中间部位的空间模态比近似相等；二阶振型是中间较平稳，两端振幅较大。

图 4-39　600MW 汽轮机 2 号低压转子-轴承系统示意

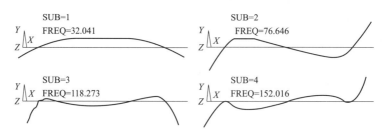

图 4-40　2 号低压转子前四阶模态振型

在制造厂的高速动平衡车间，可以通过加装轴振传感器，获取轴向各部位的振动特性，这也就是通过试验的方法获取转子振型，虽然该振型是单转子的，在工程精度允许范围内可以作为获取空间模态比的依据。

为研究空间模态比，编者在与实际转子动力学相似的转子试验台上开展相关研究。图 4-41 所示是在实验室模拟对称转子的试验台，安装有两个轮盘，对称布置，联轴器为半挠性联轴器，传递扭矩，减少不对中的影响，同一截面的位移传感器左右各 45°方向布置，由于该模块仅留有 4 个振动通道，因此为获取转子的模态，主要移动传感器，获取不同阶次的振型。图 4-42 所示是驱动端的合成波德图，图 4-43 所示为前两阶振型。

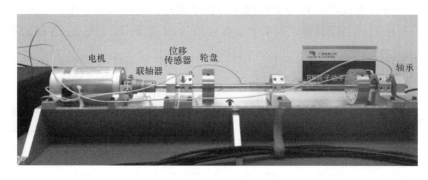

图 4-41　模拟试验台

4.6.5　小结

叶片断裂后轴系振动特征量将产生突变，这相当于在运行中进行了一次工作转速的动平衡试验，同时停机降速过程也会获得更多转速下的振动特征变化；检修中可以确定叶片断裂部位和质量，结合振动特征变化，可以为现场动平衡提供有益的动力学信息。

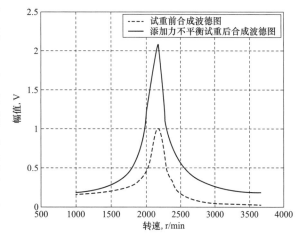

图 4-42 驱动端的升速波德图

所谓快速修复，就是要减少现场故障处理的时间，对于叶片更换和轴系中心调整可能造成的轴系振动超标，减少现场动平衡的启动次数显得尤为重要；本节在对转子动力学特征进行了简要回顾基础上提出了空间模态比的概念，用于求取两侧末级叶轮单面试重、两侧末级叶轮同时同向及反向配重的影响系数等四类影响系数。

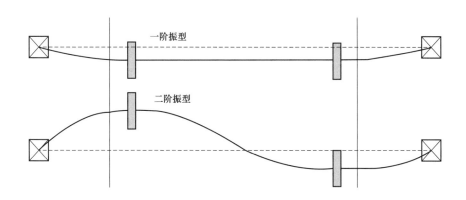

图 4-43 一阶和二阶振型

当低压对称转子的末级发生叶片断裂时，由于末级也是现场动平衡的截面，因此很容易获得该截面试重对各测量面的影响，在此基础上，利用力分量、力偶分量的分解技术，推导出了两侧叶轮同时同向及反向配重的影响系数，并进一步获取非断裂侧末级叶轮的试重影响系数。

当低压对称转子的非末级发生叶片断裂时，利用空间模态比，首先获取两侧叶轮同时同向及反向配重的影响系数，再利用各类影响系数之间的关联性，推导出两侧末级叶轮单面试重的影响系数。

对于一个普通的振动处理技术人员，在获取两侧末级叶轮单面试重、两侧末级叶轮同时同向及反向配重的影响系数等四类影响系数后，能容易地实现现场无试重动平衡。

4.7 振动测试信号干扰的诊断及处理

4.7.1 振动测试信号干扰的种类

判别振动信号准确与否，是进行振动分析和故障诊断的前提和基础。机组振动监测常用的速度传感器和电涡流位移传感器振动信号都有可能受到外界因素干扰，导致测试结果不准确。由于安装位置和自身特性的不同，速度传感器信号干扰相比电涡流位移传感器，比较容易判别信号是否受到干扰，本章节仅讨论电涡流位移传感器信号干扰问题。

从第一章涡流传感器原理可知，涡流传感器输出不仅与传感器到轴表面的距离有关，还与轴表面剩磁、电阻率和导磁率等有关，受电磁干扰的影响较大。国家标准 GB/T 11348.1 要求，"测振部位的转轴表面应当光滑且没有任何几何不连续（例如键槽、润滑通道、螺纹冶金组织的不均匀）和局部剩磁，这些可引起虚假信号"。

发电机轴振动干扰信号来源可以分为测量面缺陷、电磁干扰、传感器安装不当三大类。具体包括：

1. 励磁电流对轴振动信号的干扰

当发电机转子加励磁电流后，部分机组由于设计原因导致发电机转子线圈出线离电涡流传感器较近时，加励磁电流后，强大的磁场效应使得涡流传感器的测量受到很大干扰，现场振动测量时，加励磁后的振动干扰信号往往是振动真实值的两倍以上，如果不能有效识别并加以补偿，极易造成振动保护误动作。

2. 转子材料不均匀对轴振动信号的干扰

涡流传感器的输出与被测体的电导率、磁导率有关，当被测体材质不均匀，将导致轴振动信号出现较大偏差。

3. 转子测量表面平整度对轴振动信号的干扰

不规则的被测体表面，会给实际的测量带来附加误差，因此对被测体表面应该平整光滑，不应存在凸起、洞眼、刻痕、凹槽等缺陷。一般要求，对于振动测量的被测表面粗糙度要求在 0.4～0.8μm 之间。

4. 转子测量面轴颈的不圆度对轴振动信号的干扰

当测量的转子截面不圆度较大时，不圆度的偏差也将附加在振动值上，例如轴颈为一椭圆，转子每旋转一周振动测量波形中将出现两个峰值，原始振动基础上将叠加一个明显的二倍频分量。

5. 被测体表面磁效应对传感器的影响

电涡流效应主要集中在被测体表面，如果由于加工过程中形成残磁效应，以及淬火不均匀、硬度不均匀、金相组织不均匀、结晶结构不均匀等都会影响传感器特性。在进行振动测量时，如果被测体表面残磁效应过大，会出现测量波形发生畸变。

6. 被测体表面镀层对传感器的影响

被测体表面的镀层对传感器的影响相当于改变了被测体材料，视其镀层的材质、厚薄，传感器的灵敏度会略有变化。

7. 被测体表面尺寸对传感器的影响

由于探头线圈产生的磁场范围是一定的，而被测体表面形成的涡流场也是一定的。这样就对被测体表面大小有一定要求。通常，当被测体表面为平面时，以正对探头中心线的点为中心，被测面直径应大于探头头部直径的 1.5 倍以上；当被测体为圆轴且探头中心线与轴心线正交时，一般要求被测轴直径为探头头部直径的 3 倍以上，否则传感器的灵敏度会下降，被测体表面越小，灵敏度下降越多。实验测试，当被测体表面大小与探头头部直径相同，其灵敏度会下降到 72%左右。因此，对于不同直径的轴颈振动测量要选用相应型号的涡流传感器。

8. 安装支架对传感器的影响

涡流传感器测量轴振时需要支架固定，支架安装在轴承座端面上。为确保测量的准确，应该尽可能避免因支架的振动和松动而产生误差。支架固有频率必须避开工作转速，否则会产生共振，导致振动读数误差很大。

4.7.2 振动测试信号干扰的诊断

1. 测量面缺陷引起的干扰信号

测量面缺陷包括测量面粗糙度不合格、测量表面存在不应有的凸起、划痕、凹槽等缺陷、测量面不圆度不合格等。对于发电机而言，受到部件尺寸及空间的限制，很多机组的轴振传感器均安装在端盖轴承的外端面，暴露在环境中，测量表面很容易积灰、受到损伤、锈蚀，导致测量信号异常。在发现测量面存在缺陷后，现场处理方法不当又容易引起新的测量误差，某电厂 300MW 发电机端部测量面出现积灰和锈蚀后，检修人员为消除积灰用砂纸进行的打磨，开机后振动测试信号频率非常丰富，这是由于砂纸的精度达不到要求，超出了轴振动测量对被测表面粗糙度要求，最后不得不临时加装速度传感器，用轴承座振动进行振动保护。

测量面缺陷的识别最为常用的方法是通过波形、频谱以及波德图等方法分析，TS 电厂 4 号机组为上海电气 600MW 亚临界机组，在某次故障跳机过程中发电机 10 号轴承测量面受到损伤，轴颈表面存在划痕，检修后的启动过程中，10 号轴承的相对轴振动较停机前增加了 45μm，通过分析发现波形中存在一个负向尖脉冲（见图 4-44，脉冲的幅值

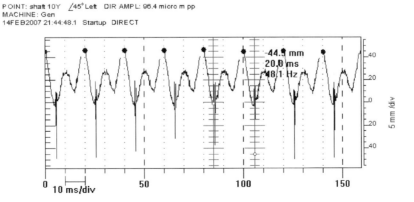

图 4-44 TS 电厂 4 号机组发电机后瓦 10Y 振动波形（负荷 330MW）

超过 44μm，从图 4-45 所示的波德图可以看出在整个升速过程 10Y 的工频振动变化平缓，在 900r/min 和 2000r/min 附近的两个临界振动峰值均未超过 30μm，造成通频振动较大的原因来源于高频分量），在图 4-46 所示的频谱图中可以看出负荷 330MW 下二倍频分量达到 33μm，同时三倍频分量也少量存在。因此，可以判断检修前后 10 瓦轴振的变化就是由于测量面受损导致的测量误差。

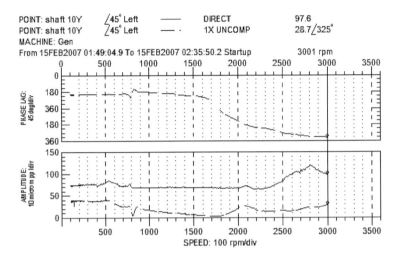

图 4-45　TS 电厂 4 号机组发电机后瓦 10Y 振动波德图

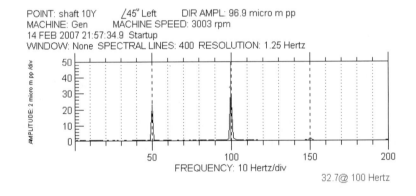

图 4-46　TS 电厂 4 号机组发电机后瓦 10Y 振动频谱图（负荷 330MW）

2. 电磁干扰引起的干扰信号

采用双水内冷的发电机，励磁引线通过发电机励端轴承处的轴段，转轴表面存在不同程度的磁化现象，磁导率不同，干扰了传感器的输出。随着励磁电流的增大，电磁干扰加大。

LZ 电厂 1 号机组为上海产 135MW 汽轮机配合双水内冷发电机，其后轴承轴向振动 5X 在加励磁后，振动存在突变，从原加励磁前的 66μm 突变至 111μm，而工频信号仅为 40μm，如图 4-47 所示。从电气试验过程中的 5X 振动趋势图可以看出，在振动突变过程中工频分量稳定，且在 5 瓦处用手持仪测量轴承座振动并没有变化，说明突变不是由于如碰磨或部件脱落等故障。

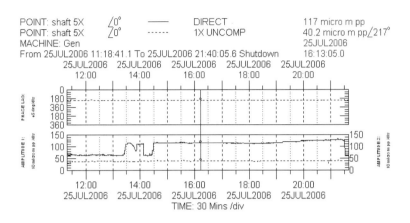

POINT: shaft 5X ∠0° —— DIRECT 117 micro m pp
POINT: shaft 5X ∠0° ------ 1X UNCOMP 40.2 micro m pp/217°
MACHINE: Gen 25JUL2006
From 25JUL2006 11:18:41.1 To 25JUL2006 21:40:05.6 Shutdown 16:13:05.0

图 4-47 LZ 电厂 1 号机组发电机后瓦 5Y 振动趋势图（电气试验加励磁前后）

该型发电机转子线棒的引出线端口在后轴承侧，发电机转子后轴承部位横截面的结构特征见图 4-48。发电机转子在该轴承轴颈的内部存在孔洞，而该轴承的轴向振动测量传感器就安装在轴颈部。根据涡流传感器测量原理可知，非接触式涡流传感器的输出电压正比于传感器测量面与被测金属表面之间的距离，要求被测金属不能有键槽、凸台、孔洞等不均匀材质。但是，实测该处轴表面到孔洞的距离，已经大于涡流传感器直径的 3～5 倍。因此，测量误差不可能由材质不均匀而导致。经过多次现场试验，发现机组加励磁电流后，振动就有突然增大的现象，因此可以确认：由于转子内部的发电

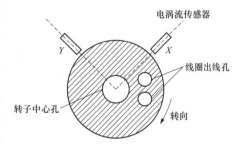

图 4-48 发电机转子后轴颈横截面示意

机线圈出线离振动测量涡流传感器相对较近，当加励磁电流时，强大的磁场效应作用，使得涡流传感器的测量受到很大的干扰，在振动波形图上每转出现 2 个负脉冲的干扰信号。

在发电机转子加励磁后，由于涡流传感器测到的发电机线圈引出线的强大的磁场，振动信号完全被脉冲信号淹没。由于 TSI 保护装置不能分辨通频和工频信号，而只能检测到峰-峰值，实际上这时的测量值已失去监视价值。

3. 安装不当导致的干扰信号

由于安装不当导致的轴振干扰信号在国内大型汽轮发电机组上已经发生过多起。由于振动传感器的安装要求比较严格，对于传感器与测量表面的间隙（如 Bently3300 要求初始间隙电压在−12V 左右）、头部侧隙和外露长度均有要求。当传感器头部侧隙和外露长度较小时，头部附近的导体会影响传感器输出，当现场安装传感器受位置限制时，可以去掉传感器头部附近的金属，使侧隙和外露长度满足要求。由于上述安装不当在

现场容易发现并可得到及时纠正，在现场测试中最为常见的安装不当故障是传感器支座共振。

DS 电厂 2 号机组为哈尔滨 300MW 供热机组，在调试启动中，机组升速至 2890r/min 时，发电机前瓦 5Y 轴振突然增大超过 250μm 振动保护值导致机组跳机无法正常定速，后通过提高该区域升速率快速通过定速后的振动数据分析，在升速过程 5Y 轴振在 2890～2950r/min 之间存在峰值（见图 4-49），而同一测量截面的 5X 轴振没有峰值（见图 4-50），同时现场就地的手持振动仪和 TSI 监测到的垂直瓦振不存在峰值（见图 4-51）。发电机转子的轴系设计临界在 1313r/min，远离 5Y 出现振动突变峰值的转速区间。分析认为，2890～2950r/min 之间的峰值是支架共振导致的测量结果失真。拧紧 5Y 支架后，2890～2950r/min 之间的峰值消失，说明 DS 电厂 2 号机 5Y 振动由于支架安装不合适，导致支架共振，共振区间突增的幅值主要是工频分量，在图 4-49 中可以清晰看到这一现象。

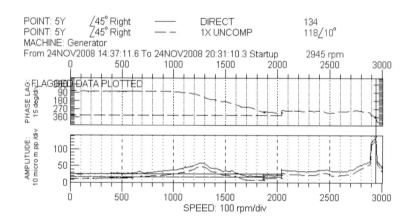

图 4-49　发电机前轴承 5Y 启动波德图

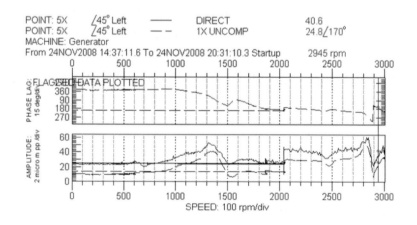

图 4-50　发电机前轴承 5X 启动波德图

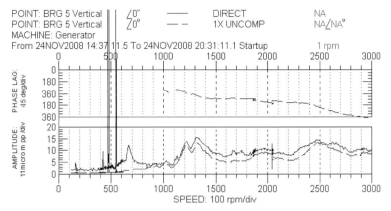

图 4-51　发电机前轴承垂直瓦振启动波德图

4.8　汽流扰动的诊断与处理

随着功率和效率的增大和提高，汽轮机工质的流量、密度增加、动静间隙减小，蒸汽作用在转子上的切向力对动静间隙、密封结构及转子与汽缸对中度的敏感度提高，增大了作用在转子上的激振力，对转子振动的影响越来越显著，在某些工况下（如一定的负荷、某种调节汽门开度及顺序等情况）引起轴系强烈振动，这种现象一般称被为汽流激振。汽流激振属于自激振动，是由汽轮机内部汽流激振力激励引起的振动，会使轴系稳定性降低，严重时会诱发转子失稳，产生很大的低频振动，直接威胁到机组的安全运行，严重影响机组负荷适应能力，成为国内外电力工业在发展高参数、大容量汽轮发电机组过程中遇到的突出问题之一。因此，研究汽流激振及其预防措施对于提高大型汽轮机的运行安全性有着十分重要的意义。编者带领研发团队，从工程实际出发，探索出一套不停机情况下汽流激振引发机组不稳定振动快速抑制解决方案。

汽流激振是一种非线性振动，与常规振动相比，具有以下特征：

（1）汽流激振属于自激振动，这种振动不能用动平衡的方法来消除。

（2）汽流激振易发生在汽轮机的大功率区及叶轮直径较小和短叶片的高压转子上，尤其在高参数大型汽轮机组的高压转子上。

（3）汽流激振具有良好的再现性。汽流振荡在较高负荷情况下发生，振动随着负荷的增大而加剧，汽流激振有一个门槛负荷，超过此负荷，立即激发蒸汽振荡；相反，汽流激振在小于某一负荷下会消失。

（4）汽流激振的振动频率等于或略高于高压转子一阶临界转速，在大多数情况下，振动成分以接近工作转速一半的频率分量为主。

4.8.1　汽流激振机理

根据目前国内外的研究结果，汽轮机汽流激振力通常来自三个方面：

一是叶顶间隙激振力。当汽轮机叶轮在偏心位置时，由于叶顶间隙沿圆周方向不同，蒸汽在不同间隙位置处的泄露量不均匀，使得作用在各个位置叶轮的圆周切向力不同，就会产生作用于叶轮中心的横向力，称为间隙激振力。该横向力垂直于叶轮中心偏移方向，趋向于使转子产生自激振动。在一个振动周期内，当系统阻尼消耗的能量小于横向力所做的功，这种振动就会被激发起来。叶顶间隙激振力大小与叶轮的级功率成正比，与动叶的平均节径、高度和工作转速成反比。因而，间隙激振容易发生在汽机大功率区段及叶轮直径较小和短叶片的转子上。对于带有围带汽封的动叶，通过围带汽封蒸汽的不均匀流动会形成不对称的压力分布，会产生附加的蒸汽激振力，此时总的蒸汽激振力要大于上述的间隙激振力；特别是对于反动度较小的汽轮机，二者的差异更大。该附加力的大小与围带汽封的径向间隙成反比，与叶轮前后压差、围带宽度、围带半径成正比，而叶轮轴向间隙的减小在一定程度上可降低蒸气激振的影响。所以，适当放大汽封片的径向间隙、缩小叶轮轴向间隙可以减小该流体激振力。

二是汽封间隙激振力。由于转子的动态偏心，引起轴封和隔板汽封内蒸汽压力周向分布不均匀，产生垂直于转子偏心方向的合力，称为间隙激振力。与密封流体激振力一样，该横向力使转子运动趋于不稳定。它主要由轴承气体效应（包括轴承气体摩擦效应、气体惯性效应）、Lomakin 效应、Alford 效应（亦称气体弹性效应）、螺旋形流动效应、三维流动效应等效应引起。

三是作用在转子上的静态蒸汽力。由于高压缸进汽方式的影响，高压蒸汽产生作用于转子的蒸汽压力，它一方面可影响轴颈在轴承中的位置，改变轴承的动力特性而造成转子运动失稳，另一方面使转子在汽缸中的径向位置发生变化，引起通流部分间隙的变化。在喷嘴调节汽轮机中该蒸汽力是由于部分进汽引起的，调节级喷嘴进汽的非对称性，引起不对称的蒸汽力作用在转子上，在某个工况其合力可能是一个向上抬起转子的力，从而减少了轴承比压，导致轴瓦稳定性降低，此力的大小和方向与机组运行中各调节汽门的开启顺序，开度和各调节汽门喷嘴数量有关。

4.8.2 部分进汽模式对轴系振动影响

4.8.2.1 部分进汽对轴承动力特性影响

图 4-52 给出了轴承分析模型，滑动轴承静态压力和扰动压力 Reynolds 方程为

$$\frac{\partial}{\partial \varphi}\left(H^3 \frac{\partial P}{\partial \varphi}\right) + \left(\frac{d}{l}\right)^2 \frac{\partial}{\partial \lambda}\left(H^3 \frac{\partial P}{\partial \lambda}\right) = 3\frac{\partial H}{\partial \varphi}$$

$$\mathrm{Re}\, y(P_e) = -3\sin\varphi - \frac{9}{H}\cos\varphi\frac{\partial H}{\partial \varphi} + 3H\left[\left(\cos\varphi\frac{\partial H}{\partial \varphi} + \sin\varphi H\right)\frac{\partial P}{\partial \varphi} + \left(\frac{d}{l}\right)^2 \cos\varphi\frac{\partial H}{\partial \lambda}\frac{\partial P}{\partial \lambda}\right]$$

$$\mathrm{Re}\, y(P_\theta) = 3\cos\varphi - \frac{9}{H}\sin\varphi\frac{\partial H}{\partial \varphi}$$

$$+ 3H\left[\left(\sin\varphi\frac{\partial H}{\partial \varphi} - \cos\varphi H\right)\frac{\partial P}{\partial \varphi} + \left(\frac{d}{l}\right)^2 \sin\varphi\frac{\partial H}{\partial \lambda}\frac{\partial P}{\partial \lambda}\right] \quad (4\text{-}69)$$

$$\mathrm{Re}\, y(P_{\varepsilon'}) = 6\cos\varphi$$

$$\mathrm{Re}\, y(P_{\theta'}) = 6\sin\varphi$$

$$H = 1 + \varepsilon\cos\varphi$$

$$p_\varepsilon = \frac{\partial P}{\partial \varepsilon}, \quad p_\theta = \frac{\partial P}{\varepsilon\partial\theta}, \quad P_{\varepsilon'} = \frac{\partial P}{\partial \varepsilon'}, \quad P_{\theta'} = \frac{\partial P}{\varepsilon\partial\theta'}$$

$$\mathrm{Re}\, y(\bullet) = \frac{\partial}{\partial \varphi}\left[H^3 \frac{\partial(\bullet)}{\partial \varphi}\right] + \left(\frac{d}{l}\right)^2 \frac{\partial}{\partial \lambda}\left[H^3 \frac{\partial(\bullet)}{\partial \lambda}\right]$$

式中：φ 为自最大厚度起计算的油膜角度；l 为宽度；H 为膜厚；e 为偏心矩；c 为轴承间隙；ε 为偏心率；θ 为偏位角。

将油膜展开得到如图 4-52 所示矩形区域。考虑对称性和半周边界条件，求解区域选定为矩形 ABCD，相应边界条件为

$$\begin{cases} P = P_\varepsilon = P_\theta = P_{\varepsilon'} = P_{\theta'} = 0, \ \Gamma_{AB} \\ P = \dfrac{\partial P}{\partial \varphi} = P_\varepsilon = P_\theta = P_{\varepsilon'} = P_{\theta'} = 0, \ \Gamma_{CD} \\ P = P_\varepsilon = P_\theta = P_{\varepsilon'} = P_{\theta'} = 0, \ \Gamma_{AD} \\ \dfrac{\partial P}{\partial \lambda} = \dfrac{\partial P_\varepsilon}{\partial \lambda} = \dfrac{\partial P_\theta}{\partial \lambda} = \dfrac{\partial P_{\varepsilon'}}{\partial \lambda} = \dfrac{\partial P_{\theta'}}{\partial \lambda} = 0, \ \Gamma_{BC} \end{cases} \tag{4-70}$$

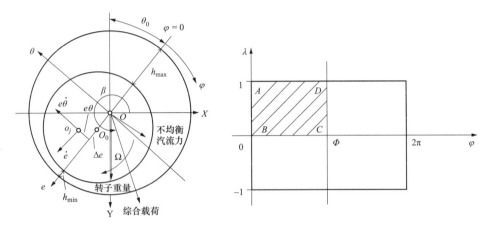

图 4-52 滑动轴承求解模型

采用有限差分法求解静态及扰动压力雷诺方程，积分后得到轴承载荷及其动力特性系数。表 4-14 给出了轴承参数。

表 4-14 轴承主要计算参数

直径 D（mm）	宽度 L（mm）	张角 γ（°）	椭圆度 δ	半径间隙 c（mm）	转速 ω（r/min）
360	200	150	0.5	0.24	3000

4.8.2.2 部分进汽对轴承载荷和轴颈偏心率影响

轴承所承受的转子自重以及部分进汽所产生的剩余汽流力合成后得到轴承总载荷及方位角，在此基础上求解雷诺方程得到轴颈偏心率和偏位角。表 4-15 给出了不同部分进汽模式下轴承载荷角、轴颈偏心率和偏位角。不同模式下载荷角从 295°～245°，轴颈偏心率从 0.16～0.42，轴颈偏位角从 295°～6°。图 4-53 给出了不同部分进汽模式下轴承刚度和阻尼系数变化情况。可以看出：

（1）不同进汽模式下，轴承刚度和阻尼系数差别较大，轴承动力特性发生了较大变化。

表 4-15 不同部分进汽模式下汽流力比较

序号	进汽模式	垂直力 F_y（N）	水平力 F_x（N）	载荷角 β（°）	偏心率 ε	偏位角 θ_0（°）
1	CV1	−47 686	−42 437	280	0.39	358
2	CV2	47 686	42 437	257	0.17	336
3	CV3	42 437	−47 686	285	0.35	365
4	CV4	−42 437	47 686	260	0.26	338
5	CV1+ CV3	0	−93 111	296	0.42	366
6	CV1+CV4	−93 111	0	270	0.36	350
7	CV2+CV3	93 111	0	270	0.22	358
8	CV2+CV4	0	93 111	248	0.16	295
9	全部打开	0	0	270	0.32	355

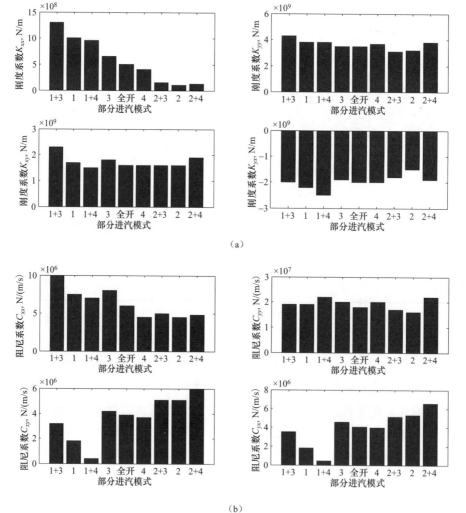

图 4-53 不同进汽模式下轴承刚度系数和阻尼系数

（a）刚度系数；（b）阻尼系数

（2）进汽模式对轴承水平方向上动力特性的影响远大于垂直方向。不同进汽模式下 Kxx 最大值是最小值的 13 倍，Cxx 最大值是最小值的 2 倍。垂直方向上轴承原本承受着转子重量，不均衡汽流力影响相对较小。水平方向上轴承原本不承受载荷，不均衡汽流力影响相对较大。

（3）CV2 开启时，轴承载荷角减小，轴颈中心逆着旋转方向偏移，水平方向上油膜厚度增加，相应刚度系数和阻尼系数变小。CV1 开启后的效果与之正好相反。

4.8.2.3 部分进汽对机组不平衡响应影响

采用有限元法建立了如图 4-54 所示分析模型，包含 6 个轴承、3 个转子，调节级位于高压转子中部，轴系被划分为 229 个节点。为考虑前 2 阶振型影响，计算时在转子中部和两端同时施加了力和力偶。图 4-55 给出了不同阀序下 1 号和 2 号轴承振动变化情况。可以看出：

（1）不同阀序下轴承振动差别较大。1 号轴承最大振动是最小振动的 6 倍，2 号轴承最大振动是最小振动的 4.5 倍。

（2）CV1 阀门打开时轴系振动较小。CV2 阀门打开后，轴系振动普遍较大。

（3）图 4-55 所反映出来的阀序切换过程中振动变化趋势与图 4-53 中 Kxx 变化趋势正好相反，说明阀序切换所导致轴承刚度变化对不平衡响应影响很大。

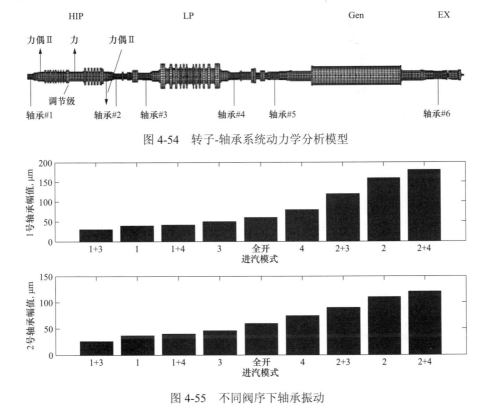

图 4-54　转子-轴承系统动力学分析模型

图 4-55　不同阀序下轴承振动

4.8.2.4 部分进汽对轴系稳定性影响

求解系统各阶特征值和对数衰减率

$$\lambda_i = \sigma_i + j\omega_i, \quad \delta_i = 2\pi\sigma_i / \omega_i \tag{4-71}$$

式中，λ_i、σ_i、ω_i、δ_i 分别为第 i 阶模态特征值、阻尼、频率和对数衰减率。由最小对数衰减率 $\min(\delta_i)$ 判断轴系稳定性。$\min(\delta_i) > 0$，系统失稳。

图 4-56 给出了不同阀序下最小对数衰减率变化情况。和部分进汽对不平衡响应的影响相同，CV2 阀门打开后，最小对数衰减率幅值普遍减小。CV2 和 CV4 阀门同时打开时，对数衰减率只有–0.06，系统接近失稳状态。

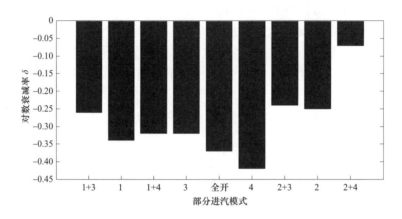

图 4-56　不同部分进汽模式下对数衰减率

从上面分析可以看出，部分进汽下不稳定振动程度与轴承所承受载荷有关，轻载轴承特别容易出现不稳定振动。

大型汽轮发电机组含有多个轴承，轴承所处工作环境差异较大，冷热态下标高差别较大。冷态下对中良好的轴系在热态下极有可能处于不对中状态，进而破坏各轴承之间良好的载荷分配，导致调节级侧轴承所承受载荷变轻。因此，可以通过调整轴系标高来减小汽流力影响。

采用有限元法计算了 1、2 号轴承标高调整对各轴承载荷影响，表 4-16 给出了影响系数值。1 号轴承处于轴系端部，标高对轴承载荷影响相对较小，2 号轴承标高变化对轴承载荷影响较大。轴承抬高 0.3mm 后所增加的载荷约 $9 \times 10^4 \text{N}$，与最大不均衡汽流力值相当。

表 4-16　　　　　　　　　　　　　轴承标高变化对轴承载荷影响

轴　承　号	轴承载荷变化（N）			
	1 号轴承	2 号轴承	3 号轴承	4 号轴承
1 号轴承抬高 1mm	5080	–30 170	26 040	–2030
2 号轴承抬高 1mm	–20 120	302 300	–328 009	70 053

2 号轴承标高对 1、2 号轴承振动的影响趋势相同，现以 2 号轴承为例进行分析。表 4-17 给出了 2 号轴承在不同标高和不同阀序下的振动值。分析如下：

（1）2 号轴承标高从–0.5mm 抬高到+0.5mm 后，最大振动从 190μm 减小到 91μm，降低了 52.6%，其他阀序下的振动也都有较大幅度的降低。

（2）2 号轴承抬高 0.5mm 和降低 0.5mm 两种状态下，阀序切换过程中振动变化幅度分别为 23～91μm 和 40～190μm。2 号轴承标高抬高后，阀序切换影响也减小了54.7%。

表 4-17　　　　　　　　　不同标高和部分进汽下 2 号轴承振动　　　　　　　　　（μm）

阀序	−0.5mm	−0.3mm	0mm	0.3mm	0.5mm
CV1	61	43	38	34	33
CV2	170	140	135	85	78
CV3	81	72	44	39	39
CV4	115	102	74	62	58
CV1+CV3	40	35	30	25	23
CV1+CV4	70	52	41	39	39
CV2+CV3	140	130	100	61	59
CV2+CV4	190	168	152	105	91
全开	95	83	55	46	45

如果调节级侧轴承载荷较轻，抬高其标高有利于减缓不稳定振动，提高轴系稳定性。如果调节级侧轴承载荷较重，标高抬高后轴承载荷进一步增加，部分进汽模式下瓦温会较高。因此，制订调整方案前需要首先判断轴承载荷情况。在载荷不超重、瓦温不超标情况下，标高调整量可以大些，建议控制在 0.2mm～0.4mm。轴承载荷情况可以根据工作状态下轴颈在轴承内的中心位置来判断。轴颈中心位置低，轴承载荷重；轴颈中心位置高，轴承载荷轻。

4.8.2.5　振动特征及原因分析

1. 设计配汽方式及振动特征

上汽亚临界 600MW 机组为引进美国西屋技术设计，高压调节阀共 4 个，原设计顺序阀运行时开启顺序为：GV3、GV4 阀先同时开启，然后是 GV1，最后是 GV2，厂家提供的高压调节阀开启顺序如图 4-57 所示。

如图 4-58 所示，5 号机组在采用原设计高压调节阀开启顺序时，在450MW 负荷切换为顺序阀运行时，振动增加 40μm 以上，频谱分析增加量主要以低频分量为主；与此同时，2 瓦温度较阀切换前有 15℃ 的增加，严重威胁机组的安全运行。

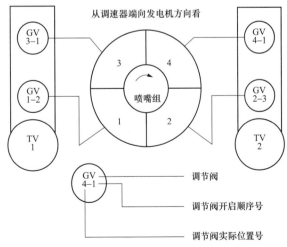

图 4-57　厂家提供的高压调节阀开启顺序

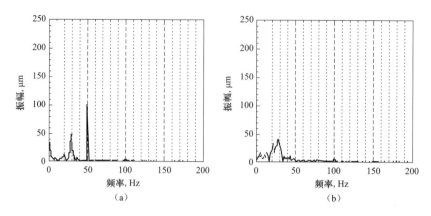

图 4-58　阀切换过程高压转子轴振频谱图

（a）1 瓦左 45°方向相对轴振；（b）2 瓦左 45°方向相对轴振

通过该机组高中压转子的振动特征可知，1、2 瓦在阀切换时发生的振动突增现象时，工频振动的幅值和相位均保持稳定，振动变化量的频率低于工频，频谱上的低频最大峰值集中在 0.5～0.6 倍工频。

轴系产生突发性低频振动的原因主要有两类：轴承自激振动和汽流激振，二者均属于不稳定自激振动。自激振动的能量来源于系统本身运动中获取的能量，如果系统阻尼所消耗的能量小于该能量，将引发系统的自激振动，振幅将迅速增加，对机组危害极大。对于 5 号机组在阀切换过程产生的振动激增现象，需要通过分析确认影响轴系振动的主要原因和次要原因，以便采取相应的处理措施抑制振动的激增。

2. 振动原因分析

油膜振荡的振动特征与机组的运行转速有密切关系，通常在机组启动过程中转速达到某一定值时发生，且随着转速的上升振动并不降低，过去在采用三油楔轴承的 200MW 机组以及采用圆筒瓦的小机组上多次发生。由于油膜的平均转动速度接近转子表面线速度的一半，当轴承的稳定性较差时，油膜激发的不稳定力会使转子发生半速涡动，特别是油膜涡动频率等于系统的某一阶固有频率时，振动将被放大。如果系统存在足够大的阻尼，则转子将逐步回到其正常位置而趋于稳定；否则，涡动现象将继续扩大，直至发生油膜振荡。油膜振荡只有在机组运行转速大于 2 倍的一阶转子临界转速情况下才可能发生。对于案例分析的 5 号机组为 600MW 亚临界机组，1、2 瓦为可倾瓦轴承，轴瓦本身的稳定性较好，现场实测高压转子的临界转速为 1820r/min～1840r/min，工作转速 3000r/min 小于 2 倍的一阶临界转速；同时，在单阀运行时无论是在启动还是带负荷过程，均未出现低频分量突增现象。因此，可以排除油膜振荡对 5 号机组振动的影响。

机组采用单阀运行时，各喷嘴组由于阀位开度一致进汽均匀，转子受力均衡；当采用顺序阀运行时，蒸汽除做功产生推动转子旋转的扭矩外，由于配汽方式的不均匀性在部分负荷下汽流还将产生附加的激振力。汽流产生的附加激振力与配汽方式有密切联系，在不同负荷下不同的配汽方式产生的激振力大小及方向各不相同，在某些特定工况下此激振力可能造成轴系失稳振动急剧增加。汽流激励产生的振动频率为低频分量，当此激励分量频率与转子的临界转速相当时,汽流激励将引起转子的剧烈振动,但在绝大多数情况下,自激振动成分以接近工作转速一半的频率分量为主。

汽流激振通常与机组所带的负荷有关,主要产生于大容量高参数机组的高压和高中压转子上,轴系振动对负荷较为敏感,同时与调节阀的开启顺序和调节阀开度有关,通过调换或开关有关调节阀能够避免低频振动的发生或减小低频振动的幅值。

对厂家提供的原设计阀序进行分析,如图 4-59 所示,当机组负荷为 300MW 时,GV3 和 GV4 同时开启,开度均为 37%,此时 GV1 和 GV2 关闭,转子所受的汽流附加力理论上方向水平向右;当机组负荷为 450MW 时,GV3 和 GV4 全开,开度反馈 98%,此时 GV1 开度为 15%,GV2 关闭,理论上转子所受的汽流附加力较负荷 300MW 时降低,方向为水平偏向右上。因此,在单阀切为顺序阀后,转子中心位置必然发生偏移,这一偏移使轴在轴承中的侧隙发生了很大变化,如图 4-60 所示,进油侧间隙大大减小,导致瓦温升高。转子中心的偏移也将通过汽流激励从三个方面影响轴

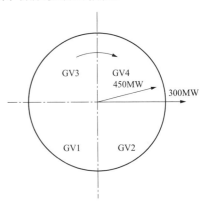

图 4-59 设计阀序的转子受力分析

系振动:一是蒸汽在叶顶径向间隙中的漏汽量不同,将对转子产生切向分力,此即 Alford 力,称为叶顶间隙激振;二是端部轴封、围带汽封及隔板汽封等,因径向间隙变化也将产生压力涡动,使转子产生自激振动;三是由于采用顺序阀配汽,调节级喷嘴组的部分进汽也会改变轴承的负荷,使其重新分配进而改变轴承的动特性。特别是在 GV3 和 GV4 开启其他关闭或 GV1 小开度时,高压调节汽门的开启顺序及开度对轴振的影响有决定性作用。

由上述振动特征分析,判断在阀切换过程中 5 号机组高压缸存在较为明显的汽流激振现象,导致高压转子振动剧烈变化。

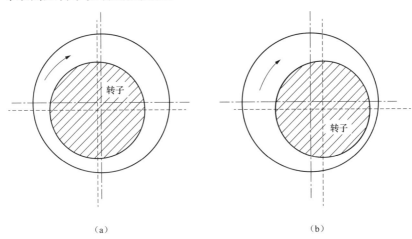

（a）　　　　　　　　　　（b）

图 4-60 转子中心位置变化示意

（a）单阀运行;（b）顺序阀运行

从转子振动和稳定性分析可知，要减小汽流激振的影响可以从增大系统阻尼和减小汽流激振力两方面着手。5号机组高压转子轴承采用可倾瓦轴承，从同类型机组的振动数据分析，该轴承稳定性较好，能够提供足够大的系统阻尼；而通过改变汽封结构和间隙减小汽流激振力需要大量的现场试验和相关理论计算，停机处理周期较长，为此采用有利于轴系稳定性的高压调节阀开启顺序是解决该机组振动问题的有效手段。

4.8.2.6 调节阀特性试验研究

1. 试验目的及过程

为确定合理的高压调节阀开启顺序，对高压调节阀特性进行试验研究。试验中通过单阀方式下手动改变高压调节阀阀位，测取高压调节阀流量特性曲线；通过试验，掌握在不同的阀序下主机振动、瓦温、高压缸上下缸温差、推力瓦温、胀差等参数变化情况，比较不同阀门组合方式对机组安全运行的影响，确定合适的顺序阀开启阀序。

试验过程：

（1）将5号机负荷调整到480MW并稳定运行0.5h。

（2）由运行人员退出机组一次调频、退出AGC、退出CCS方式、退出汽机主控。

（3）热工专业人员将GV1、GV2、GV3、GV4切为手动控制，缓慢改变一个高压调节汽门阀位，进行高压调节汽门特性试验。

（4）随着调节汽门阀位的变化，负荷在360~540MW之间缓慢变化。

（5）试验期间，维持主蒸汽压力为16.62MPa，为防止主蒸汽压力波动，试验期间停止锅炉吹灰。试验期间机组运行正常，所有安全监视参数均未超标。

2. 试验结果与分析

考察1、2号轴承的瓦温，关闭GV4时的瓦温最高是69.97℃，关闭GV3时的瓦温最高是83.52℃，关闭GV2时的瓦温最高是83.92℃（10%开度），关闭GV1时的瓦温最高是81.41℃。

比较1、2号支持瓦处的轴振，在其他高压调节阀开度保持不变，仅缓慢改变一个高压调节汽门阀位，发现当GV2和GV4在各自接近全关时，1瓦轴振达到最大，分析高压转子在该状态下汽流力对动静间隙影响最大，因此GV2和GV4在开启顺序的选择中应该靠前。

根据原设计阀序开启时受力分析，采用对称同时开启的方式将大大减少顺序阀开启中动静之间的不同心，确定首先同时开启GV1、GV4，然后是GV2，最后是GV3。重叠度选取时通常要综合考虑调节系统的稳定性和机组的经济性。一般而言，重叠度大，则调节汽门的节流损失大，经济性差；重叠度小，则会使调节汽门总流量特性的线性度变差，影响调节系统的稳定性。根据GV1、GV4总流量特性曲线和GV2、GV3特性曲线，将前一阀门开至45%阀位左右作为后一阀门开启点比较合适，即当GV1、GV4开启至45%左右时，逐渐开启GV2，当GV2开启至45%左右时开启GV3。X方向轴振与调节汽门单阀开度的关系见图4-61，顺序阀特性曲线见图4-62。

4.8.2.7 优化阀序试验结果

根据上述分析并结合实测的阀门流量特性对DEH逻辑中单阀切换顺序阀的参数、逻辑等进行修改后，采用 GV1+GV4→GV2→GV3 的高压调节阀开启顺序，对 5 号机组进行了带负荷下的单阀切换顺序阀试验、顺序阀切换单阀试验、高压缸在单阀以及顺序阀运行状态下的稳定性试验、高压缸效率试验。

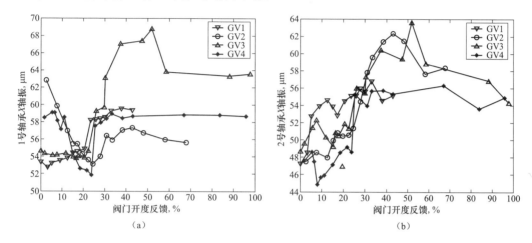

图 4-61　*X* 方向轴振与调节汽门单阀开度的关系

（a）1 瓦轴振；（b）2 瓦轴振

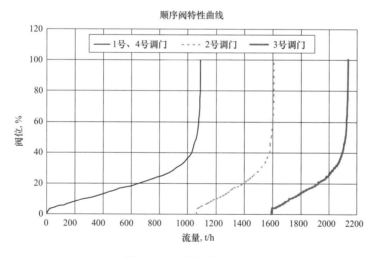

图 4-62　顺序阀特性曲线

　　进行带负荷状态下的单阀切换顺序阀试验，试验前机组负荷 452.6MW，试验中最高到 461.1MW，最低至 439.1MW，22:18:00 稳定至 451.0MW；22:37:20，开始进行顺序阀切换单阀试验，试验前机组负荷 450.7MW，试验中最高到 461.1MW，最低至 434.6MW，22:45:12 稳定至 445.5MW 试验结束。在单阀向顺序阀切换过程中，GV1 和 GV4 按照设定的开启特性曲线同时开启至 97%，同时 GV2 关至 17%，GV3 逐渐关闭，从整个切换过程看，机组切换过程中负荷波动最大是 +8.5MW、−13.5MW，顺序阀运行后总给煤量大约减少了 2.97t/h，整个轴系振动基本没有变化，1、2 号支持瓦和推力瓦瓦温有所降低，其他 TSI 监视振动及膨胀等参数基本变化很小，在不同负荷下振动和瓦温数据如表 4-18

所示，阀切换试验取得了成功。

表 4-18　　　　　　　　　　　　单阀切换顺序阀前后试验数据

试验负荷 （MW）	1号轴承温度 测点1 （℃）	1号轴承温度 测点2 （℃）	2号轴承温度 测点1 （℃）	2号轴承温度 测点2 （℃）	1X （μm）	1Y （μm）
300.69	71.94	73.30	70.67	59.45	49.85	52.16
350.14	71.70	73.35	70.21	59.22	51.31	54.37
403.60	69.52	71.69	68.48	58.29	51.07	50.56
450.10	70.62	68.59	69.06	56.76	52.14	52.56
500.47	72.92	65.71	69.50	55.68	52.37	60.92
552.15	77.41	60.31	71.43	53.98	49.36	64.20
600.06	81.03	60.03	73.96	54.00	48.32	66.53
试验负荷 （MW）	2X （μm）	2Y （μm）	GV1 （%）	GV2 （%）	GV3 （%）	GV4 （%）
300.69	57.39	63.55	37.00	0.11	−0.62	36.38
350.14	58.99	71.15	53.14	3.26	−0.52	52.77
403.60	60.86	64.00	97.81	10.42	−0.64	97.36
450.10	64.37	67.73	97.91	16.83	−0.54	97.44
500.47	68.81	74.32	97.87	22.03	−0.87	97.43
552.15	70.45	67.57	97.82	33.23	−0.48	97.42
600.06	69.59	65.33	97.84	98.29	12.14	97.49

4.9　发电机转子匝间短路故障的诊断与处理

4.9.1　匝间短路故障的故障诊断方法

统计数据表明，大型汽轮发电机故障中，转子匝间短路故障占比很大。以广东省为例，从 2007～2010 年的四年间，已有近 10 台大型汽轮发电机先后出现了匝间短路故障，其中有 5 台是 600MW 等级以上的大型发电机，两台是 400MW 等级的发电机。尤其是在 2009 年，一年之内就发生了 6 起，这些大型发电机发生转子匝间短路故障，给发电厂的电力生产带来了很大的压力，严重影响了发电任务的顺利完成。

经过多起转子匝间短路故障的分析和处理，可以总结出这样一个规律，即在转子匝间短路故障分析、诊断和处理的过程中，一般都需要经过以下几个过程：

（1）转子运行中出现异常振动，需要通过异常振动现象来分析转子绕组是否存在匝间短路故障，以便电厂方面根据故障性质，选择最佳的时机进行停机处理；

（2）转子停运后，要对仍在发电机定子腔内的转子进行有关的电气试验，以判断是否存在匝间短路故障，以避免不必要的抽转子等繁琐的工作；

（3）将转子抽出来并放置于发电机定子腔外后，可对匝间短路故障点进行定位分析；

（4）对确实存在匝间短路故障的转子绕组进行解体处理，消除故障点，并进行故障发生原因分析，以便有针对性地进行防范处理。

当转子位于发电机定子膛内旋转时，可以有多种方法对其进行匝间短路故障的诊断。如果发电机正带负荷运行，那么可以通过分析转子振动与励磁电流之间是否存在正相关性来诊断，也可以利用已安装在定子膛内的气隙磁场探测线圈来诊断，还可以利用发电机空载或三相短路运行时转子励磁电流是否增加来诊断。另外，当匝间短路故障造成的突变量比较微弱时，还可应用小波分析来提取其突变特征。

本节主要介绍动态下转子匝间短路故障的分析方法。

1. 基于转子振动与励磁电流正相关性的匝间短路故障诊断

正常运行中的发电机，其转子的振动水平一般保持在较低的振动水平（GB/T 7064—2008《隐极同步发电机技术要求》中，要求不大于 80μm）。当转子出现异常振动后，首先要对引起转子异常振动的原因进行分析。总的说来，不外乎两类因素，即非电气因素和电气因素两大类。非电气因素造成的转子振动原因很多，如转子热不平衡、风路堵塞、轴瓦碰磨、偏心、机座下沉等，情况比较复杂，这里不予讨论，而造成转子异常振动的电气因素通常就是转子匝间短路故障。

正常无匝间短路故障的转子在运行中，其汽励两端的轴振始终保持在一个比较稳定的振动水平上，而不随励磁电流的变化而变化，如图 4-63 和图 4-64 所示。

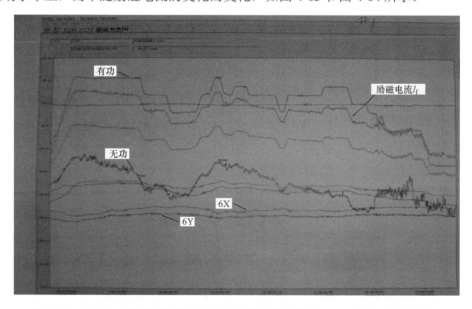

图 4-63　正常发电机转子的振动曲线与负荷之间的关系（HY 电厂 1 号发电机）

图 4-63 所示是 HY 电厂 1 号发电机转子运行中的 6 号轴振与励磁电流的实时关系曲线，该转子内部绕组正常，不存在匝间短路故障，从图中可见，6 瓦轴振（6X 和 6Y）运行中比较平稳。尽管励磁电流变化很大，但 6 瓦轴振并不随其变化。图 4-64 是 JW 电厂 3 号发电机运行中的励磁电流及转子轴振的关系曲线，从图中可见，汽端的 7 瓦轴振（7X 和 7Y）和励端的 8 瓦轴振（8X 和 8Y）的振动值都比较平稳。虽然励磁电流变化很频繁，但 7 瓦轴振和 8 瓦轴振都不随其变化。从图 4-63 和图 4-64 可见，无匝间短路情

况下，转子的轴振与励磁电流两者之间并无相关性。

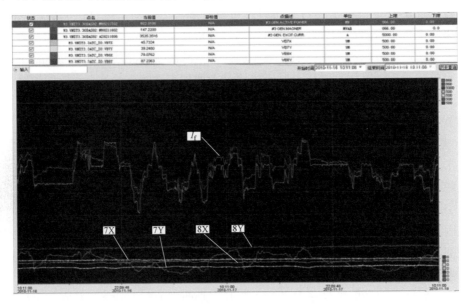

图 4-64　正常发电机转子的振动曲线与负荷之间的关系（JW 电厂 3 号发电机）

但是，当转子内部的绕组出现匝间短路故障时，情况就会大不相同。图 4-65 是 SW 电厂 2 号发电机转子出现匝间短路故障后，转子的振动曲线与励磁电流的波形，从图中可见，当励磁电流 I_f 的大小发生变化时，汽端的 7 瓦轴振（7Y）和励端的 8 瓦轴振（8Y）也发生着相同趋势的变化，7Y 和 8Y 的波形与励磁电流的波形非常相似，也即 7Y 和 8Y 均与励磁电流之间保持着高度的正相关性。根据此特征，就可以判断该台发电机的转子出现了匝间短路故障。事实上，根据上述判断，电厂停机将该转子抽出来进行仔细检查

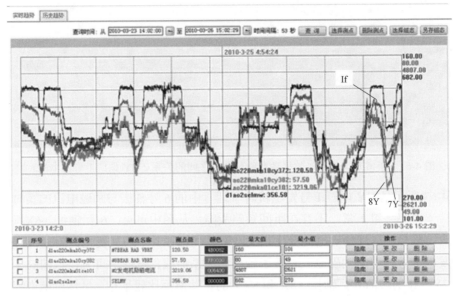

图 4-65　存在匝间短路故障的转子振动曲线与励磁电流之间的关系（SW 电厂 2 号发电机）

后发现，2 号磁极（内环）的 5 号线圈上存在着稳定的金属性匝间短路故障。该转子后来返厂进行了解体处理，将 5 号线圈吊出槽外时，发现匝间短路点位于励侧端部左侧（从励侧向汽侧看），发生在 2~3 号匝之间的拐弯处，如图 4-66 和图 4-67 所示，从两图中可见，匝间绝缘垫条已烧穿，线棒上留有明显的烧痕，说明 2、3 号匝之间的确发生了金属性的、稳定的匝间短路故障。

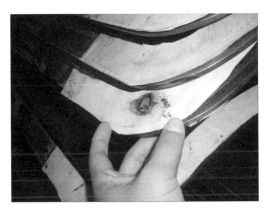
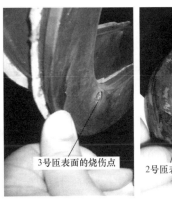
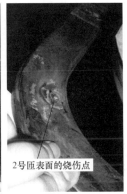

图 4-66 烧穿的 2~3 号匝线棒之间的　　　　图 4-67 2 号匝与 3 号匝线棒表面的
匝间绝缘垫条　　　　　　　　　　　　　　短路烧伤点

从上述实际的案例中可以发现，动态下的转子匝间短路故障诊断其实非常简单，无需其他额外的仪器或设备，只需要借助于电厂已有的 DCS（distribution control system）设备，调出转子轴振与励磁电流的关系曲线，观察二者之间是否存在着正相关性即可。这一点对于电厂人员自行判断转子是否存在匝间短路故障，具有重要的指导意义。

2. 基于气隙磁场探测线圈的转子匝间短路故障诊断

近几年新投产的发电机，为了便于今后对转子绕组进行匝间短路故障检测，通常都会预先在定子腔内的通风沟处安装一个气隙磁场探测线圈。当转子在定子腔内旋转时，该探测线圈可以检测到气隙中磁场的变化情况。汽轮发电机的转子通常有两个磁极，每个磁极都是以转子的一个大齿为轴心环绕布置并嵌入在槽中的。最靠近大齿的线圈为最小的线圈，最远离大齿的线圈为最大的线圈。同样，对于另一磁极来说也是如此，两极在结构上是完全对称的。发电机带负荷运行时，转子绕组产生的磁场随转子旋转并切割探测线圈，因此，可以在探测线圈上检测到与气隙磁场相对应的电压波形。转子正常无匝间短路故障时，根据转子线圈在转子本体上的装配结构，从探测线圈上可以测量得到一组按一定规律排列的电压波形。如果转子某个线圈存在着匝间短路故障，由于有效线圈减少了，那么由该线圈所产生的磁场将会减弱，与之对应的电压波形的幅值就会降低，因此，原来正常的排列规律就会发生改变。通过观察分析这种变化，就可以判断转子线圈是否发生了匝间短路故障，并且可以判断在哪个线圈上发生了匝间短路故障。另外，需要指出的是，该项试验是判断转子有无匝间短路的一项十分重要的试验。JB/T 8446—2014《隐极式同步发电机转子匝间短路测定方法》第 7 条（测量方法优先级）就明确规定，"如阻抗法与波形法测量结果有矛盾，则以波形法为准"。其中的"波形法"，就是指该项试验。

图 4-68 所示是从一台 600MW 发电机实际带负荷运行时探测线圈上录得的电压波形，理想情况下，图中的 wave1 和 wave2 两个波形分别是对应两个磁极的波形，因此，这两个波形也是关于大齿成负对称的。但由于发电机带实际负荷运行中，负荷电流存在一种去电枢磁势的作用，加上负荷电流的波动以及各种干扰的影响，使得探测线圈上感应得到的波形并不是很理想，波形畸变情况比较严重，往往不便用于匝间短路故障的判断。这就是从图 4-68 中，很难看出 wave1 和 wave2 两个波形之间相互关系（负对称）的原因。因此，要从这样的波形中去分析诊断转子是否存在匝间短路故障，显然是很困难的。

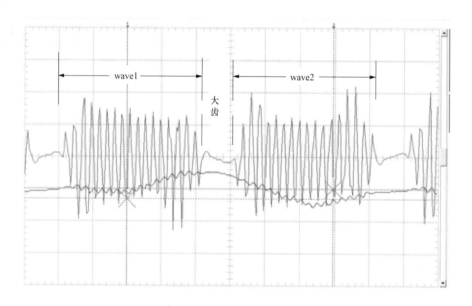

图 4-68　发电机带负荷运行中在探测线圈上感应气隙磁场后输出的电压波形

实际上，为了从探测线圈上获得理想的负对称波形，以便于进行准确的转子匝间短路故障的诊断，通常是将发电机的出线端用母排短接后，进行三相短路试验，并使定子绕组中的短路电流达到额定运行电流。在短路试验期间，记录探测线圈上感应的波形。在这种情况下，由于外界负荷的影响被消除掉了，就可以从探测线圈上获得理想的气隙磁场波形。一台正常无匝间短路故障的转子，在三相短路试验中从探测线圈上感应气隙磁场录得的理想波形如图 4-69 所示。

从图 4-69 中可以清晰地看出，wave1 和 wave2 关于大齿成负对称的关系。wave1 同时含有磁极 1 和磁极 2 各自一半的波形，同样，wave2 中也同时含有磁极 1 和磁极 2 各自另外一半的波形。从图 4-69 还可以看出，对于无匝间短路故障的转子，其检测波形中各个波头的包络总体分布呈下凹的圆弧状，各个波头之间的排列有序，并且具有负对称性。而存在匝间短路故障的转子，上述包络特征将发生畸变。图 4-70 所示是 HL 电厂 1

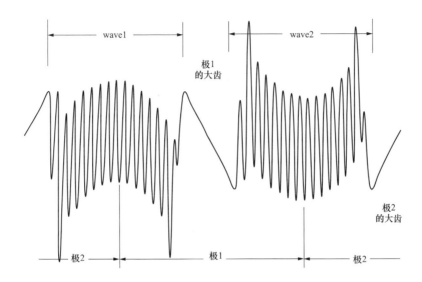

图 4-69　三相短路试验中，从探测线圈上感应气隙磁场所获得的理想的波形

号发电机转子发生匝间短路故障后监测到的动态匝间短路波形，从图中可见，与 3 号线圈和 4 号线圈相对应的两个波头均异常下陷，表明在这两个线圈上存在着匝间短路故障。解体后的检查结果表明，3、4 号线圈上各有一处发生了匝间短路故障。图 4-71 所示是匝间短路故障点的分布示意，其中，3 号线圈上的匝间短路故障点解体后的情况如图4-72 所示。

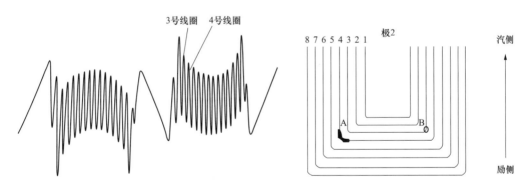

图 4-70　有匝间短路故障转子的探测线圈
检测波形（HL 电厂 1 号发电机）

图 4-71　匝间短路故障点分布示意图

3. 基于励磁电流增幅检测的转子匝间短路故障诊断

转子运行中的匝间短路故障诊断还包括发电机空载下检测转子的空载励磁电流是否明显增大，以及三相额定短路状态下转子的励磁电流是否明显增大这两种情形。应该指出的是，空载运行下的转子，其绕组受力与实际带负荷运行时的受力状况不同。主要是由于空载时转子的励磁电流比较小，因此，转子绕组的热应力也就比较小，一般会远小于带额定负荷运行时的热应力。短路状态下运行的转子，其绕组受力与实际带负荷运行

图 4-72　极 2 的 3 号线圈匝间短路处的
匝间绝缘纸板烧损情况

时的是一致的。只是要先将发电机停下来，然后在出线端接上短路母排，操作起来比较麻烦而已。当转子发生稳定的匝间短路故障后，无论发电机是在空载还是在三相短路运行的状态下，励磁电流都会增大。不过，其增大的幅度比较有限，以 600MW 等级的汽轮发电机为例，其增幅一般在 10%左右。尤其是当短路匝数较少时，励磁电流的增长幅度会更不明显。由于调节时不一定能调到与历史工况完全一样，而且励磁电流通常还会有波动。因此，即使励磁电流有 10%的增幅，

考虑到数据有一定的波动性等因素，10%的增幅还会大打折扣。因此，这两种运行方式下的诊断结果目前一般还只是作为判断转子匝间短路故障的参考，难以成为判断转子是否存在匝间短路故障的最终判据。

上面介绍了转子动态下匝间短路故障检测的三种诊断方法。编者认为，第一种基于转子振动与励磁电流正相关性的方法最简单，也最有效，但目前还没有为大家所认识，因此采用的很少；第二种基于气隙磁场探测线圈的方法，已有国家标准支持，也是业内最为广泛采用的；第三种基于励磁电流增幅检测的方法，由于增幅不是很明显，且受调节时多种因素的影响，因此，往往只是作为判断转子匝间短路故障的参考判据。

4.9.2　匝间短路故障的振动特征

当转子在旋转时，因内部绕组发生匝间短路故障而表现出来的一些特有的现象，就是转子匝间短路故障的动态特征。

发电机带负荷运行时，转子本体带着通有数千安培电流的转子线圈，悬挂在定子内部以 3000r/min 的速度高速旋转。在这一过程中，转子线圈不仅要承受着大电流带来的热应力作用，还要承受着因高速旋转产生的巨大离心力等机械应力的作用。因此，转子线圈，尤其是护环下方转子端部的线圈，会发生一定的位移。运行时间年久以后，匝间绝缘垫条就可能因磨损、老化等原因而损伤，从而引起匝间短路。新投运的发电机，其转子有可能因设计、装配、工艺等方面的原因，造成运行中的转子端部绕组位移量过大或发生不对称位移，使得匝间绝缘垫条在位移时发生错位，因而不再起到匝间绝缘的作用，上下两匝之间因此发生碰磨短路。

如前所述，转子发生匝间短路故障后，其在运行中的振动将会明显增大。表 4-19 列出了几起匝间短路故障后转子轴振的变化。

从表 4-19 中的统计数据可见，转子绕组发生匝间短路故障后，转子的轴振将会明显增大，其增长率最低的超过 45%，最高的达到 117.5%。

以 ZH 电厂 2 号发电机为例，来看一下转子发生匝间短路故障以后，其振动与有功负荷以及无功之间的关系曲线。当保持其他条件不变，仅改变 2 号发电机所带的负荷时，

观察 7、8、9 号瓦的轴振变化情况。试验数据如表 4-20 所示。

表 4-19　　　　600MW 等级发电机转子匝间短路故障后的轴振变化情况

序号	机组	投运日期	故障日期	部位	故障前（μm）	故障后（μm）	增长率（%）
1	HL1 号机	2007.2	2007.4	7 号轴瓦	90	140	55.5
2	HL2 号机	2007.6	2010.2	7 号轴瓦	89	143	60.7
				8 号轴瓦	90	160	77.8
3	ZH2 号机	2000.4	2009.2	8 号轴瓦	40	87	117.5
4	SW1 号机	2008.1	2010.3	7 号轴瓦	89	131	47.2
				8 号轴瓦	73	110	50.7
5	SW2 号机	2008.2	2009.3	7 号轴瓦	60	130	116.7
6	HY2 号机	2009.8	2009.11	5 号轴瓦	60	90	50
				6 号轴瓦	60	90	50

表 4-20　　　　　　　负荷改变时的轴振情况　　　　　　　（μm）

负荷	7X	7Y	8X	8Y	9X	9Y
550MW（4300A）	83	75	55	67	41	37
	62∠112	56∠181	35∠267	49∠161	32∠156	27∠279
600MW（4566A）	84	75	63	81	50	44
	62∠112	57∠183	50∠253	68∠159	41∠154	37∠268
640MW（4800A）	84	75	75	90	59	54
	61∠111	58∠182	65∠250	81∠159	49∠156	50∠264

表 4-20 中，各瓦在每格中上方的数据为不经过滤波时的实际轴振值，下方的数据工频轴振值和相角。从表 4-20 中的试验数据可以明显地看出，保持其他参数不变，在发电机的负荷由小变大时（励磁系统会自动地调节励磁电流的大小），7 号瓦的轴振变化很小，而 8、9 瓦无论在 X 方向，还是在 Y 方向，它们的轴振值均明显增大，且 8 号瓦的轴振绝对幅值增大的最为显著。8X 从 55μm 增大到 75μm，增幅为 36%，8Y 从 67μm 增大到 90μm，增幅为 34%。9X 和 9Y 的增幅也分别为增大了 44% 和 45%。8、9 号瓦的轴振随负荷变化的关系曲线如图 4-73 所示，图中每个小图中均有两条曲线，分别代表未滤波的轴振信号和已滤波后仅剩工频的轴振信号。

从图 4-73 中可见，不论是全频轴振信号，还是工频的轴振信号，它们随负荷的增大而增大的趋势十分明显。当负荷从 550MW 增大到 600MW 后（励磁电流从 4300A 增至 4566A），轴振开始明显上升，然后趋于稳定。当负荷从 600MW 增大到 640MW 后（励磁电流从 4566A 增至 4800A），轴振又开始明显上升，持续一段时间后，轴振又趋于稳定。

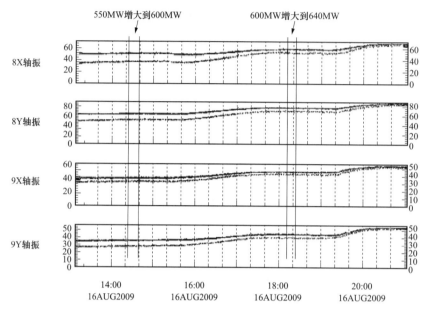

图 4-73   8、9 号瓦的轴振随负荷变化的关系曲线

当保持其他条件不变，仅改变 2 号发电机转子绕组中的无功（即改变励磁电流），观察 7、8、9 号瓦的轴振的变化情况。试验数据如表 4-21 所示。

表 4-21   无功改变时的轴振情况   （μm）

励磁电流	7X	7Y	8X	8Y	9X	9Y
4840A（640MW）	84	75	75	90	59	54
	61∠111	58∠182	65∠250	81∠159	49∠156	50∠264
4550A（640MW）	84	76	67	83	53	48
	61∠113	57∠181	68∠251	72∠157	44∠154	44∠264
4900A（640MW）	85	77	75	92	58	53
	62∠111	58∠182	65∠250	82∠157	50∠154	50∠254

从表 4-21 中的试验数据可以明显地看出，保持负荷以及其他参数不变，仅改变 2 号发电机的励磁电流大小（也即有功不变，改变无功）时，7 号瓦轴振变化仍然很小，而 8、9 号瓦的轴振则明显增大。8X 从 67μm 增大到 75μm，增幅为 12%，8Y 从 83μm 增大到 92μm，增幅为 11%。9X 和 9Y 的增幅也分别为增大了 11% 和 12%。8、9 号瓦的轴振随负荷变化的关系曲线如图 4-74 所示。

在仅改变无功的试验中，是先将励磁电流从 4840A 减小至 4550A，等轴振稳定后，再将励磁电流又增大至 4900A。从图 4-74 中各曲线的变化趋势可以看出，轴振随着励磁电流的减小而减小，又随着励磁电流的增大而增大，轴振与励磁电流之间的这种正相关性表现得十分明显。

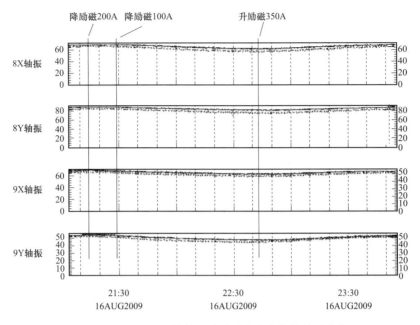

图 4-74 8、9 号瓦的轴振随励磁电流变化的关系曲线

对上述两项试验进行综合对比分析，可以发现 8、9 号瓦的轴振实质上只是与转子绕组中励磁电流的大小有关。即有功不变、调节无功时，只是改变了励磁电流的大小，因此，轴振只与励磁电流的大小有关，它并没有因为发电机的有功负荷保持不变而稳定不变。在无功不变、调节有功时，由于改变有功必然会使得励磁系统相应地自动调节转子绕组中的励磁电流，因此，轴振的增大实际上还是由于励磁电流的增大而造成的。如此，就可以得到一个比较明确的结论，即发生了匝间短路故障的发电机转子，其轴振与转子绕组中的励磁电流的大小有着密切的关系。

转子绕组内部发生匝间短路故障后，转子运行中受到的不平衡磁拉力的大小，只与转子绕组中流过的励磁电流有关，即

$$P = \lambda I_{\mathrm{f}}^2 \tag{4-72}$$

将发电机转子-轴承支撑系统看成一个线性系统。研究表明，在线性系统中，部件呈现的振幅与作用在该部件上的激振力成正比，与它的动刚度成反比，可表示为

$$A = P / K_{\mathrm{d}} \tag{4-73}$$

式中：A 为振幅；P 为激振力；K_{d} 为动刚度。且有

$$K_{\mathrm{d}} = K_{\mathrm{c}} / \mu \tag{4-74}$$

其中

$$\mu = 1 \left/ \sqrt{\left[1 - \left(\frac{\omega}{\omega_{\mathrm{n}}} \right)^2 \right]^2 + 4 \left(\frac{\varepsilon \omega}{\omega_{\mathrm{n}}} \right)^2} \right. \tag{4-75}$$

式中：K_{c} 为部件静刚度；μ 为动态放大系数；ω 为激振力频率；ω_{n} 为转子固有频率；ε 为阻尼系数。符号应与前面保持一致

将式（4-72）、式（4-74）和式（4-75）代入式（4-73）中，可得到

$$A = \frac{\lambda}{K_c}\mu I_f^2 = K\mu I_f^2 \qquad (4\text{-}76)$$

式中：$K = \lambda/K_c$ 是一个系数。

由式（4-76）可见，转子振动的振幅仍然与励磁电流 I_f^2 成正比，也与动态放大系数 μ 成正比。这里应该注意到，当激振力频率 ω 接近转子固有频率 ω_n 也即通常所说的临界转速时，由于阻尼系数 ε 的数值很小，从式（4-75）可见，动态放大系数 μ 将急剧增大，因此，转子的振幅就将急剧增大，即产生共振现象，如图 4-75 所示。这对于发电机转子是十分危险的，因为它会导致动刚度急剧下降，时间稍长，就很容易损坏转子。

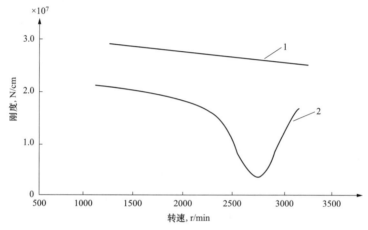

图 4-75　轴承座动刚度与转速的关系

1—正常的轴承座与转速的关系；2—存在共振时的轴承座与转速的关系

大型汽轮发电机转子的一阶临界转速和二阶临界转速通常都比额定运行时的转速低。因此，在实际应用中，机组运行规程都要求，每次机组启动时，发电机转子在升速和降速阶段，都要求转子必须尽快通过一阶临界转速点或二阶转速点，不得在这些转速点上停留，防止损毁昂贵的发电机转子及其支撑系统。

不过，当转子在额定转速下运行时，通常动态放大系数 μ 都很小。由于转速保持恒定值为 3000r/min，由式（4-75）可知，μ 也为一定值。因此，由式（4-76）可知，转子的振幅将只由励磁电流 I_f^2 决定，且与 I_f^2 成正比。

至此，就从理论上论证了内部存在匝间短路故障的发电机转子，其异常振动的幅值与励磁电流 I_f^2 之间存在着正相关性的关系。当然，这只是从理想的模型中得出的结论。实际上，由式（4-76）所描述的转子振幅与励磁电流的平方成正比的关系，还将受到来自实际系统中一定的非线性因素的影响。不过，这些影响都不能改变转子发生匝间短路故障后，其振幅跟随励磁电流变化的内在规律。也就是说，只要转子内部存在着匝间短路故障，那么转子的轴振值就会随着励磁电流的变化而变化。因此，当检测到转子的轴振值与励磁电流之间存在着明显的正相关性或随动性时，就可以断定转子内部存在着匝间短路故障。

4.9.3 600MW 机组匝间短路故障的诊断与处理

本节将实例讲述某采用基于转子振动与励磁电流正相关性的方法诊断复杂匝间短路故障过程。

HY 电厂 2 号发电机是哈尔滨电机厂（简称哈电）生产的 600MW 汽轮发电机，2008年 4 月出厂，2009 年 8 月 14 日进入商业运行。2009 年 11 月 14 日，2 号发电机临修后启动时，发现 2 号发电机的 5、6 瓦轴振逐步上升，由原来的 60μm 左右增大到 90μm 多，增长变化超过 50%，且汽轮机主厂房 15m 平台也出现明显的振动增大现象。

编者应邀对振动原因进行分析，首先进行了振动、励磁电流相关性分析。图 4-76 和图4-77 分别为 2、1 号发电机转子振动随励磁电流、有功负荷以及无功负荷之间的关系变化曲线。

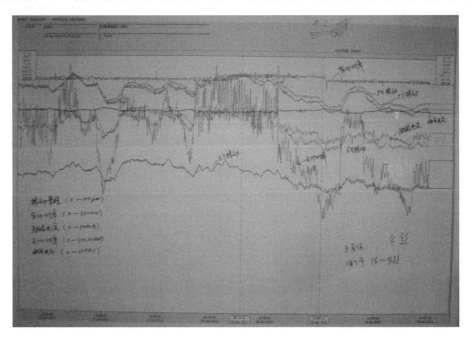

图 4-76　HY2 号发电机转子振动随励磁电流、有功负荷以及无功负荷的变化曲线

图 4-76 中，2 号转子的振动变化（5 瓦和 6 瓦）比较大，且随励磁电流的变化而变化。图 4-77 中，1 号转子的振动变化不大，跟随励磁电流变化的关系不明显。比较图 4-76和图 4-77 可见，2 号发电机转子振动跟励磁电流之间存在明显的正相关性。因此，初步怀疑 2 号发电机转子绕组存在匝间短路故障。

（1）试验检查。为了分析 2 号发电机转子是否存在匝间短路故障，电厂方面对转子进行了膛内盘车状态下的交流阻抗及损耗试验，试验结果如表 4-22 所示。

表 4-22　　　　　　　　　　交流阻抗及损耗测量数据

序号	项　目	阻抗（Ω）	损耗（W）	备　注
1	出厂试验值（膛外，超速后）	6.20	5520	哈电超速间测量 （AC220V）（2008.04.07）
2	当前值与出厂值的偏差	−11.4%	+7.98%	

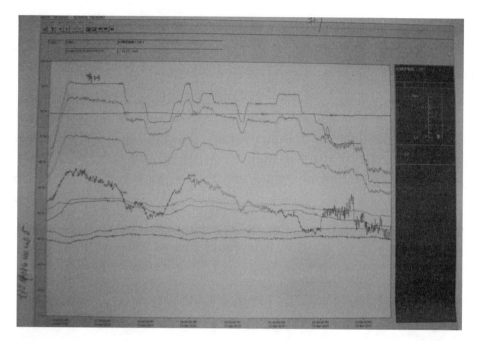

图 4-77　HY1 号发电机转子振动随励磁电流、有功负荷以及无功负荷的变化曲线

　　由于该转子在电厂超速试验后并没有再进行过交流阻抗和损耗值的测量，因此，表 4-22 中阻抗值的下降幅度和损耗值的增加幅度还不能说明该转子存在匝间短路故障。为此，对转子两极绕组（各有 8 个线圈）的各个线圈的电压进行测量，以比较两极相对应的同号线圈的电压分布是否一致。测量结果表明，2 号发电机转子在静态下，其两极各对应线圈之间的对称性好，说明发电机转子在静态下不存在匝间短路故障。

　　由于转子匝间短路通常有静态匝间短路和动态匝间短路两种形式，因此，在确认转子并不存在静态匝间短路故障后，重点应检查转子是否存在动态匝间短路故障。

　　（2）返厂处理。2010 年 5 月，2 号发电机转子开始返厂处理。首先进行了静态下的交流阻抗及损耗试验，并与出厂值相比较，结果如表 4-23 所示。

表 4-23　　　　　　　　　交流阻抗及损耗测量数据（超速间）

序号	项　目	阻抗（Ω）	损耗（W）	备　注
1	出厂试验值（膛外，超速后）	6.2	5520	哈电超速间测量（AC220V）（2008-4-7）
2	当前试验值（膛外，转动前）	5.64	5765	哈电超速间测量（AC220V）（2010-5-31）
3	当前值与出厂值的偏差	−9.03%	4.44%	

　　然后，对转子在 3000r/min 下先后进行了励磁电流分别 I_f = 100、130、100A 的动态匝间短路波形测量，三次负向励磁时的转子动态匝间短路波形如图 4-78 所示，三次正向励磁时的转子动态匝间短路波形如图 4-79 所示。

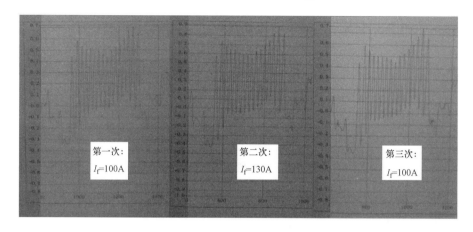

图 4-78   三次负向励磁时的匝间短路波形

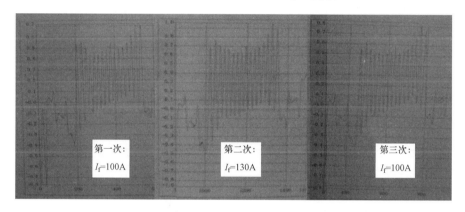

图 4-79   三次正向励磁时的匝间短路波形

比较图 4-78 和图 4-79，在不同的励磁电流下，负向励磁中的三个动态匝间波形具有很好的一致性；正向励磁中的三个动态匝间波形也具有很好的一致性，并且对比负向或正向前后两次在 $I_f = 100A$ 时所获得的波形，两者均是非常一致的。

2008 年 4 月转子出厂时的动态匝间短路波形如图 4-80 所示。

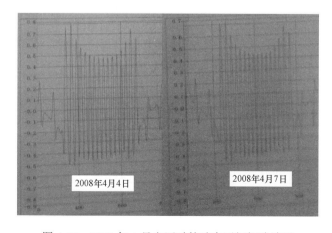

图 4-80   2008 年 4 月出厂时的动态匝间短路波形

将图 4-78 和图 4-79 分别与图 4-80 中出厂时的原始波形相比较，发现三者之间相差较大。出厂时的原始波形上方包络是一个下凹的弧形，各齿之间的过渡圆滑，是转子无匝间短路故障的典型特征。而图 4-78 和图 4-79 中的波形，各齿之间的过渡不规则，波头有异常下凹和凸起，为判断转子绕组的匝间绝缘状态造成了很大的困难。

另外，再来比较一下在上面三次试验共 6 个动态匝间短路波形上，两极各个对应线圈之间电压的偏差，并与出厂值相比较，如表 4-24 所示。

表 4-24　　　　　　　　　　两极各个对应线圈之间的电压偏差

线圈号	正向时（2010-5-31）（%）			负向时（2010-5-31）（%）			出厂时（%）	
	$I_f = 100A$	$I_f = 130A$	$I_f = 100A$	$I_f = 100A$	$I_f = 130A$	$I_f = 100A$	2008-4-4	2008-4-7
1	−2.5	−2.9	−1.5	−2.6	−3.2	−3.1	−0.4	0
2	−0.9	−1.8	−1.3	−3.4	−2.4	−0.9	−0.7	−1
3	−0.8	−1.7	−0.7	−2.8	−1.6	−1.8	−0.3	−0.9
4	−0.2	−1.3	−0.6	−0.3	−1.1	−1.7	−0.1	−0.3
5	−2.4	−1.6	−2.7	−2.1	−0.6	−2.4	−0.3	−0.4
6	−1.8	−0.2	−1.6	−0.4	−0.7	−0.1	−0.6	−0.2
7	−4.2	−2.3	−2.4	−1.5	−1	−0.9	−0.4	0
8	−1.1	−1.1	−0.5	−0.1	−0.7	−0.2	−0.1	0

比较表 4-24 中 2008 年 4 月份出厂时同号线圈之间的原始偏差值，可发现原始偏差值均很小，而本次返厂试验所测量的偏差值，分散性很大，且两极的 1、5、7 号线圈的电压偏差值均远远大于原始出厂值。

在动态匝间短路波形试验完毕后，进行不同转速下的两极电压平衡试验。试验结果如表 4-25 所示。

表 4-25　　　　　　　　　不同转速下的两极电压平衡试验结果

转速（r/min）	总电压（V）	第 1 极电压（V）	第 2 极电压（V）	电压差（V）
0	220.35	111.1	109.24	1.86
300	219.95	109.97	109.96	0.01
600	219.94	108.95	110.98	−2.03
900	220.37	109.31	111.05	−1.74
1200	220.26	109.59	110.66	−1.07
1500	220.05	109.54	110.49	−0.95
1800	220.18	109.63	110.54	−0.91
2100	220.41	109.78	110.63	−0.85
2400	219.9	109.61	110.29	−0.68
2700	219.67	109.51	110.16	−0.65
3000	220.01	109.8	110.22	−0.42

续表

转速 （r/min）	总电压 （V）	第 1 极电压 （V）	第 2 极电压 （V）	电压差 （V）
2700	220.24	109.81	110.41	−0.6
2400	219.81	109.56	110.22	−0.66
2100	220.23	109.75	110.45	−0.7
1800	220.4	109.83	110.55	−0.72
1500	219.72	109.51	110.17	−0.66
1200	220.41	109.72	110.66	−0.94
900	219.95	109.34	110.58	−1.24
600	220.35	109.08	111.24	−2.16
300	220.24	109.08	111.11	−2.03
0	219.95	110.48	109.44	1.04

从表 4-25 中的数据来看，在不同转速下，转子两极绕组的电压差较小。必须指出的是，在获得表 4-25 中数据的试验中，试验电流最大只有 48A，与电厂实际运行时的4128A（额定励磁电流）相距甚远，无法模拟实际大电流时对转子线棒的热应力的影响。凭表 4-25 中的数据判断转子不存在动态匝间短路故障还具有一定的局限性。

另一个异常现象是，当转子运行在 3000r/min 时，励端的一倍频振动值较大，达到50μm。（从试验班人员了解到，通常的振动值均不超过 30μm），查阅该转子出厂时的振动值，最大值仅为 16.2μm，具体数据如图 4-81 所示。

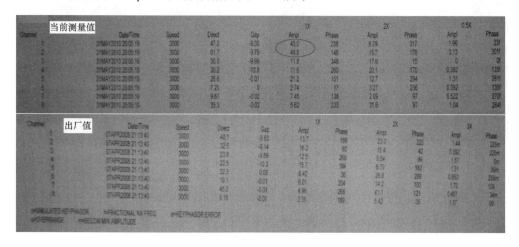

图 4-81　当前振动值与出厂值的比较

第三个异常现象是，当转子的转速低于约 300r/min 时，励侧护环内部不断发出有规律的"吭当"的响声。经哈电方面分析，认为是护环内部一个部件的位置发生了偏移，必须拔出励侧的护环予以彻底解决。励端的异常振动是否由该松动的部件引起的。

6 月 2 日，哈电半成品车间试验人员对转子进行了通风试验，试验合格。

6 月 6 日上午，转子励侧的护环拔出。由于护环拔出后，转子励端的温度很高，无法进行深入细致的检查。经粗略检查，发现有以下几种局部缺陷：

1）转子励侧端部绕组有移位的现象，如图 4-82 所示。

2）多处匝间绝缘层的外沿有磨损现象，共发现 4 处，其中一处如图 4-83 所示。

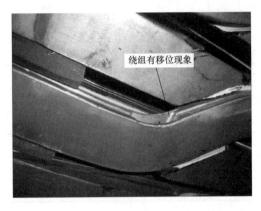

图 4-82　转子励侧端部绕组有轻微移位的现象　　　　图 4-83　匝间绝缘层外沿有磨损的现象

3）多处匝间绝缘层（垫条）有移位现象，如图 4-84 所示。

4）靠背轮的螺栓孔内有明显的受力不均、形成挤压所造成的痕迹，汽侧靠背轮的螺栓孔如图 4-85 所示。在 16 个螺栓孔中，5 号、11～14 号孔均有明显的压痕或磨痕。

图 4-84　匝间绝缘层垫条有向外移位的现象　　　　图 4-85　转子汽侧靠背轮上的螺栓孔

（3）处理措施。根据上述试验结果，可以确认 2 号发电机转子静态下不存在匝间短路。从转子 3000r/min 的动态试验情况来看，不同转速下的两极电压平衡试验也似乎基本上可以表明转子动态下也不存在匝间短路（如前所述，由于它不能模拟实际运行中大电流的热应力的影响，这种判断还具有一定的局限性），但动态匝间短路波形的不规则性却使人难以确认这一判断。为谨慎起见，对发电机转子进行彻底的检查和处理后再运回电厂。

（4）处理效果。HY 电厂 2 号发电机转子彻底修复并重新回装运行后，转子异常振动得以消除，说明 2 号发电机转子的处理效果很好，达到了预期的目的，2 号发电机转子的返厂处理是成功的。

HY 电厂 2 号发电机转子返厂处理前，其异常振动与励磁电流之间存在着明显的正相关性，且振动值明显增大增长（增长率超过 50%，且汽轮机主厂房 15m 平台也出现明显的振动增大的现象）；返厂处理完毕并重新回装运行后，转子异常振动现象消失。转子返厂处理前后运行状态的截然不同，说明经过返厂处理后，该转子内部存在的某种故障隐患被消除了（这种故障隐患应是一种动态的匝间短路现象）。

从当时 2 号发电机转子在哈电解体检查的情况来看，转子励侧端部绕组的匝间绝缘垫条和绕组均有一定的位移现象。这种现象显然是端部绕组的紧固工艺方面存在一定的缺陷，使得转子在实际运行工况下，因承受高速旋转所带来的巨大机械应力和大电流所造成热应力，端部绕组发生了非正常偏移。转子绕组的位移造成了绝缘垫条的移动，并且两者之间的位移不具有同时性，每次的位移量也不尽相同。随着时间的推移，两者之间的相对位移达到一定程度，就容易最先在某个部位发生上下匝之间的碰磨短路，从而引起定子、转子之间的气隙磁场发生畸变，进而使转子受到不平衡电磁力的作用而发生异常振动。但当转子绕组中的电流较小，或当转子处于静态时，转子绕组上承受的机械应力或热应力发生明显变化后，由于转子绕组发生相应的位移，从而消除了匝间短路的状态。这就是无论在静态下测量转子绕组的电压分布，或是在哈电厂内的超速平台上做电气试验，都未能发现转子绕组匝间短路故障的原因。

在转子返厂解体处理时，转子线棒全部抬出进行了检查和处理，端部绕组也因低转速下的异响问题、以及匝间绝缘垫条和绕组位移问题重新进行了紧固处理。尽管当然现场未发现匝间短路故障点（注：因上下两匝线棒边缘碰磨造成的匝间短路故障点，有时因故障处没有明显过热痕迹而难以被发现），但经过这样较为彻底处理的转子，显然会改变转子原有匝间绝缘的状态，加强端部绕组的紧固程度，从而提高匝间绝缘的性能。转子重新回装运行后，2 号发电机定子膛内恢复了正常的气隙磁场分布，转子受到的电磁力恢复了平衡。

4.10 发电机定子绕组端部振动的诊断与处理

4.10.1 发电机绕组端部的动力学特性

1. 定子端部绕组的主振型及固有频率

定子端部绕组自由振动控制方程

$$M\ddot{X} + KX = 0 \tag{4-77}$$

自由振动是简谐振动，因此，式（4-77）具有下列形式的解

$$X = \varphi \sin(\omega t + \psi) \tag{4-78}$$

式中：φ 是 X 维数相同的向量；ω 是角频率；ψ 是初相位。

将式（4-78）代入式（4-77）中，并令 $\lambda = \omega^2$，可以得到

$$(K - \lambda^2 M)\varphi = 0 \tag{4-79}$$

端部绕组固有模态的计算，归根结底就是广义特征值求解问题。若 λ_i 为式（4-79）的特征值，那么

$$\omega_i = \sqrt{\lambda_i} \qquad (4\text{-}80)$$

式中：ω_i 是端部绕组第 i 阶固有频率，将 λ_i 代入式（4-79）中求得的 $[\varphi]_i$ 就是端部绕组的第 i 阶模态的振型。

在工程实际中，只关心端部绕组前几阶的固有模态，为了便于观察端部绕组的主振型，仅画出端部绕组主振型垂直于转子轴向的一个剖面，各阶主振型和近似主振型见图4-86 和图4-87，从图中可以看到，第 1、2 阶主振型为椭圆型，周向行波数为 2，第 1 和 2 阶主振型沿周向相差 45°角；第 3、4 阶主振型为三瓣型，周向行波数为 3，两个主振型沿周向相差 30°角；第 5、6 阶主振型为四瓣型，周向行波数为 4，沿周向相差 22.5°角；第 7、8 阶主振型为五瓣型，周向行波数为 5，沿周向相差 18°角。如果记端部绕组某一固有频率对应的主振型周向行波数为 n，那么相同固有频率下的另一阶振型与此主振型沿周向相差 $90°/n$ 角。

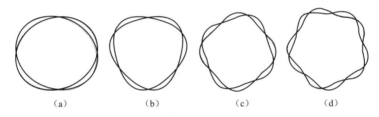

（a） （b） （c） （d）

图 4-86 端部绕组的计算主振型

（a）第 1、2 阶；（b）第 3、4 阶；（c）第 5、6 阶；（d）第 7、8 阶

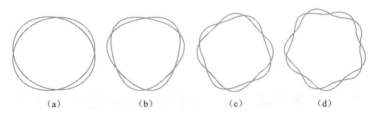

（a） （b） （c） （d）

图 4-87 端部绕组的近似主振型

（a）第 1、2 阶；（b）第 3、4 阶；（c）第 5、6 阶；（d）第 7、8 阶

大型汽轮发电机在运行时，端部绕组受到电动力作用，一般情况下，因为端部绕组的第一阶模态被激起，端部绕组才呈现为椭圆振动的形式。

2. 端部绕组的强迫振动响应

定子端部绕组磁拉力径向分量的完整表达式可以写成如下形式

$$F_r = R_{F0}(z) F_A \sin(\omega t + 2\theta) \qquad (4\text{-}81)$$

式中：z 表示端部绕组的轴向坐标；$R_{F0}(z)$ 表示磁拉力径向分量沿轴向的分布函数。

将式（4-81）电动力展开为

$$F_r = F_{r1} + F_{r2} \qquad (4\text{-}82)$$

其中

$$\begin{cases} F_{r1} = R_F(z)\cos 2\theta \sin \omega t \\ F_{r2} = R_F(z)\sin 2\theta \cos \omega t \end{cases} \tag{4-83}$$

将定子端部绕组在磁拉力 F_{r1} 和 F_{r2} 作用下的振动响应进行合成就可以得到端部绕组在磁拉力 F_r 作用下的振动响应。

由模态叠加法可得到端部绕组在磁拉力 F_{r1}、F_{r2} 作用下的振动响应表达式分别为

$$X_{F_{r1}} = \sum_{j=1}^{n} \frac{U_j \cdot \sin(\omega t - \varphi_j)}{\sqrt{(1-\lambda_j^2)^2 + (2\zeta_j\lambda_j)^2}} \left[\int_0^{2\pi}\int_0^l R_F(z) \cdot \cos(2\theta) \cdot U_j \mathrm{d}z \cdot \mathrm{d}\theta \right] \tag{4-84}$$

$$X_{F_{r2}} = \sum_{j=1}^{n} \frac{U_j \cdot \cos(\omega t - \varphi_j)}{\sqrt{(1-\lambda_j^2)^2 + (2\zeta_j\lambda_j)^2}} \left[\int_0^{2\pi}\int_0^l R_F(z) \cdot \sin(2\theta) \cdot U_j \mathrm{d}z \cdot \mathrm{d}\theta \right] \tag{4-85}$$

式中：$\lambda_j = \omega/\omega_j$，为频率比；$\zeta_j$ 是相对阻尼系数；φ_j 表示相位差。

对于一个工作转速为 3000r/min 的二极发电机而言，仅当端部绕组的固有频率等于或者接近 100Hz，且端部绕组的主振型的周向行波数等于 2 时，端部绕组才会发生共振，即当且仅当端部绕组的主振型中的椭圆振型的固有频率为 100Hz 时，端部绕组才会发生共振，且振动形式为椭圆振动。

4.10.2 发电机定子的试验模态分析

模态分析是研究结构动力特性一种近代方法，是系统辨别方法在工程振动领域中的应用。模态是机械结构的固有振动特性，每一个模态具有特定的固有频率、阻尼比和模态振型。这些模态参数可以由计算或试验分析取得，通过试验将采集的系统输入与输出信号经过参数识别获得模态参数，称为试验模态分析。试验模态分析是一种了解结构动态特性的重要手段。

4.10.2.1 试验模态分析的原理

一般结构系统可离散为一种具有 N 个自由度的线弹性系统，其运动微分方程为

$$[M]\{\ddot{x}\} + [C]\{\dot{x}\} + [K]\{x\} = \{f(t)\} \tag{4-86}$$

式中：质量、阻尼、刚度矩阵 $[M]$、$[C]$、$[K]$ 为实对称矩阵；$[M]$ 为正定；$[K]$、$[C]$ 正定或半正定。$[M]$、$[C]$、$[K]$ 已知时，可求得一定激励 $\{f(t)\}$ 下的结构响应 $\{x(t)\}$，方程（4-86）两端经傅氏变换，可得

$$(j\omega)^2[M]\{x(\omega)\} + j\omega[C]\{x(\omega)\} + [K]\{x\omega\} = \{F(\omega)\} \tag{4-87}$$

$F(\omega)$，$X(\omega)$ 分别为激励力 $\{f(t)\}$ 和位移响应向量 $\{\boldsymbol{x(\omega)}\}$ 的傅氏变换

$$F(\omega) = \int_{-\infty}^{+\infty} f(t)e^{-j\omega t}\mathrm{d}t$$

$$X(\omega) = \int_{-\infty}^{+\infty} x(t)e^{-j\omega t}\mathrm{d}t \tag{4-88}$$

令 $[H(\omega)] = (-\omega^2[M] + \boldsymbol{j}\omega[C] + [K])^{-1}$，则式（4-87）可简化为

$$\{X(\omega)\} = [H(\omega)]\{F(\omega)\} \tag{4-89}$$

式中：$H(\omega)$ 为传递函数矩阵。

对系统 p 点进行激励并在 1 点测响应，可得传递函数矩阵中第 p 行 1 列元素为

$$H_{lp}(\omega) = \sum_{i=1}^{n} \frac{\varphi_{li}\varphi_{pi}}{-\omega^2 M_i + j\omega C_i + K_i} \qquad (4\text{-}90)$$

式中：φ_{li}、φ_{pi} 为 l、p 点振型元素，从而对结构上一点激振，多点测量响应，即可得到传递矩阵的某一列，进而计算出模态参数。

4.10.2.2 某型发电机定子试验模态分析实例

1. 发电机外壳模态测试系统

采用力锤激励法对发电机外壳的模态参数进行测试。用美国 PCB 公司 086D50 冲击力锤敲击发电机定子壳体上的某个测点，对整个结构施加一个脉冲激励；安装在锤头的力传感器拾取这个激励脉冲（输入信号），同时布置在其他位置的加速度传感器拾取对应测点的加速度响应信号（输出信号）；输入和输出两路信号送入动态信号分析系统，经动态测试后处理得到发电机外壳的频响函数；最后由频响函数识别系统的模态参数。发电机模态测试系统见图 4-88。

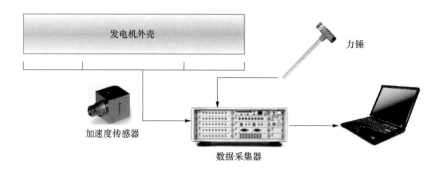

图 4-88　发电机外壳模态测试系统

模态试验分析系统所用主要仪器：

PCB 公司 086D50 冲击力锤，1 把；

PCB 公司 333B30 单向加速度传感器，12 只；

LMS-SCADA 数据采集器，1 台；

LMS-Test.lab 动态信号分析软件，1 套；

信号线、加速度传感器专用磁座若干。

2. 发电机外壳模态测试方案

发电机外壳尺寸较大，且结构复杂，为保证模态测试结果的可靠性，制定了两种方案，进行发电机外壳模态测试分析；为消除环境中可能存在的随机因素影响，使用力锤在固定测点敲击 5 次，测点位置上的加速度传感器相应的采集 5 次加速度响应信号。

方案一：在发电机外壳右 45°（从汽轮机向发电机看）位置，从励端到汽端方向均匀布置 12 个测点，如图 4-89 和图 4-90 所示；在 LMS 系统中建立的测点模型如图 4-91 所示。

160

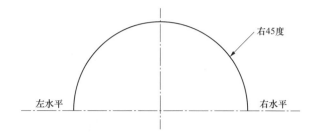

图 4-89　方案一的传感器测点布置示意（从汽轮机向发电机看）

图 4-90　传感器测点布置（方案一）

图 4-91　测点模型（方案一）

方案二：从励端到汽端，将发电机外壳分 5 个基面，每个基面布置 7 个传感器，从汽轮机向发电机看，分别为左水平测点，左 30°测点，左 60°测点，正垂直测点，右 60°测点，右 30°测点，右水平测点，如图 4-92 和图 4-93 所示，一共 35 个测点；在 LMS 系统中建立的测点模型如图 4-94 所示。由于测点较多，测试过程采用固定力锤敲击位置、移动传感器方式进行。

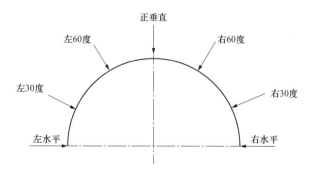

图 4-92　方案二的基面传感器测点布置示意（从汽轮机向发电机看）

图 4-93　励磁端传感器测点布置（方案二）

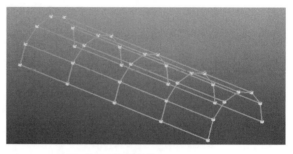

图 4-94　测点模型（方案二）

方案三：除布置与方案二相同的 35 个测点外，另在励端和汽端外壳上的氢冷器右端面都布置有 7 个传感器（励端氢冷器右端面上传感器测点布置如图 4-95 所示），整个系统总计 49 个测点；在 LMS 系统中建立的测点模型如图 4-96 所示。测试过程采用固定力锤敲击位置、移动传感器方式进行。

图 4-95　励端氢冷器右端面上传感器

测点布置（方案三）

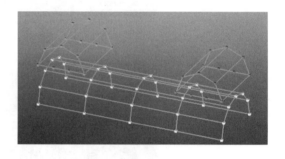

图 4-96　测点模型（方案三）

3. 某型发电机外壳模态测试结果

下面分别给出三种测试方案得到的发电机外壳模态测试结果，然后将不同方案得到的测试结果进行对比。

方案一测试结果：采用方案一测试得到的所有测点的频响函数如图 4-97 所示，拟合

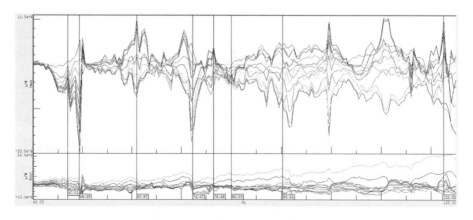

图 4-97　所有测点的频响函数（上为虚频；下为实频）

得到的结构综合频响函数如图 4-98 所示，识别得到的前 7 阶固有频率、模态阻尼比见表 4-26，用于判断前 7 阶振型正交性的 MAC 矩阵见表 4-27。

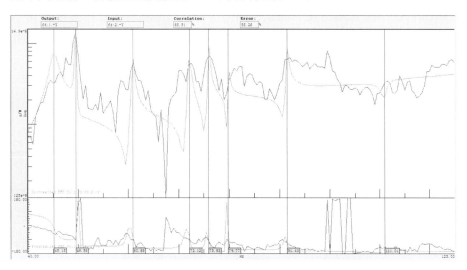

图 4-98　综合频响函数（上为幅频曲线；下为相频曲线）

表 4-26　　　　　　　　　　　前 7 阶固有频率、模态阻尼比（方案一）

阶　　数	频率（Hz）	模态阻尼比（%）
1	45.15	1.83
2	49.56	0.06
3	60.89	0.35
4	72.12	0.28
5	75.93	0.20
6	79.77	0.04
7	91.43	0.23

表 4-27　　　　　　　　　　　前 8 阶振型 MAC 矩阵

阶次	频率（Hz）	1 阶	2 阶	3 阶	4 阶	5 阶	6 阶	7 阶
1 阶	45.15	100	81.59	18.56	62.69	5.06	74.3	48.62
2 阶	49.56	81.59	100	7.76	40.9	10.63	42.54	13.17
3 阶	60.89	18.56	7.76	100	33.18	1.09	47.72	47.32
4 阶	72.12	62.69	40.9	33.18	100	8.86	59.77	52.77
5 阶	75.93	5.06	10.63	1.09	8.86	100	0.21	8.3
6 阶	79.77	74.3	42.54	47.72	59.77	0.21	100	75.32
7 阶	91.43	48.62	13.17	47.32	52.77	8.3	75.32	100

从表 4-27 中可以看到，MAC 矩阵的非对角线元素最大值高达 81.59，远远超过 LMS 技术人员提供的经验数据，表明识别得到的各阶振型之间的正交性较差，也无法反映发电机外壳整体结构的固有振动形态，故在此不给出测试得到的振型。识别得

到的振型之间的正交性较差，主要是测点过少导致的；要想获得比较可靠、正交性较好的振型，需适当增加测点数目。

方案二测试结果：采用方案二测试得到的所有测点的频响函数如图 4-99 所示，拟合得到的结构综合频响函数如图 4-100 所示，识别得到的前 8 阶固有频率、模态阻尼比见表 4-28，用于判断前 8 阶振型正交性的 MAC 矩阵见表 4-29。

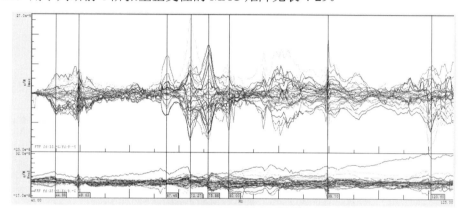

图 4-99　所有测点的频响函数（上：虚频；下：实频）

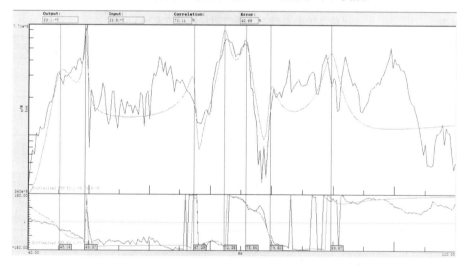

图 4-100　综合频响函数（上：幅频曲线；下：相频曲线）

表 4-28　　　　　　　　　前 7 阶固有频率、模态阻尼比（方案二）

阶　　数	频率（Hz）	模态阻尼比（%）
1	45.16	2.94
2	49.37	0.21
3	67.29	0.64
4	72.84	0.78
5	75.86	1.03
6	79.80	0.69
7	89.67	1.07

表 4-29 前 7 阶振型 MAC 矩阵

阶次	频率	1 阶	2 阶	3 阶	4 阶	5 阶	6 阶	7 阶
1 阶	45.16	100	22.46	13.63	36.27	23.75	45.49	20.57
2 阶	49.37	22.46	100	5.53	17.14	43.17	41.21	10.12
3 阶	67.29	13.63	5.53	100	31.73	3.3	1.34	10.05
4 阶	72.84	36.27	17.14	31.73	100	24.22	15.6	27.24
5 阶	75.86	23.75	43.17	3.3	24.22	100	55.34	22.17
6 阶	79.8	45.49	41.21	1.34	15.6	55.34	100	24.53
7 阶	89.67	20.57	10.12	10.05	27.24	22.17	24.53	100

方案三测试结果：采用方案三测试得到的所有测点的频响函数如图 4-101 所示，拟合得到的结构综合频响函数如图 4-102 所示，识别得到的前 7 阶固有频率、模态阻尼比见表 4-30，对应的振型如图 4-103～图 4-109 所示，前 7 阶振型的 MAC 矩阵见表 4-31。

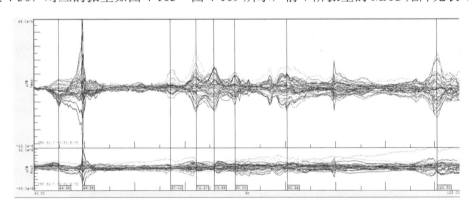

图 4-101 所有测点的频响函数曲线（上为虚频；下为实频）

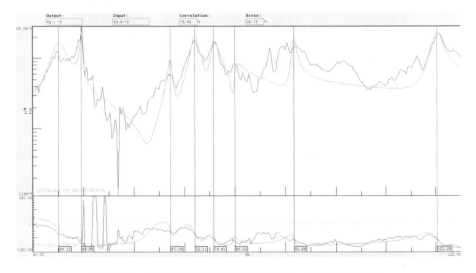

图 4-102 综合频响函数（上为幅频曲线；下为相频曲线）

表 4-30　　　　　　　　　　前 7 阶固有频率、模态阻尼比（方案三）

阶　　数	频率（Hz）	模态阻尼比（%）
1	45.12	2.31
2	49.58	0.10
3	67.19	0.51
4	72.11	0.92
5	75.81	0.86
6	80.02	0.75
7	91.68	1.23

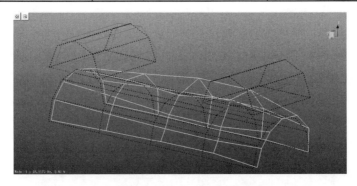

图 4-103　发电机定子外壳第 1 阶模态振型（45.1Hz）

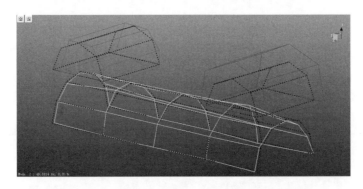

图 4-104　发电机定子外壳第 2 阶模态振型（49.6Hz）

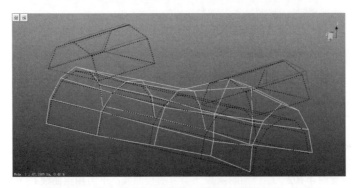

图 4-105　发电机定子外壳第 3 阶模态振型（67.2Hz）

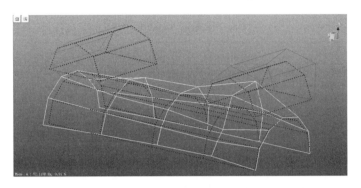

图 4-106　发电机定子外壳第 4 阶模态振型（72.1Hz）

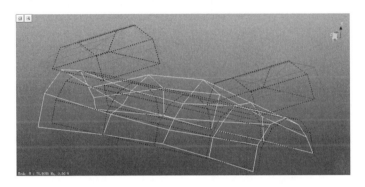

图 4-107　发电机定子外壳第 5 阶模态振型（75.8Hz）

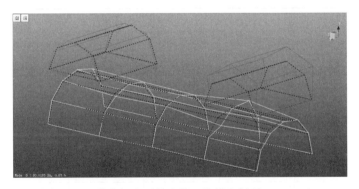

图 4-108　发电机定子外壳第 6 阶模态振型（80.0Hz）

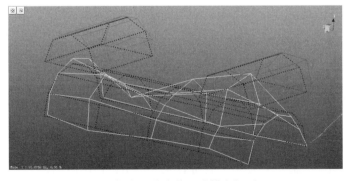

图 4-109　发电机定子外壳第 7 阶模态振型（91.7Hz）

大型发电机组振动故障诊断及动平衡技术

表 4-31 前 7 阶振型 MAC 矩阵

阶次	频率	1 阶	2 阶	3 阶	4 阶	5 阶	6 阶	7 阶
1 阶	45.12	100	9.6	12.07	15.23	12.51	4.94	13.77
2 阶	49.58	9.6	100	0.81	0.547	2.28	0.59	0.99
3 阶	67.19	12.07	0.81	100	39.6	10.62	10.95	20.2
4 阶	72.11	15.23	0.547	39.6	100	27.52	16.93	38.66
5 阶	75.81	12.51	2.28	10.62	27.52	100	37.7	24.97
6 阶	80.12	4.94	0.59	10.95	16.93	37.7	100	33.26
7 阶	91.68	13.77	0.99	20.2	38.66	24.97	33.26	100

从表 4-31 可以看到，前 7 阶振型 MAC 矩阵的非对角线元素在可接受的范围内，表明拟合得到的振型具有较好的正交性，也验证了测试结果的可靠性。

4. 不同方案测试结果的对比及结论

4 号发电机外壳在三种不同测试方案下测得的模态试验分析结果对比如表 4-32 所示。从以上发电机外壳模态试验分析结果可得出如下结论：

（1）不同测试方案得到的模态参数具有较好的一致性；

（2）发电机外壳前 5 阶模态频率分别为 45.12、67.19、72.11、75.81、80.02Hz。

表 4-32 三种方案测得的主要模态参数对比

阶数	方案一		方案二		方案三	
	频率（Hz）	阻尼比（%）	频率（Hz）	阻尼比（%）	频率（Hz）	阻尼比（%）
1	45.15	1.83	45.16	2.94	45.12	2.31
2	49.56	0.06	49.37	0.21	49.58	0.10
3	60.89	0.35	67.29	0.64	67.19	0.51
4	72.12	0.28	72.84	0.78	72.11	0.92
5	75.93	0.20	75.86	1.03	75.81	0.86
6	79.77	0.04	79.80	0.69	80.02	0.75
7	91.43	0.23	89.67	1.07	91.68	1.23

4.10.3 基于温度场变化的发电机绕组端部振动的控制

基于温度场变化的发电机绕组端部振动的控制技术是在处理 JW 电厂 4 号发电机（600MW）绕组端部振动中提出，在 TS 电厂 6 号发电机（1000MW）定子绕组端部振动中逐步完善，并形成自适应的主动控制技术。在 TS6 号发电机绕组端部的振动处理中，仅仅通过改变温度场就很好地将倍频振动控制在位移峰峰值小于 250μm 的标准范围内。本节将以此案例来说明基于温度场变化的发电机定子绕组端部的控制方法。

1. 发电机绕组端部动力学特性的测试

TS6 号发电机是上海汽轮发电机股份有限公司引进德国西门子公司技术生产的水氢氢 1000MW 汽轮发电机组，型号为 THDF125/67。发电机在出厂试验时，进行定子绕组

168

端部整体固有频率及振动模态测试（冷态下）。如图 4-110 所示，汽端定子绕组端部整体固有频率为 109.16Hz，振型为椭圆形；励端定子绕组端部整体固有频率为 100.8Hz，振型为椭圆形。测试结果不符合国家标准 GB/T 20140—2016《透平型发电机定子绕组端部动态特性和振动试验方法及评定》中的"定子绕组端部整体的椭圆固有频率应避开 95～110Hz 的范围"的规定，试验结果不合格。

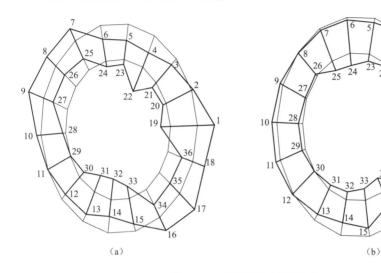

图 4-110　绕组端部椭圆振型

（a）定子汽端 109.16Hz；（b）定子励端 100.8Hz

鉴于发电机定子绕组端部存在固有频率及振动模态测试不合格的问题，TS 电厂组织专家与上海汽轮发电机厂技术人员进行分析，并了解到外高桥、玉环、彭城、漕泾等同类型 1000MW 发电机均存在同样的问题。最后分析认为存在的问题由该类型设计结构造成的，目前条件无法对定子绕组端部进行改造，决定加装定子绕组端部振动在线监测装置对定子绕组端部的振动情况进行在线监测。绕组端部结构见图 4-111。

在线监测装置采用 TN8000-FOA 型发电机端部振动在线监测分析系统。该监测分析系统由光纤加速度传感器、智能数据采集箱和系统软件组成，其中光纤加速度传感器采用加拿大 VibroSystM 公司生产的 FOA-100E 光纤加速度传感器，每台机组配置 12 个 FOA-100E 光纤加速度传感器，汽励端各 6 个。光纤测振传感器安装在汽、励端每个极相组的第 2 槽上层线棒鼻端侧面，用 0.1×25 无碱玻璃丝带将传感器绑扎在上层线棒水盒支撑板上，包 5 层，边包边刷环氧树脂 E44-200，具体的安装位置如图

图 4-111　绕组端部结构

4-112 所示。

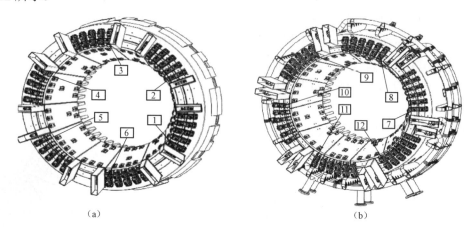

图 4-112　端部绕组振动光纤测点布置

（a）定子汽端；（b）定子励端

　　在线监测装置安装后，笔者对该装置测点进行了现场比对试验，试验中采用 Bently 208 采集 FOA-100E 光纤加速度传感器的输出信号，与 TN8000-FOA 型发电机端部振动在线监测分析系统的输出进行比对，结果一致，表明 TN8000-FOA 测试系统能真实反映绕组端部的振动特征。利用已校验的 TN8000-FOA 测试系统对端部振动开展测试分析，发现如下特征：

　　（1）端部振动的趋势图（见图 4-113）显示，在汽、励两端共 12 个测点中，有三个点的振动超过了 GB/T 20140—2016《透平型发电机定子绕组端部动态特性和振动试验方法及评定》的要求，超标测点分别是汽侧 A 相径向振动（12 点钟）、汽侧 B 相径向振动（10 点钟）、汽侧 A 相径向振动（06 点钟）。

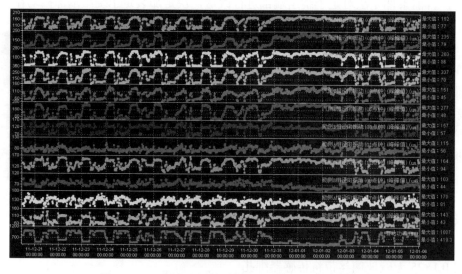

图 4-113　6 号发电机端部绕组测点通频振动趋势图

（2）振动（见图 4-114 和图 4-115）的主要频率成分为 100Hz 倍频分量，与出厂时端部频率测试不达标的结果相符，除励侧 A 相径向振动（07 点钟）外，其余绕组端部测点的 50Hz 频率成分所在比例较低。

通道名称	100Hz峰峰值	50Hz峰峰值	通频峰峰值
汽侧B相径向振动(04点钟)	171	6	181
汽侧C相径向振动(02点钟)	189	8	201
汽侧A相径向振动(12点钟)	201	4	227
汽侧B相径向振动(10点钟)	226	38	306
汽侧C相径向振动(08点钟)	107	7	122
汽侧A相径向振动(06点钟)	210	17	249
励侧B相径向振动(03点钟)	108	19	125
励侧A相径向振动(01点钟)	60	9	70
励侧C相径向振动(11点钟)	152	10	157
励侧B相径向振动(09点钟)	57	15	69
励侧A相径向振动(07点钟)	81	34	115
励侧C相径向振动(05点钟)	86	19	109

振动单位：μm 频率单位：Hz
机组：#6发电机 时间：2011-12-28 05:17:07 转速：3000RPM 有功：507.1MW 无功

图 4-114 6 号发电机 507MW 负荷下绕组端部振动

通道名称	100Hz峰峰值	50Hz峰峰值	通频峰峰值
汽侧B相径向振动(04点钟)	62	26	89
汽侧C相径向振动(02点钟)	90	8	99
汽侧A相径向振动(12点钟)	68	31	92
汽侧B相径向振动(10点钟)	69	30	94
汽侧C相径向振动(08点钟)	50	11	60
汽侧A相径向振动(06点钟)	41	15	55
励侧B相径向振动(03点钟)	56	18	72
励侧A相径向振动(01点钟)	43	30	71
励侧C相径向振动(11点钟)	103	15	112
励侧B相径向振动(09点钟)	55	15	73
励侧A相径向振动(07点钟)	60	84	135
励侧C相径向振动(05点钟)	25	26	54

振动单位：μm 频率单位：Hz
机组：#6发电机 时间：2011-12-27 16:28:37 转速：3000RPM 有功：1000.7MW 无功

图 4-115 1001MW 负荷下振动

（3）在测试的 420~1007MW 有功负荷段，大部分测点，特别是振动超标测点呈现随负荷增加振动逐步降低的趋势（见图 4-116），随负荷变化的主要频率分量也是 100Hz 倍频，如测点汽侧 B 相径向振动（10 点钟）高负荷时最低值为 47μm，低负荷时最大值为 276μm，变化了 229μm。相对于 100Hz 的振动变化量，50Hz 频率成分随负荷变化量较小。

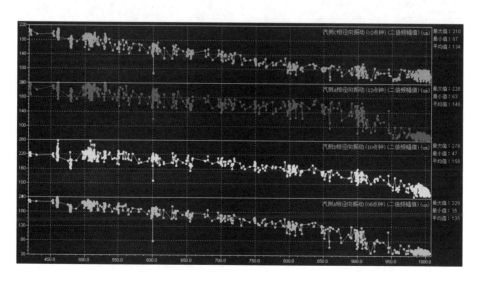

图 4-116 6 号发电机绕组端部二倍频 100Hz 振动与有功功率的关联图

该现象似乎与随负荷增加二倍频电磁力的不断增加的基本概念相违背，在测量 JW

电厂 3 号发电机（600MW）定子绕组端部的试验中，其二倍频分量与有功功率呈现完全的正相关性，如图 4-117 和图 4-118 所示。是什么原因造成 TS6 号发电机端部二倍频振动趋势与负荷相反？考虑到该机组出厂时定子绕组端部整体固有频率及振动模态测试（冷态下）不合格的问题，想到是否因为带负荷运行中定子绕组端部在热态下的模态特性在不断发生改变，其影响超过了二倍频电磁力变化对绕组端部振动的影响。

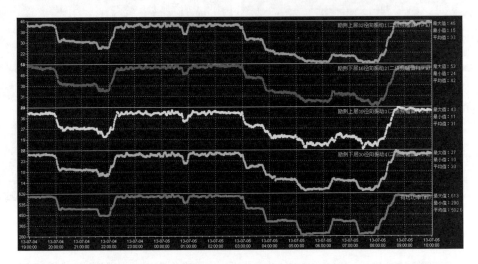

图 4-117　JW 电厂 3 号发电机绕组端部二倍频 100Hz 振动与有功功率的趋势图

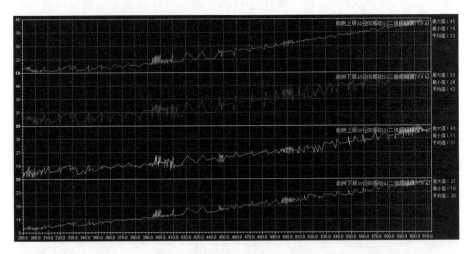

图 4-118　JW 电厂 3 号发电机绕组端部二倍频 100Hz 振动与有功功率的关联图

由于当时 TN8000-FOA 测试系统的功能还在完善中，并未加入温度等工况参数，为此，笔者在 DCS 调阅了机组的运行参数，发现在带负荷过程中，定冷水入口温度一直保持在 44～46℃，随着负荷的增加定冷水出口温度从 48℃增加至 60℃（如图 4-119 所示），相应的线棒层间温度、铁芯温度均有 10～15℃的增加（如图 4-120 所示）。带负荷过程中定子温度场的不断变化是否是造成 TS6 号发电机定子绕组端部二倍频振动异常的原因，可通过动力学分析给出答案。

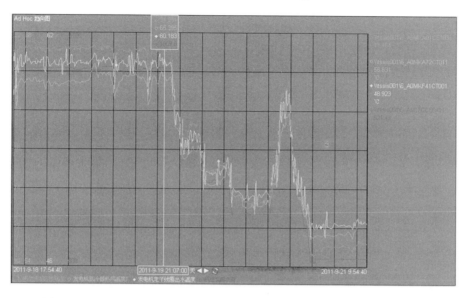

图 4-119　6 号发电机定子线圈出水温度、氢冷器热风温度与负荷的关联图

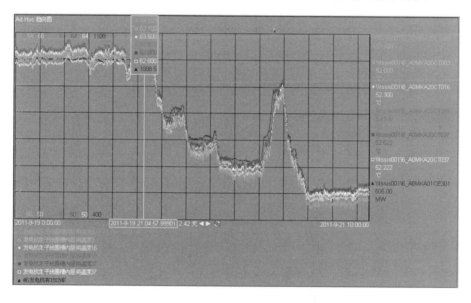

图 4-120　6 号发电机定子线圈槽内层间温度与负荷的关联图

2. 温度场对结构模态频率影响的机理分析

温度场对结构模态频率的影响主要源于以下三个方面：

（1）温度变化引起材料弹性模量发生变化。结构的模态频率与弹性模量成比例关系，因此结构模态频率也会发生相应的变化；

（2）温度变化引起结构的受力状态及几何形状发生变化，进而引起模态频率变化；

（3）温度变化引起基础边界条件的变化，也必然引起结构的模态频率变化。

在发电机正常带负荷运行状态下（50%～100%负荷），温度场的变化通常在 20℃ 以内，可以认为端部结构主要是铜材的弹性模量基本不变。当不计基础边界条件影响时，结构模态频率发生改变主要由结构受力状态及几何形状发生改变所致，当温度升高，铜材受热膨胀，受到边界条件的约束不能释放，结构将受到边界的压力。当温度降低，铜材冷却收缩，受到边界条件的约束，结构将受到边界的拉力。

如图 4-121 所示，以两端固定铰支的各向同性等截面直梁为例，当温度增加，结构受热膨胀，受边界条件约束，结构将受到压力 $S(x)$，分析梁在沿梁纵向变化的轴压力 $S(x)$ 作用下的弯曲固有振动。梁长为 l，初始变形为 0，y 为弯曲横向位移，S 为温度升高而产生的轴向压力，EI 为梁的抗弯刚度，ρ 为梁的密度，A 为梁的截面积。

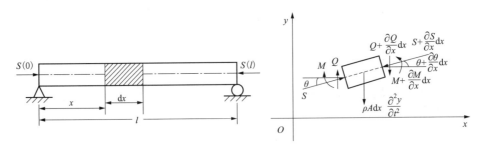

图 4-121　具有轴压力作用的梁及其微段受力分析

根据牛顿第二定律，梁在 $\mathrm{d}x$ 微段横向运动满足

$$\rho A\mathrm{d}x\frac{\partial^2 y}{\partial t^2}=Q-\left(Q+\frac{\partial Q}{\partial x}\mathrm{d}x\right)+S\theta-\left(S+\frac{\partial S}{\partial x}\mathrm{d}x\right)\left(\theta+\frac{\partial \theta}{\partial x}\mathrm{d}x\right) \tag{4-91}$$

忽略高阶微分的影响，式（4-91）简写为

$$\rho A\mathrm{d}x\frac{\partial^2 y}{\partial t^2}=-\frac{\partial Q}{\partial x}\mathrm{d}x-\frac{\partial}{\partial x}(S\theta)\mathrm{d}x \tag{4-92}$$

代入用挠度表示的转角和剪力，考虑受定常轴向力的等截面均质直梁，$S(x)$ 和抗弯刚度 $E(x)I(x)$ 为常数，得到受轴向压力的梁弯曲自由振动微分方程

$$\rho A\frac{\partial^2 y}{\partial t^2}+S\frac{\partial^2 y}{\partial x^2}+EI\frac{\partial^4 y}{\partial x^4}=0 \tag{4-93}$$

令 $Y(x)$ 为振动基本函数，ω_n 为第 n 阶自振圆频率，则式（4-93）解的一种形式为：

$$y(x,t)=Y(x)e^{i\omega_n t} \tag{4-94}$$

将式（4-94）代入式（4-93），简化后得

$$EI\frac{\partial^4 Y}{\partial x^4}-\rho A\omega_n^2+S\frac{\partial^2 Y}{\partial x^2}=0 \tag{4-95}$$

对于简支梁，$Y(x)$ 可以表示为

$$Y(x)=D\sin\frac{n\pi}{l}x \quad (n=1,\ 2,\ 3,\ \dots) \tag{4-96}$$

式中：D 为常数。

式（4-96）代入式（4-95）化简后得

$$EI\left(\frac{n\pi}{l}\right)^4-\rho A\omega_n^2-S\left(\frac{n\pi}{l}\right)^2=0 \tag{4-97}$$

174

求解式（4-97）得到

$$
\begin{cases}
\omega_{\mathrm{n}} = \dfrac{n^2\pi^2}{l^2}\sqrt{\dfrac{EI}{\rho A}}\,\beta \\
\beta = \sqrt{1 - \dfrac{Sl^2}{n^2\pi^2 EI}}
\end{cases}
\tag{4-98}
$$

由式（4-98）可知，压力的存在（$S>0$，$\beta<1$）使其固有频率降低。这是由于轴向压力使得梁的挠度增加，相当于梁的刚度下降，所以固有频率降低。当受轴向拉力时（$S<0$，$\beta>1$），结构频率将升高。同时也可知，低阶频率（即 n 较小）的 β 值小于高阶频率的 β 值，即低阶模态频率变化率（$1-\beta$）大于高阶，且呈单调递减趋势。

上述分析表明：升温时结构受热膨胀，边界约束产生的轴向压力使频率降低；降温时结构冷却收缩，边界约束产生的轴向拉力使频率升高。不管升温还是降温，低阶频率变化率都大于高阶。

3. 基于温度场热应力的发电机端部绕组主动调频方法

从前述测试结果可知，在定冷水入口温度不变时，随机组负荷不断增加，发电机定子冷却水出口温度、定子线棒的层间温度、定子铁芯温度均不断增加，当发电机负荷从 500MW 升至 1000MW 时，整个发电机定子的整个温度场平均增加在 10～12℃。

TS 电厂 6 号机组在负荷从 500MW 升至 1000MW 时，以汽侧 B 相径向振动（10 点钟）为例，其二倍频 100Hz 振动从 226μm 降至 69μm，如果仅从二倍频的电磁激振力分析，这一现象与随负荷增加二倍频激振力不断增加的原理相矛盾，唯一可以解释的温度场的变化改变整个定子绕组端部的固有频率，而出厂测试也证明该型机组带负荷运行中绕组端部将处于结构共振的状态。随着负荷的增加，绕组端部温度场的平均温度将不断增加，当温度增加产生的结构膨胀受到约束时，结构的固有频率将下降，这意味着负荷越高，结构的固有频率将越来越偏离冷态下的固有频率，即越来越远离 100Hz 的电磁激振力频率，结构的动态刚度将不断增加远离共振状态，振动因此随负荷增加而下降。

图 4-122（a）所示为冷态下的固有频率，振动处于共振峰值，因此当机组励磁升压后，绕组端部的振动即迅速阶跃升高，随着负荷的增加端部绕组的温度不断增加，其固有频率开始降低，逐步偏离 100Hz，如果二倍频电磁力保持不变，振动该逐步下降，但由于电磁力也随负荷增加，二者对振动的主要贡献交替呈现，在 500MW 负荷下，虽然固有频率已下降偏离 100Hz，但由于电磁力的增加，见图 4-122（b），振动仍然较大；当负荷继续增加，特别是在 700MW 负荷以上，绕组端部的固有频率持续偏离 100Hz，即使电磁力在不断增加，仍不能阻止振动的不断下降，见图 4-122（c）。TS 电厂 6 号机组在振动处理前，其发电机定子绕组端部实测振动趋势如图 4-123 所示。

根据上述分析，笔者提出，如果在振动大的负荷区运行时，主动提高定子绕组端部温度场的整体温度，增加绕组端部结构膨胀受阻压力，必然会降低该结构的固有频率，使其远离发电机工作倍频，从而降低振动。考虑到超超临界 1000MW 机组不投油最低稳燃负荷在 400MW，机组在 500～1000MW 负荷段运行时间较长，且 500～600MW 附近振动最为剧烈，设计的验证试验在该负荷段下进行，通过改变定冷水入口温度和冷氢温度来改变发电机定子绕组端部的温度场。

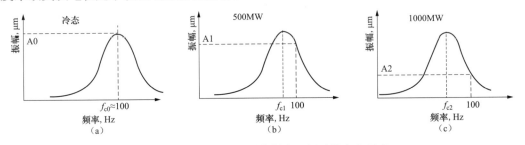

图 4-122　随负荷增加固有频率及振动的变化示意

（a）冷态；（b）500MW；（c）1000MW

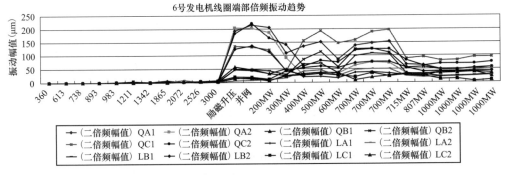

图 4-123　随负荷增加固有频率及振动的变化示意

试验方案如下：

（1）机组负荷 500～600MW，保持有功及无功稳定，保持定冷水进水温度 45℃，冷氢温度 42℃，保持 1h。记录发电机端部振动数据、线棒层间、铁芯、冷氢、热氢温度原始数据。

（2）机组负荷 500～600MW，保持有功及无功稳定，提高定冷水进水温度从 45℃提高至 48℃，冷氢温度 42℃，观察其他各项运行参数正常，记录发电机端部振动数据、线棒层间、铁芯、冷氢、热氢温度。保持 2h。

（3）机组负荷维持有功、无功不变，定冷水温维持 48℃，冷氢温度从 42℃提高至45℃，观察其他各项运行参数正常，记录发电机端部振动数据、线棒层间、铁芯、冷氢、热氢温度。保持 2h。

2012 年 1 月 6 日，在 TS6 号发电机上进行了上述试验，经数据整理后，将定冷水温度改变前后定子绕组端部测点的径向振动列在表 4-33 中，将冷氢温度改变前后定子绕组端部测点的径向振动列在表 4-34 中。

分析表 4-33 和表 4-34 中的数据，得到以下结论：

（1）当定冷水进水温度从 45℃提升至 51℃时，二倍频振动较大的几个测点的振动值均有大幅度下降，如汽侧 C 相 02 点钟测点倍频振动下降 56μm，说明定冷水进水温度对端部振动影响较为明显。当定冷水进水温度保持不变时，端部振动基本稳定。

表 4-33　　　　　　变定冷水温度前后定子绕组端部测点径向振动　　　　　（μm）

通道名称	100Hz 峰峰值			50Hz 峰峰值			通频峰峰值		
	保持45℃	达到51℃	保持51℃	保持45℃	达到51℃	保持51℃	保持45℃	达到51℃	保持51℃
汽侧 B 相（04 点钟）	149	133	133	4	4	4	159	144	145
汽侧 C 相（02 点钟）	184	128	127	10	11	10	197	137	138
汽侧 A 相（12 点钟）	188	156	155	11	14	18	220	190	189
汽侧 B 相（10 点钟）	199	164	160	22	11	12	259	198	200
汽侧 C 相（08 点钟）	101	83	82	14	4	4	119	88	86
汽侧 A 相（06 点钟）	191	148	146	3	15	17	229	163	165
励侧 B 相（03 点钟）	95	87	85	28	24	24	112	102	102
励侧 A 相（01 点钟）	47	50	51	7	11	14	62	60	66
励侧 C 相（11 点钟）	127	115	114	11	12	10	135	122	122
励侧 B 相（09 点钟）	42	67	66	16	19	14	57	81	82
励侧 A 相（07 点钟）	59	74	74	25	21	19	84	98	97
励侧 C 相（05 点钟）	63	61	61	16	13	10	81	80	81

（2）当调整冷氢温度从 41℃ 升到 45℃ 时，二倍频振动较大的几个测点振动值均有所下降（见表 4-34），如汽侧 A 相 12 点钟测点倍频振动下降 18μm。说明冷氢温度对端部振动有一定的影响，但较定冷水进水温的影响弱。

表 4-34　　　　　　变冷氢温度前后定子绕组端部测点径向振动　　　　　（μm）

通道名称	100Hz 峰峰值			50Hz 峰峰值			通频峰峰值		
	保持41℃	达到45℃	保持45℃	保持41℃	达到45℃	保持45℃	保持41℃	达到45℃	保持45℃
汽侧 B 相（04 点钟）	133	132	130	3	7	5	144	143	142
汽侧 C 相（02 点钟）	126	118	115	9	8	3	136	125	122
汽侧 A 相（12 点钟）	154	136	129	16	12	12	185	169	178
汽侧 B 相（10 点钟）	162	150	144	14	13	10	195	174	162
汽侧 C 相（08 点钟）	82	85	80	6	5	2	88	91	84
汽侧 A 相（06 点钟）	146	136	133	18	13	7	168	148	138
励侧 B 相（03 点钟）	85	82	76	24	5	6	103	86	81
励侧 A 相（01 点钟）	50	47	41	13	14	16	69	59	59
励侧 C 相（11 点钟）	114	98	95	10	13	16	121	106	105
励侧 B 相（09 点钟）	67	73	76	17	30	34	82	93	101
励侧 A 相（07 点钟）	74	68	67	19	22	11	101	85	75
励侧 C 相（05 点钟）	61	64	61	8	4	15	79	85	94

上述试验说明，在端部振动较大的负荷段，通过改变定冷水入口温度和冷氢温度，主动调整定子绕组端部的温度场从而改变结构内部的膨胀压力，进而改变绕组端部的固有频率，使其远离电磁激振频率，避开共振区，实现降低绕组端部振动的目的，该方法称为温度场热应力主动调频方法。某 6 号发电机仅通过该方法，就将运行的全负荷段的绕组端部振动控制在 150μm 以下，确保了机组的安全运行。

4.11 大型汽轮发电机组瓦振波动问题

目前对大型汽轮发电机组的振动监测通常采用相对轴振和瓦振相结合的方式，瓦振不再像过去小机组入保护系统，而是用轴振带保护、瓦振仅报警，但受到原水电部规定的评定汽轮发电机组振动等级标准的影响，瓦振仍是考核机组振动的一个重要指标，当瓦振超过 50μm 时在 TSI 画面会给出报警提示。不少机组运行过程中出现轴振相对稳定，瓦振大幅波动的情况，给运行人员带来困惑和压力。笔者通过多年的诊断实践，归纳总结出现此故障的原因主要分两类，一是轴承箱盖在工作转速附近存在共振，二是瓦振信号的干扰。通过超速试验，可以较为方便判断是否为第一类故障。故此，本节主要讨论第二类，瓦振信号受到干扰的情形。

本节针对某电厂 1 号机的瓦振波动问题，从瓦振测量的传感器入手，结合振动信号的数值模拟，分析并阐明了该机组振动波动的产生原因，对该振动波动问题的安全性进行了评估，并对目前大型发电机组瓦振测量方式及适用标准展开讨论，以供同类问题处理时参考。

4.11.1 瓦振波动测试及特征分析

1. 振动测试系统

LYJB 厂 1 号机系东汽制造 600MW 机组，形式为亚临界、一次中间再热、三缸四排汽、单轴、双背压、凝汽式汽轮机，型号为 N600-16.7/538/538，配合东方电机 QFSN-600-22C 型发电机。该机组自调试期间就发现低压缸转子两端轴承振动不稳定，尤其是 B 低压缸（电侧）5 瓦轴承振动（通频峰-峰位移值）在 40～120μm 间剧烈波动。

机组采用 Epro MMS6000 型 TSI 系统，瓦振传感器信号为 Epro PR9268 磁电速度传感器，轴振传感器信号为 Epro PR6423 电涡流位移传感器。在 1～8 瓦的 X 方向（45L）和 Y 方向（45R）设置了电涡流传感器测量轴颈处的相对轴振动，同时在各轴承垂直方向加装速度传感器测量瓦振。

2. 瓦振位移信号特征

从 TSI 缓冲输出获得的瓦振信号为速度传感器输出的原始电压信号，与传感器振动速度成正比。为了获得集控室 TSI 画面显示的轴承振动位移峰-峰值，在数据采集时对瓦振传感器输出的表示速度的原始电压信号进行积分。测试结果及特征如下：

（1）测试结果显示从 TSI 获得的 5 瓦振动位移峰-峰值的确存在 40～120μm 波动，波动幅度高达 80μm 见图 4-124（a），但图 4-124 显示的在现场临时安装的 Bently9200 速度传感器并未测得振幅波动。在图 4-124（a）、（b）中工频幅值和相位均较为稳定，如图中虚线所示，所以 5 瓦振动位移的波动不是来自一倍频分量。

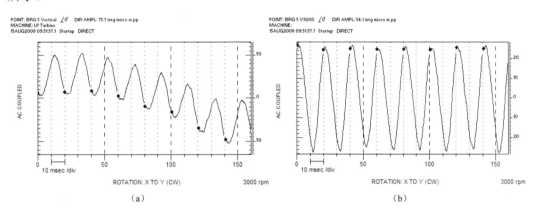

图 4-124　机组 5 瓦振动位移峰-峰值趋势图

（a）机组自带瓦振传感器 Epro PR9268；（b）临时安装瓦振传感器 Bently9200

（2）从测试的振动波形分析，机组自备 Epro PR9268 传感器信号积分后获得的位移峰-峰值明显叠加了低频分量，随着低频分量的波动引起通频幅值的瞬态波动，而从 Bently9200 拾取后积分得到的位移波形是较为规则的单一频率正弦曲线，如图 4-125 所示。

图 4-125　机组 5 瓦振动位移波形图

（a）机组自带瓦振传感器 Epro PR9268；（b）临时安装瓦振传感器 Bently9200

（3）频谱分析进一步印证了该特征，在图 4-125（a）的频谱图中，在 10Hz 以下存在很明显的低频噪声带，幅值在 40μm，接近 50Hz 工频分量的幅值。

3. 瓦振速度信号特征

为了分析低频分量的来源，对瓦振传感器输出的速度信号直接进行采集，如图 4-126～图 4-129 所示。测试结果及特征如下：

（1）如图 4-127 所示，从机组自备 Epro PR9268 和现场临时安装的 Bently9200 采集 5 瓦振速，其单峰值趋势图都很稳定，未见异常波动。

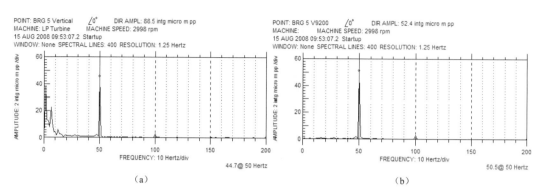

图 4-126　机组 5 瓦振动位移频谱图

（a）机组自带瓦振传感器 Epro PR9268；（b）临时安装瓦振传感器 Bently9200

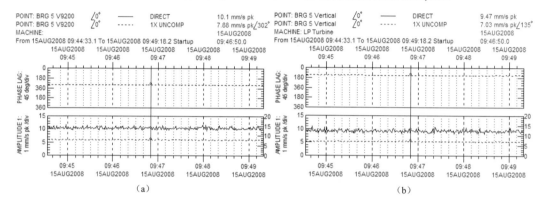

图 4-127　机组 5 瓦振动速度单峰值趋势图

（a）机组自带瓦振传感器 Epro PR9268；（b）临时安装瓦振传感器 Bently9200

（2）从图 4-128 所示波形分析，两不同传感器采集的振速波形相近，但不如图 4-125 所示的振动位移波形光滑，均存在较多的毛刺。

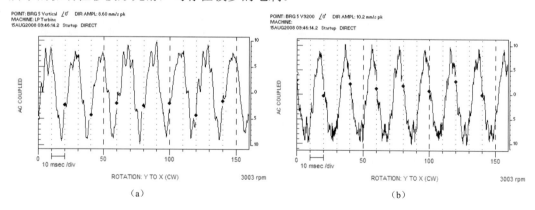

图 4-128　机组 5 瓦振动速度单峰值波形图

（a）机组自带瓦振传感器 Epro PR9268；（b）临时安装瓦振传感器 Bently9200

（3）频谱分析，在图 4-129（a）中机组自备 Epro PR9268 测量信号仍存在低频分量，但相对于 50Hz 的工频分量来说，低频分量幅值极小仅达到工频幅值的 5%左右，同时波形上"锯齿"反映到频谱中出现了一定的高倍频分量,而图 4-129(b)所示现场临时安装的 Bently9200 未采集到低频信号。

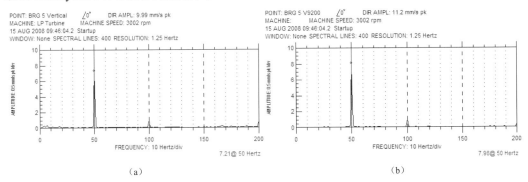

(a)   (b)

图 4-129　机组 5 瓦振动速度单峰值频谱图

(a)机组自带瓦振传感器 Epro PR9268;(b)临时安装瓦振传感器 Bently9200

4. 轴振位移信号特征

轴振采用非接触式电涡流传感器测量,直接反映了轴颈相对于轴承的运动形态,为了进一步确认瓦振低频信号对轴系振动的影响,对 5 瓦处 X、Y 两方向的相对轴振也进行了测试。图 4-130(a)、(b)所示在 6h 的测试过程中,5 瓦处相对轴振未出现瞬态波动问题,且两方向均小于 40μm,说明图 4-130(c)显示的瓦振波动并未对轴振产生影响。

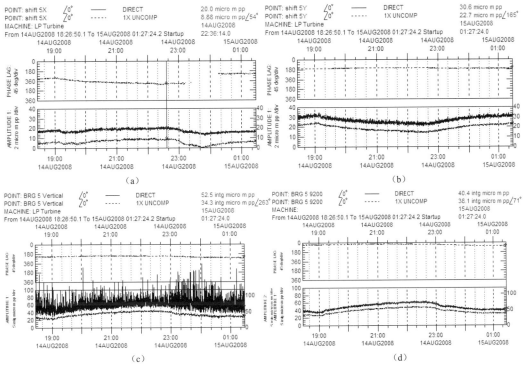

(c)   (d)

图 4-130　机组 5 瓦处轴振、瓦振位移峰-峰值趋势图

(a)机组自带轴振传感器 Epro PR6423;(b)机组自带轴振传感器 Epro PR6423(Y 方向);

(c)机组自带瓦振传感器 Epro PR6423;(d)临时安装瓦振传感器 Bently9200

4.11.2 瓦振波动机理分析

设计包括 3 个低频、1 个工频、2 个倍频，共计 6 个频率成分的仿真信号表示轴承的振动速度

$$V(t) = \sum_{i=1}^{6} V_i^p \cos(2\pi f_i t - \theta_i \pi / 180) \tag{4-99}$$

式中：V_i^p 表示频率为 f_i 的振速单峰幅值，mm/s；θ_i 表示频率为 f_i 的振速相位。式（4-99）中的参数列于表 4-35。由式（4-99）构建的模拟信号由于倍频分量的存在，其波形出现了"锯齿"，由于低频分量幅值较小，如 2Hz 频率分量速度幅值仅为 50Hz 工频分量幅值的 2.56%，因此观察波形时并不能很快发现存在低频分量的干扰，如图 4-131（a）所示。

表 4-35 仿真速度信号参数

i	f_i (Hz)	V_i^p (mm/s)	θ_i (°)
1	2.00	0.20	68.00
2	4.00	0.30	36.00
3	6.00	0.20	66.00
4	50.00	7.80	130.00
5	100.00	1.50	60.00
6	150.00	1.80	136.00

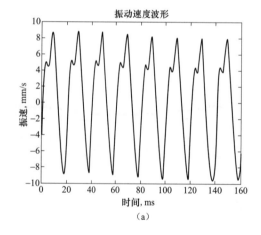 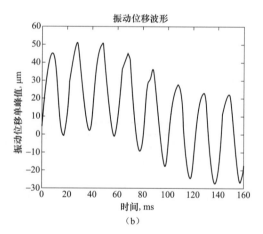

图 4-131 信号中包含低频分量的波形

（a）模拟振动速度信号波形；（b）速度积分后的位移信号波形

将式（4-99）信号进行积分获得振动位移信号

$$S(t) = \sum_{i=1}^{6} \frac{S_i^{pp}}{2} \cos(2\pi f_i t - \varphi_i \pi / 180) \tag{4-100}$$

$$S_i^{pp} = 1000 \frac{V_i^p}{\pi f_i} \tag{4-101}$$

式中：S_i^{pp} 表示频率为 f_i 的振动峰-峰位移值，μm；$\varphi_i = \theta_i + 90°$，表示频率为 f_i 的振动位

移相位。

由式（4-100）构建的模拟信号波形如图 4-131（b）所示，与图 4-131（a）比较积分后的位移信号波形光滑，但波形中心点存在明显的波动。这是由于速度信号积分后，式（4-101）表示的位移信号幅值与频率成反比，导致低频分量的位移幅值被放大，如 2Hz 频率分量位移幅值达到 64.12%，因此很明显可以看出位移信号波形中心点存在波动；但倍频分量的位移幅值被缩小，如 150Hz 频率分量的位移幅值仅为工频分量的 7.69%，"锯齿"现象被削弱。积分前速度通频单峰幅值为 9.35mm/s 与工频速度单峰值 7.80mm/s 接近，积分后的位移信号通频峰-峰幅值达到 100.60μm，是工频位移分量幅值 49.66μm 的两倍。

如果在某段时间速度信号未受低频分量的干扰，信号中仅包括工频（50Hz）和两个倍频分量（100Hz 和 150Hz），图 4-132（a）、（b）的速度信号波形差异较小，积分后的位移信号 $S'(t) = \frac{1}{2}\sum_{i=3}^{6} S_i^{\mathrm{pp}} \cos(2\pi f_i t - \varphi_i \pi / 180)$ 波形如图 4-131（b）所示，与图 4-131（a）相比波形中心没有明显波动。$S'(t)$ 位移信号的通频峰-峰幅值为 49.86μm，与工频分量幅值 49.66μm 接近。

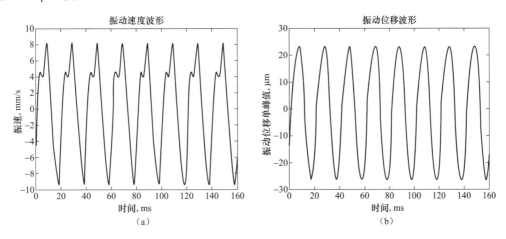

图 4-132　信号中不包含低频分量的波形

（a）模拟振动速度信号波形；（b）速度积分后的位移信号波形

仿真信号的分析可知，采用速度传感器测量的信号积分后低频分量的幅值被放大，当上述仿真信号中仅存在单一 0.2mm/s 的 2Hz 速度低频分量时，就可导致积分后的峰-峰位移值增加 31.72μm，从而达到 81.58μm（注：相位见表 4-36），当低频信号强弱变化时就会使通频峰-峰位移值存在约 30μm 的波动，这也是造成 LYJB 厂 1 号机 5 瓦振动峰-峰位移值大幅瞬态波动的原因。

表 4-36　　　　　　　　　　　仿真位移信号参数

i	f_i（Hz）	S_i^{pp}（μm）	φ_i（°）
1	2.00	31.84	258.00
2	4.00	23.88	126.00

i	f_i（Hz）	S_i^{pp}（μm）	φ_i（°）
3	6.00	10.60	156.00
4	50.00	49.66	220.00
5	100.00	4.77	150.60
6	150.00	3.82	226.00

4.11.3 两个问题的讨论

1. 低频信号与速度传感器

在上节讨论了振动波动出现的原因，但值得疑问的是临时安装的 Bently 9200 速度传感器无论是采用速度单峰值还是峰-峰位移值均未测得瞬态波动。虽然 Bently 9200 没有测量到低频分量，但不能就此认为 Epro PR9268 测量有误，否认低频分量的存在。测试所用的 Bently 9200 临时探头标明转速测量范围为 600～60 000r/min，当信号频率低于 10Hz 时就超出了该传感器的频响范围，信号中的低频分量可能被忽略，而机组自备的 Epro PR9268 可用于测量频率范围 4～1000Hz 的绝对机械振动，对于讨论的 2～6Hz 低频分量，Epro PR9268 能较 Bently 9200 获得更为精确的测试结果。在 LYJA、B 厂其他机组的现场测试中也发现同类问题，用 Epro PR9268 能够测试到低频分量而 Bently 9200 却没有，这是否能说明 Bently 9200 不符合电厂机组的振动测试要求值得讨论。

低频信号在低压缸瓦振的测量中常常出现，主要原因是低压缸的轴承采用座缸式，低压缸结构复杂，流体参数变化容易对缸体的振动产生影响，从而导致座缸轴承的相应振动，同时汽机平台受到低频管道振动的影响也会传递到轴承上。虽然采用 Epro PR9268 能较 Bently 9200 对低频信号获得更好的频响特性，但也更容易受到非振动低频信号的干扰。在 GB/T 6075.2—2002《非旋转部件上测量和评价机器的机械振动　第 2 部分：50MW 以上陆地安装的大型汽轮发电机组》的第 3 章中明确指出"测量系统应具有测量频率范围从 10Hz 到至少 500Hz 的宽带振动的能力"，因此 Bently 9200 是符合测试要求的。Bently 9200 未测量到的低频信号是否对机组安全构成威胁，需要结合振动标准进行分析。

2. 轴承振动适用标准及安全性评价

原电力部标准《电力工业技术管理法规》中规定，对于 3000r/min 额定转速的汽轮发电机组轴承双振幅在 0.05mm 以下合格，在 2000 年国家电力公司制定的《防止电力生产重大事故的二十五项重点要求》中要求"机组运行中要求轴承振动不超过 0.03mm 或相对轴振动不超过 0.08mm，超过时应设法消除"以及"当轴承振动突然增加 0.05mm，应立即打闸停机"。按照上述要求，LYJ B 厂 1 号机的瓦振问题是必须要停机处理的，因为其 5 瓦通频峰-峰位移值超过了 0.05mm 的瓦振规定，同时瞬间波动也经常超过 0.05mm。

GB/T 6075.2—2002（等同国际标准 ISO 10816-2）中对汽轮发电机组轴承座振动速度的评价划分为 4 个区间，其中"区域 A，新投产的机器振动通常宜在此区域内；区域 B，通常认为振动在此区域内的机器，可不受限制地长期运行；区域 C，通常认为振动在此区域内的机器，不适宜长期连续运行，一般来说，在有适当机会采取补救措施之前，机器在这种状况下可运行有限的一段时间；区域 D，振动在此区域内一般认为其烈度足以引起机器损坏"，对于 3000r/min 工作转速下 B 和 C 区域间的边界定为轴承座振动速度均方根值 7.5mm/s，即在此阈值下的振动是满足长期运行要求的。

为了评估 LYJB 厂 1 号机的 5 瓦振动问题对安全性的影响，对该瓦振动速度均方根值进行了测量。图 4-133 显示该机组 5 号轴承座振动速度均方根值稳定，不同传感器测量结果均在 6.0mm/s 以下，满足 GB/T 6075.2 中长期运行的要求。与此同时，5 瓦处相对轴振均在 40μm 以下，完全符合 GB/T 11348.2《在旋转轴上测量评价机器的振动 第 2 部分：陆地安装的大型汽轮发电机组》的长期运行要求。

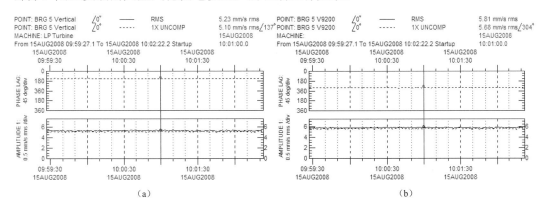

图 4-133　机组 5 瓦轴承座振动速度均方根值趋势图
（a）机组自带瓦振传感器 Epro PR9268；（b）临时安装瓦振传感器 Bently9200

因此，当通过速度传感器测量轴承座峰-峰位移值超过 0.05mm 时，必须对振动信号的频率成分进行分析，当受到明显低频分量影响时，推荐用 GB/T 6075.2—2002 对轴承振动进行评价，同时结合 GB/T 11348.2 对机组安全性进行全面评估。

4.12　汽轮机低压缸动力学参数的灵敏性研究

4.12.1　汽轮机低压缸动力学模型

1. 低压缸的结构特征

大功率汽轮机系统的种类多种多样，但结构组成大体相似。在此，仅以哈尔滨汽轮机厂生产的 600MW 超高压中间再热凝汽式汽轮机低压缸为例进行介绍。低压缸主要由低压缸中部、排汽缸、不对称扩压管、轴承座、大气安全门和横键构成，如图 4-134 所示。

排汽缸的主要作用是将末级动叶排出的蒸汽导入凝汽器，采用下排汽、单层结构缸，其中安装时，排汽缸出口与凝汽器进口焊在一起。正常运行时，排汽缸所受载荷为大气压力、汽缸下凝汽器中冷却水与凝结水的重力、蒸汽从导叶喷出时作用于汽缸的反作用力和汽缸热膨胀滑移时的摩擦阻力。由于缸壁所受应力不是很大，因此，影响排汽缸特

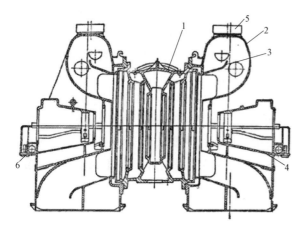

图 4-134　某大机组汽轮机低压缸

1—低压缸中部；2—排汽缸；3—不对称扩压管；

4—轴承座；5—大气安全门；6—横键

性的不是强度而是刚度，故在实际中，在缸体内部布置了一定数量的筋板和撑管，以保证壳体具有足够的刚度。

喷水装置位于排汽缸的下半部分，其作用是当排汽缸的温度高于 80℃，向缸内喷水，冷却排汽缸。这是因为低压缸的体积较大，刚性相对较低，在汽轮机启动或空负荷运行时，由于没有足够的蒸汽将缸内摩擦鼓风所产生的热量带走，这会导致排汽缸的温度升高，以致产生较大的热变形，进而影响坐落在排汽缸上的轴承座的位置，使机组发生振动。

轴承座焊接在扩压管的洼窝中，这是为了减小低压转子的跨度，提高其刚性。然而这也造成了设计上的缺陷，当轴承座由于某种原因产生振动时，会引起整个低压缸体的振动，也正是因为这一点，设计上就会只考虑低压缸轴承座的结构动力学设计，而不必将整个低压缸体纳入设计范围，这会极大的减小动力学设计的工作量，并产生可靠的设计结果。

从低压缸的结构布置上可发现，整个缸体的支撑，其实是低压缸两个排汽缸的支撑，排汽缸下半部支撑坐落在固定于基础的机架上，如图 4-135 所示。

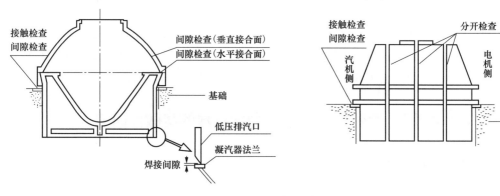

图 4-135　低压缸的支撑

其支撑分布于汽缸的前后两侧，后部还有横键的支撑，低压缸的死点布置在低压前排汽缸的后机架上（从机头看），整个缸体以此为死点，运行中受热应力的影响，缸体会向发电机方向膨胀。

低压缸轴承座的约束为：对围绕轴承座的裙板有垂直方向的约束；在轴承座的前部端板（靠近缸体垂直中分面一侧）有轴向约束；在轴承座左右两侧的裙板有横向约束。

2. 低压缸的三维实体模型

低压缸轴承座是与低压缸体的其他部分焊接在一起的统一整体，其体积庞大，结构复杂，在研究仿真阶段，很难对其进行精确建模。其次，诸如倒角、螺栓、螺母之类的小组件对于整个缸体的模态影响十分有限，因此，在建模过程中，仅考虑对缸体模态振型起主要作用的部分，如缸体骨架等，如图 4-136 所示。

3. 低压缸的主振型及固有频率

将 Pro/E 建好的轴承座模型导入有限元分析软件中，如图 4-137 所示。

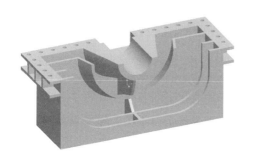
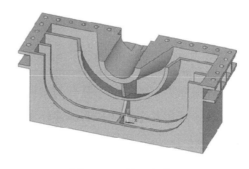

图 4-136　Pro/E 建模低压缸轴承座　　　　图 4-137　轴承座模型

参数设置为：模型选取实体 20 节点 186 单元，材料弹性模量 E 为 $2.1×10^{11}$Pa，密度为 7800kg/m^3。对模型进行网格划分：选择四面体单元自由划分网格，生成 52 816 个节点和 27 354 个单元，之后对模型进行约束加载，约束位置如图 4-138 所示。

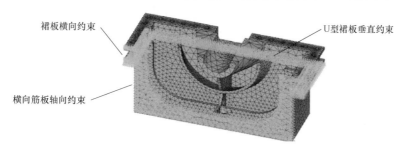

图 4-138　模型约束

最后，对模型进行模态分析计算，获得前 10 阶的固有频率，见表 4-37。

表 4-37　　　　　　　　　　　　原始模型前 10 阶固有频率

阶数	1	2	3	4	5	6	7	8	9
频率（Hz）	19.95	20.24	25.14	30.84	45.82	51.33	55.44	61.85	69.03

现对模型前 9 阶振型描述如下：

第 1 阶：支撑锥体环形筋板的振动。

第 2 阶：端板和环形筋板的轴向同方向振动。

第 3 阶：端板和环形筋板的轴向异方向振动。

第 4 阶：锥体的环形振动。

第 5 阶：环形筋板的振动。

第 6 阶：整个缸体的横向扭振。

第 7 阶：锥体和环形筋板的垂直同方向振动。

第 8 阶：锥体和环形筋板的垂直异方向振动。

第 9 阶：锥体和环形筋板的横向异方向振动。

从以上对座体模态振型的分析可以看出：①支撑锥体的环形筋板在各阶振动中均有出现，且占主导地位；②图 4-138 中所示横向筋板出现振动的次数较少。由此可知，该座体中，环形筋板和与之相连的横向筋板刚度较低，结构设计应从增大此处刚性入手。

4.12.2 低压转子重量对轴承座静刚度的影响

在汽轮机机组中，低压转子是由位于两排汽缸洼窝中的轴承座支撑的，在机组运行中，对轴承座乃至整个低压缸体的激振力，大部分是由转子的不平衡和形变传入的，并且低压转子连带其上的叶片的部件总重达 30t 左右，这就不得不考虑转子重量对轴承座体刚度的影响。其影响有两个方面：①转子重量对轴承座静刚度的影响；②运行状态下，转子重量对轴承座刚度的影响。对于后者，一般通过实测来得到轴承座的刚度。仅考虑静态条件下，转子重量对轴承座静刚度的影响。

在模型仿真分析中，将转子重量的影响转化为考虑轴承座体预应力，转子重力加载过程如下：

（1）假设低压转子重量 30 000kg，则其重力 G 为 29 400N。

（2）低压转子的重量是由两个相同的轴承座承担的，则一个座体承受 14 700N 的力。

（3）由于转子与座体的接触面是一个半圆曲面，则力的分布为正弦曲线。

通过 ANSYS 编程，可将力均匀分布在整个座体接触面上。进行模态分析，可得到有预应力下的模态频率，见表 4-38。

表 4-38 考虑预应力时的前 9 阶固有频率

阶数	1	2	3	4	5	6	7	8	9
频率（Hz）	19.95	20.24	25.14	30.84	45.82	51.34	55.45	61.85	69.04

对比表 4-37 和表 4-38 可以看到，考虑转子重力时，轴承座各阶固有频率与最大位移与不考虑转子重力作用时的结果差别不大，也就是说，低压转子重量对于低压轴承座的静刚度影响不大。因此，在对低压轴承座结构改进后的分析过程中，可不考虑低压转子对轴承座的影响，只需考虑座体本身的影响特性即可。

4.12.3 轴承座体材料对模态特性的影响

本节研究通过改变座体的质量来看其对轴承座固有频率的影响。

实验思路：

（1）保持轴承座体的几何尺寸不变。

（2）依次改变轴承座的材料密度来改变其质量。

（3）得到不同密度下轴承座的固有频率。

总结其影响关系。现将不同密度下的轴承座的固有频率列出如表 4-39～表 4-41。

表 4-39						密度为 8000kg/m³ 下的各阶固有频率			
阶数	1	2	3	4	5	6	7	8	9
频率（Hz）	19.70	19.99	24.83	30.45	45.24	50.69	54.75	61.08	68.17

表 4-40						密度为 8200kg/m³ 下的各阶固有频率			
阶数	1	2	3	4	5	6	7	8	9
频率（Hz）	19.45	19.74	24.52	30.07	44.68	50.06	54.07	60.32	67.33

表 4-41						密度为 8400kg/m³ 下的各阶固有频率			
阶数	1	2	3	4	5	6	7	8	9
频率（Hz）	19.2	19.50	24.22	29.7	44.15	49.46	53.4	59.60	66.52

从以上结果可以很明显的看到：随着轴承座体材料密度的增大，整个座体的固有频率逐渐下降；在前 5 阶中，固有频率的下降十分缓慢，而后 5 阶中，固有频率下降比较明显；各密度下的固有频率变化趋势相似。

4.12.4　撑管和筋板对模态特性的影响

实际中，对低压缸结构共振的处理手段，一般是通过在缸体上焊接强撑管和筋板之类的组件，来提高缸体的刚性。比如，对于低压缸轴承座横向振动较大的情况，会在振动剧烈的地方加焊强撑管，以增加结构约束。由工程结构动力分析知识可知，仅增加系统刚度或约束时，系统的势能必增加，则系统固有频率上升。通过改变系统的固有频率来避开共振区间，正是结构设计的目的。本节研究在结构上焊接强撑管和筋板对其固有频率的影响效应。

轴承座振动薄弱处为锥体座、环形筋板和与之相连的横向筋板，因此，通过强撑管来对其进行加固。而在模态分析中发现，位于轴承座环形筋板和后部端板之间的横向筋板在模态各阶振型中均振动不大，可推知其并不是起主要的支撑作用，因此，从节约材料的角度可将其去除。改进后模型如图 4-139 所示。计算得到固有频率见表 4-42。

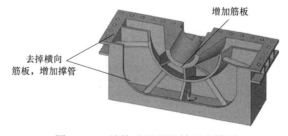

图 4-139　结构改进后的轴承座模型

表 4-42				结构改进后模型固有频率					
阶数	1	2	3	4	5	6	7	8	9
频率（Hz）	24.55	40.35	57.33	69.63	73.66	74.59	90.97	92.81	99.85

将轴承座结构改进后与改进前的固有频率相对比，如图 4-140 所示。

由图 4-140 可见，对轴承座模型增加撑管和筋板之后，其本身固有频率有了很明显的提高，更为重要的是，其各阶频率均避开了 50Hz，这对改进结构在 50Hz 附近出现的结构共振，意义重大。

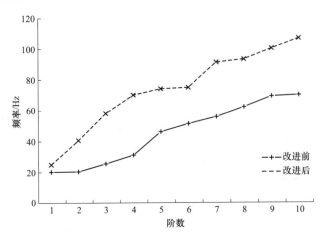

图 4-140 结构改进前后各阶固有频率曲线

综合对比以上改进措施效果可见，最直接，也最明显的措施要属直接对轴承座体增加筋板和撑管，各阶固有频率变化十分明显，效果十分显著。操作起来也具有明显的可行性，可在实际生产中加以运用。

5

大型汽轮发电机组振动故障诊断案例

 5.1 大型汽轮发电机组结构特征

5.1.1 概述

大容量、高参数是提高火电机组经济性最为有效的措施。同时，由于世界一次能源资源中煤的储量远超过石油和天然气、环境保护对减少排放污染提出要求、京都议定书为控制地球温室效应确定了减少 CO_2 排放目标等原因，高效洁净燃煤发电技术将成为今后世界电力工业的主要发展方向之一。1993 年首台应用新一代 600℃铁素体高温材料的 700MW 机组在日本碧南电厂投运，其再热温度高达 593℃，标志着世界汽轮机技术的发展进入了一个新的"超超临界参数"发展阶段。相对热力学的超临界概念，超超临界参数是一种商业性称谓，以表示汽轮发电机组具有更高的压力和温度，有的公司也将超超临界机组称为高效超临界机组。目前世界各公司对超超临界参数没有统一的定义，从产品发展的起步和稳妥角度，我国超超临界汽轮机设定的下限参数为压力 25MPa，温度 580℃，容量大于 600MW。

东方汽轮机厂（东汽）、哈尔滨汽轮机有限公司（哈汽）、上海汽轮机有限公司（上汽）分别与国外技术支持方日立、东芝、西门子在不同合作方式下设计生产了超超临界 1000MW 汽轮机，这些超超临界 1000MW 汽轮机的总体概况为：一次中间再热、单轴、四缸四排汽、单背压或双背压、凝汽式、8 级回热抽汽等；新汽参数为：上汽 26.25～27.00MPa/600℃/600℃；哈汽、东汽 25MPa/600℃/600℃；保证热耗率小于 7360kJ/kWh，居国际先进水平。

采用引进技术合作生产的超超临界 1000MW 汽轮机的参数、容量均处于世界已运行单轴机组的领先水平，基本上没有相同机型，因而只能参考技术支持方相近机型情况。日立公司有多台 1000MW、双轴机组的运行业绩，其高、中压模块与东汽机型接近，蒸汽温度达到 600℃/600℃的有 3 台机组（原町 2 号机、常陆那珂 1 号机、占东厚真 4 号机）投入运行，在高温材料应用方面业绩较多；超超临界单轴机组的业绩只有 700MW（低压模块是邹县电厂东汽机组的母型），在超超临界 1000MW 单轴机组的经验较少。东芝公司有 8 台 1000MW 机组运行业绩，其中单轴机组有碧南 4、5 号机（60Hz），其余 6 台为双轴机组；有 1 台机组（橘湾 1 号机）温度达到 600℃/610℃，其高、中压模块与泰州电厂哈汽机型接近。东芝公司低压末级 l219.2mm 叶片的运行时间相对较短。西门子公司接近机型的运行业绩最多，其 900～1000MW 单轴机组共有 6 台；西门子公司在德国运行的机组蒸汽温度均未达到 600℃，容量最大的 NIEDERAUSSEM（1025MW）机组为 576℃/599℃，有 1 台机组（日本 ISOGO 电厂 600MW 机组）为 600℃/610℃。

作为攻关项目依托工程的我国第一个超超临界电厂——华能玉环电厂 4×1000MW 项目于 2003 年 11 月正式启动，标志着我国电力工业进入了一个以环保、高效为中心的发展新阶段。上海汽轮机有限公司陆续承接了玉环、外高桥三期共 6 台 1000MW 超超临界汽轮机的合同，采用了从德国西门子公司引进的单轴、"HMN" 积木块系列的四缸四排汽超超临界机型。该机型集中了当今所有可应用的先进技术，机组的参数、容量及技术性能均达到世界顶尖水平。与此同时，随着山东邹县（华电集团），江苏泰州（国电集团）、上海外高桥（申能集团）、广东海门（华能集团）和广东潮州（大唐集团）1000MW 机组的相继投产，国内三大动力厂均有引进型百万超超临界机组投入商业运行。

5.1.2 东方百万超临界机组结构特点

5.1.2.1 总体结构

东方-日立超超临界 1000MW 汽轮机为单轴四缸四排汽型式，从机头到机尾依次串联一个单流高压缸、一个双流中压缸及两个双流低压缸。高压缸呈反向布置（头对中压缸），由一个双流调节级与 8 个单流压力级组成。中压缸共有 2×6 个压力级。两个低压缸压力级总数为 2×2×6 级。末级叶片高度为 43 英寸（1092mm），采用一次中间再热。其纵剖面见图 5-1。

主蒸汽从高压外缸上下对称布置的 4 个进汽口进入汽轮机，通过高压 9 级做功后去锅炉再热器。再热蒸汽由中压外缸中部下半的 2 个进汽口进入汽轮机的中压部分，通过中压双流 6 级做功后的蒸汽经一根异径连通管分别进入两个双流 6 级的低压缸，做功后的乏汽排入凝汽器。

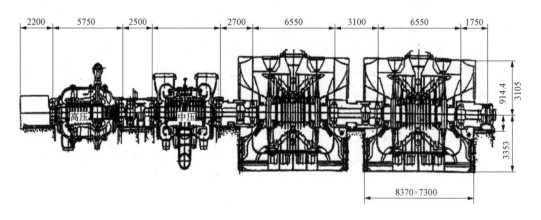

图 5-1　东汽超超临界 1000MW 机组纵剖面图

5.1.2.2 汽缸及轴系

高压缸为单流式，包括 1 个双向流冲动式调节级和 8 个冲动式压力级。高压汽缸采用双层缸结构，内缸和外缸之间的夹层只接触高压排汽，可以使缸壁设计较薄，高压排汽占据内外缸空间，从而使汽缸结构可靠性提高。汽缸设计采用合理的结构和支撑方式，保证热态时热变形对称和自由膨胀，降低扭曲变形。高压内、外缸是由Cr-Mo-V合金钢铸件制成。精确加工或手工研磨水平中分面达到严密接触，防止漏汽。高压外缸的前后猫爪分别搭在前轴承箱和中间轴承箱上，通过猫爪下面的横键推动前轴承箱滑动，保证运行时汽缸的顺利膨胀。高、中压外缸采用的是上猫爪水平中分面支撑，这种支撑方式更能使机组动静间隙不受汽缸温度变化的影响。高压内缸（中压内缸）通过下半的搭子放在高（中）压外缸的凹槽中，允许零件根据温度变化自由膨胀和收缩，通过调整支撑垫块上的调整垫片来确保内缸垂直对中的准确性。搭子下面的垫片上堆焊司钛立合金，这样既有利于汽缸的膨胀又减少了垫片的磨损。轴向和周向靠顶键和底键定位。高中压缸的各进汽和抽汽口通过连接管把内缸和外缸连接起来，这种结构既保证了汽体的密封，又使各个部件能自由地膨胀。为了检修时顺利起吊高中压外缸上半，在高中压外缸与内缸的定位处设有专门的润滑渗透油注入装置。压力级采用具有良好的空气动力效率的全三维设计冲动式叶片。

中压采用双分流，每个流向包括全三维设计的6个冲动式压力级。由于再热蒸汽温度600℃，为减小热应力，中压汽缸与高压部分一样采用双层缸结构。这样中压高温进汽仅局限于内缸的进汽部分，而中压外缸只承受较低压力和较低温度，汽缸的法兰部分就可以设计得较小。为了降低中压外缸所承受的汽流温度，下半进汽部分结构特殊设计，使再热蒸汽不通过外缸缸体，直接进入内缸进汽室。

中压转子采用整锻结构，选用改良12Cr锻钢。为了提高中压转子热疲劳强度，减轻正反第一级间的热应力，从一抽引入低温蒸汽与中压阀后引入的一股蒸汽混合后形成冷却蒸汽进入中压第一级前，通过正反第一、二级轮缘叶根处的间隙，起到冷却中压转子高温段轮毂及轮面的目的，并大大降低第一级叶片槽底热应力。在实际冷却进汽管及中压转子冷却系统中，各进汽支管均有手动门，在启动调整时高、中压支管手动门调整开度为一圈，中压转子冷却手动门开度调整为两圈。在这个冷却系统中，高压进汽管的温度要求范围是535~550℃，限制值≤566℃，通过调整该支管手动门调整；中压进汽管的温度要求范围是520~535℃，限制值≤566℃，也是通过调整其支管上手动门进行调整。

低压分ALP、BLP两个缸，均为双流，每个低压缸叶片正、反向对称布置。每个流向包括6个冲动式压力级，低压末级为43英寸（1092mm）叶片。低压缸为减小热应力，采用三层缸结构以避免进汽部分膨胀不畅引起内缸变形。内外缸均采用拼焊结构，低压转子采用整锻结构，选用超纯净NiCrMoV钢锻件。低压缸在结构上有足够的疏水槽。低压汽缸上备有安全大气阀和人孔。靠近发电机的低压缸在发电机端备有盘车装置。

机组轴系由汽轮机高中压转子、低压转子（A）、低压转子（B）及发电机转子组成，各转子均为整体转子，各转子间用刚性联轴器连接。采用超纯净转子（低压）锻件，无中心孔转子。

5.1.2.3 轴承

1～4 号轴承（高、中压）为双可倾瓦式轴承，由六块钢制可倾瓦块构成，上下各三块，其轴瓦表面有巴氏合金层。可倾瓦支承在轴承座上，在运行期间随转子方向自由摆动，以获取适应每一瓦块的最佳油楔。装在轴瓦套上的（螺纹）挂销用松配合的形式固定着可倾瓦块，防止它们旋转。

双可倾瓦式轴承可使每个可倾瓦块自动找中，不论在径向还是在轴向，都可以获得最佳位置。具有较好自位能力和较高的稳定性，如图 5-2 所示。

5～8 号轴承（低压）为椭圆形，为的是提供运行转速所要求的正常的轴承稳定性。该种型式轴承是经过大量机组运行证明具有较高稳定性和可靠性。

9、10 号轴承（发电机）采用端盖式轴承。轴瓦采用椭圆式水平中分面结构。轴承与轴承座（端盖）的配合面为球面，以使轴承可以根据转子挠度自动调节自己的位置。励端轴承设有双层对地绝缘以防止轴电流烧伤轴颈和轴承合金，润滑油来自汽轮机供油系统，启动和停机时的低转速下提供高压顶轴油以避免损伤轴承合金。

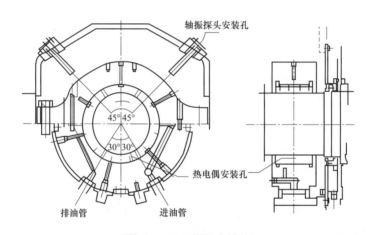

图 5-2 双可倾瓦式轴承

推力轴承：采用斜面式推力轴承。该轴承结构装配简单，占据空间小，轴承刚度很好，具有较高的承载能力，具有较长的使用寿命。同时外部采用球面配合，具有较好的自位能力。

发电机密封瓦：转轴穿过端盖处的氢气密封是依靠油密封的油膜来实现的。油密封采用单流环式结构。密封瓦采用瓦体上浇注轴承合金制作而成，装配在端盖内腔中的密封座内。密封瓦分为上下两半，径向和轴向均用卡紧弹簧箍紧。密封瓦径向可随转轴浮动。与密封座上下均设有定位销，可防止密封瓦切向转动。压力密封油经密封座与密封瓦之间的油腔，流入密封瓦与转轴之间的间隙，沿径向形成油膜，防止氢气外泄。密封油压高于机内氢气压力 0.055MPa 左右。流向机内的密封油经端盖上的排油管回到氢侧油箱；流向机外的密封油与润滑油混在一起，流入轴承排油管。该系统具有配置简单，运行维护方便的特点。尤其在油系统中设置有真空净油装置，能有效去除油中水分，对保持机内氢气湿度有明显的作用。

5.1.3　哈尔滨百万超临界机组结构特点

5.1.3.1　总体结构

哈汽-东芝联合设计制造超超临界汽轮机为一次中间再热、四缸、四排汽（双流低压缸）单轴、带有 48 英寸（1219.2mm）末级叶片的凝汽式汽轮机。汽轮机应用的设计和结构特征，在很多相近蒸汽参数和相近功率的机组上得到验证。汽轮机纵剖面见图 5-3。

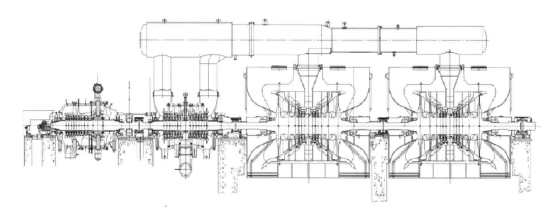

图 5-3　超超临界 1000MW 机组汽轮机纵剖面图

主蒸汽通过 4 个主汽阀和 4 个调节阀，由 4 根导汽管进入汽轮机高压缸的上下半，进入高压缸的蒸汽通过双流调节级，流向调端通过冲动式压力级，做功后由高压排汽口排入再热器。再热后的蒸汽通过再热主蒸汽调节联合阀流回到汽轮机双分流的中压缸。通过冲动式中压压力级做功后由中低压连通管流入两个双流的低压缸。蒸汽在通过冲动式低压级后，向下排到冷凝器。

为方便维修，高、中、低压缸采用水平中分面的设计。通过对水平中分面的准确加工或手工研磨，保证上下半金属的完全紧密接触和汽密性。

对于受高温影响的部件，通过合理设计降低温差和温度梯度来减少热应力。

5.1.3.2　汽缸及轴系

高压缸为单流式，包括 1 个双向流冲动式调节级和 9 个冲动式压力级。高压汽缸采用双层缸结构，内缸和外缸之间的夹层只接触高压排汽，可以使缸壁设计较薄，高压排汽占据内外缸空间，从而使汽缸结构简化。汽缸设计采用合理的结构和支撑方式，保证热态时热变形对称和自由膨胀，降低扭曲变形。高压内、外缸是由合金钢铸件制成。精确加工或手工研磨水平中分面达到严密接触，防止漏汽。内缸支撑在外缸内，允许零件根据温度变化自由膨胀和收缩。内缸下部由支撑垫块支撑，通过调整支撑垫块上的调整垫片来确保内缸垂直对中的准确性。该垫片表面进行硬化，以减少内缸膨胀和收缩时的相对运动产生的磨损。高压汽缸的外缸由延伸到轴承箱上的汽缸猫爪支撑。压力级采用具有比较高的效率和良好的空气动力效率的全三维设计冲动式叶片。高压调节级后的腔体内，电端的设计压力要比调端的压力略高。可以强制汽流在腔室内流动，防止高温蒸汽在转子和喷嘴室之间的腔室内停滞，同时冷却高温进汽部分。

中压汽缸为双流式、双层缸结构，结构和原理同高压缸相同。每个流向包括全三维设计的 7 个冲动式压力级。

低压缸采用两个双流低压缸结构设计。每个低压缸叶片正、反向对称布置。每个流向包括 6 个冲动式压力级，低压末级为 48 英寸（1219.2mm）叶片。低压缸具有水平中分面以进行检测和维修。在外缸内有一个内缸，由 4 个支撑垫块支撑固定，防止内缸沿轴向和横向移动。低压隔板安装在内缸中。低压末级隔板由内环、外环、静叶片组成，内环、外环、静叶片均采用空心精密铸造的设计。静叶片的吸力面及压力面均设有疏水缝隙，外环的内表面、内环的外表面与冷凝器相连接，因此也处于真空状态。末级产生的水滴由疏水缝隙收集，通过空心静叶片、空心内环、空心外环及在中分面处的连接管，由下半的疏水管流入冷凝器。低压汽缸上备有安全大气阀和人孔。靠近发电机的低压缸在发电机端备有盘车装置。

高压转子由双轴承支撑，采用具有良好的耐高温和抗疲劳强度的 12Cr 合金钢制成，并进行加工而形成轴、叶轮、支持轴颈、推力盘和联轴器法兰。装配主油泵叶轮和机械超速跳闸装置的接长轴通过螺栓紧固到高压转子的前端。中压缸转子也由具有良好的耐高温和抗疲劳强度的 12Cr 合金钢制成的双分流对称结构，并进行加工而形成轴、叶轮、支持轴径和联轴节法兰。中压转子由高压缸调节级后漏汽进行冷却。低压转子由具有良好的抗低温脆性转变性能的 Ni-Cr-Mo-V 钢实心锻件加工而成。每个转子在加工前，都要进行超声探伤和其他各种试验以确保锻件满足物理和化学特性的要求。动叶组装好后，进行动平衡试验仔细对转子进行平衡，并用高速动平衡机以额定速度对其进行最终平衡。

5.1.3.3 轴承

所有轴承都通过压力油润滑。为了确保每个支持轴承在任何时候都可以精确的对中，轴承设计有自位特性。根据轴承的载荷，选择采用可倾瓦轴承或椭圆轴承。每个可倾瓦轴承带有 6 个独立垫块，所有垫块通过支点定位到轴承环上，可以根据转子的情况自动对中。椭圆轴承在轴承体和轴承环之间采用球面接触，轴承的球形座由手工刮削而成，并安装在每个轴承上以获得适当的运动自由度。

供油装置可以保持润滑油处于适当的运行温度下，通过供油管路中的节流孔板，控制每个轴承的供油量，维持轴承的运行温度。

为了便于调整，轴承的底座采用易于拆除或替换的垫片来保证在装配时精确找中，并用止动销固定轴承壳体防止轴向窜动。轴承上镶有经过严格控制、高质量的巴氏合金块，通过燕尾槽固到轴承上。有助于保证长期运行中的低维修率。

转子轴向位置由斜面式推力轴承决定。推力轴承结构装配简单，占据空间小，具有较高的承载能力，推力盘包围在推力轴承内，推力轴承表面镶巴氏合金，由径向油槽分割成许多瓦块。推力瓦块由内径向外径做成楔面。油进入推力轴承后，由于转子驱动，在推力盘和推力轴承之间形成连续的油膜。推力轴承刚度好，具有较长的使用寿命。

5.1.4　上海百万超临界机组结构特点

5.1.4.1　总体结构

上汽-西门子联合设计制造超超临界汽轮机为一次中间再热、单轴、四缸四排汽、双背压、八级回热抽汽、反动凝汽式汽轮机 N1000-26.25/600/600（TC4F），设计额定主蒸汽压力 26.25MPa、主蒸汽温度 600℃、设计额定再热蒸汽压力 5.0MPa、再热蒸汽温度 600℃，末级叶片高度 1145.8mm。汽轮发电机组设计额定输出功率为 1000MW，在 TMCR 工况下，汽轮机的热耗率保证值（正偏差为零）7343kJ/kWh；汽轮机的热耗率第二保证值（75%THA 工况热耗率保证值，正偏差为零）7417kJ/kWh；TMCR 功率为 1059.904MW；VWO 功率为 1096.038MW；额定抽汽工况的功率（TRL 工况进汽量，机组在带有调整抽汽量为 400t/h 时）为 991.203MW；最大抽汽工况（机组在带有调整抽汽量为 600t/h 时）为 959.146MW。

该汽轮发电机机组不仅是功率大，而且在效率上开创国内一个新的水平。提高汽轮发电机组的效率、降低煤耗，一般有两个途径：①不断采用先进技术，使得蒸汽在汽轮机内膨胀做功时，降低流体动力损失和泄漏损失，改善机组的效率；②提高汽轮机的进汽压力、温度和再热温度，以改善热效率。后一种改进是超超临界机组的核心技术，而上汽的 1000MW 超超临界汽轮机综合体现了这两种技术的具体应用。汽轮机流通部分由四个汽缸组成，即一个高压缸、一个双流中压缸和两个双流低压缸。对应四个汽缸的转子由五个径向轴承支承，并通过刚性联轴器将四个转子连为一体，汽轮机低压转子 B 通过刚性联轴器与发电机转子相连，组成的汽轮发电机总长度约为 49m，高度约为 7.75m，宽度约为 16m。

该汽轮机的通流部分共设 64 级，均为反动级。高压部分 14 级。中压部分为双向分流式，每一分流为 13 级，共 26 级。低压部分为两缸双向分流式，每一分流为 6 级，共 24 级。高压缸、中压缸、低压缸的纵剖面图见图 5-4。

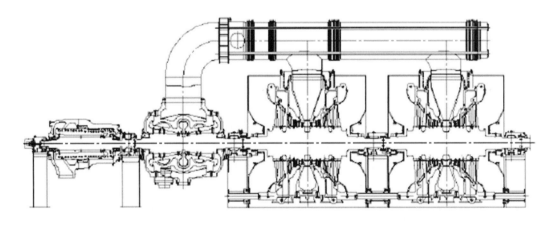

图 5-4　超超临界 1000MW 机组汽轮机纵剖面图

该汽轮机采用全周进汽方式，高压缸进口设有两个高压主汽阀、两个高压调节阀和一个补汽阀，高压缸排汽经过再热器再热后，通过中压缸进口的两个中压主汽阀和两个中压调节阀进入中压缸，中压缸排汽通过连通管进入两个低压缸继续做功后分别排入两个凝汽器。

凝汽器采用双背压、双壳体、单流程、表面冷却式凝汽器。凝结水系统设三台 50% 容量的凝结水泵，每台机组的循环水系统设两台 50%容量的可抽芯式混流泵。

该机组取消调节级，采用全周进汽方式滑压运行方式。同时 1000MW 汽轮机采用了补汽技术。补汽技术是西门子公司特有的技术，是从某一工况（在 THA 工况）开始从主汽阀后、主调节阀前引出一些新蒸汽（额定进汽量的 5%～10%），经补汽阀节流降低参数（蒸汽温度约降低 30℃）后进入高压第五级动叶后的空间，主流与这股蒸汽混合后在以后各级继续膨胀做功的一种措施。补汽技术提高了汽轮机的过载和调频能力，它使全周进汽机型的安全可靠性、经济性全面超过喷嘴调节机型。西门子供国内的阳城电厂 6 台 350MW 机组就采用了补汽技术。该机组补汽点选择在额定（TMCR）工况，机组在额定（TMCR）工况以下主调节阀在额定流量下可设计成全开而避免了蒸汽节流，从而提高了额定（TMCR）工况以下所有工况的效率。采用补汽阀技术不仅成功解决了全周进汽机组快速调频的压力损失问题，还可解决滑压运行额定工况进汽压力偏低的问题。

该机组采用数字电液式调节系统（DEH），系统的转速可调范围为（0～110%）×3000r/min。汽轮机允许周波变化范围为 47.5～51.5Hz。汽轮机设计寿命为 30 年。

5.1.4.2 汽缸及轴系

上汽的 1000MW 汽轮机高、中压缸采用分缸布置，高压缸为单流型，中压缸和低压缸均为双流型。

高压缸采用双层缸设计，外缸为桶形设计，内缸为垂直纵向平分面结构。由于缸体为旋转对称，避免了不理想的应力集中，使得机组在启动停机或快速变负荷时缸体的温度梯度很小，即将热应力保持在一个很低的水平。高压缸第一级为低反动度叶片级（约 20%的反动度），降低进入转子动叶的温度。

中压缸采用双流程和双层缸设计。中压高温进汽仅局限于内缸的进汽部分，而中压外缸只承受中压排汽的较低压力和温度。这样汽缸的法兰部分可以设计得较小。同时，外缸中的压力也降低了内缸法兰的负荷，因为内缸只要承受压差即可。中压缸进汽第一级除了采用了低反动度叶片级（约 20%的反动度）以及切向进汽的第一级斜置静叶结构外，为冷却中压转子还采取了一种切向涡流冷却技术，降低中压转子的温度。为此，可满足某些机组中压缸进口再热温度比主蒸汽温度高的要求。

低压缸采用两个双流设计，低压外缸由两个端板、两个侧板和一个上盖组成。外缸与轴承座分离，直接坐落于凝汽器上。它大大降低了运转层基础的负荷。低压内缸通过其前后各两个猫爪，搭在前后两个轴承座上，支撑整个内缸、持环及静叶的重量，并以推拉装置与中压外缸相连，以保证动静间隙。

汽轮机轴系由四个转子构成，分别由五只径向轴承来支承，除高压转子由两个径向轴承支承外，其余三个转子，即中压转子和两根低压转子均只有一只径向轴承支承。这种支承方式不仅是结构比较紧凑，主要还在于减少基础变形对于轴承荷载和轴系对中的影响，使得汽机转子能平稳运行。这五个轴承分别位于五个轴承座内。

整个高压缸定子件和中压缸定子件由它们的猫爪支承在汽缸前后的两个轴承座上。而低压部分定子件中，外缸重量与其他定子件的支承方式是分离的，即外缸的重量完全由与它焊在一起的凝汽器颈部承担，其他低压部件的重量通过低压内缸的猫爪由其前后的轴承座来支承。所有轴承座与低压缸猫爪之间的滑动支承面均采用低摩擦合金。它的优点是具有良好的摩擦性能，不需要润滑，有利于机组膨胀畅顺。

2号轴承座位于高压缸和中压缸之间，是整台机组滑销系统的死点。在2号轴承座内装有径向推力联合轴承。因此，整个轴系是以此为死点向两头膨胀；而高压缸和中压缸的猫爪在2号轴承座处也是固定的。因此，高压外缸受热后也是以2号轴承座为死点向机头方向膨胀。而中压外缸与中压转子的温差远远小于低压外缸与低压转子的温差。因此，这样的滑销系统在运行中通流部分动静之间的差胀比较小，有利于机组快速启动。

除与发电机连接的低压转子外，其他两个转子之间只有一个轴承支撑，这样转子之间容易对中，不仅安装维护简单，而且轴向长度可大幅度减少；与其他公司的四缸四排汽机型相比，西门子汽轮机的轴向总长要短8～10m。因此轴系特性简单，稳定性提高。与其他风格的机型相比，对抗超临界压力的汽流激振方面，具有技术优势。

5.1.4.3 轴承

上汽-西门子1000MW汽轮机四个转子分别由五只径向轴承来支承，高压转子由两个径向轴承支承，中压转子和两根低压转子均由一只径向轴承支承。这种支承方式不仅结构比较紧凑，还在于减少基础变形对轴承荷载和轴系对中的影响，使得汽轮机能平稳运行。该机组1号轴承采用双油楔轴承，润滑油供应充足，能确保转子的平稳运转；2号轴承采用推力径向组合设计，也为双油楔轴承，推力轴承垫被弹性支承在轴瓦上，因而可以将转子轴向推力通过轴瓦传送到轴承垫上；3～5轴承采用改进的椭圆形径向轴承，单向供油。这种类型的轴承在阻尼良好的系统中只需用少量的润滑油，并且仅产生少量的摩擦损失。

对于单轴承结构，在安装过程中必须安装辅助轴承，这些辅助轴承用于转子之间的相互找正。在汽机运行过程中，辅助轴承下降到轴承座内，并用螺栓连接，在检查轴承时，可以很方便地利用这些辅助轴承抬升转子。

5.2 某1000MW机组低压缸变形引起振动的诊断及处理

CZ电厂4号机组汽轮机采用哈尔滨汽轮机有限责任公司与日本东芝株式会社联合设计制造的CLN1000-25.0/600/600型、凝汽式、超超临界、一次中间再热、单轴、四缸四排汽、双背压、八级回热抽汽式汽轮机，发电机为哈尔滨电机厂有限责任公司生产的水氢氢冷却型发电机。

4号机组基建期间，空负荷试运启停17次，带负荷运行中发生过多次因振动大停机，如2009年10月17日4:05，5瓦Y向轴振爬升至175μm，打闸停机。2009年11月11

日 22:48，5 瓦 Y 向轴振迅速爬升至 175μm，破坏真空停机。

机组 2010 年 1 月投入商业运行，2010 年 12 月 31 日 2:30，机组最大轴振动 117μm，随后 5～10 号瓦振动开始上升，20min 后，机组振动超标故障停机。

查看机组停机前后的振动和运行参数历史数据，发现该振动超标与真空变化存在相关性，如图 5-5 所示。研究决定调整轴封供汽温度、轴封压力、真空等运行参数，观察机组的振动变化情况。2011 年 1 月 12 日进行变真空对振动影响试验，关 C 真空泵入口气动门，通过入口气动门和手动门调整真空，机组振动再次爬升，1 月 12 日 13:46，6～8 号瓦瓦振分别为 112、127、103μm，5～8 号瓦轴振分别为 148、109、144、73μm，当轴振动最大值达 175μm，打闸停机。试验结果表明，机组振动对真空敏感。

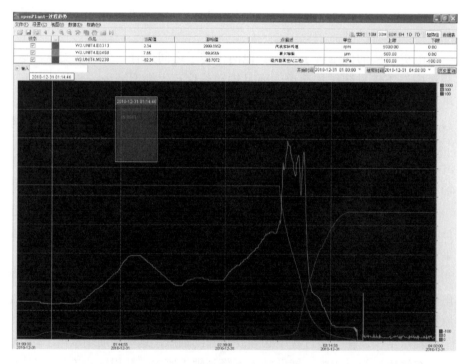

图 5-5　转速、最大振动、真空趋势图

随后，调阅机组振动历史数据，发现机组轴振与瓦振特征不一致。2010 年 12 月 31 日，机组启动和停机过程 5～8 号瓦轴振、瓦振波德图见图 5-6～图 5-9。从图 5-6 中可以看出在 2500r/min 至 3000r/min 间，瓦振存在较多峰值，特别是在 2750r/min 附近低压缸各轴承振动均存在较大峰值，但对照轴振波德图，发现该转速并非轴系的临界，说明低压缸轴承振动受相关静止部件固有频率的影响，振动特性复杂，与轴系振动特性不一致。对比机组振动大停机降速过程的波德图，与启动波德图存在明显差异，除了过轴系临界时振动大外，瓦振的共振峰更接近 3000r/min，如图 5-8 所示。

机组振动的另外一个特点就是瓦振通常略微提前轴振发生变化。当瓦振和轴振不断增加后，瓦振出现较大波动，如图 5-10 所示，这说明静止部件与转动部件的振动相互耦合，振动不断恶化。轴瓦振动过大，可能导致轴承箱盖对相关链接部件造成损坏，如部件松动或脱落，引发动静碰磨等。

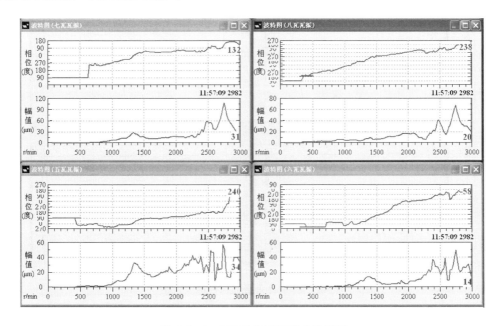

图 5-6 5～8 瓦垂直瓦振启动波德图

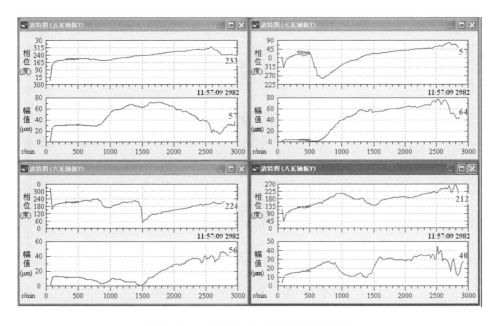

图 5-7 5～8 瓦 Y 方向轴振启动波德图

升速过程轴心变化如图 5-11 所示，指向右 45°方向，振动大时的轴心轨迹长轴也在右 45°方向，如图 5-12 所示。结合轴心位置图及轴心轨迹图，分析认为端部轴封可能存在碰磨，当振动较大，在停机过临界时可能全周都有碰磨。

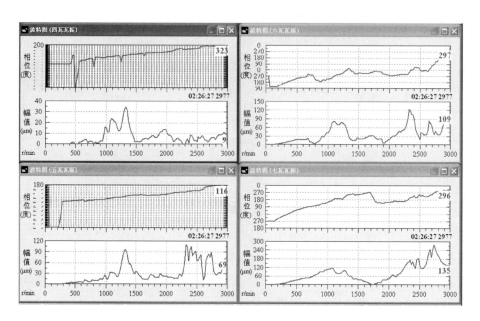

图 5-8　4～7 瓦垂直瓦振停机波德图

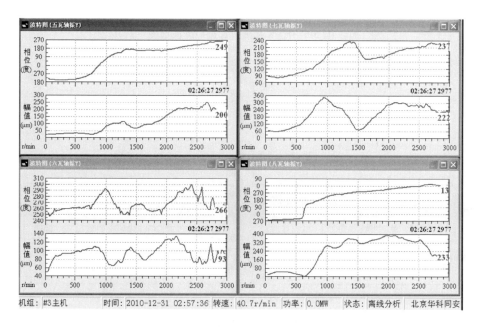

| 机组：#3主机 | 时间：2010-12-31 02:57:36 | 转速：40.7r/min | 功率：0.0MW | 状态：离线分析 | 北京华科同安 |

图 5-9　5～8 瓦 Y 方向轴振停机波德图

分析几次振动超标的原因，认为机组振动爬升源于动静碰磨，但每次引起振动爬升的运行参数又不尽相同。与电厂、制造厂家商议后决定：①对两个低压内外缸进行揭缸检查，寻找碰磨点，检查是否有松动件；②检查 5、6、7、8 段抽汽支撑；③对 5～10 瓦进行翻瓦检查，同时对发电机密封瓦检查；④待缸温降至 300℃，解导气管，间断盘车揭低压缸。

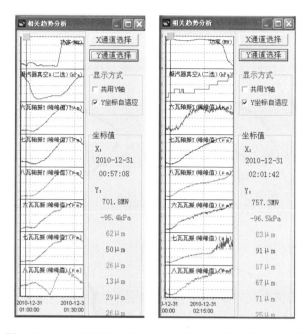

图 5-10　6～8 瓦垂直瓦振、Y 向轴振、负荷、真空趋势图

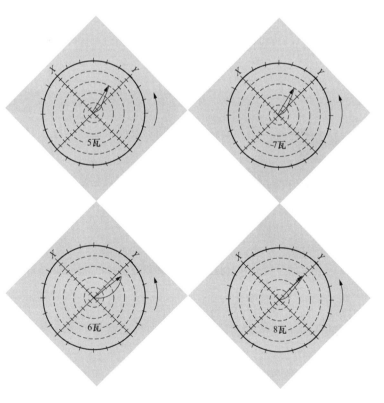

图 5-11　启动过程轴心位置图

2011 年 2 月，对机组揭缸检查。揭缸发现，A、B 低压内缸导流环两侧紧固螺栓运行中断裂，如图 5-13 所示；A、B 缸前右侧、后右侧多个螺栓断裂，如图 5-14 所示；B

低压内缸工艺拉筋与汽缸连接处开焊，如图 5-15 所示。

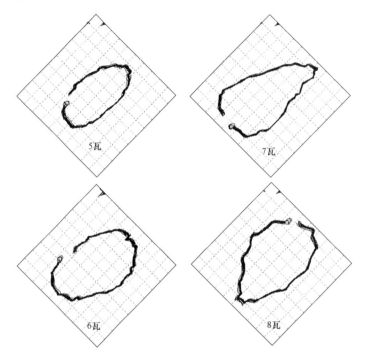

图 5-12　轴心轨迹图

图 5-13　低压内导流环螺栓断裂

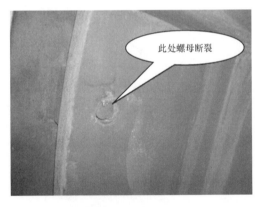

图 5-14　螺母断裂

同时发现，B 低压缸前端部轴封隔热罩水平中分面螺栓右侧 1 条丢失，左侧 1 条损坏 3 条丢失，如图 5-16 所示。

此外，B 低压缸右后侧两个低压喷水喷嘴也已松动，如图 5-17 所示。

从检查结果来看，本次揭缸决策是正确的，发现的问题也证实了之前关于机组振动故障原因分析的正确性。根据现场查看揭缸后的情况，并结合振动历史数据，提出几点意见：①碰磨故障导致碰磨部位转子临时热变形，是导致振动爬升超标的直接原因；②低压缸静止部件多个固有频率靠近工作转速，随真空或负荷等参数变化时，低压缸振

204

动随之有较大波动，叠加低压缸的变形，导致局部动静间隙减少，诱发碰磨故障，因此，建议将 4 号机组低压隔板汽封和轴封间隙适当扩大；③碰磨后剧烈的振动以及长期的低压缸振动波动导致导流罩固定螺栓断裂，导流罩松动反过来又加剧了机组振动对运行参数的敏感性，所以在 2010 年 12 月 31 日后的几次振动跳机参数变化不尽相同；④低压缸变形大，表明其刚度不足，应增加辅助支撑或筋板，提高其刚度，一方面可以减小缸体变形，另一方面也可提高低压缸静止部件固

图 5-15 工艺拉筋与汽缸连接处开焊

有频率，避免在工作转速下发生共振，有效抑制振动水平。

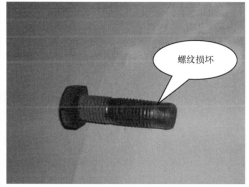

图 5-16 轴封隔热罩水平中分面螺栓脱落

图 5-17 低压喷水喷嘴松动

为分析增加辅助支撑及筋板对低压外缸的影响，制造厂采用有限元方法进行数值模拟。在低压外缸增加辅助支撑及筋板，加固位置见图 5-18，缸体变形计算结果见图 5-19，加固前后计算结果见表 5-1。从计算结果可以看到，低压缸增加辅助支撑之后，总变形、内缸支撑垂直变形、轴承洼窝垂直变形、汽封垂直变形都有改善，说明加固方案能减小由于汽缸变形引起的轴承洼窝的下沉量和汽封碰磨的程度，从而改善机组的振动情况。

处理措施：

（1）对低压外缸通过增加辅助支撑及筋板的方式来实现提高汽缸局部刚度和尽量减小汽缸变形量。加固位置见图 5-18。

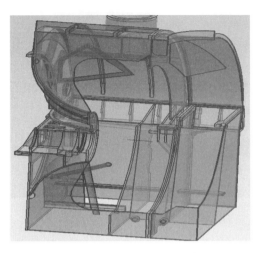

图 5-18 缸体几何模型

（2）低压缸排汽导流环用 $\phi34$ 钢管做拉筋围两圈与排汽导流环焊接连接，增加排汽导流环刚度。

（3）低压外缸增加辅助支撑，低压外缸排汽导流锥板下方增加两个辅助支撑管（左右侧各一个），能适当减低轴承座的下沉量。支撑管采用 $\phi268\times10$ 钢管，加固位置见图 5-18。

（4）将低压轴封及隔板汽封有斜齿汽封改为直齿汽封，减轻发生动静碰磨时摩擦力及磨损程度。

（5）通过将低压内缸（带有各级隔板）除按安装文件要求向右偏移 0.2mm 外，同时再向上抬高 0.2mm，以补偿内缸的下降量，另外将 5～8 号端部汽封及隔板汽封按哈汽新提供间隙标准进行调整，防止发生动静碰磨。

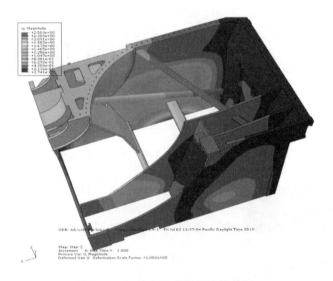

图 5-19 缸体变形有限元计算结果

表 5-1   加固前后低压缸变形

变　　形	现有汽缸	加固后汽缸	加固效果
总变形	2.970mm	2.440mm	17.9%
内缸支撑垂直变形	0.297mm	0.242mm	18.5%
内缸支撑横向变形	0.190mm	0.150mm	20.0%
轴承洼窝垂直变形	0.211mm	0.167mm	20.9%
汽封内侧垂直变形	0.420mm	0.321mm	23.4%
汽封外侧垂直变形	0.281mm	0.211mm	24.7%

对于提出的处理措施，电厂方面向制造厂商哈汽征求意见，哈汽与东芝商量后同意该加固方案。2012 年 7 月，4 号机组进行首次大修。大修期间，对低压缸进行加筋板及支撑管加固，如图5-20 所示。

2012 年 8 月 25 日，4 号机组修后启，对机组启动过程振动情况进行测试。机组启动过程振动良好，定速后各测点轴振和瓦振均在合格范围内。机组带满额定负荷时的振动数据见图 5-21。至此，自机组运行以来一直威胁机组安全稳定的振动故障得到有效解决。

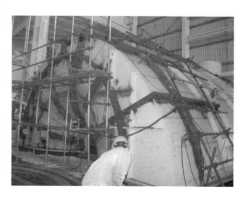

图 5-20 汽缸加固后筋板布置

转速:3000	2012年8月26日	12:30:49				
通 道	通频振幅	一倍频幅 /相	二倍频	直流 (间隙V)	单 位	
01 1X(R)	44.6	30.8 / 26	5.5	1126 (−9.01V)	μm pp	
02 2X(R)	60.6	55.1 / 59	8.4	1197 (−9.58V)	μm pp	
03 3X(R)	23.1	11.5 / 118	4.8	1207 (−9.66V)	μm pp	
04 4X(R)	69.5	63.0 / 121	4.3	938 (−7.50V)	μm pp	
05 5X(R)	33.4	22.8 / 318	6.1	1292 (−10.33V)	μm pp	
06 5Y(R)	57.3	42.8 / 196	6.1	872 (−6.98V)	μm pp	
07 6X(R)	79.6	61.9 / 302	4.4	1252 (−10.01V)	μm pp	
08 6Y(R)	92.3	73.5 / 197	6.0	674 (−5.39V)	μm pp	
09 7X(R)	1.0	0.0 / NA	0.0	53 (−0.42V)	μm pp	
10 7Y(R)	74.3	63.6 / 101	8.4	722 (−5.77V)	μm pp	
11 8X(R)	56.3	36.4 / 26	12.1	1204 (−9.63V)	μm pp	
12 8Y(R)	54.6	36.1 / 273	6.5	723 (−5.78V)	μm pp	
13 9X(R)	51.9	45.3 / 106	1.9	1154 (−9.23V)	μm pp	
14 9Y(R)	84.5	71.0 / 12	3.3	905 (−7.24V)	μm pp	
15 10X(R)	25.1	20.4 / 149	1.9	1283 (−10.27V)	μm pp	
16 10Y(R)	1.0	0.0 / NA	0.0	1 (−0.01V)	μm pp	

图 5-21 1000MW 负荷时的振动数据

CZ 电厂 4 号机为引进型百万机组，自机组调试以来就存在振动对真空敏感，高负荷下振动易发生发散导致跳机故障。经过几年的跟踪研究，发现机组低压缸存在动态刚度弱导致动静碰磨和剧烈振动，且轴承座部件在工作转速下处于共振状态附近，严重影响机组的正常运行；通过增加辅助支撑或筋板，有效提高机组低压缸刚度和轴承组部件固有频率，避免了工作转下发生共振的可能，提高了机组的安全可靠性。

🔧 5.3 某 660MW 低压缸结构优化

本节介绍一种 660MW 低压缸结构优化方法，力求从根本上解决低压缸结构共振问题，使低压轴承振动峰值避开工作转速。

低压内缸为对称分流双层缸结构。蒸汽由低压内缸中部进入通流部分，分别向前后两个方向流动，经各个压力级做功后向下排入凝汽器。由于进汽温度较高，低压内缸采用焊接双层缸结构，轴承座在低压外缸上。低压外缸结构见图 5-22。

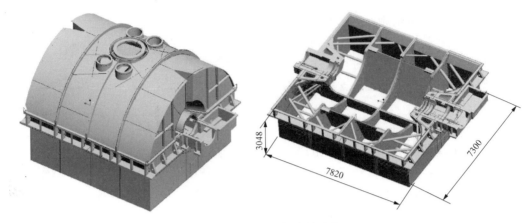

图 5-22　低压外缸结构示意

低压外缸上半顶部进汽部位有带波纹管的低压进汽管与内缸进汽口连接，以补偿内外缸胀差和保证密封。下半两端有低压轴承箱，靠电机侧有盘车箱及盘车装置相连。四周的支承台板放在成矩形排列的基架上，承受整个低压部分的重量。排汽口与凝汽器采用弹性连接。凝汽器的自重和水重都由基础承受，不作用在低压外缸上，但低压外缸须承受大气压力。低压外缸前后部的基架上装有纵向键，并在中部左右两侧基架上距离低压进汽中心前方 203mm 处设有横键，构成整个低压部分的死点。以此死点为中心，整个低压缸可在基架平面上向各个方向自由膨胀。

以 660MW 汽轮机典型的低压外缸结构为分析对象，根据低压缸结构以及受力的特点建立有限元力学分析模型（见图 5-23）。模型的简化基于以下考虑：

（1）汽缸结构和受力虽然具有对称性，但由于盘车箱与外缸相连，使得这种对称性不再具备。故不能根据对称条件取结构的一半进行计算，必须取整个汽缸结构模型。在模态分析和谐波响应分析时也必须用整个汽缸结构作为分析模型。

（2）内缸是支持在外缸的四个搭子上，并用螺栓连接。但由螺栓中的紧力产生的螺母与垫片之间的摩擦力不足以阻碍内缸受热后自由膨胀。故必须用接触单元反应外缸四个搭子对内缸的支持。

（3）内缸水平法兰中部对应进汽中心处的侧键使内缸轴向定位而允许横向自由膨胀。内缸下半两端底部和上半两端顶部的有纵向键使内缸相对外缸横向定位而允许轴向自由膨胀。计算时用接触单元处理。

（4）外缸和内缸中分面法兰是螺栓连接的，假使这种连接使汽缸上下半刚性连接成一体。

（5）力学模型中的轴承支座采用曲面三维实体单元，平板结构采用曲面壳体单元，加强撑杆采用相应的梁单元。660MW 汽轮机低压缸的振动分析有限元模型有 542 167 个单元，223 365 个节点。

660MW 汽轮机低压外缸受到转子（包含动叶片）重力、低压内缸上半重力、低压内缸下半重力、低压内缸进汽室重力、各级隔板重力、外缸重力、真空载荷等载荷的作用。低压缸变形见图 5-24。

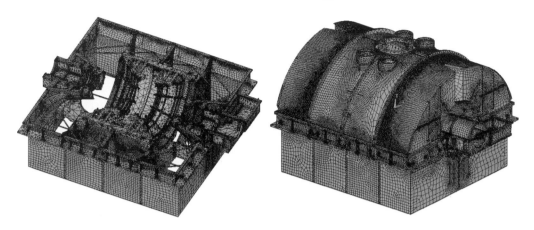

图 5-23　低压外缸有限元模型

　　660MW 低压外缸与轴承座设计成一体，即低压转子两端的轴承支承在外缸圆锥部分的轴承座上，即低压转子的支撑轴承不落地，形成悬臂支撑，因此低压外缸的刚性对机组动、静部分间隙和轴承中心标高变化有较大的影响。低压缸的刚性必须满足设计要求，以保证机组动静间隙，防止动静碰磨引起振动。

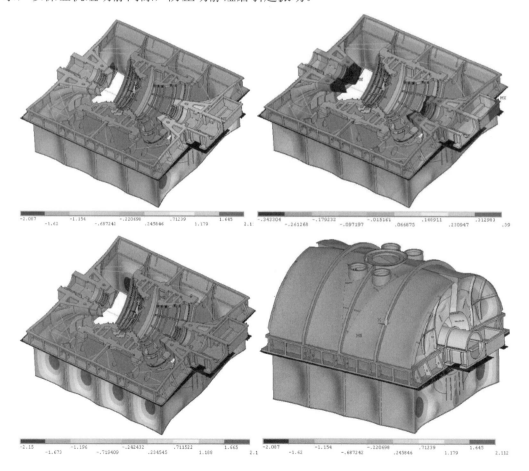

图 5-24　低压缸变形（mm）（一）

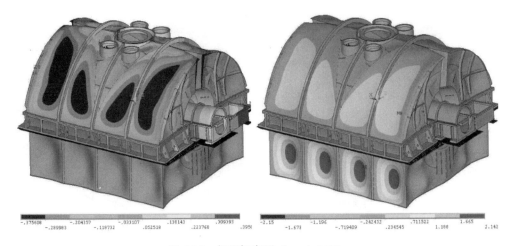

图 5-24　低压缸变形（mm）（二）

　　分析采用大型结构分析软件 ANSYS 进行。对力学模型网格离散化处理后，即可求解平衡方程。

　　低压外缸结构庞大，主要是由撑杆和薄板拼焊而成。它具有非常丰富的固有频率和振型，虽然低压缸振动频率很丰富，但并不是每个模态都同样重要，一些模态阻尼很大，动响应很小；另一些模态，振动主要发生在局部位置。所以，在低压缸的复杂频谱中，要特别加以重视的仅是有限的几个共振频率。特别是在 50Hz 附近的固有频率。表 5-2 仅列出了 50Hz 附近的频率值。

表 5-2　　　　　　　　　　　　　低压外缸固有频率　　　　　　　　　　　（Hz）

阶数	1	2	3	4	5	6	7
频率	45.0	46.2	47.6	49.5	53.9	54.8	55.6

　　从图 5-25 和图 5-26 可以看出，低压外缸汽轮机侧和电机侧悬臂的轴承座在 50Hz 附

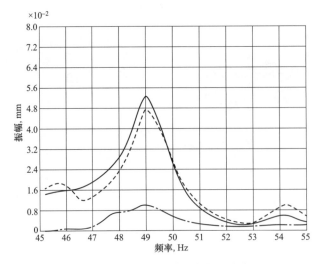

图 5-25　汽轮机侧轴承座的动响应

近都存在较大的动响应。660MW 汽轮机低压外缸轴承座在 50Hz 存在与激振力频率一致的共振频率。所以，当机组启动和稳定运行过程中，轴承座的振动较大，需要通过高速动平衡，减少激振力，从而降低轴承座的动响应，来满足机组正常安全稳定运行的要求。

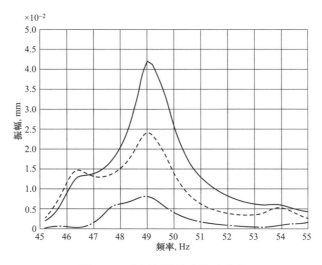

图 5-26　电机侧轴承座的动响应

为了彻底解决低压外缸轴承座的振动过大问题，通过改进结构设计，从根本上避开轴承座的 50Hz 共振频率，图 5-27 所示为在轴承座的底部增加了部分撑杆结构的示意。计算表明通过在轴承座的局部区域增加撑杆可以达到改变轴承座的频率和振型，从而避开 50Hz 共振的目的。

图 5-27　低压缸轴承座增加撑杆示意

从图 5-28 可看出，原设计 660MW 汽轮机低压轴承座在 50Hz 所对应的动刚度为 1.15×10^6 N/mm，轴承座动刚度偏低，在工作转速附近，汽轮机低压轴承易出现结构共振问题，这一计算结果与现场实测的多台机组振动现象相符。在低压轴承座增加撑杆后，轴承座动刚度显著提高，50Hz 所对应的动刚度为 $4.31×10^6$N/mm，与原设计相比，大大提高轴承座稳定性。

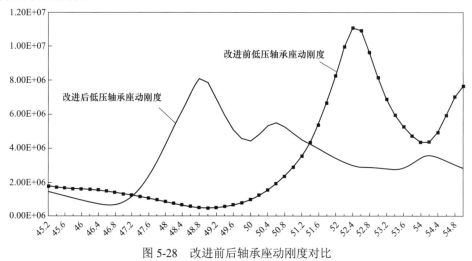

图 5-28　改进前后轴承座动刚度对比

5.4　某1000MW 机组油膜涡动故障诊断与处理

5.4.1　诊断概述

HM 电厂 2 号机组汽轮机为东方汽轮机有限公司（简称东汽）生产的超超临界 N1000-25.0/600/600，是东汽首批国产化百万机组。机组轴系由汽轮机高压、中压、A 低压、B 低压及发电机等五个转子所组成，各转子均为整体转子，无中心孔，各转子间用刚性联轴器连接。汽轮发电机组轴系中 1～4 号轴承为可倾瓦式轴承，可倾瓦轴承采用上下各 3 瓦块的对称结构，5～8 号轴承采用椭圆形轴承，9 号和 10 号轴承采用端盖式轴承。各转子长度如图 5-29 所示，各转子参数见表 5-3，各轴承类型见表 5-4。

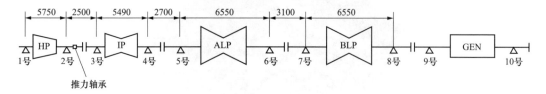

图 5-29　东汽 1000MW 轴系双点支承方式

表 5-3　　　　　　　　　　　　　各转子参数

转　　子	HP 转子	IP 转子	LP 转子 A	LP 转子 B	发电机转子
转子质量（kg）	24 699	29 600	72 934	72 425	104 748
轴承内跨距（mm）	5750	5490	6550	6550	11 805
转动惯量（kg·m²）	2190	3719	27 171	27 084	18 957
临界转速（r/min）	1960	2040	1680	1720	850/2390

表 5-4　　　　　　　　　　　　　　　　各轴承基本参数

参数名称	1 号轴承	2 号轴承	3 号轴承	4 号轴承	5 号轴承	6 号轴承	7 号轴承	8 号轴承
轴颈长度（mm）	406	508	508	508	533	558	558	581
有效宽度（mm）	254	254	254	254	355	355	355	355
轴承类型	可倾瓦	可倾瓦	可倾瓦	可倾瓦	椭圆瓦	椭圆瓦	椭圆瓦	椭圆瓦

　　该机组 2009 年 8 月 4 日首次整组启动，在 3000r/min 下稳定约 7min 后中压 4 号瓦出现轴振大幅度波动，振幅范围从 110～200μm，波动量主要来自 21Hz 的频率成分，同时测试数据显示 3 号瓦振动分量中也包含较大的 21Hz 低频分量。现场诊断，3、4 号瓦振动的波动源于出现了油膜涡动故障，根据诊断制定了调整轴承标高、顶隙等处理方案。2009 年 8 月 14 日按方案检查和处理轴承后再次启动，定速 3000r/min 后 3、4 号瓦轴振，3、4 号轴承处轴振测点中无明显低频分量，油膜涡动故障消除。

5.4.2 故障过程描述

　　该机于 2009 年 8 月 4 日凌晨 01:26 首次冲转，冲转参数：主蒸汽压力 8.2MPa，主蒸汽温度 420℃，主蒸汽温度大于最高金属温度 50℃，过热度大于 50℃；真空-90kPa；润滑油温 32℃，润滑油压力 0.168MPa。200r/min 磨检后升速至 700r/min 暖机 30min，后以升速率 100r/min/min 升至 1500r/min 暖机 4h，06:30 暖机结束，以升速率 150r/min/min 准备升速至 3000r/min。转速至 2500r/min 时，顶轴油泵 A 联锁停。06:35，转速至 2570r/min 时 5 号轴承温度升高至 105℃，远方手动打闸，降速至 1500r/min 稳定。7:08 升速，主蒸汽压力 8.2MPa，主蒸汽温度 445℃，调整润滑油温在 36℃，真空-88kPa，设置目标转速 3000r/min，升速率 150r/min/min，强制顶轴油泵保持运行。7:20 定速 3000r/min，转速稳定 5min 以后，5 号瓦的瓦温达到 107℃并呈缓慢爬升趋势，此时 4 号瓦 X 方向振动在 110～200μm 之间呈较大幅度波动趋势，3 号瓦 X 方向振动也达到 120μm，立即就地手动遮断汽轮机。打闸后 5 号瓦的瓦温爬升至 109℃，打闸降速后开始回降，维持转速 1500r/min 时 5 号瓦的瓦温降至 91℃。分析频谱图发现，3、4 号瓦轴振波动主要来自 21Hz 的频率成分，初步认为 3、4 号瓦出现油膜涡动故障，确定提高润滑油温后再次升速至 3000r/min 考察 3、4 号瓦振动。主蒸汽参数维持压力 8.2MPa，主蒸汽温度 445℃，调整润滑油温在 41℃，真空-91.2kPa，此时高压缸左右侧膨胀达到 15.1mm/13.5mm，中压缸左右侧膨胀达到 3.88mm/4.16mm。9:08 开始升速，设置目标转速 3000r/min，升速率 150r/min/min，强制顶轴油泵保持运行，9:21 定速 3000r/min 时，润滑油温度达到 45℃，5 号瓦的瓦温达到 110℃并继续爬升。9:23 经 2～3min 后，5 号瓦的瓦温再次达 112℃，此时 4 号瓦振动在 120～200μm 范围内波动，波动成分仍为 21Hz 的频率分量，同时测试数据显示 3 号瓦振动分量中也包含较大的 21Hz 低频分量，远方打闸停机。

5.4.3 振动特征

　　（1）该机在首次升速至 3000r/min 过程并未出现低频分量，而是在定速 5min 后 3 号和 4 号瓦轴振出现了首次突增，4X 振动增幅最大，通频值由 116μm 增至 150μm，后降回 115μm，并再次在 115～150μm 波动一次后，振动突增至 194μm，如图 5-30 所示；3X、

3Y、4X 呈现同样的波动趋势，波动幅度较 4X 小。

（2）定速后的 3、4 号瓦轴振波动过程中，工频分量的幅值和相位均保持稳定；波动分量的频率为 21Hz，如图 5-31 所示。

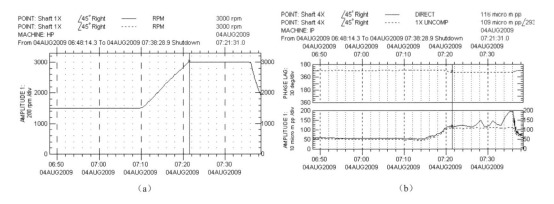

图 5-30　升速过程中的趋势图

（a）转速趋势图；（b）4X 轴振趋势图

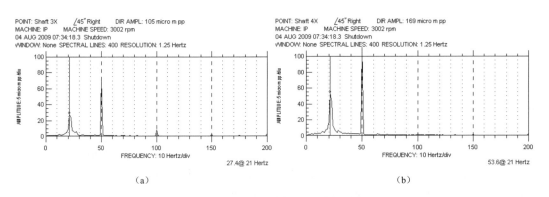

图 5-31　工作转速下的频谱图

（a）3X 轴振频谱图；（b）4X 轴振频谱图

（3）在第二次升速过程中，将润滑油温从 41℃ 逐步升至 45℃，从 2500r/min 开始仍出现低频分量，随转速增加低频分量逐步增大，并有大的波动；第二次定速 3000r/min，监测数据显示 4X 轴振最大通频分量为 198μm、工频分量为 106μm、21Hz 低频分量为 70μm。

（4）从停机的三维级联图观察，随转速下降振动没有立刻下降，振动包括明显的低频分量，转速降至 2230r/min 后低频分量才基本消失，如图 5-32 所示。

5.4.4　油膜涡动故障的典型特征与诊断

该机组在首次启动过程中出现的振动大幅度波动，现场分析振动特征，初步判断为油膜涡动故障。

油膜涡动是一种典型的自激振动，油膜涡动频率与转动频率不一致。

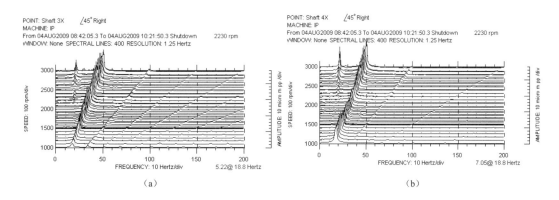

图 5-32 停机过程瀑布图

(a) 3X 轴降速三维级联图;(b) 4X 轴振降速三维级联图

油膜涡动故障一般是由于轴承间隙过大、轴承自位能力差、不合理的轴承设计以及润滑油参数不当等因素造成。当油膜涡动频率接近系统的固有频率时,会产生更为剧烈的油膜振荡。目前,防止油膜涡动的最佳途径是采用可倾瓦轴承和椭圆轴承。为此,300MW 及以上容量的大型汽轮发电机组普遍采用可倾瓦轴承和椭圆轴承。正因为如此,我国大型汽轮发电机组虽然振动事故频发,且转子自激振动的案例有上升趋势,但这些事故中鲜有油膜涡动引起振动事故的报道。特别是在 1000MW 机超超临界组的调试过程中,因无从借鉴前人经验而遇到挑战。但在认真研究了轴承自激振动机理与模型后,及时准确地判断了某 1000MW 超超临界机组发生了油膜涡动,并采用了合理的处理措施,为机组顺利并网发电赢得了时间,也为同类机组的油膜涡动诊断提供了有价值的参考建议。

油膜涡动故障的机理主要是轴承油膜不稳定引起,其主要特征如表 5-5 所示。

表 5-5   油膜涡动故障特征表

项 目	油膜涡动故障的典型特征
发生转速	一般大于一阶临界转速的两倍
发生负荷	无明显关系
发生时现象	振动变化很快,低时间内突变
频率特征	工频基本不变,低频分量突变
与参数相关性	与转速,油温等关系密切
振动变化率	突升
引发原因	油膜自激振动
振动复现性	受轴承载荷、轴承类型和轴间隙等影响较大,复现性强

通过对本次 2 号机整组启动振动数据的分析,符合上述油膜涡动故障特征。在 3000r/min 定速后,导致振幅突增的振动频率为 21Hz,接近工作转速频率的一半;油膜涡动出现后,工频幅值和相位保持稳定;如图 5-33 所示,油膜失稳前轴心轨迹规则,油

膜失稳后轴心轨迹呈现双环椭圆；降速过程油膜涡动消失转速 2230r/min 低于升速过程油膜涡动出现转速；油膜涡动特征频率对应的振幅最大为 70μm，幅值不大，并呈现波动特性。

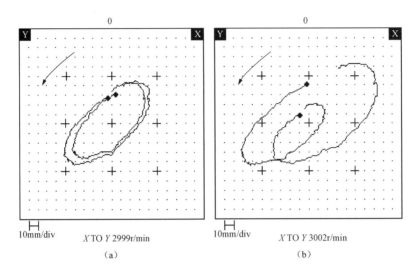

图 5-33　3 号瓦失稳前后的轴心轨迹

（a）油膜失稳前 3 号瓦轴心轨迹；（b）油膜失稳后 3 号瓦轴心轨迹

　　油膜涡动和油膜振荡是两种相互关联的自激振动故障，但二者又有不同。油膜振荡是在运行转速高于转子二倍临界转速，涡动频率等于转子-轴承系统某一固有频率时才会发生，因此汽轮机发生油膜振荡只有在其临界转速低于 1500r/min 时才可能发生。

　　东方超超临界 1000MW 机组轴系设计临界转速见表 5-3。同时现场实际测试的高压、中压转子临界也在 1500r/min 以上。因此，判断 2 号机组只是发生油膜涡动故障，而非剧烈的油膜振荡。

　　从油膜失稳的先后次序和低频幅值分析，4 号轴承首先出现油膜涡动故障，并带动 3 号轴承也出现油膜涡动故障。因此，在处理该故障时，重点针对 4 号轴承展开，同时兼顾 3 号轴承。

　　3、4 号轴承采用的是可倾瓦，特点是能形成多个油楔，且每个瓦块都能绕各自支点自由摆动，以适应转速、负荷等的变化，每片瓦块的油膜力都通过轴颈中心，不容易产生引起轴承失稳的切向分力，其稳定性较好，因此在较轻的高、中压转子支撑中广泛采用。但可倾瓦轴承仍存在着交叉刚度，会产生使转子发生油膜涡动的切向分力。另外，瓦块支点在偏转方向的刚度也不完全相同，这些都会对瓦的稳定性产生影响。

　　为此，在参考同类机组的振动数据和厂家设计图纸后，分析发现：改型 1000MW 超超临界机组 1~4 号高、中压轴承原设计未配有顶轴油，但由于之前同类型机组发生过低转速下高、中压轴承碾瓦故障，为减少停机低转速下碾瓦故障的发生概率，2 号机按制造厂要求在 2 号机组 1~4 号瓦增加了顶轴油。增加的顶轴油管在一定条件下一方面改变了轴承的自位特性，另一方面对轴承的交叉刚度和交叉阻尼产生影响，导致可倾瓦的稳定性降低。

与此同时，查阅安装数据（见表 5-6）后发现：4 号轴承顶部间隙已接近设计值上限。而现场实测数据显示，升速过程 4 号轴承温度始终低于相邻轴承（见表 5-7）。结合振动突变数据，将 4 号轴承的检查和处理作为重点。

表 5-6 3、4 号轴承安装数据 （mm）

轴 承 顶 隙	3 号轴承	4 号轴承
设计值	0.59～0.74	0.59～0.74
实测汽轮机侧	0.71	0.69
实测电机侧	0.63	0.71

表 5-7 3、4、5 号轴承温度 （℃）

轴 承 温 度		3 号轴承	4 号轴承	5 号轴承
1500r/min	测点 1	65.5	55.9	86.8
	测点 2	68	55.7	85.5
	测点 3	69.4	57.2	58.1
2055r/min	测点 1	77.2	64.3	103.1
	测点 2	78.1	65.9	98.1
	测点 3	78	64.7	73

5.4.5 现场检修处理

为增加轴承载荷、减少轴承间隙、提高轴承自位能力，在本次油膜涡动故障中采取了如下处理措施：

（1）提高轴承自位能力。按制造厂要求调整 3、4 号轴承的轴承箱内顶轴油管布置达到 7 个弯头，确保顶轴油管的挠性；将 3、4 号轴承全部瓦块两侧的挂环按图 5-34 加工去掉 30mm，加工部位表面粗糙度 Ra12.5μm，加工后锐边倒圆，加工后的实际情况如图 5-35 所示；将 3、4 号轴承的 6 个瓦块按对应位置装在轴承轴瓦套上，按编号装上悬挂销并拧紧，拧上顶轴管接头，检查每个瓦块的轴向和周向的摆动量均应达到 1mm，并确保顶轴管接头与轴瓦套 ϕ24 孔的间隙在各种情况下均应大于 1mm。

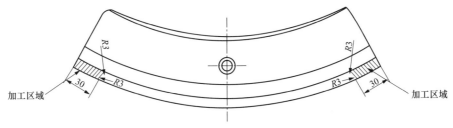

图 5-34 3、4 号轴承瓦块挂环加工示意

（2）提高 4 号轴承标高。将 4 号轴承标高提高 0.1mm，以增加该轴承载荷。

（3）降低 4 号轴承顶隙。原 4 号轴承顶隙分别是 0.69mm/0.71mm，调整 4 号轴承顶隙至 0.64mm/0.66mm。在 4 号轴承正上方瓦块加不锈钢垫片 0.04mm，在 4 号轴承上半左右两个瓦块加不锈钢垫片 0.04mm。加垫片后，将垫块高出瓦背的锐边打磨，圆滑过渡。

图 5-35 4 号轴承瓦块挂环实际加工后图片

5.4.6 修后振动效果

机组现场检修处理后，于 2009 年 8 月 14 日 03:22 再次启动，以 150r/min/min 的升速率升至 1100r/min 暖机 38min 后，以 150r/min/min 的升速率升至 3000r/min，04:28 机组顺利定速 3000r/min。在整个过程中振动情况良好，刚定速 3000r/min 时，仅仅是 4 号瓦的轴振有所偏高（4X 测点为 135μm 左右），机组在 3000r/min 运行约 30min 后，4 号瓦轴振回落至 80μm 左右，说明在启动过程中仍存在轻微碰磨故障，但定速后碰磨部位已经脱开，机组交付电气专业进行试验。通过振动监测数据与频谱分析得知，3、4 号轴承处轴振测点中无明显低频分量，说明通过调整标高、减小顶隙以及提高轴承自位能力，机组油膜涡动故障已消除。

2009 年 8 月 30 日机组满负荷下高、中压转子轴振数据如表 5-8 所示，油膜涡动故障得到圆满处理。

表 5-8　　　　　　　　带负荷振动数据（通频峰-峰值）　　　　　　　　（μm）

工　况	测点	1 瓦	2 瓦	3 瓦	4 瓦
1036MW 2009.8.30 13:25	X	26	54	65	70
	Y	33	51	40	32

5.5 某 1000MW 机组汽流激振故障诊断与处理

对于大型汽轮机，为提高机组热效率，通常采用增加级数、提高蒸汽初参数（压力和温度）等措施。前一种方法使得转子的临界转速降低，可能会导致轴系稳定性下降。后一种方法则可能会产生引起轴系自激振动的蒸汽自激力——工作介质（蒸汽）诱发的激振力。这种现象在超（超）临界参数的汽轮机上表现更为突出。运行经验表明，超超临界压力的 1000MW 汽轮机的高中压转子容易发生蒸汽自激，致使轴系振动失稳。

在调试的 1000MW 超超临界机组中，HM 电厂 2 号机组和 HZ 电厂 1 号机组的汽轮机均为东汽生产的超超临界 N1000-25.0/600/600 机型，其调节方式为复合配汽（喷嘴调节+节流调节）调节方式，调节级为分流式结构如图 5-36 所示，制造厂的设计阀门开启顺序如图 5-37 所示。这种结构的调节级在国内只有在 1000MW 的超超临界机组上才有应用，存在高负荷下轴系稳定性裕量较小的问题，多次出现汽流激振，给调试工作带来挑战。

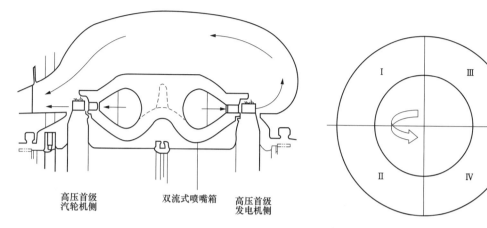

图 5-36 分流式结构调节级 　　　　图 5-37 东汽 1000MW 机组阀门顺序

5.5.1 汽轮机转子汽流自激振动过程

1. 案例：HM 电厂 2 号机组

HM 电厂 2 号机组在首次冲转过程其 3、4 号轴承经历了油膜涡动。采取了有效措施后，该低频振动得以消除，在随后的几次冲转过程中，振动监测数据中均未出明显的低频分量。

8 月 26 日首次并网成功，带负荷 200MW 后暖机 4 小时，机组在 8 月 26 日 10:45 进行了两次机械超速试验（3305、3294r/min）、DEH 后备超速保护试验（3360r/min）、电超速试验（3100r/min）。在此期间机组振动稳定、无异常变化。后逐步带负荷，在 2009 年 8 月 27 日 19:03，机组准备从 99.5MW 升至 1036MW 额定负荷过程中，1 号瓦轴振动突增至 217μm 和 213μm，手动遮断停机，频率成分主要是 28Hz 半频分量（见图 5-38）。

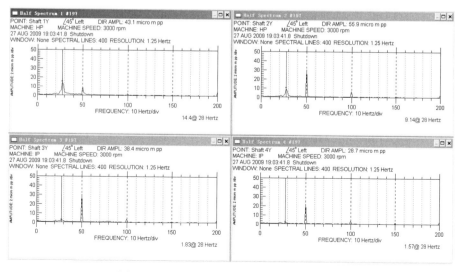

图 5-38 机组 950MW 振动频谱图（28Hz）

这种在负荷变化过程 4 号调节汽门动作导致转子轴承系统失稳现象是典型的自激振动，汽流激励是诱因，但振动突增的另一个关键原因是 1、2 号瓦的轴承稳定性较差。

2. 案例：IIL 电厂 3 号机组

在 2011 年 4 月对 HL 电厂 3 号机组进行调试时，也发现其存在汽流激振故障。4 月 1 日，3 号机组带 850MW 负荷正常运行，发现 1、2、3 号瓦轴振均有异常波动现象，2 号瓦波动最明显，振动与负荷关系密切，负荷提高，振动波动剧烈。

图 5-39 示出该机组带 850MW 负荷时的振动波动数据。

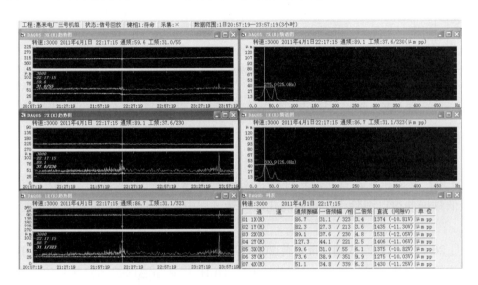

图 5-39　HL3 号机 2011-04-01 负荷 850MW 振动波动最大时的数据

通过测试发现，升负荷过程中，2 瓦最易受影响，继而带动相邻轴瓦振动波动，频谱分析表明，引起振动波动的主要原因是 25Hz 的低频分量，这是典型的自激振动故障。

提高油温至 45℃，增强油膜刚度，提高轴瓦稳定性，机组负荷最高带至 970MW。修改配汽曲线，并将 1、4 号高压调节阀对调，减小汽流扰动力。4 月 2 日 10:00，3 号机组顺利带满负荷。

3. 案例：HZ 电厂 1 号机组

借鉴 HM 电厂 2 号机、HL 电厂 3 号机的经验，在 HZ 电厂 1 号机组的调试前，首先对可能出现的振动问题提出了风险预控方案。然而，与 HM 电厂 2 号机、HL 电厂 3 号机情况相比，HZ 电厂 1 号机组的汽流激振更加复杂。该机组于 2012 年 6 月 28 日整套启动。机组并网带后，在低负荷下各测点振动正常，且趋势较为稳定，无明显波动。但随后多次出现汽流激振。

该机组首次汽流激振发生在 7 月 7 日 8:20 左右。在机组的负荷由 710MW 升至 720MW 过程中，1、2、3 号瓦轴振发生明显波动，且随负荷的升高而增大，2 瓦轴振最大达到

193μm，如图 5-40 所示。由于振动有明显增长趋势且速度较快，继续发展有超出控制范围的趋势，在现场通过快速降负荷使轴振恢复至正常范围。振动波动主要发生在高压转子上，2 号瓦轴振波动量大于 1 号瓦轴振，振动波动量以 25Hz 低频分量为主，1 号瓦工频分量略有变化，其他测点轴振工频分量变化不明显。高压转子振动增长时，通过间隙电压分析，转子有明显的上浮现象。

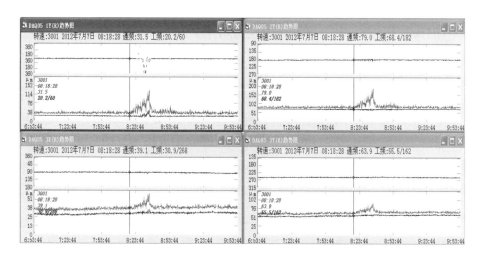

图 5-40   机组首次汽流激振时 1 瓦、2 瓦、3 瓦轴振趋势图

针对该机组的振动故障，决定调整高压调节汽门（CV）开启顺序，以改变汽流力对转子的径向作用力、避免汽流激振的发生。7 月 7 日将调节汽门阀序由 Ⅰ-Ⅱ-Ⅲ-Ⅳ调整为 Ⅰ-Ⅱ-Ⅳ-Ⅲ，机组负荷升至 810MW 时再次发生汽流激振现象，高、中压转子的轴振都有频繁波动趋势，振动最大达到 244μm（2Y），波动量以 25Hz 低频分量为主。将负荷降至 675MW，振动恢复正常。

随后，在 2012 年 7 月 8 日～8 月 4 日，该机组多次出现汽流激振。通过将调节汽门阀序调整为Ⅳ-Ⅱ-Ⅲ-Ⅰ，再调整阀门顺序到初始顺序 Ⅰ-Ⅱ-Ⅲ-Ⅳ，再将阀序更换为Ⅳ-Ⅱ-Ⅲ-Ⅰ，再将阀序更换Ⅱ-Ⅰ-Ⅳ-Ⅲ等，最终将轴系振动控制在允许范围内。

期间，该机组在负荷达到 800～940MW 时，1～4 号瓦处的轴振最大达到 268μm，波动量仍以 25～28Hz 为主，同时改变阀门开启顺序虽然可暂时缓解机组振动，但不能彻底解决该机组汽流激振问题，可见汽流激振的复杂性。

5.5.2 汽流激振故障的预判与预控措施

汽流激振与负荷有很强的关联性，通过多台机组汽流激振的实测数据分析发现，发生汽流激振的机组均存在一个负荷阈值 P_C。当机组负荷低于 P_C 时，虽然低频分量也存在突变，但汽流对轴系振动的影响仍在可控范围内，可以认为在该负荷下，由于系统阻尼的存在，汽流力所做的功能够被系统阻尼消耗，还不足以导致振动超标；当机组负荷超过 P_C 时，即使加负荷速率平缓，系统阻尼消耗的能量小于汽流所做功时，作用在高压转子的汽流能量被不断蓄积，激振力不断增加导致振动超标，振动突变在 100μm 以上甚至超过振动表计测量范围，造成振动保护动作。

对于存在汽流激振潜在故障的超超临界机组，如果在机组设计、制造、安装中没有做好相应的控制措施，一旦进入整组调试阶段，将面临极大的高负荷下突发振动跳机风险。机组在高负荷下跳机对电网冲击较大，且突然甩大容量负荷也极大威胁发电机组设备本身的安全。因此，对超超临界机组汽流激振故障进行预判，并采取相应的预控措施，具有重要的现实意义。

首先对 HM2 号机组、HL3 号机组以及 HZ1 号机组的汽流激振发生及处理过程进行分析。

1. 案例：HM2 号机组

该机组是首次遇到百万超临界机组在高负荷下出现突发性振动。在上节中对 HM2 号机组发生汽流激振导致手动遮断停机过程进行了描述，从图 5-41 振动趋势图中似乎看不出故障即将发生的征兆，通过对历史数据进行瀑布图分析（见图 5-42），发现随着负荷的增加，低频分量逐步增加，特别是在 2009 年 8 月 27 日 16:00 起机组带负荷 800MW，低频分量出现了较为密集的突变，突变幅度超过 20μm。2 号轴振带负荷趋势图如图 5-43 所示。

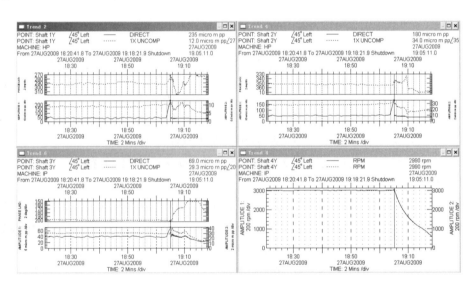

图 5-41 HM2 号机首次带负荷从 995MW 至 1036MW 时振动突增

在 900MW 后的机组带高负荷过程，4 号调节汽门动作剧烈导致蒸汽产生扰动，引起转子轴承系统失稳，这是典型的自激振动，汽流激励是诱因，但振动突增的另一个关键原因是 1、2 瓦的轴承稳定性较差。为此从两个方面进行调整：一是提高转子轴承系统稳定性，在给水流量大于 2500t/h 时，将润滑油温提高至 46℃；二是改变高压调节阀配汽曲线（见图 5-44），减缓 4 号调节汽门在高负荷下的变化率，并控制给水流量在 3000t/h 以下，参数调整至额定参数，减少汽流激励源。采取上述措施后，高负荷下振动满足要求，很好地抑制了振动低频分量。

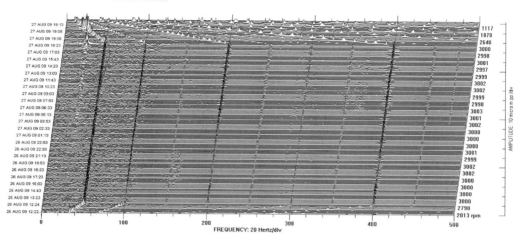

图 5-42　HM2 号机 1X 轴振瀑布图

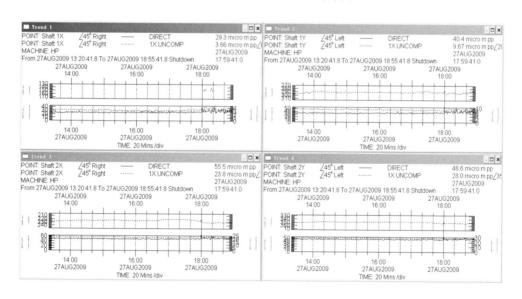

图 5-43　HM2 号机 1、2 号轴振带负荷趋势图

2. 案例：HL3 号机组

2011 年 4 月 1 日，HL3 号机组出现高压转子轴振异常波动现象发生在 850MW，较 HM2 号机组出现汽流激振的负荷低了约 150MW，2 瓦波动最明显，虽然振动波动还没有达到跳机值，但 25Hz 的低频分量超过 50μm；振动与负荷关系密切，随负荷提高振动波动更加剧烈。

该机组在更改阀序前，仅通过提高润滑油温至 45℃，增强油膜刚度，提高轴瓦稳定性，机组负荷最高带至 970MW。

3. 案例：HZ1 号机组

HZ1 号机组汽流激振比 HM2 号机、HL3 号机更加复杂。虽然 HZ1 号机组的配汽函数与 HM2 号机组第二次修改后的基本一致（见图 5-45），但该机组在负荷为 704MW 时 1、2 号轴承轴振就发生剧烈突增，25Hz 低频分量达到 90μm（见图 5-46），较 HL3 号机发生低频分量大幅波动的负荷又低了约 150MW。

说明：为方便对比，图中 --- 曲线为原曲线；‥‥‥ 曲线为第一次修改；—— 曲线为第二次修改

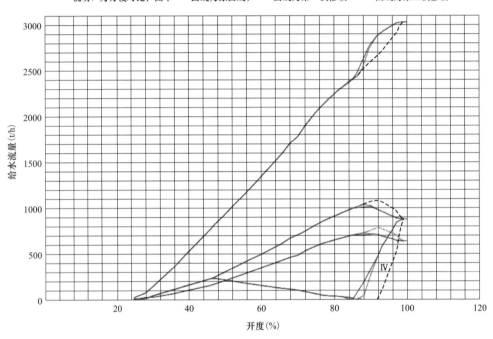

图 5-44　HM2 号机高压调节汽门配汽曲线的修改

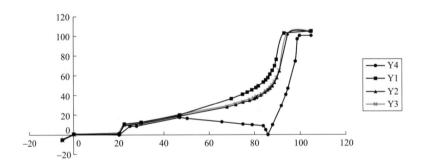

图 5-45　HZ1 号机高压调节汽门配汽曲线

通过多台同类型 1000MW 机组的高负荷下振动突变过程分析，发现在故障发生初期，机组高压转子振动就表现出明显的特征：

（1）在空载及低负荷（小于 500MW）下，低频分量在 10μm 以下，但随着负荷的增加，低频分量将逐步增加，低频分量与负荷正相关性明显。

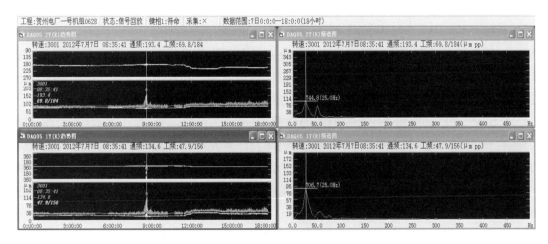

图 5-46　HZ1 号机组 1、2 号轴承轴振趋势图及频谱图

（2）从趋势图看，随着负荷增加，振动突变的频次也逐步增加，趋势图不再平稳，而是呈现密集的锯齿状。

（3）当突变超过 20μm，将预示该 1000MW 超超临界机组发生汽流激振跳机的概率极大，应提前进行风险预控，并采用措施抑制低频振动。

一旦出现上述特征，需要调试人员提高警惕，增加对汽流激振导致跳机的风险预控能力。以广西电网为例，在 2012 年 7 月 HZ1 号机组调试的整组启动期间，正赶上广西的丰水期，水电十分充足，整个广西电网的火电负荷仅需 2000MW，调试期间申请火电负荷较为困难，一旦出现振动突变跳机，对电网冲击较大。为降低振动跳机的风险，在总结多台机组整组启动的经验后，提炼出了切实可行的预控措施。这些措施的执行，对于抑制低频分量，在高负荷下减少振动跳机概率起到了明显作用，可以在同类型机组的调试过程中推广应用：

（1）在负荷 500MW 以上时，运行人员将 1Y、2Y 轴振趋势图投至显示屏，在加负荷过程观察振动趋势图是否存在锯齿波动以及波动幅度是否有扩大趋势；一旦出现锯齿波动，说明可能在更高负荷时出现更为剧烈的自激振动。

（2）给水流量大于 2500t/h 时，逐渐将蒸汽参数调整至额定值：主蒸汽参数 25MPa、600℃；再热蒸汽参数 600℃；真空−95.3kPa。

（3）尽量将给水流量控制在 3000t/h 以下。

（4）给水流量大于 2500t/h 时，将润滑油温度调整至 44～45℃，轴承金属温度控制在报警值以下；当振动出现大幅锯齿波动的负荷越低，如 HZ 的 1 号机组在 700MW 即出现了大幅振动突变，说明轴系的稳定性越差，需要越早提高润滑油温，同时润滑油温可以提高到 48～50℃。

（5）给水流量在 2600t/h 以上时，机组升负荷率调整为 2.5MW/min（降低升负荷速度）；尽早投入协调控制，减少带负荷过程的人工控制造成的负荷大幅度扰动。

（6）为避免高负荷下的调节汽门波动，强制一次调频不动作，取消压力补偿。

（7）升负荷过程，如轴振突变超过 30μm 或低频分量达到 20μm，应尽快关调节汽门降低负荷。

上述方法只适用于判断机组是否可能在高负荷下出现汽流激振，并减少在调试启动过程中由于汽流激振导致跳机的概率。为确保机组安全、稳定带满负荷，还需要采取下述动态调整转子中心的方法，来抑制汽流激振故障。

5.5.3　动态调整转子中心抑制汽流激振

对于已经安装好进入整组启动调试的机组，一旦发现在带负荷过程中存在汽流激振的风险，必须要采取相应的措施来抑制汽流激振的影响，而前述的预控措施只是为了减少机组在高负荷下由于汽流激振导致跳机的概率，减少对电网冲击和对设备本身损伤的概率。

对于存在潜在汽流激振故障的机组，从前述的机理分析可以获知，抑制汽流激振的手段也不外乎从减少激振力和提高系统阻尼两方面入手，具体措施包括：

（1）对转子-轴承系统的优化设计，减少汽流涡动的激振力，同时提高系统的稳定性；

（2）安装中调整汽缸和转子中心，避免运行中转子和汽缸中心发生明显偏移；

（3）增加轴瓦阻尼，采用稳定性好的轴承；

（4）改变高压调节汽门的开启顺序，动态调整高压转子中心，减少由于偏心导致的汽流在转子上的不平衡力矩。

当机组已经进入调试的整组启动阶段，措施（1）、（2）要求重新制造和安装，显然有些不合时宜。

措施（3）在现场应用时效果有限，比如减少长径比可以提高轴瓦稳定性，但降低了轴瓦阻尼；适当提高润滑油温，降低其黏度，可以提高轴承稳定性，同时也减低了轴瓦阻尼。HZ1 号机组在 2012 年 7 月出现汽流激振故障后，曾停机对 1、2 号轴承进行调整，缩小瓦面的曲率半径、1 瓦宽度减少 50mm、2 瓦宽度减少 10mm、顶隙调整到下限、封闭 4 个排油口，但重新启动后仍存在较为明显的低频分量，8 月 2 日 11:41，机组负荷由 840MW 升至 856MW 时，在约 18s 的时间里，1Y 轴振从 40μm 跃升至 290μm，2Y 轴振从 60μm 跃升至 265μm，虽然出现振动大幅度突变的负荷由 704MW 调整至 840MW，但轴承调整对抑制汽流激振未能达到预期的效果。

通过对 HM、HL 机组发生汽流激振后的处理措施加以总结，笔者认为措施（4）动态调整高压转子中心，是非常适合在机组调试期间采取的措施，在不耽搁机组正常安全投运前提下，为制造厂赢得改型设计的时间。

为了避免改变高压调节汽门开启顺序的盲目性，参考 600MW 机组单阀切顺序阀的试验方法，结合 HM、HL 以及 HZ1 号机组配汽方式的调整经验，提出了一套针对东方 1000MW 超临界机组的阀序调整试验方法。

首先，理论分析和实践证明，改变阀序将改变运行状态高压转子的动态中心，以 HZ1 号机组为例，该机组在调整轴承后仍通过三次阀序调整才带满负荷，间隙电压趋势图清晰表明，阀序改变导致运行中高压转子中心位置发生了明显变化。

1. 过程回顾

调整轴承后，HZ1 号机组 2012 年 8 月 3 日 18:00 负荷 738MW 时再次发生低频波动现象，迅速将负荷降至 650MW，并将阀序由原始的Ⅰ-Ⅱ-Ⅲ-Ⅳ更换为Ⅳ-Ⅱ-Ⅲ-Ⅰ，高压转子轴振略有上升。

8 月 3 日 22:14 负荷升至 812MW 时，振动再次突增，迅速将负荷降至 650MW。8 月 4 日 06:30 在 550MW 负荷下将阀序调整为Ⅱ-Ⅰ-Ⅳ-Ⅲ，高压转子轴振略有下降。8 月 4 日 17:00 将定-滑-定曲线的定压提前至 75%，准备在 750MW 负荷下提前将压力提升至 25.4MPa，在主蒸汽压力 24MPa 时，振动剧烈波动增长，被迫停止试验；随后进行了降低压力至 21～22MPa，通过调节阀开度增加流量方式升负荷最高至 912MW（21:59），再次出现振动大幅波动，迅速降负荷。

8 月 5 日 01:52 阀序调整为Ⅲ-Ⅰ-Ⅳ-Ⅱ，定压曲线仍为 75%，设压力偏置 0.5MPa。机组于 17:20 带满负荷。满负荷时工频振动较平稳，通频有微量波动。

2. 阀序改变时的间隙电压趋势图

更换轴承后的启动经历了 3 次阀序更换，不同的阀序改变了轴心的位置，如图 5-47 所示。

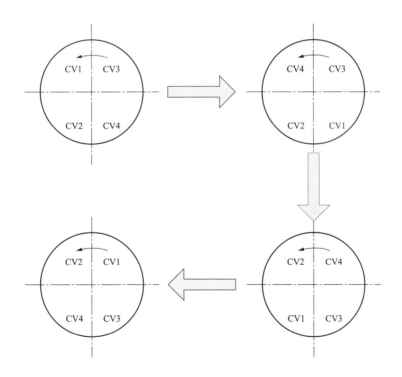

图 5-47　HZ1 号机组阀序调整过程

图 5-48～图 5-50 所示是间隙电压在阀序更改前后的变化趋势，阀序变化前后对应的间隙电压见表 5-9，HZ1 号机组阀序变化对高压转子中心的影响见图 5-51。

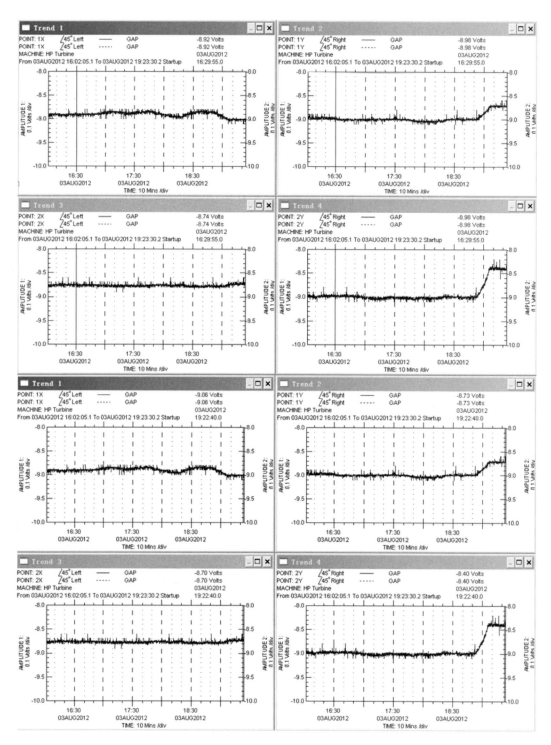

图 5-48   HZ1 号机组阀序由 I - II -III-IV换为IV- II -III- I

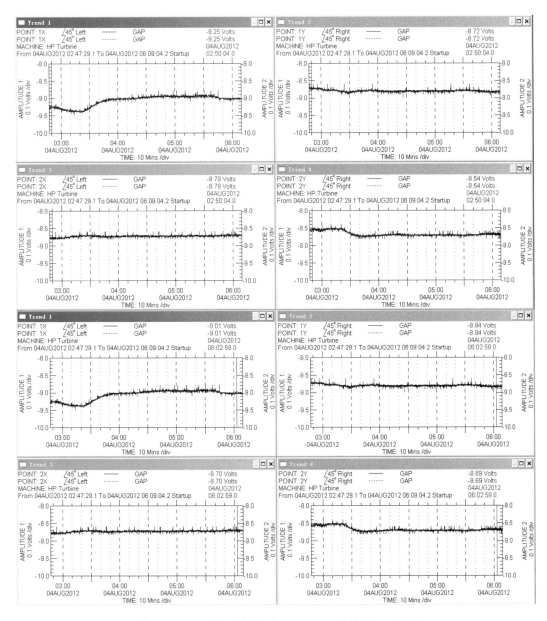

图 5-49　HZ1 号机组阀序由Ⅳ-Ⅱ-Ⅲ-Ⅰ换为Ⅱ-Ⅰ-Ⅳ-Ⅲ

表 5-9　　　　　　　　　　　　阀序变化前后对应的间隙电压　　　　　　　　　　　（V）

时间	阀序	1X	1Y	2X	2Y
2012 08-03 17:00	1-2-3-4	−8.92	−8.98	−8.74	−8.98
	4-2-3-1	−9.06	−8.73	−8.7	−8.4
	差值	−0.14	0.25	0.04	0.58
2012 08-04 03:30	4-2-3-1	−9.25	−8.72	−8.79	−8.54
	2-1-4-3	−9.01	−8.84	−8.7	−8.69
	差值	0.24	−0.12	0.09	−0.15

时间	阀序	1X	1Y	2X	2Y
2012 08-05 02:00	2-1-4-3	−8.61	−8.52	−8.95	−8.64
	3-1-4-2	−8.45	−8.75	−8.4	−8.8
	差值	0.16	−0.23	0.55	−0.16

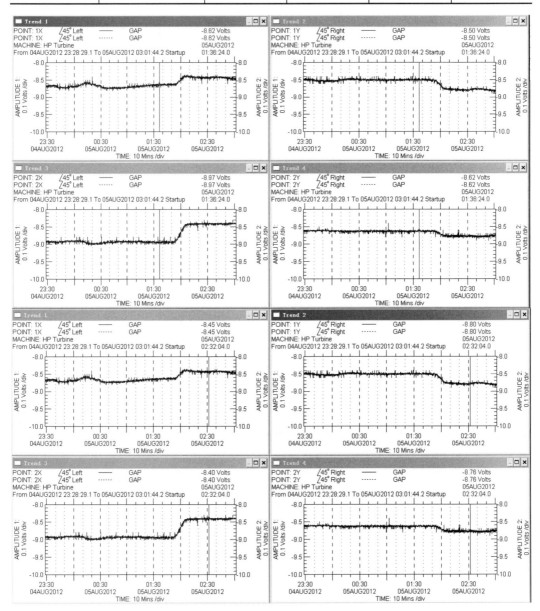

图 5-50　HZ1 号机组阀序由Ⅱ-Ⅰ-Ⅳ-Ⅲ换为Ⅲ-Ⅰ-Ⅳ-Ⅱ

最终阀序Ⅲ-Ⅰ-Ⅳ-Ⅱ实现了机组安全带满负荷的愿望，但过程却很曲折，经历了多次高负荷下振动跳机的风险。上述调整说明，轴心位置与阀序密切相关，通过改变阀序将轴心在高负荷下动态调整到合适的位置，可以有效抑制汽流激振。将该方法应用于 HZ

2 号机组，一次改变阀序就确保机组顺利带满负荷。

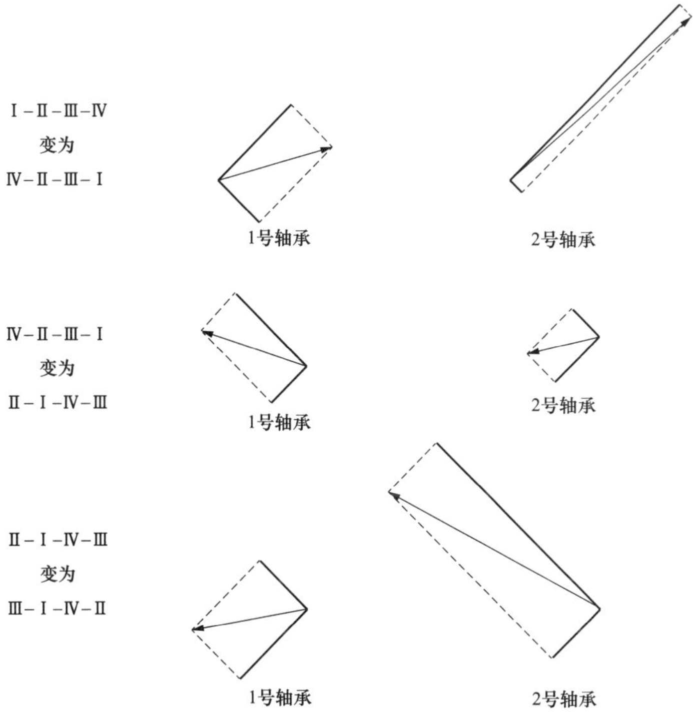

图 5-51　HZ1 号机组阀序变化对高压转子中心的影响

5.6　某 1000MW 机组动静碰磨故障诊断与处理

CZ4 号汽轮发电机组为哈尔滨汽轮机厂有限责任公司和东芝联合设计制造超超临界、一次中间再热、凝汽式、单轴、四缸四排汽汽轮机，型号 CLN1000-25.0/600/600，配套发电机为哈尔滨电机有限责任公司和日本东芝联合设计制造的水氢氢冷却、静态励磁汽轮发电机。该机组于 2009 年 12 月 19 日首次调试整组启动，在启动过程中发电机振动超标，诊断认为发电机存在碰磨故障，通过检查油挡和密封瓦，消除油挡和密封瓦碰磨缺陷后，再次启动振动恢复正常。

5.6.1　首次启动振动

首次升速曲线如图 5-52 所示。首次启动升速至 2945r/min 时由于信号误动作导致跳机，跳机时 9 瓦（发电机前瓦）、10 瓦（发电机后瓦）振动数据如图 5-53 所示，10Y 振动 137μm，工频 130μm。怀疑发电机存在密封瓦碰磨，再次升速时调试将密封油温调整至 42℃以期改善密封瓦的活动能力，转速降至 1073r/min 后再次升速，15:30 至定速 3000r/min，首次定速 3000r/min 的振动如图 5-54 所示。定速 73min 后由于 10Y 振动跳机。从图 5-54 和图 5-55 可以看出，发电机存在一定的不平衡，按摩擦能量的原理，该发电机振动工频分量在稳定工况下不断变化，该变化来源于转子平衡状态的改变，而这一变化正是由于碰磨能量的积累导致的转子产生的弯曲变形。动静碰磨会影响动平衡的精度，因此建议处理动静碰磨后再进行动平衡。按照由内到外、由简入繁的顺序，先检查发电机轴承外油挡。升速 9、10 瓦轴振波德图和降速 9、10 瓦轴振波德图见图 5-56 和图 5-57。

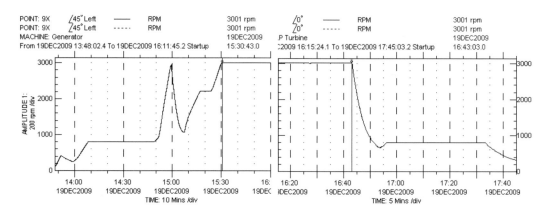

图 5-52　2009-12-19 启动转速曲线

Channel	Date/Time	Speed	Direct	Gap	1X Ampl	1X Phase	2X Ampl	2X Phase	0.5X Ampl	0.5X Phase
9X	19DEC2009 14:59:23.7	2945	64.5	-9.95	61.2	89	4.11	40	0.514	nX<1
9Y	19DEC2009 14:59:23.7	2945	109	-6.12	100	0	2.57	MinAmp	0.514	nX<1
10X	19DEC2009 14:59:23.7	2945	59.8	-10.1	58.1	178	1.54	MinAmp	0.514	nX<1
10Y	19DEC2009 14:59:23.7	2945	137	-6.59	130	50	8.48	194	0.771	nX<1

图 5-53　首次启动至 2945r/min 时发电机振动

Channel	Date/Time	Speed	Direct	Gap	1X Ampl	1X Phase	2X Ampl	2X Phase	0.5X Ampl	0.5X Phase
9X	19DEC2009 15:30:26.8	3000	67.8	-9.92	64.2	88	3.34	MinAmp	0.771	nX<1
9Y	19DEC2009 15:30:26.8	3000	114	-6.19	111	357	3.34	MinAmp	1.03	nX<1
10X	19DEC2009 15:30:26.8	3000	54.5	-9.97	52.9	194	3.08	MinAmp	0.514	nX<1
10Y	19DEC2009 15:30:26.8	3000	118	-6.54	112	46	8.22	202	0	nX<1

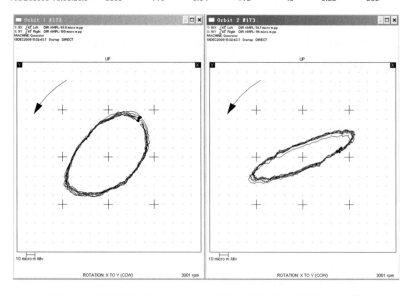

图 5-54　首次启动至 3000r/min 时发电机振动列表及轴心轨迹

Channel	Date/Time	Speed	Direct	Gap	1X		2X		0.5X	
					Ampl	Phase	Ampl	Phase	Ampl	Phase
9X	19DEC2009 16:43:03.2	3001	96.6	-9.55	96.1	98	3.85	67	0.514	nX<1
9Y	19DEC2009 16:43:03.2	3001	152	-5.97	151	10	3.34	MinAmp	0	nX<1
10X	19DEC2009 16:43:03.2	3001	85.1	-9.74	83.5	185	4.11	7	0.771	nX<1
10Y	19DEC2009 16:43:03.2	3001	184	-6.36	177	59	8.22	210	0.771	nX<1

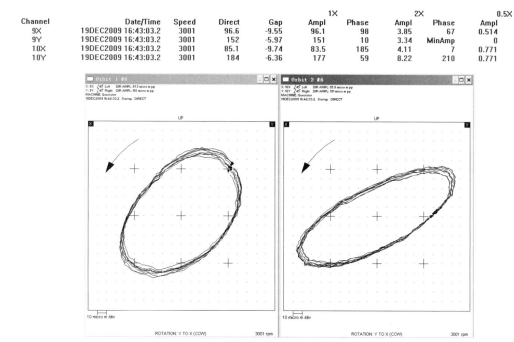

图 5-55　跳机前 3000r/min 时发电机振动列表及轴心轨迹

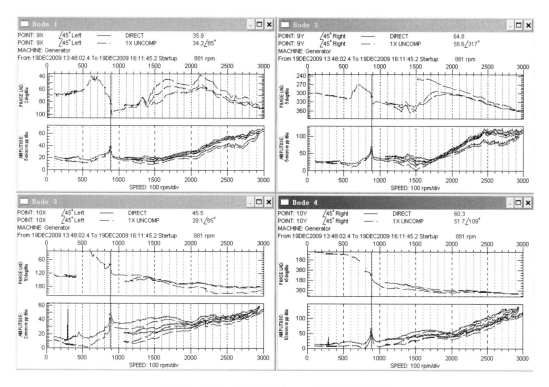

图 5-56　2009-12-19 升速 9、10 瓦轴振波德图

233

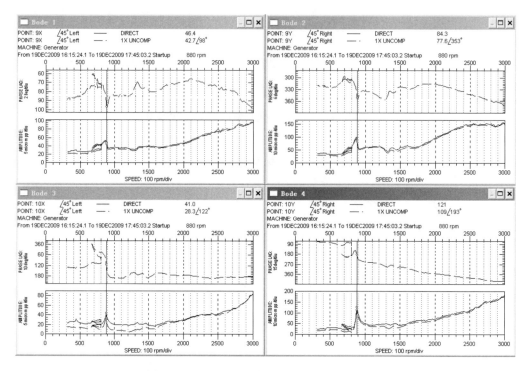

图 5-57　2009-12-19 降速 9、10 瓦轴振波德图

5.6.2　第二次启动振动数据

停机后投盘车，检查 9、10 瓦外油挡，发现 9 瓦外油挡有碰磨痕迹。2009 年 12 月 20 日 14:10 再次启动，在 800r/min 暖机后升速至 3000r/min。升速曲线如图 5-58 所示，15:10 定速时振动如图 5-59 所示。定速 85min 后，再次由于 10 瓦振动跳机，如图 5-60 所示。升降速 9、10 瓦轴振波德图如图 5-61 所示。

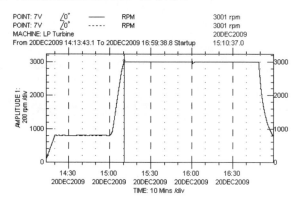

图 5-58　第二次启动速度曲线

Channel	Date/Time	Speed	Direct	Gap	1X Ampl	1X Phase	2X Ampl	2X Phase	0.5X Ampl	0.5X Phase
9X	20DEC2009 15:10:33.9	3000	59.0	-9.78	54.5	88	3.34	MinAmp	0	nX<1
9Y	20DEC2009 15:10:33.9	3000	96.6	-6.04	89.4	354	2.57	MinAmp	0.771	nX<1
10X	20DEC2009 15:10:33.9	3000	52.2	-10.1	49.3	173	2.57	MinAmp	0.514	nX<1
10Y	20DEC2009 15:10:33.9	3000	118	-6.51	107	44	7.97	207	0.514	nX<1

图 5-59　刚到 3000r/min 时发电机振动

Channel	Date/Time	Speed	Direct	Gap	1X		2X		0.5X	
					Ampl	Phase	Ampl	Phase	Ampl	Phase
9X	20DEC2009 16:48:47.3	3001	77.2	-9.14	75.6	116	3.34	MinAmp	0	nX<1
9Y	20DEC2009 16:48:47.3	3001	139	-6.04	135	18	2.57	MinAmp	0.771	nX<1
10X	20DEC2009 16:48:47.3	3001	79.7	-9.75	77.6	190	2.57	MinAmp	0	nX<1
10Y	20DEC2009 16:48:47.3	3001	184	-6.38	176	66	7.71	208	0.514	nX<1

图 5-60　跳机前振动

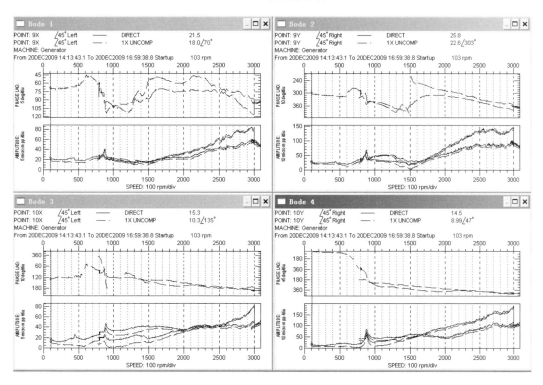

图 5-61　升降速 9、10 瓦轴振波德图

5.6.3　密封瓦检查及结果

停机后对密封瓦进行检查，发现励侧密封瓦有磨损（见图 5-62），但从轴颈磨痕来看，应该是硬杂质嵌入密封瓦中，像车刀一样摩擦转子，几乎是全周都有碰磨，但由于密封瓦的浮动特性以及振动高点的方向性，运行中的转子在不同时刻受到的摩擦力是不一致的，因此转子同样会产生摩擦能量的积累导致转子表面的温度差异加大，产生临时热变形，破坏原有平衡状态。

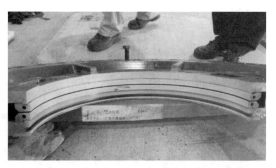

图 5-62　密封瓦碰磨点

调整密封瓦间隙，同时在低发对轮加重 850g∠0° 后开机振动测试结果如图 5-63 所示。

Channel	Date/Time	Speed	Direct	Gap	1X		2X		0.5X	
					Ampl	Phase	Ampl	Phase	Ampl	Phase
9X	23DEC2009 07:12:18.7	3001	42.1	-10.9	40.6	69	1.80	MinAmp	0.771	nX<1
9Y	23DEC2009 07:12:18.7	3001	78.6	-7.57	76.6	320	3.85	106	0.514	nX<1
10X	23DEC2009 07:12:18.7	3001	29.3	-10.3	25.7	170	1.54	MinAmp	0.514	nX<1
10Y	23DEC2009 07:12:18.7	3001	69.9	-6.75	64.2	27	6.94	207	0.514	nX<1

图 5-63　消除密封瓦碰磨后的振动

5.7 某 1000MW 发电机转子匝间短路的诊断与处理

5.7.1 故障概述

PH 电厂 2 号发电机是 1000MW 级汽轮发电机，于 2009 年 6 月出厂。2011 年 1 月首次并网试运行期间，曾在定子出线盒内发生出线端三相短路故障，转子也出现接地故障，后经返厂处理得以消除。整机抢修完成后，于 2011 年 4 月 21 日开始 168h 试运行，4 月 28 日试运行结束，正式进入商业运行。

在 168h 试运行期间，转子励侧 7 号瓦的振动出现随负荷的变化而变化的正相关性现象，且最大振幅约为 110μm，远超过报警值（87μm）及 1 号发电机同一位置的振动值（仅25μm 左右）。在随后的运行中，该相关性现象一直存在，且 7 号瓦的振动有逐步爬升的现象。6 月 2 日，当机组负荷为 1019MW 时，7 号瓦的振动爬升至 126μm，与投入初期的轴振幅值相比，增幅达 14.5%。

PH 电厂 2 号发电机转子异常振动的情况可归纳为以下几点：

（1）2 号发电机励侧的 7 号瓦振动远远超过报警值；

（2）2 号发电机的 7 号、8 号瓦的振动均远大于 1 号发电机同一位置的轴振。2011年 6 月 29 日 15:00，DCS 上显示出 1 号发电机和 2 号发电机的轴振数据如表 5-10 所示。

表 5-10　　　　　　　　　　　　两台同型号发电机轴振对比

运 行 状 态	7X 振动值	8X 振动值
2 号发电机（负荷情况：1000MW、129Mvar）	122.8μm	73μm
1 号发电机（负荷情况：1000MW、244Mvar）	24.7μm	21.7μm

由表 5-10 可计算出，2 号发电机 7X 和 8X 的轴振分别超过 1 号发电机相同部位振幅的397.2% 和 236.4%。由此可见，与 1 号发电机相比，2 号发电机存在着严重的振动异常问题。进一步调出 2 号发电机转子振动与励磁电流的变化曲线，发现 7X 和 8X 的振动均与励磁电流存在正相关性，如图 5-64 所示。相比之下，1 号发电机则不存在这种正相关性，如图 5-65所示。这种振动特征表明，2 号发电机转子内部存在匝间短路故障的可能性较大。

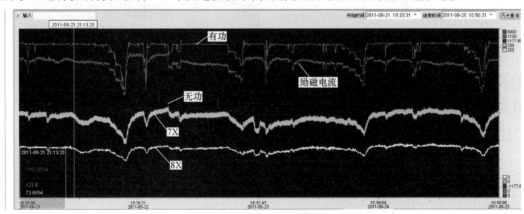

图 5-64　2 号发电机转子振动随励磁电流变化的情况

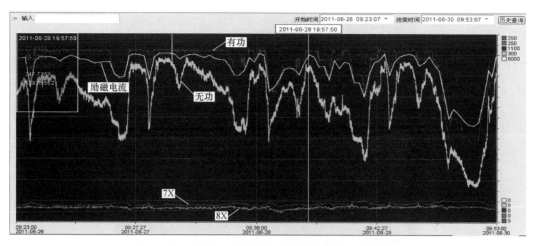

图 5-65　1 号发电机转子振动随励磁电流变化的情况

5.7.2　RSO 检测

为进一步证实 PH 电厂 2 号发电机转子存在匝间短路故障,对膛内转子进行静态 RSO 检测和额定转速下的 RSO 检测,检测波形分别如图 5-66 和图 5-67 所示。

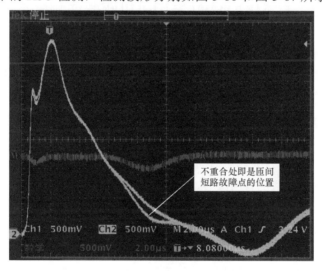

图 5-66　转子静态 RSO 检测波形

图 5-66 中静态 RSO 检测波形中的正、负极两条响应曲线出现了不吻合部分,电压最大偏差接近 250mV(图中红色曲线的下凹部分),已大大超过 150mV 的限值,说明该不吻合曲线段所对应的转子绕组部位存在金属性的匝间短路故障。

图 5-67 中额定转速下的 RSO 检测波形中的正、负极两条响应曲线也出现了不吻合部分,电压最大偏差接近 250mV(图中红色曲线的下凹部分),也已大大超过 150mV 的限值,说明该不吻合曲线段所对应的转子绕组部位存在金属性的匝间短路故障。也就是说,静态下存在的匝间短路故障点,在转子处于 3000r/min 的额定转速下仍然稳定存在。RSO 检测结果进一步表明,PH 电厂 2 号发电机转子存在匝间短路故障,且应是一种稳定的金属性匝间短路故障。

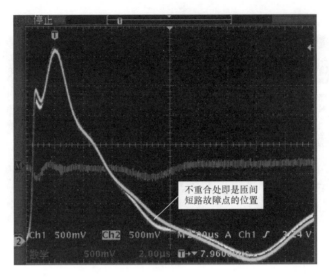

不重合处即是匝间
短路故障点的位置

图 5-67 转子额定转速下的 RSO 检测波形

 5.8 某 1000MW 发电机机座振动测试与处理

CZ 发电有限责任公司 3 号机组为超超临界发电机组,汽机为哈尔滨汽轮机有限责任公司与日本东芝株式会社联合设计制造的 CLN1000-25.0/600/600 型、凝汽式、超超临界、一次中间再热、单轴、四缸四排汽、双背压、八级回热抽汽汽轮机;发电机为哈尔滨电机厂有限责任公司生产的水氢氢冷却发电机。2013 年 9 月,机组发电机转子 10 号瓦振动超过报警值,并出现异常增长趋势。

该机组于 2013 年 2 月大修后启动,定速 3000r/min 时存在多个测点振动大的故障,经动平衡试验后,振动状况有所改善,但 6 瓦、8 瓦轴振仍相对偏大。2013 年 10 月初,电厂针对两根低压转子振动大的故障再次进行动平衡试验,分别在低低对轮和励发对轮进行加重。试验后,6、8 瓦和 9 瓦轴振明显降低,但 10 瓦轴振、瓦振幅值都有所增加,且随负荷波动趋势明显,如图 5-68 所示。

动平衡试验后,10 号轴承轴振、瓦振随负荷变化明显,振动幅值随负荷增长而增大,如图 5-69 所示。根据频谱分析,振动以工频为主,其他频率分量相对很小。现场实测振动数据与 TDM 显示数据吻合,TDM 振动数据反映的是真实情况。测试时,10 号轴承的瓦振幅值已经高于 11 月份相同负荷下的瓦振幅值水平,振动有逐步恶化的趋势。现场多点实测端盖振动数据见表 5-11。

表 5-11 　　　　　　　　**12 月 25 日现场多点实测端盖振动数据**

（负荷 800MW，峰-峰值） 　　　　　　　（μm）

项目	9 瓦侧（汽侧）			10 瓦侧（励侧）		
测点	垂直	水平	轴向	垂直	水平	轴向
幅值	30～40	10～20	≤10	60～80	10～20	10～20

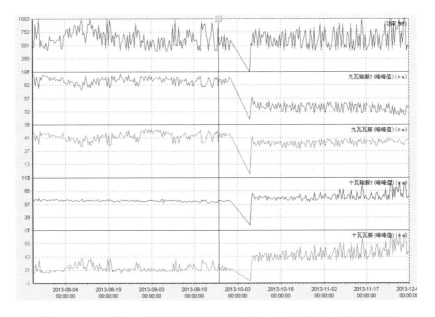

图 5-68　2013 年 10 月动平衡试验前后 9 瓦、10 瓦轴振、瓦振趋势图

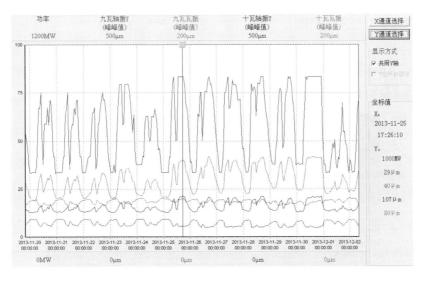

图 5-69　10 号轴承轴振、瓦振趋势图

机组加沙袋（见图 5-70）后，由于机组负荷升高，10 瓦瓦振幅值变化趋势不是很明显。待负荷恢复至加沙袋前的状态时，振动幅值还是有一定的下降。减沙袋过程中，10 瓦瓦振幅值持续增大，沙袋全部移除后有约 1 丝的增长量。减沙袋过程 9、10 号轴承轴振、瓦振趋势图如图 5-71 所示。

2014 年春节期间，机组按照中调要求停运检修，期间按照上述平衡调整要求，将低-发对轮原配

图 5-70　机组加沙袋情况

重减少 300g、角度增加 40°，2014 年 2 月 7 日机组试加动平衡后启动，10 瓦振动从 70μm 降至 35μm，定子励侧机组振动也降至 30μm。平衡调整后的振动截图如图 5-72 所示。

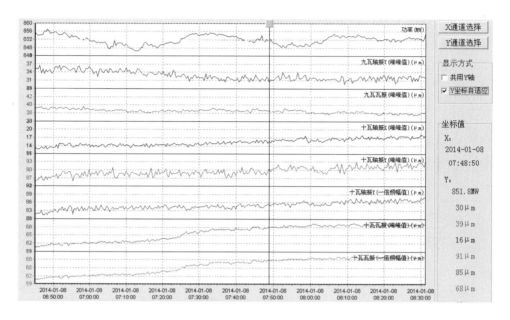

图 5-71　减沙袋过程 9、10 号轴承轴振、瓦振趋势图

机组目前振动满足长期运行的要求。

通道名称	峰峰值	1X幅值	1X相位	2X幅值	2X相位	0.5X幅值	间隙电压	安装角度
备用通道	4	0	270	0	90	0		0
备用通道	5	0	270	0	90	0		0
备用通道	3	0	90	0	90	0		0
一瓦瓦振	10	8	299	1	201	0		0
二瓦瓦振	14	14	152	0	90	0		0
三瓦瓦振	15	14	169	0	90	0		0
四瓦瓦振	4	4	135	0	90	0		0
五瓦瓦振	49	48	142	1	61	0		0
六瓦瓦振	73	73	319	0	270	0		0
七瓦瓦振	12	8	186	2	221	0		0
八瓦瓦振	15	14	121	3	2	0		0
九瓦瓦振	43	43	44	2	62	0		0
十瓦瓦振	31	30	166	1	63	0		0
备用通道	0	0	90	0	90	0		0

时间: 2014-02-08 14:27:47　转速: 2399r/min　功率: 500.6MW　状态: 实时数据

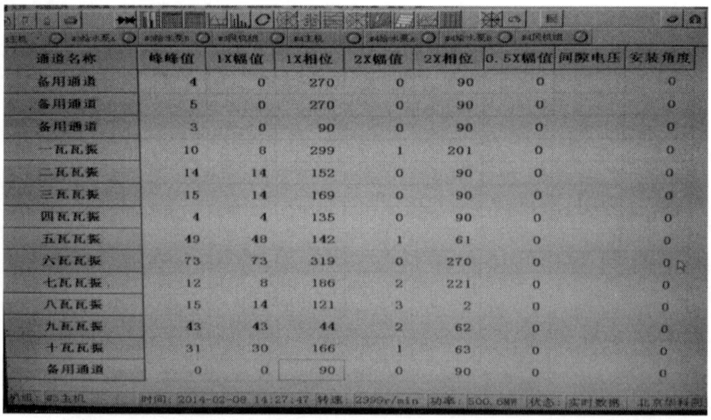

图 5-72　平衡调整后的振动截图

5.9　某 600MW 超临界机组叶片断裂故障远程诊断

5.9.1　远程诊断系统

SW 电厂 1、2 号机组装备有 Bently 3500 振动保护系统（TSI），在各瓦的 *X*、*Y* 方向设置了涡流探头和速度探头分别测量轴颈处的相对轴振动和轴承振动。与此同时，两台

机组分别配备了 Alstom-Strongwish 提供的 S8000 汽轮发电机组在线状态监测和分析系统，从 TSI 动态缓冲输出引入振动信号、键相以及轴位移、胀差等，从 DCS 引入有功功率、主蒸汽温度、主蒸汽压力等运行参数，并能实现基于 B/S 方式的远程访问。

TSI 的主要作用是对机组运行提供振动报警、保护的功能，TDM 的主要作用在于对 TSI 提供的振动数据进行深入分析，获取包括间隙电压、振动波形、频谱、各频率分量的幅值和相位等故障特征数据，并形成轴心轨迹、频谱、波德图、瀑布图等分析图谱，并能存储传输振动特征数据，协助诊断维护专家深入分析机组目前的运行状态及已有的故障特征，从而逐步实现预知维修。TDM 系统实现对各电厂机组振动数据的在线监测和分析，并能将原始采集的波形信号及分析后的特征数据进行存储，并通过网络将数据传输到电厂上级集团公司的服务器进行备份存储，电厂技术人员能够在厂内局域网进行振动分析，专业诊断人员可以在集团公司的远程监测诊断中心对数据进行访问，同时也能在任何有 Internet 网络的位置通过 B/S 方式实现远程监测和诊断。

图 5-73 所示为该系统的数据传输结构图，通过 B/S 方式实现远程监测和诊断。

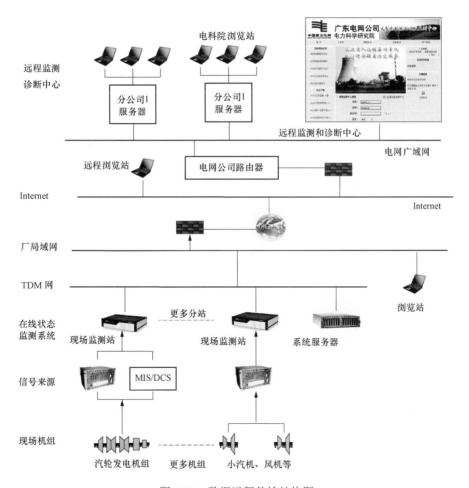

图 5-73　数据远程传输结构图

5.9.2 诊断叶片断裂故障

SW 发电厂 1 号机系东方汽轮机厂生产的 N600-24.2/566/566，超临界、一次中间再热、三缸四排汽、单轴、凝汽式汽轮发电机组。该机组于 2008 年 1 月 27 日正式进入商业运行，在调试期间，该机组振动均较为优秀，3、4 号轴承瓦振均在 25μm 以下。

2010 年 4 月 17 日，1 号低压缸轴振及瓦振出现明显突变，通过远程监测系统提取特征数据如表 5-12 所示。

表 5-12　　　　　　　机组振动历史数据（信号取自 S8000 系统）　　　　　　（μm）

时间	测点	1	2	3	4	5	6	7	8
2010-4-17 01:28	X	14 4∠17	36 16∠343	33 27∠21	39 29∠216	30 16∠183	45 35∠180	45 39∠155	24 13∠237
	Y	13 2∠271	32 5∠257	36 28∠274	52 41∠119	41 31∠61	68 55∠85	85 80∠40	74 66∠49
	瓦振	9 6∠214	6 3∠349	33 30∠180	34 30∠1	18 14∠195	35 31∠344	31 29∠253	23 10∠70
2010-4-18 03:08	X	15 7∠91	31 16∠240	37 28∠148	48 38∠269	25 5∠130	49 39∠192	43 36∠161	24 11∠246
	Y	19 12∠355	52 34∠123	40 28∠48	80 62∠160	40 31∠53	72 59∠98	78 72∠43	67 59∠52
	瓦振	10 6∠252	6 4∠351	55 50∠286	52 50∠88	36 31∠183	44 41∠353	28 25∠264	19 10∠325

1. 振动变化特征

（1）1、2、3、4 瓦轴振均有明显变化。

（2）变化量主要是一倍频分量。

（3）振动幅值变化最大的是 $4Y$，通频值增加 28μm，工频分量增加 21μm；$2Y$ 变化也较大，通频值增加 20μm，工频分量增加 29μm。

（4）振动相位变化很大，2 瓦轴振相位变化 130°，3 瓦轴振相位变化 120°，4 瓦轴振相位变化 50°。

（5）3、4 瓦振变化较大，幅值增加接近 30μm，相位变化约 90°。

（6）突变速度很快，突变时间仅为 3s，即从 2010 年 4 月 17 日 09:52:02～09:52:05（注：TDM 时间）。

振动爬升前后轴振如图 5-74～图 5-79 所示。

2. 振动突变原因分析

机组高中压转子及与之相邻的低压转子平衡状态发生了变化。相位变化大且持续时间短，且振动幅值没有回落，相位稳定；结合工频振动特征的变化幅度，判断低压转子汽侧可能出现叶片断裂。

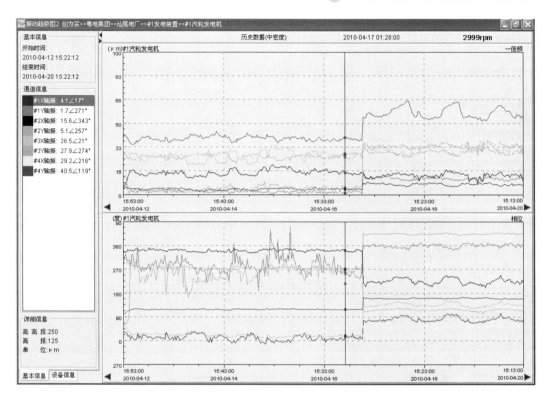

图 5-74　振动爬升前后 1～4 瓦轴振（光标数据为低压缸振动爬升前）

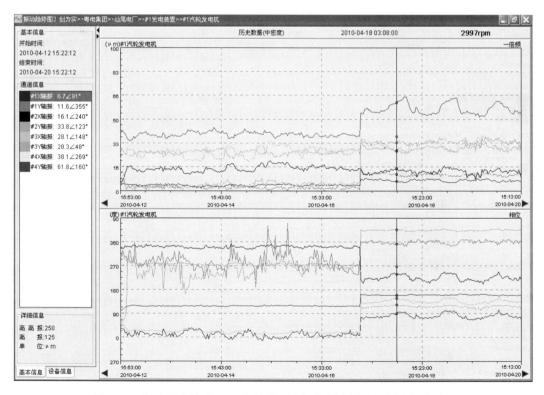

图 5-75　振动爬升前后 1～4 瓦轴振（光标数据为低压缸振动爬升后）

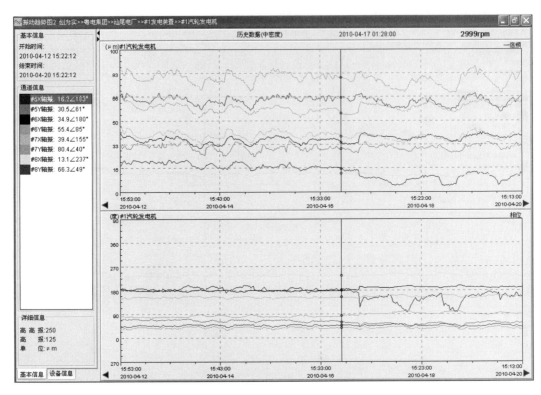

图 5-76　振动爬升前后 5～8 瓦轴振（光标数据为低压缸振动爬升前）

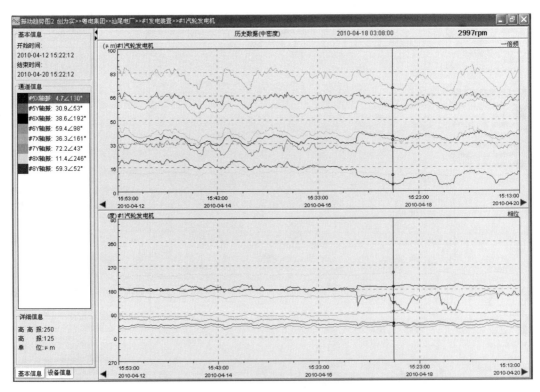

图 5-77　振动爬升前后 5～8 瓦轴振（光标数据为低压缸振动爬升后）

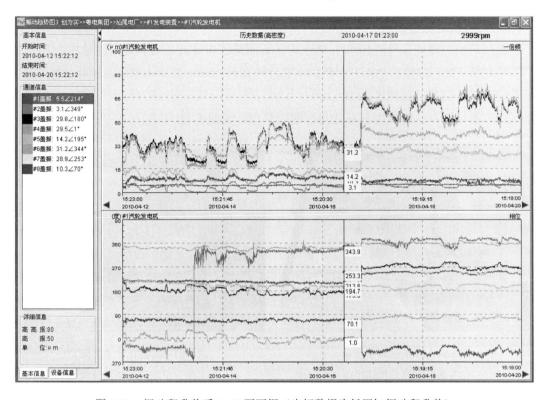

图 5-78　振动爬升前后 1～8 瓦瓦振（光标数据为低压缸振动爬升前）

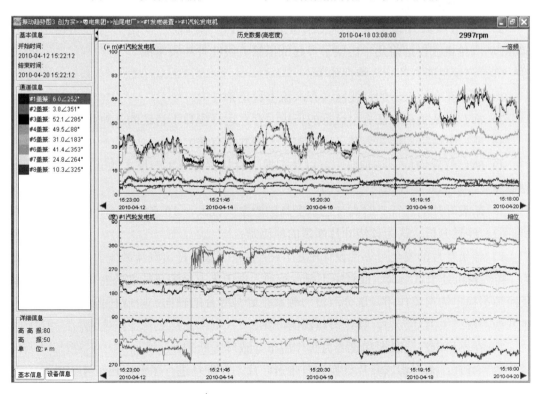

图 5-79　振动爬升前后 1～8 瓦瓦振（光标数据为低压缸振动爬升后）

5.9.3 揭缸检查情况

揭缸后检查发现 1 号汽轮机 A 低压转子反向第 5 级叶片出现两处断裂情况。

（1）第一处：一叶片已断开，断口在靠近叶顶约 70mm 处，本组（四片叶片为一组）叶片的围带已脱落，如图 5-80 所示。

（2）第二处：一叶片中部有三角形断裂缺口，如图 5-81 所示。

图 5-80　A 低压转子反向
第五级断叶片及围带脱落

图 5-81　A 低压转子反向
第五级叶片断裂缺口

5.9.4 叶片断裂原因分析及处理

低压第五级叶片顶部采用铆接围带成组结构，东汽设计制造的这种结构形式的 600MW 汽轮机在投运前几年出现了多起低压第五级叶片断裂事故。

（1）已发生断裂的叶片特性如下：

1）工作在有抽汽口的过渡区（存汽流不稳定条件）。

2）都有在低负荷、低真空运行的历史（存在运行参数不稳定的条件）。

3）断口呈现高周疲劳特征（应力疲劳，与共振有关）。

4）断口位置均位于与轴向一阶以及扭振一阶共振时产生的最大动应力区域，具有相似性（经历的共振模态特性相近）。

5）断裂叶片的运行小时高（已承受高频激振次数大于 10^7 次）。

（2）经过分析，认为该级叶片断裂的原因是：

1）该级叶片的安全可靠性设计不足，不能有效克服不稳定汽流激振引发的共振动应力。当汽轮机处于低负荷、低真空工况运行时，由于末三级流场特性的变化，导致脱流、反流等不稳定的汽流作用，部分汽流力频率正好与叶片的轴向一阶或扭振频率接近，产生共振，形成大的动应力，导致裂纹源的产生。

2）在不稳定汽流激振和离心力等作用下导致叶片断裂。

（3）处理：东汽将该叶片更换为自带冠叶片，在现场进行了低压转子 4 级叶片的更换；现场叶片更换后机组启动振动正常，一次启动成功。

5.10 低压第 1 级叶片断裂故障原因分析及改型设计

某型号汽轮机低压第 1 级叶片在几个机组的检修中发现个别叶片上出现了开裂现象。出现这一故障的叶片服役时间最短的只有 4 个多月。该级共有 54 只喷嘴，140 只长为 95mm 的动叶片，每 7 片动片用围带连成一组。叶片的材料为 2Cr13 钢。叶根的形式为具有两叉的叉型叶根。通过上下两排平行的销钉将叶片固定在叶轮上。叶片开裂的主要部位位于叶根齿上的第 1 排销钉孔处。断裂的叶片为在叶片组中的第 2、3、5、6。本节从理论和实验上对叶片失效模式、失效机理进行了研究，并提出了简便、易行的解决方法。

5.10.1 失效模式确定

采用宏观和微观的方法对损坏的一只叶片进行分析，该叶片运行了 14 000h，共经历了 40～55 次启停。

1. 叶片和叶片断面的宏观检查

宏观的检查发现叶片裂纹发生在叶根第一排销钉孔、靠近出气边的一叉的背弧侧，裂纹几乎成直线穿透整个叶根齿的厚度，如图 5-82 所示。

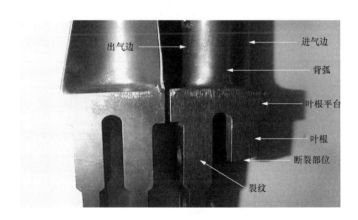

图 5-82 叶片几何形状和失效部位

断面的宏观检查可以看出，裂纹有明显的疲劳特征，疲劳源位于叶根齿上销钉孔表面和叶根齿外表面交接的尖锐过度角处，销钉孔和叶根齿的表面加工比较粗糙。

2. 断口的扫描电镜分析

用扫描电镜对经丙酮清洗后的断裂表面和销钉孔进行了观察，由于在扩展过程中裂纹面间的摩擦及挤压作用，已经看不到疲劳源的原始形貌特征，但仍能看到有多个源区。裂纹线垂直于裂纹的扩展方向，有典型的疲劳特征。

3. 微观检查

微观检查发现结构的组织为回火马氏体，没有腐蚀的痕迹。放大的观察可以发现在裂纹的表面有二次裂纹面。

4. 化学分析和硬度检查

化学分析表明，叶片材料的化学成分符合设计的要求；平均硬度符合设计要求。

5. 粗糙度测量

粗糙度的检查结果显示，外表面粗糙度的最大值为 19.3，内表面粗糙度为 25.6。

一般的实验室实验表明表面粗糙度大于 5 将降低材料的疲劳强度，能够引起应力集中和诱发疲劳裂纹的萌生。

6. 检查结果

叶根齿的裂纹是由于高低周疲劳引起的；起裂源位于叶根齿上销钉孔表面和叶根齿外表面交接的尖锐过度角处；由于表面加工粗糙而产生的缺陷是诱发裂纹萌生的一个重要因素之一。

5.10.2 叶片振动特性的计算和实验结果

用自振扫频法对安装在转子叶轮上的该成组叶片的静频进行了测量。用 3 维 8 节点非协调单元法对其振动特性进行了计算，计算中叶片组被划分为 10 682 个单元，17 873 个节点，如图 5-83 所示。计算和实验结果见表 5-13。

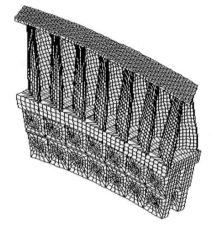

图 5-83　7 片成组叶片的有限元模型

表 5-13　　　　　　　　　　　　　　叶片组的固有频率

阶次	固有频率（Hz）			振型
	计算值		实验值	
	0r/min	3600r/min	0r/min	
1	1741	1761	1752	TI0
2	2438	2446	2312	AI10
3	2659	2688		AI10
4	3381	3391	3252	AI20
5	4893	4917		

注　TI0 为叶片组切向第 1 阶振动模态；AI10 为叶片组第 1 类轴向振动模态；AI20 为叶片组第 2 类轴向振动模态。

图 5-84 所示为计算和实验得到的第 1 阶模态振型，可以看出第 1 阶模态为叶片组切向振动模态。图 5-85 所示为计算和实验得到的第 2 阶模态振型，图 5-86 所示为计算得到的第 3 阶模态振型。第 2、3 阶为叶片组第 1 类轴向振动模态，即 X 型振动模态。

图 5-87 所示为计算和实验得到的第 4 阶模态振型，为叶片组第 2 类轴向振动模态，即 U 型振动模态。

其余为非常复杂的振动模态，包括切向第 2 类振动模态、切向第 2 类振动模态和叶片组轴向振动耦合振动模态等。

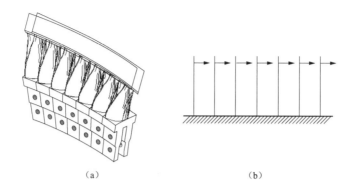

（a）   （b）

图 5-84　叶片组的第 1 阶振动模态

（a）计算结果；（b）实验结果

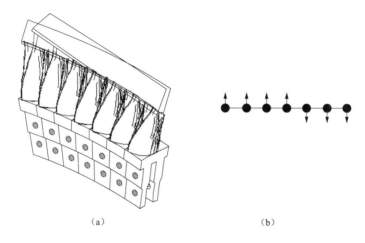

（a）   （b）

图 5-85　叶片组的第 2 阶振动模态

（a）计算结果；（b）实验结果

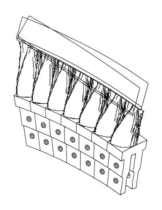

图 5-86　叶片组的第 3 阶振动模态

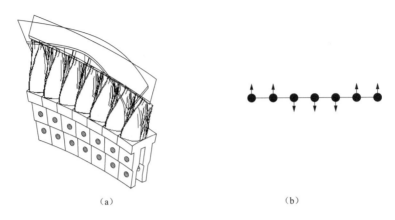

|（a）| |（b）|

图 5-87　叶片组的第 4 阶振动模态

（a）计算结果；（b）实验结果

5.10.3　叶片共振及事故原因解析

1. 共振特性分析

叶片组的实际避开率：对于该低压第 1 级叶片，喷嘴数为 54，转速为 60Hz，因此喷嘴激振力的频率为 3240Hz，第 2 阶喷嘴激振力频率为 6480Hz。考虑到叶片的工作温度，得到修正喷嘴激振力的频率为 3350Hz 和 6700Hz。从计算的频率结果看，不可能和低频激振力发生共振，在固有频率大于 3391Hz 以后为很复杂的振动模态，因此可以不考虑同第 2 阶喷嘴激振力频率共振问题。表 5-14 为叶片组计算动频率（f_d^c）对第 1 阶喷嘴激振力频率的避开率（Δf_d^c），和实验静频（f_0^t）对第 1 阶喷嘴激振力频率的避开率（Δf_0^t）。

从表 5-14 可以看到，叶片组的第 2 类轴向固有频率（AI20）的避开率小于所要求的避开率，第 1 类轴向振动模态的计算值（AI10）和第 2 类轴向模态计算值（AI20）的避开率的小于所要求的避开率。

表 **5-14**　　　　　　　　　　　叶片组的频率避开率

阶次	f_d^c（Hz）	Δf_d^c（%）	f_0^t（Hz）	Δf_0^t（%）	振型
1	1761	47.4	1752	47.7	TI0
2	2446	27.0	2312	31.0	AI10
3	2688	19.8			AI10
4	3391	1.2	3252	2.9	AI20
5	4917				

2. 动应力分析

图 5-88 所示是某一时刻叶片组中各叶片在同一位置的径向应力（Sr），比较图 5-88 和图 5-87，可以看到在同一时刻叶片上的应力沿叶片号的分布和叶片组第 2 类轴向模态振型基本一致，位于节点上的叶片的应力明显要大于其他叶片上的应力，这个结果和实

际出现裂纹叶片在叶片组中情况相吻合。

3. 叶片故障的根本原因

从振动特性的计算和实验测量以及动应力的计算分析，可以得出，叶片组第 2 类轴向振动模态同喷嘴激振力频率共振是叶片损坏的主要原因。

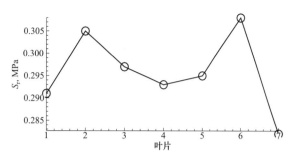

图 5-88　叶片组中各叶片在同一位置的径向应力

5.10.4　叶片的改进设计

基于上述对叶片开裂的认识，提出了一种简便易行的方案，即不改变叶型和叶根的型式，仅调整叶片组中的叶片数为 10 片，避免了叶片组轴向振动模态的共振发生。

1. 模态的计算和测量结果

修改后的 10 片成组叶片固有频率计算值和实验值见表 5-15。

其中第 1 阶模态为切向振动模态；第 2、3 阶为叶片组第 1 类轴向振动模态，也即 X 型振动模态；第 4 阶为叶片组第 2 类轴向振动模态，也即 U 型振动模态。第 5 阶为叶片组第 3 类轴向振动模态，也即 S 型振动模态。

2. 修改后叶片振动特性的安全性分析

叶片组的静频计算结果（f_0^c）和测量结果（f_0^t）见表 5-15，计算静频同第 1 阶喷嘴激振力频率的避开率（Δf_d^c），和实验静频（f_0^t）对第 1 阶喷嘴激振力频率的避开率（Δf_0^t）也见表 5-15。从表 5-15 可知修改后的 10 片成组叶片降低了叶片组的第 2 类轴向振动频率，避免了叶片组可能和第 1 阶喷嘴激振频率发生的共振。

表 5-15　　　　　　　　　　　10 片成组叶片的频率及频率避开率

阶次	f_0^c（Hz）	Δf_0^c（%）	f_0^t（Hz）	Δf_0^t（%）	振型
1	1759	47.5	1764	47.3	TI0
2	2437	27.3	2484	25.9	AI10
3	2627	21.6	—	—	AI10
4	2872	14.3	2624	21.7	AI20
5	3766		3656		AI30

注　AI30 表示叶片组的第 3 类轴向振动模态。

5.10.5　叶片断裂的原因及改型设计的总结

（1）裂纹的起裂点在销钉孔表面和叶根齿的两个外表面相交过渡尖角处，表面加工粗糙是裂纹起裂的一个重要诱发因素。

（2）叶片发生裂纹的根本原因是叶片组第 2 类轴向振动模态和第 1 阶喷嘴激振力频率发生共振，导致高周疲劳造成的。

（3）提出的不改变叶型，仅调整叶片组中的叶片数，避开了不希望发生的共振，成功地解决了叶片的开裂问题。

（4）研究表明叶片组的第 2 类轴向振动模态同喷嘴叶栅出口不均匀引起的激振力共振是危险的，应该避免。

（5）调整成组叶片中的叶片数是调整叶片组轴向固有振动模态的一个有效方法。

5.11 某 600MW 机组发电机定子绕组端部的故障诊断及控制

JW 电厂 4 号机组是由上海汽轮机厂制造的 N600-24.2/566/566 引进型超临界、一次中间再热、三缸四排汽、单轴、中间再热凝汽式汽轮机。该机组发电机端部振动过大，严重影响机组的安全运行。处理期间曾通过调整定子冷却水温、氢温，动平衡以及冷却器顶部压沙袋等方式使发电机定子端部振动得到了有效改善。

JW 电厂 4 号机组安装了发电机定子绕组端部振动在线监测分析系统 TN8000-FOA，记录各工况下的发电机线棒端部振动数据。光纤加速度传感器在发电机内部的布置如图5-89 所示。

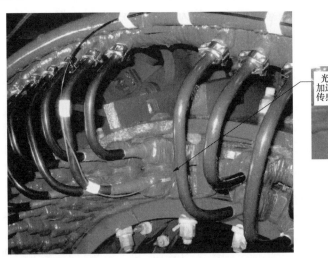

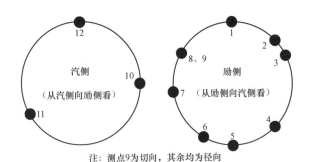

注：测点9为切向，其余均为径向

图 5-89 端部振动光纤加速度传感器布置图

1. 电机端部振动与发电机基座、外壳振动关联性测试

为分析发电机端部振动与发电机基座、外壳振动是否存在关联，2011 年 4 月 6～7

日，对 JW 电厂 4 号发电机外壳振动进行了测试。传感器采用 Bently 9200 型速度传感器，发电机基座振动测点布置见图 5-90，外壳振动测点布置见图 5-91。

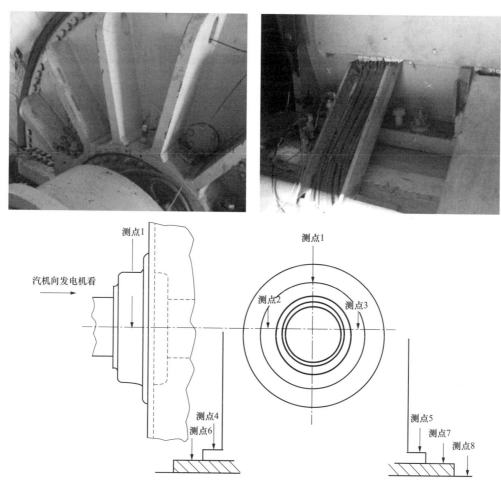

图 5-90　发电机基座振动测点布置图

发电机基座振动趋势见图 5-92，端部振动趋势见图 5-93。测试结果表明，发电机定子端部绕组振动与发电机外壳振动相关性不明显。

将图 5-93 与 2011 年 1 月 6 日启动至 2988r/min 时的端部振动数据（见表 5-16）进行对比，发现在空载状态下工频分量不超过 70μm，带负荷对发电机端部振动的影响显著，但在变负荷过程，端部振动工频分量与负荷相关性却不明显，初步推断端部已处于共振状态，外力扰动对其固有频率有轻微的改变将导致共振幅值的较大变化；停机时的超速试验将对此推断进行验证。

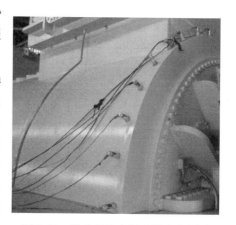

图 5-91　发电机外壳振动测点布置图

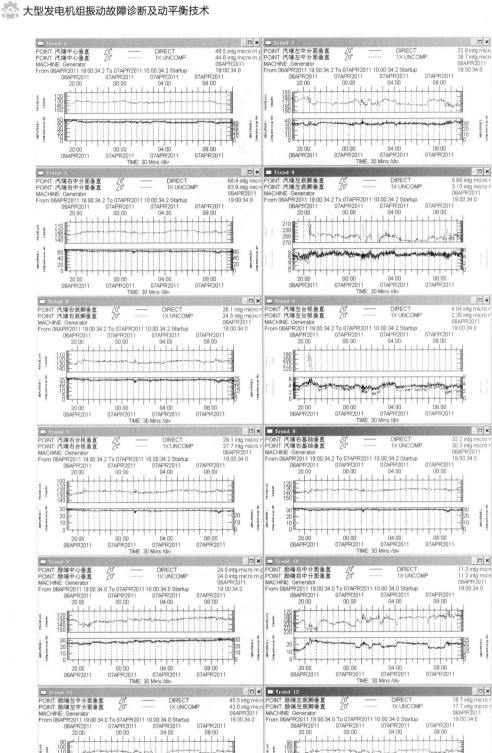

图 5-92　发电机基座振动趋势图（一）

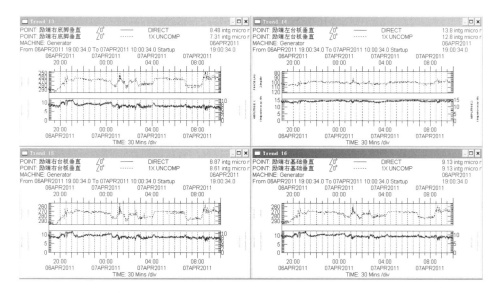

图 5-92 发电机基座振动趋势图（二）

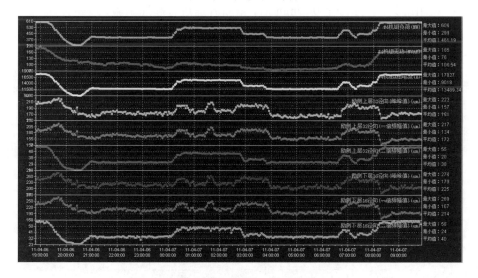

图 5-93 发电机端部振动趋势图

表 5-16　　　　　　　　　空载状态下发电机端部振动数据

测 点 名 称	通频峰峰值 （μm）	工频幅值 （μm）	工频相位 （°）	二倍频 幅值
励侧上层 32 径向	60	52	75	4
励侧下层 16 径向	77	64	89	5
励侧上层 39 径向	44	22	98	3
励侧下层 30 径向	61	46	265	5
励侧上层 11 径向	55	37	109	5
励侧下层 37 径向	48	36	280	9

测 点 名 称	通频峰峰值 （μm）	工频幅值 （μm）	工频相位 （°）	二倍频 幅值
励侧上层 18 径向	37	31	280	2
励侧上层 25 径向	40	22	57	7
励侧上层 25 切向	51	39	285	3
汽侧上层 32 径向	20	2	258	7
汽侧上层 4 径向	33	26	91	2
汽侧上层 18 径向	30	24	258	3

注　转速 2998r/min，2011 年 1 月 6 日。

2. 发电机超速试验振动测试

2011 年 4 月 19～21 日，进行发电机超速试验，记录发电机定子绕组端部振动数据，分析其共振转速。机组 4 月 19 日晚 21:15 开始从 600MW 减负荷，4 月 20 日 03:33 负荷降至 68MW 机组解列，转速降至 94r/min 后，重新升速进行超速试验，最高转速 3200r/min。发电机定子绕组端部振动的超速试验过程波德图见图 5-94，端部振动特征数据见表 5-17。

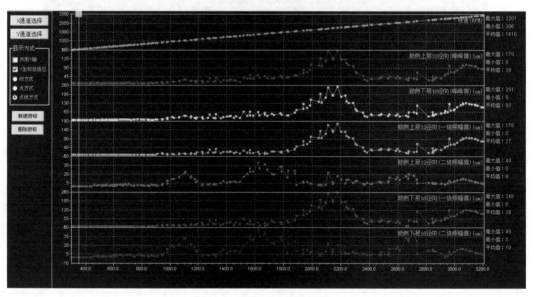

图 5-94　超速试验波德图

表 5-17　　　　　　　　　　　　　　端部振动特征

位置	所测线棒实际方位 （非测点方位）	工频第一个峰值		工频第二个峰值		3000r/min
		转速 （r/min）	幅值 （μm∠°）	转速 （r/min）	幅值 （μm∠°）	幅值 （μm∠°）
励侧上层 32 径向	83L	2141	138∠298	3080	99∠127	61∠86
励侧下层 16 径向	53R	2141	191∠309	3080	121∠148	77∠93
励侧上层 39 径向	142L	2141	66∠353	3080	35∠138	29∠149

位置	所测线棒实际方位（非测点方位）	工频第一个峰值		工频第二个峰值		3000r/min
		转速（r/min）	幅值（μm∠°）	转速（r/min）	幅值（μm∠°）	幅值（μm∠°）
励侧下层 30 径向	68L	1938	190∠0	3080	60∠316	53∠272
励侧上层 11 径向	97R	2141	149∠314	3080	48∠143	39∠97
励侧下层 37 径向	127L	2141	142∠143	3080	46∠324	35∠285
励侧上层 18 径向	38R	2141	101∠136	3080	51∠325	36∠280
励侧上层 25 径向	23L	2141	64∠311	3080	22∠110	18∠48

从图 5-94 可以看到，升降速过程 L1、L2 点一倍频幅值在 2140～2200r/min 存在峰值，二倍频幅值在 1100r/min 存在峰值，说明 2140～2200r/min 是端部振动的一个共振频率。超速中 L1、L2 点在 3090r/min 附近存在一倍频振动峰值，如果该转速下也存在共振，应该在 1545r/min 附近存在二倍频振动峰值，在图中 1560r/min 存在二倍频的较小峰值。

3. 升速过程振动关联性分析

选取 4 月 21 日 10:55～11:36 时段，机组转速从 100r/min 升至 3000r/min 的振动特征进行关联性分析，端部振动特征数据见表 5-18。选取线棒测点 16 槽下层 L2（53R）和 18 槽上层 L7（38R），8 瓦轴振 8Y（R）、瓦振 8Y（ABS），励侧壳右 45°，铁芯右 30°，加装线棒测点 L2。

表 5-18　　　　　　　　　　端部振动

位置	所测线棒实际方位（非测点方位）	工频第一个峰值		工作转速 3000r/min
		转速（r/min）	工频（μm∠°）	工频（μm∠°）
励侧上层 32 径向	83L	2182	148∠328	60∠92
励侧下层 16 径向	53R	2182	200∠340	72∠100
励侧上层 39 径向	142L	2182	74∠351	28∠266
励侧下层 30 径向	68L	1963	189∠4	51∠0
励侧上层 11 径向	97R	2182	163∠349	42∠71
励侧下层 37 径向	127L	2182	161∠148	37∠266
励侧上层 18 径向	38R	2182	102∠155	40∠279
励侧上层 25 径向	23L	2182	74∠348	3∠0

从升速过程波德图（见图 5-95 和图 5-96）可以看到，8 瓦轴振 8Y（R）、瓦振 8Y（ABS）过临界的转速吻合，一阶在 830r/min 附近，二阶在 1960r/min 附近；励侧壳右 45°的最大峰值也在 1970r/min 附近；且一倍频相位较为一致，说明振动在从转子—轴承—外壳传递过程保持较好的一致性。铁芯右 30°与临时加装线棒测点 L2 及端部振动测点 L2 和 L7 均存在一个 1300r/min 附近的峰值，同时最大峰值出现在 2160r/min，与发电

机轴系二阶临界相差 200r/min，说明定子铁芯与线棒存在自身的共振区间。

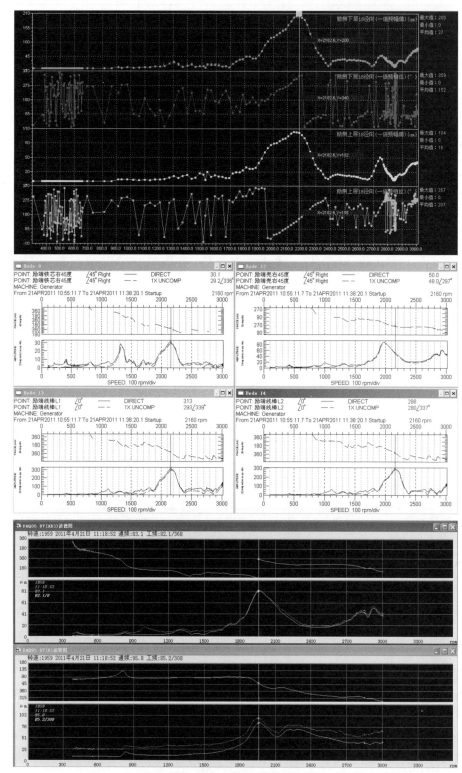

图 5-95　升速波德图（励侧右 45°）

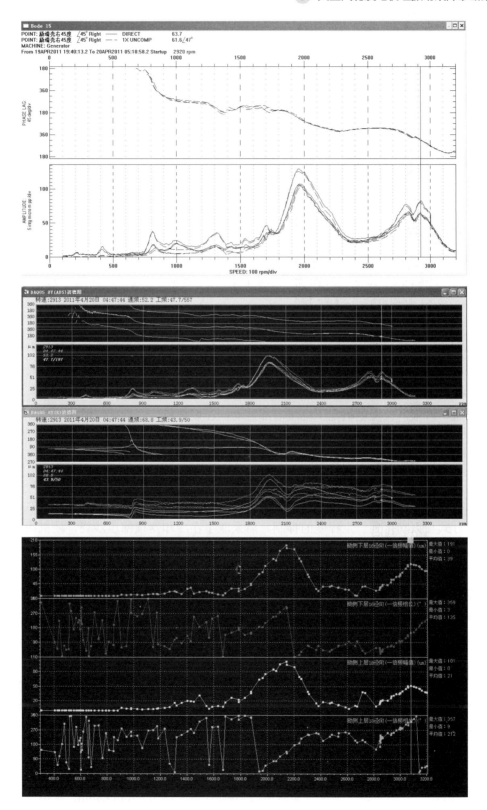

图 5-96　升速波德图（励侧右 45°）

回顾超速试验的数据，在 2920r/min 升速至 3200r/min 过程，轴振 8Y（R）、瓦振 8Y（ABS），励侧壳右 45°振动均为逐步下降，而测点 L2 和 L7 从 2900r/min 开始逐步爬升至 3080r/min 达到最大值，然后端部振动逐步回落。说明线棒的共振区间与轴系、轴承、定子外壳不一致。

从定子铁芯与线棒振动的幅值分析，过 1300r/min 共振区间时线棒振动较定子铁芯振动大 4～5 倍，在 3000r/min 时线棒振动较定子铁芯振动大数十倍；仔细观察定子铁芯振动与线棒振动的波德图，在 3000r/min 附近，铁芯振动是随转速上升逐步下降，而端部线棒的振动是逐步上升的，虽然超速试验中没有加装铁芯振动，但仍能推断出，线棒与铁芯的共振区间也是不一致的，3080r/min 的线棒振动峰值是源于线棒落入共振区间而非铁芯。

如表 5-17 和表 5-18 所示，从两次试验的共振区间可以看出，当发电机定子温度下降后，线棒的共振转速将有所下降，本次测试中前后两次的最大峰值的转速相差约 40r/min。

4. 发电机定子冷却水温、氢温调整

发电机转子超速试验表明，线棒的共振转速随发电机定子温度变化而改变，也就是发电机定子温度会影响线棒的固有振动特性。遂决定对定子冷却水温、氢温进行调整试验，使线棒固有频率远离工作转速，降低振动水平。试验结果表明，通过定子冷却水温、氢温调整，有效降低发电机定子绕组端部振动。在发电机定子端部绕组振动监测系统开发的初期，未将氢温、水温等工况参数考虑进去，后期对系统进行了改进完善，将氢温、水温等参数纳入监测之中。

5. 发电机冷却器顶部压沙袋

机组发电机端部振动过大，严重影响机组的安全运行。通过调整定子冷却水温、氢温，等方式使振动得到一定程度的抑制。后采取了在冷却器顶部压沙袋，使机组发电机端部振动进一步降低。

在发电机氢气冷却器顶部加沙袋，降低了端部振动。从力学原理方面考虑，沙袋对汽轮发电机组起到了阻振和结构修改的作用，从而抑制了发电机端部振动。一方面，沙袋会增加整个系统的质量，改变发电机组的动力学特性参数，如固有频率、模态振型；另一方面，松散、颗粒状的沙子，在振动过程中会相互碰撞、摩擦，耗散振动能量，增加了动力系统的阻尼，起到减振的作用。

2013 年 8 月 31 日，4 号机组按计划降负荷停机。机组 598MW 负荷下保持稳定，将冷却器上部的沙袋（两侧各 2500kg）取下，测试分析相同工况下有、无沙袋时的发电机外壳振动状态。

如表 5-19 所示，机组 598MW 负荷下取掉沙袋前后，汽端、励端冷却器顶部水平振动变化显著。取掉沙袋前汽端冷却器顶部炉侧/变侧振动为 78μm/74μm，取掉沙袋后变为 152μm/140μm；取掉沙袋前励端冷却器顶部炉侧/变侧振动为 62μm/63μm，取掉沙袋后变为 127μm/125μm；振动增加量主要为基频分量。

表 5-19　　　　　机组 598MW 负荷下取掉沙袋前后振动数据列表（峰-峰）　　　　　（μm）

序号	测点部位	方向	取前 2013-08-31 14:25				取后 2013-08-31 15:42			
			炉侧		变侧		炉侧		变侧	
			通频	工频	通频	工频	通频	工频	通频	工频
1	发电机基础（汽端）	水平	10	8∠26	16	14∠186	/	/	13	13∠192
2	发电机底脚板（汽端）	水平	15	14∠39	19	18∠183	21	20∠43	17	17∠189
3	发电机水平（汽端）	水平	38	36∠39	34	33∠222	45	43∠65	40	38∠253
4	冷却器支座（汽端）	水平	43	41∠54	46	44∠239	62	62∠86	67	65∠272
5	冷却器底部（汽端）	水平	55	54∠65	54	51∠251	86	85∠91	84	82∠277
6	冷却器顶部（汽端）	水平	78	77∠97	74	72∠282	152	151∠112	140	138∠298
7	发电机基础（中部）	水平	9	8∠37	4	3∠180	14	13∠20	6	6∠146
8	发电机底脚板（中部）	水平	10	8∠38	6	5∠207	15	15∠28	10	9∠180
9	发电机水平（中部）	水平	18	17∠61	15	14∠209	31	30∠47	17	17∠206
10	发电机顶部（中部）	水平	17	15∠43	16	16∠234	25	24∠31	25	25∠235
11	发电机基础（励端）	水平	6	5∠190	6	5∠24	3	2∠289		5∠84
12	发电机底脚板（励端）	水平	8	8∠199	9	8∠30	8	7∠289	10	9∠96
13	发电机水平（励端）	水平	23	22∠230	23	22∠50	36	35∠284	36	35∠105
14	冷却器支座（励端）	水平	31	30∠235	33	32∠66	56	56∠283	59	58∠109
15	冷却器底部（励端）	水平	29	29∠243	33	32∠68	60	60∠289	68	66∠112
16	冷却器顶部（励端）	水平	62	62∠262	63	62∠89	127	127∠287	125	123∠113
17	端盖水平（汽端）	水平	40	39∠31	35	33∠216	44	43∠60	41	40∠245
18	端盖垂直（汽端）	垂直	25	22∠89	43	40∠115	27	26∠52	55	53∠110
19	端盖水平（励端）	水平	27	26∠288	26	24∠42	40	40∠280	37	37∠98
20	端盖垂直（励端）	垂直	11	9∠71	18	15∠314	30	29∠91	19	16∠2

在发电机氢气冷却器顶部加沙袋对发电机定子端部线棒测点振动的影响见表 5-20。

表 5-20　　　　　取沙袋前后发电机定子端部线棒测点振动列表

测点	8 月 31 日 12:45 335MW 机座压沙袋				8 月 31 日 14:21 600MW 机座压沙袋				8 月 31 日 15:45 600MW 机座无沙袋				8 月 31 日 16:30 300MW 机座无沙袋			
	通频	$1X$		$2X$ 倍频	通频	$1X$		$2X$ 倍频	通频	$1X$		$2X$ 倍频	通频	$1X$		$2X$ 倍频
		幅值	相位			幅值	相位			幅值	相位			幅值	相位	
L1	120	100	105	41	144	75	146	91	177	153	144	69	139	131	130	43
L2	124	109	124	52	175	112	139	102	245	223	156	83	174	155	145	56
L3	86	78	248	26	100	69	216	59	155	132	229	48	128	123	183	28
L4	97	88	250	19	72	52	205	30	88	71	247	29	110	101	243	17
L5	73	42	180	35	106	48	195	74	109	74	162	58	96	72	154	34
L6	83	51	35	42	121	62	349	131	85	17	67	110	89	27	41	

续表

测点	8月31日 12:45 335MW 机座压沙袋				8月31日 14:21 600MW 机座压沙袋				8月31日 15:45 600MW 机座无沙袋				8月31日 16:30 300MW 机座无沙袋			
	通频	1X		2X倍频	通频	1X		2X倍频	通频	1X		2X倍频	通频	1X		2X倍频
		幅值	相位			幅值	相位			幅值	相位			幅值	相位	
L7	119	104	13	30	145	122	355	63	209	196	4	51	159	148	16	29
L8	89	78	17	28	109	82	329	50	183	165	355	41	117	114	12	25
L9	90	69	135	28	129	83	136	61	194	175	163	41	121	105	117	25
Q1	159	139	18	42	168	133	338	80	257	236	9	61	199	188	27	35
Q2	106	99	302	27	154	132	293	44	118	105	304	35	93	85	287	25
Q3	157	146	66	19	132	118	49	31	211	204	44	27	215	207	55	19

机座压沙袋时，600MW 与 300MW 相比，通频值大多数测点有增大趋势，Q1 最大；基频值基本不变，Q1 最大；倍频值基本翻倍，L2 最大。

机座无沙袋时，600MW 与 300MW 相比，通频值大多数测点有增大趋势，Q1 最大；基频值大多数测点有增大趋势，Q1 最大；倍频值增大 0.5 倍，L2 最大。

600MW 功率时，无沙袋与压沙袋相比，通频值有较大幅度增大，Q1 最大；基频值有较大幅度增大，Q1 最大；倍频值有所减小，L2 最大。

300MW 功率时，无沙袋与压沙袋相比，通频值大多数有较大幅度增大，Q1 最大；基频值有较大幅度增大，Q1 最大；倍频值基本不变，L2 最大。

6. 发电机转子动平衡

2013 年 8 月 31 日，4 号机组停机大修，决定对发电机转子进行动平衡试验。以轴振数据作为试验依据，以降低发电机轴振为目标，同时得到发电机外壳振动的不平衡响应，为降低外壳振动奠定基础。

首次试加重在励发对轮加重 748g∠123°，发电机外壳振动列表见表 5-21，第一次动平衡后升速过程中的端部绕组振动波德图见图 5-97。

表 5-21　　　　　　　　　第一次试加重后数据列表（峰-峰）　　　　　　　　（μm）

序号	测 点 部 位	方向	炉侧		变侧	
			通频	工频	通频	工频
1	发电机基础（汽端）	水平	1	0.1	6	5∠162
2	发电机底脚板（汽端）	水平	5.8	4.4∠1	8	6∠151
3	发电机水平位置（汽端）	水平	17	15∠38	15	14∠221
4	冷却器支座（汽端）	水平	27	25∠54	32	29∠237
5	冷却器底部（汽端）	水平	30	28∠52	30	28∠238
6	冷却器顶部（汽端）	水平	66	64∠71	61	59∠258
7	发电机基础（中部）	水平	3	2∠317	5	3∠0
8	发电机底脚板（中部）	水平	4	3∠312	10	9∠103

序号	测 点 部 位	方向	炉侧		变侧	
			通频	工频	通频	工频
9	发电机水平位置（中部）	水平	11	8∠303	17	16∠90
10	发电机顶部（中部）	水平	15	14∠274	12	10∠93
11	发电机基础（励端）	水平	3	1∠0	2	1∠0
12	发电机底脚板（励端）	水平	3	2∠0	3	1∠0
13	发电机水平位置（励端）	水平	18	17∠234	19	17∠61
14	冷却器支座（励端）	水平	35	35∠238	37	35∠65
15	冷却器底部（励端）	水平	46	46∠243	53	51∠67
16	冷却器顶部（励端）	水平	96	95∠244	95	91∠70
17	端盖水平位置（汽端）	水平	18	16∠34	17	15∠221
18	端盖垂直位置（汽端，炉侧为45°）	垂直	23	20∠59	23	22∠90
19	端盖水平位置（励端）	水平	20	18∠229	18	17∠54
20	端盖垂直位置（励端，炉侧为45°）	垂直	17	15∠228	15	14∠242

　　根据首次试验数据，第二次动平衡试验去掉励发对轮原有平衡块 253g∠263°，再加平衡块 187g∠41°。启动后，冷却器顶部振动都得到改善，其中汽侧变化更为剧烈，6 号测点振动幅值由 66μm 降至 39μm，16 号测点振动幅值由 96μm 降至 86μm，详见表 5-22。第二次动平衡后升速过程中的端部绕组振动波德图见图 5-98。

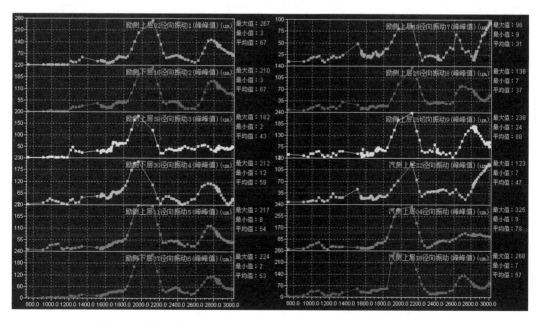

图 5-97　第一次动平衡后升速过程中的端部绕组振动波德图（一）

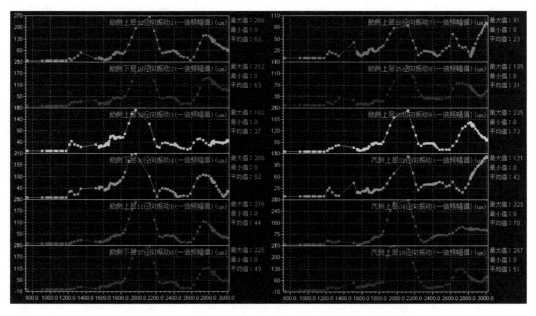

图 5-97　第一次动平衡后升速过程中的端部绕组振动波德图（二）

表 5-22　　　　　第二次动平衡后振动列表（时间：**2013-09-02 06:28**　峰-峰）　　　　（μm）

序号	测 点 部 位	方向	炉侧		变侧	
			通频	工频	通频	工频
1	发电机基础（汽端）	水平	2	2	4	3
2	发电机底脚板（汽端）	水平	5	4∠125	6	4.7∠180
3	发电机水平位置（汽端）	水平	16	13.6∠48	13	12.5∠222
4	冷却器支座（汽端）	水平	21	19∠47	25.8	23.7∠225
5	冷却器底部（汽端）	水平	18.5	16∠44	18.8	17∠227
6	冷却器顶部（汽端）	水平	38.8	36.8∠51	36.4	36∠234
7	发电机基础（中部）	水平	4	3∠161	4.3	3.9∠106
8	发电机底脚板（中部）	水平	4.6	3.7∠170	8	6.5∠61
9	发电机水平位置（中部）	水平	11.8	9.5∠210	16.7	15.4∠57
10	发电机顶部（中部）	水平	14.8	14∠227	16.2	14.1∠45
11	发电机基础（励端）	水平	4	4∠98	1.57	1
12	发电机底脚板（励端）	水平	5	4∠113	2.87	1.5
13	发电机水平位置（励端）	水平	13.6	12.5∠206	14.2	11.5∠36
14	冷却器支座（励端）	水平	29.6	28.4∠219	30.7	28.7∠45
15	冷却器底部（励端）	水平	42	41∠224	48.9	47.2∠47
16	冷却器顶部（励端）	水平	85.7	84.5∠227	86.2	83∠53
17	端盖水平位置（汽端）	水平	18	16∠40	16.5	14∠229
18	端盖垂直位置（汽端）	垂直	20	16.6∠89	17.9	16.8∠123
19	端盖水平位置（励端）	水平	14	13∠200	13	10.8∠30
20	端盖垂直位置（励端）	垂直	16	13.8∠197	15	14∠216

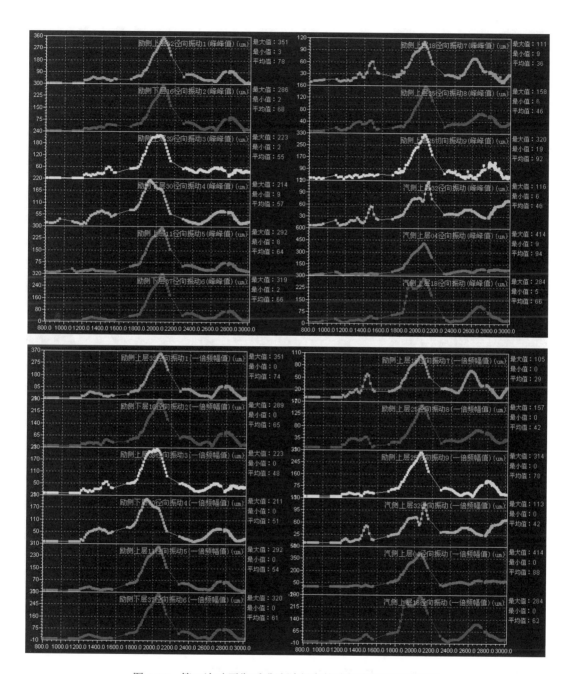

图 5-98　第二次动平衡后升速过程中的端部绕组振动波德图

　　为了考察增加汇水管支撑刚度对线棒端部振动的影响，上海电机厂加工了工装装置，安装在发电机励侧汇水管与定子机座之间，以增加支撑刚度。同时，在定子铁芯及端部加装临时加速度传感器测点。在低发对轮处加平衡块 444g∠54°，以取得低发对轮处加重的不平衡响应，便于大修后进行相应调整。机组再次启动后，各测点振动水平如表 5-23 所示，端部绕组振动波德图见图 5-99。

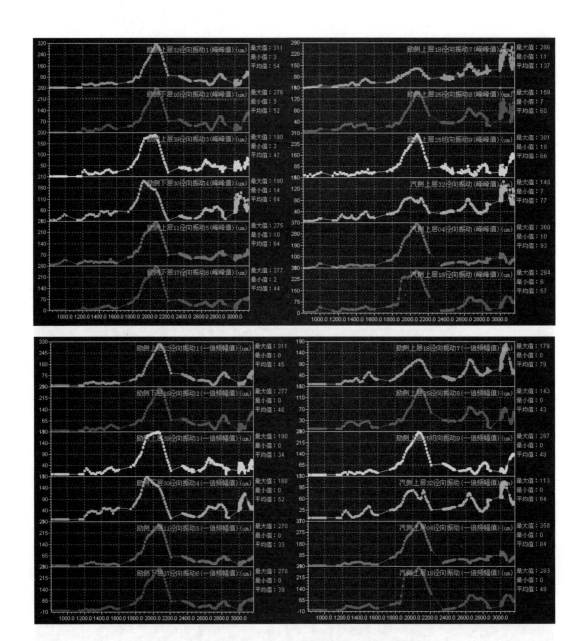

图 5-99　第三次动平衡升速过程中的端部绕组振动波德图

表 5-23　　　　　励侧加工装，第三次试加重后机座振动列表（峰-峰）　　　　　（μm）

序号	测点部位	方向	炉侧		变侧	
			通频	工频	通频	工频
1	发电机基础（汽端）	水平	5	4∠190	7	5∠197
2	发电机底脚板（汽端）	水平	5	4∠120	9	8∠192
3	发电机水平位置（汽端）	水平	27	23∠57	21	21∠237

续表

序号	测 点 部 位	方向	炉侧		变侧	
			通频	工频	通频	工频
4	冷却器支座（汽端）	水平	35	32∠64	39	37∠243
5	冷却器底部（汽端）	水平	34	32∠76	32	31∠259
6	冷却器顶部（汽端）	水平	68	67∠80	62	62∠263
7	发电机基础（中部）	水平	/	/	/	/
8	发电机底脚板（中部）	水平	/	/	/	/
9	发电机水平位置（中部）	水平	15	13∠200	/	/
10	发电机顶部（中部）	水平	/	/	/	/
11	发电机基础（励端）	水平	6	4∠95	2	1∠0
12	发电机底脚板（励端）	水平	6	4∠114	3	1∠0
13	发电机水平位置（励端）	水平	19	19∠225	17	16∠54
14	冷却器支座（励端）	水平	38	38∠233	38	38∠58
15	冷却器底部（励端）	水平	52	53∠233	60	60∠54
16	冷却器顶部（励端）	水平	111	113∠239	109	111∠64
17	端盖水平位置（汽端）	水平	30	27∠49	27	24∠237
18	端盖垂直位置（汽端）	炉45	28	26∠40	8	7∠76
19	端盖水平位置（励端）	水平	9	7∠111	5	3∠186
20	端盖垂直位置（励端）	炉45	18	16∠212	15	13∠51

7. 机组大修后振动测试

机组冲转、定速、空载状态下，发电机定子端部绕组振动如图 5-100～图 5-102 所示。

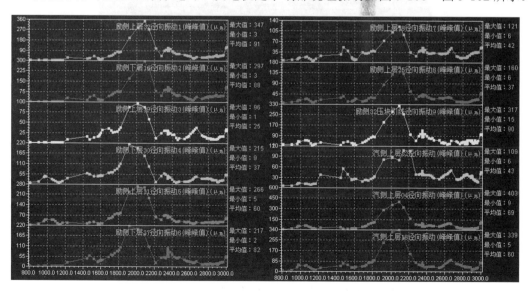

图 5-100　升速过程端部绕组振动波德图（一）

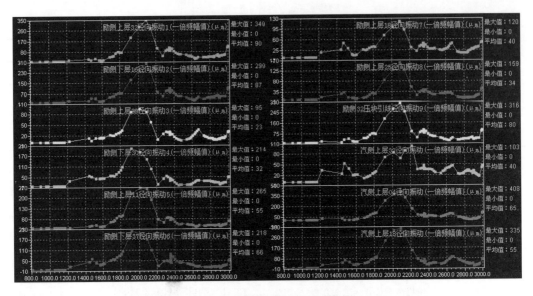

图 5-100　升速过程端部绕组振动波德图（二）

通道名称	100Hz峰峰值	50Hz峰峰值	通频峰峰值	转频相位	主要振动频率	状态
励侧上层32径向振动1	2	121	121	167	50.0Hz	●
励侧下层16径向振动2	6	111	111	174	50.0Hz	●
励侧上层39径向振动3	3	29	31	329	50.0Hz	●
励侧下层30径向振动4	2	50	54	16	50.0Hz	●
励侧上层11径向振动5	4	42	51	171	50.0Hz	●
励侧下层37径向振动6	4	50	54	12	50.0Hz	●
励侧上层18径向振动7	1	49	51	336	50.0Hz	●
励侧上层25径向振动8	3	47	49	189	50.0Hz	●
励侧32压块引线径向振动9	2	97	98	183	50.0Hz	●
汽侧上层32径向振动	1	45	46	190	50.0Hz	●
汽侧上层04径向振动	1	105	107	186	50.0Hz	●
汽侧上层18径向振动	1	69	72	357	50.0Hz	●

振动单位：μm　频率单位：Hz

图 5-101　首次定速 3000r/min 时发电机端部绕组振动列表

通道名称	100Hz峰峰值	50Hz峰峰值	通频峰峰值	转频相位	主要振动频率	状态
励侧上层32径向振动1	3	118	119	314	50.0Hz	●
励侧下层16径向振动2	5	112	112	316	50.0Hz	●
励侧上层39径向振动3	3	20	22	104	50.0Hz	●
励侧下层30径向振动4	6	50	53	130	50.0Hz	●
励侧上层11径向振动5	4	35	46	298	50.0Hz	●
励侧下层37径向振动6	4	69	70	130	50.0Hz	●
励侧上层18径向振动7	3	34	37	153	50.0Hz	●
励侧上层25径向振动8	6	42	45	301	50.0Hz	●
励侧32压块引线径向振动9	2	116	133	324	50.0Hz	●
汽侧上层32径向振动	2	44	47	311	50.0Hz	●
汽侧上层04径向振动	3	92	95	320	50.0Hz	●
汽侧上层18径向振动	1	57	65	156	50.0Hz	●

振动单位：μm　频率单位：Hz

图 5-102　并网前定速 3000r/min 时发电机端部绕组振动列表

2013 年 11 月 18 日 14:45 机组并网，2013 年 11 月 20 日 11:25 机组修后首次带满负荷 600MW。带负荷过程，发电机定子绕组端部振动测点（励侧 9 个/汽侧 3 个）整体趋势是随着负荷的增加而增加，端部振动工频分量的变化滞后于负荷变化约 10～20min，端部振动二倍频分量与负荷变化完全同步。在带负荷过程中，幅度变化最大的仍然是工频分量，部分测点工频分量变化超过 100μm。带负荷过程发电机端部绕组振动趋势图如图 5-103 所示。

首次带满负荷后的绕组端部的振动列表如图 5-104 所示。

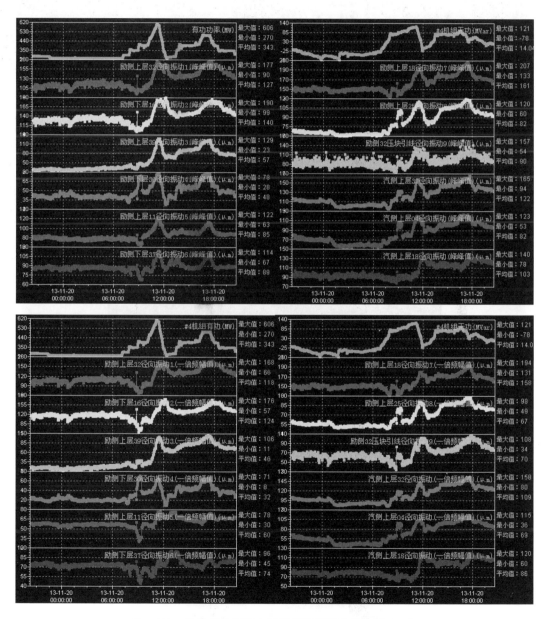

图 5-103　带负荷过程发电机端部绕组振动趋势图（一）

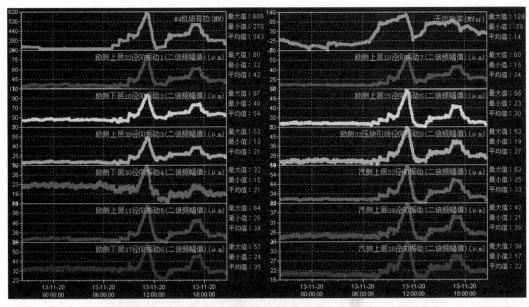

图 5-103 带负荷过程发电机端部绕组振动趋势图（二）

通道名称	100Hz峰峰值	50Hz峰峰值	通频峰峰值	转频相位	主要振动频率	状态
励侧上层32径向振动1	79	150	176	248	50.0Hz	●
励侧下层16径向振动2	97	141	184	242	50.0Hz	●
励侧上层39径向振动3	53	86	115	121	50.0Hz	●
励侧下层30径向振动4	31	61	76	148	50.0Hz	●
励侧上层11径向振动5	64	69	120	197	50.0Hz	●
励侧下层37径向振动6	57	71	110	17	50.0Hz	●
励侧上层18径向振动7	60	160	186	28	50.0Hz	●
励侧上层25径向振动8	56	75	108	318	50.0Hz	●
励侧32压块引线径向振动9	52	92	132	270	50.0Hz	●
汽侧上层32径向振动	63	117	149	334	50.0Hz	●
汽侧上层04径向振动	42	94	117	297	50.0Hz	●
汽侧上层18径向振动	38	74	102	45	50.0Hz	●

振动单位：μm 频率单位：Hz

图 5-104 首次带满负荷 600MW 发电机端部绕组振动列表

2013 年 11 月 21 日 11:15 开始加沙箱（见图 5-105），单个沙箱不带盖为 2000kg，沙箱盖约为 500kg，12:03 开始加沙袋，汽/励两侧加沙袋重量均为 2000kg。加沙箱及沙袋过程发电机端部绕组振动趋势图如图 5-106 所示。

图 5-105 沙箱吊装图

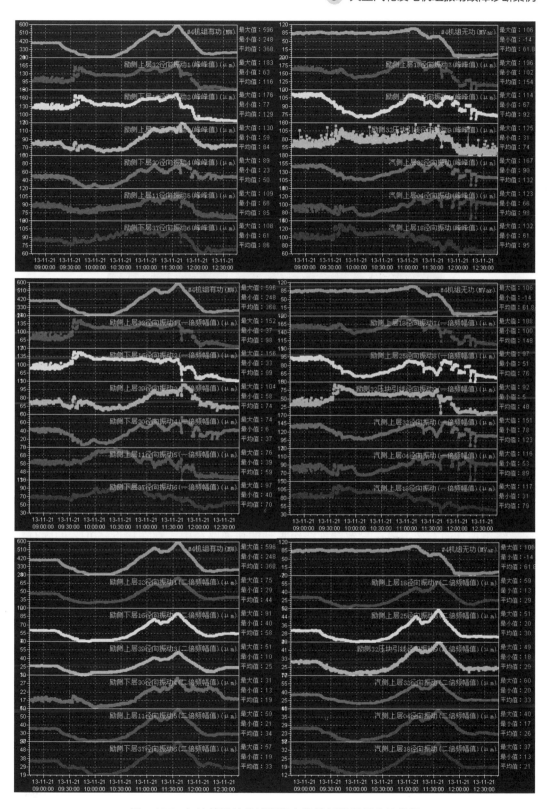

图 5-106　加沙箱及沙袋过程发电机端部绕组振动趋势图

虽然加沙箱及沙袋前后机组负荷处于变化状态，给对比分析造成一定困难，但从趋势上看，加沙袋后发电机机座振动呈现下降趋势，绕组端部振动较加沙箱及沙袋前亦有明显改善。

2013 年 12 月 4 日，距离加沙袋后两周左右，沙袋在冷却器顶部基本的位置已经稳定，对比大修前加沙袋数据（见表 5-17），原较大的 L1、L2、L7、Q1、Q2 均有显著降低，大修处理后端部绕组振动最大为 Q1，通频振幅 153μm。加沙箱后发电机端部绕组振动列表如图 5-107 所示。

通道名称	100Hz峰峰值	50Hz峰峰值	通频峰峰值	转频相位	主要振动频
励侧上层32径向振动1	81	77	134	89	99.9Hz
励侧下层16径向振动2	98	50	137	287	99.9Hz
励侧上层39径向振动3	57	105	127	99	50.0Hz
励侧下层30径向振动4	32	64	83	164	50.0Hz
励侧上层11径向振动5	63	40	93	164	99.9Hz
励侧下层37径向振动6	64	39	93	9	99.9Hz
励侧上层18径向振动7	61	87	121	10	50.0Hz
励侧上层25径向振动8	51	72	105	280	50.0Hz
励侧32压块引线径向振动9	53	55	115	67	50.0Hz
汽侧上层32径向振动	60	115	153	308	50.0Hz
汽侧上层04径向振动	43	113	132	305	50.0Hz
汽侧上层18径向振动	37	27	63	82	99.9Hz

振动单位：μm　频率单位：Hz

机组：#4发电机　时间：2013-12-04 16:21:47　转速：2998RPM　有功：606.0MW　无功：32Mvar

图 5-107　加沙箱后发电机端部绕组振动列表（2013-12-04）

该机组发电机端部振动过大，严重影响机组的安全运行。处理过程中发现，端部绕组的振动传递路径中，发电机定子机座是传递路径中的关键环节，降低机座振动是抑制端部绕组振动的有效手段；导致端部绕组振动的传递路径中，存在接近 50Hz 的固有频率，导致端部绕组振动对激振力敏感，通过调整水温及氢温一定程度上避开共振，降低了端部绕组振动；通过动平衡以及冷却器顶部压沙袋等方式使发电机端部线圈和外壳的振动幅值得到有效降低，取得了突破性进展。机组的端部绕组振动较修前有大的改善，确保了机组的安全运行。

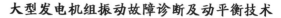

6

大型发电机组现场动平衡

 ## 6.1 600MW 机组现场动平衡

6.1.1 600MW 高压转子现场动平衡

TS电厂3号机组为上海汽轮机有限公司生产的引进型四缸四排汽中间再热凝汽式汽轮机（N600-16.7/537/537），额定负荷600MW。经过增容改造为630MW，增容改造采用AIBT 技术及汽轮机整体结构设计技术对汽轮机通流部分进行全新设计，汽轮机通流级数由58级增加至67级，高中压通流部分及低压前五级动、静叶片均采用高效、安全的AIBT技术开发的新动静叶型线，高压通流级数由改造前的 I +11级增加至 I +12级，即由1级单列调节级（冲动式）和12级压力级（反动式）所组成。中压通流部分采用双流反动式压力级，级数由改造前的 2×9 级增加至 2×11 级。机组通流改造后出现高压转子过临界振动超标，工作转速下振动偏大等问题，影响机组的安全运行。为了提高轴振幅值裕度，特实施动平衡试验，降低2号轴承轴振幅值。通过两次动平衡试验，高压转子工作转速状态下的轴振幅值得到大幅降低，临界转速区域内的轴振幅值也得到显著改善，保证机组轴振有充足的裕度。

查阅厂家设计资料及出厂动平衡资料可知，给出的各转子第一阶临界转速及出厂动平衡临界转速见表6-1。

表 6-1 第一阶阻尼临界转速

轴承号	高压转子	中压转子	低压A 转子	低压B 转子	发电机转子	集电环转子
第一阶临界转速（r/min）	1910	1746	1534	1686	805/2165	>4000

1. 机组原始振动测试

2018年12月26日机组冷态启动，工作转速下2瓦轴振达到100μm以上，如图6-1所示，轴振以工频为主，表明转子存在显著的不平衡故障。机组升速过程中，高压转子轴振幅值最大达到190μm，机组升速过程各转子轴振波德图如图6-2所示，转子一阶不平衡故障较为显著。

C...	Speed(P)	Direct	Avg Gap	1XAmplitude	1X Phase	2XAmplitude	2X Phase
1X	3001	39.93	-9.768	25.08	98	4.708	349
1Y	3001	34.51	-8.835	24.21	55	2.582	161
2X	3001	100.0	-8.957	80.4	120	4.675	30
2Y	3001	98.7	-9.143	82.0	14	5.304	190
3X	3001	32.29	-10.156	12.08	355	4.360	105
3Y	3001	38.25	-9.788	23.66	255	4.987	255
4X	3001	48.50	-8.475	30.63	42	5.791	235
4Y	3001	55.0	-8.469	34.92	335	5.292	43
5X	3001	34.20	-8.140	23.17	276	3.831	315
5Y	3001	27.51	-8.132	8.153	150	5.085	155
6X	3001	20.07	-10.340	3.582	41	4.451	189
6Y	3001	33.73	-6.922	18.70	258	2.323	241...
7X	3001	66.8	-10.634	61.4	254	6.553	171
7Y	3001	62.6	-6.324	50.6	132	9.033	318
8X	3001	61.7	-9.796	51.1	6	8.901	326
8Y	3001	93.8	-6.366	85.2	237	6.837	269
9X	3001	60.9	-9.758	43.98	167	24.20	318
9Y	3001	55.5	-9.097	43.75	123	15.53	194
10X	3001	52.6	-9.055	7.940	170	41.41	349
10Y	3001	38.93	-9.607	4.515	159	28.59	222
11X	3001	49.72	-9.794	25.50	160	20.92	21
11Y	3001	47.73	-9.667	12.32	59	28.01	276

图 6-1 机组空载状态下轴振列表

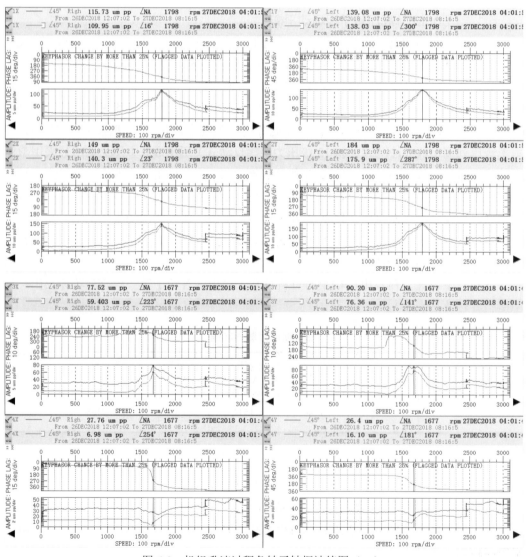

图 6-2 机组升速过程各转子轴振波德图（一）

274

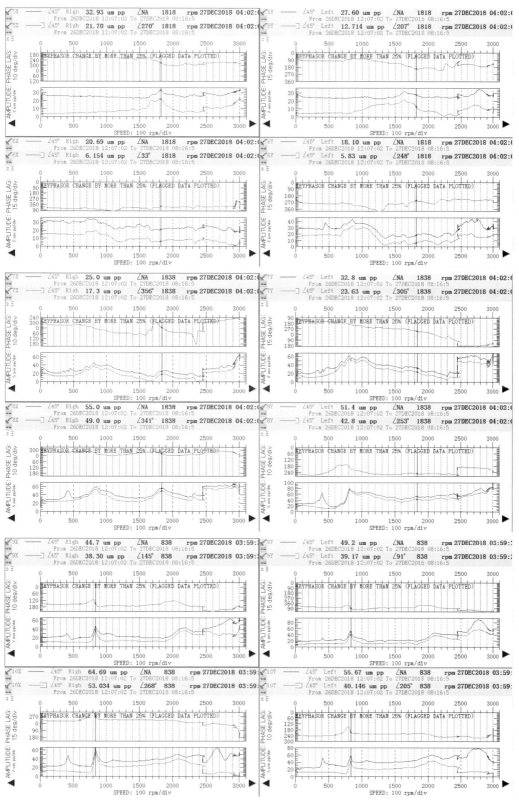

图6-2 机组升速过程各转子轴振波德图（二）

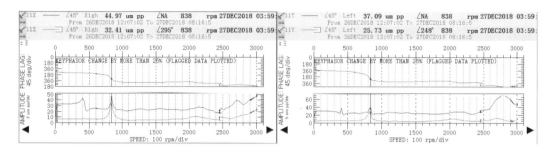

图 6-2　机组升速过程各转子轴振波德图（三）

2. 动平衡试验

利用停机机会，机组冷态下进行试加重。高压转子实施动平衡试验有较大风险，首次动平衡试验在高压转子 2 瓦侧平衡鼓处加重 285 克，机组启动后振动数据如图 6-3 所示，高压转子两侧轴振变化都有显著响应，其中工频幅值有 1 丝左右的下降，在升速过程高压转子轴振幅值最大在 130μm 以下。

Ch...	Date	Speed(P)	Direct	Avg Gap	1XAmplitude	2XAmplitude
1X	27二月2019 14:26:55.931	2999	33.64	-10.064	17.44	3.054
1Y	27二月2019 14:26:55.931	2999	19.88	-9.073	6.855	3.830
2X	27二月2019 14:26:55.931	2999	93.5	-8.687	69.6	4.648
2Y	27二月2019 14:26:55.931	2999	93.9	-8.746	70.3	5.317
3X	27二月2019 14:26:55.931	2999	42.40	-8.892	6.376	4.252
3Y	27二月2019 14:26:55.931	2999	31.79	-9.417	2.778	4.006
4X	27二月2019 14:26:55.931	2999	49.36	-8.993	29.00	6.244
4Y	27二月2019 14:26:55.931	2999	41.80	-9.260	21.68	6.490
5X	27二月2019 14:26:53.932	2999	28.04	-7.969	8.615	4.341
5Y	27二月2019 14:26:53.932	2999	23.91	-7.410	7.028	4.831
6X	27二月2019 14:26:53.932	2999	19.81	-10.026	7.215	6.102
6Y	27二月2019 14:26:53.932	2999	16.19	-6.843	5.550	0.768
7X	27二月2019 14:26:53.932	2999	49.56	-10.467	40.51	3.869
7Y	27二月2019 14:26:53.932	2999	43.14	-6.810	33.39	6.209
8X	27二月2019 14:26:53.932	2999	43.31	-9.721	35.94	9.222
8Y	27二月2019 14:26:53.932	2999	67.5	-6.209	60.8	6.867
9X	27二月2019 14:26:55.931	2999	78.2	-9.587	61.3	23.37
9Y	27二月2019 14:26:55.931	2999	51.8	-9.443	40.77	14.95
10X	27二月2019 14:26:55.931	2999	56.4	-9.521	24.78	36.77
10Y	27二月2019 14:26:55.931	2999	51.2	-9.883	21.20	27.76
11X	27二月2019 14:26:55.931	2999	56.4	-9.764	30.44	22.73
11Y	27二月2019 14:26:55.931	2999	59.8	-9.730	23.03	28.83

图 6-3　首次加重后机组 400MW 负荷状态下轴振列表

首次加重后，高压转子振动中一阶不平衡所占比例较大，同时二阶不平衡也有较大幅值。综合机组首次加重对轴振的响应，并考虑到转子临界区域内轴振的变化，第二次动平衡试验在 1 瓦侧平衡鼓加重 488g，在 2 瓦侧平衡鼓加重 182g，机组启动后振动数据如图 6-4 所示。工作转速下轴振幅值得到显著下降，高压转子在临界转速区域内的轴振幅值也得到改善，如图 6-5 所示。

3. 结论与建议

通过两次动平衡试验重，高压转子工作转速状态下的轴振幅值得到大幅降低，临界转速区域内的轴振幅值也得到显著改善，保证机组轴振有充足的裕度。

6.1.2　600MW 中压转子现场动平衡

2013 年 10 月，3 号机组按计划大修，期间对高、中压转子进行喷涂处理，同时对轴瓦进行检查。2013 年 11 月，3 号机组启动，在冲转过临界之前，振动大导致机组跳机。现场通过动平衡的方法，在中压转子两端对称加重，经过两次加重，临界区振动大幅降低，定速及后续带负荷过程中，轴系振动合格。

Ch...	Date	Speed(P)	Direct	Avg Gap	1XAmplitude	2XAmplitude
1X	08四月2019 08:33:59.350	2998	35.78	-10.067	23.44	4.015
1Y	08四月2019 08:33:59.350	2998	33.92	-9.060	21.75	2.735
2X	08四月2019 08:33:59.350	2998	30.75	-8.652	13.30	3.729
2Y	08四月2019 08:33:59.350	2998	28.67	-9.111	13.37	4.092
3X	08四月2019 08:33:59.350	2998	32.78	-9.950	12.92	4.149
3Y	08四月2019 08:33:59.350	2998	37.10	-9.617	21.75	4.620
4X	08四月2019 08:33:59.350	2998	46.21	-8.644	32.14	6.205
4Y	08四月2019 08:33:59.350	2998	48.55	-8.688	29.88	7.075
5X	08四月2019 08:33:49.556	2998	30.09	-8.196	13.26	4.163
5Y	08四月2019 08:33:49.556	2998	23.13	-7.647	2.452	4.404
6X	08四月2019 08:33:49.556	2998	17.59	-10.002	4.942	4.599
6Y	08四月2019 08:33:49.556	2998	20.78	-6.549	11.23	1.618
7X	08四月2019 08:33:49.556	2998	70.1	-10.334	63.5	3.284
7Y	08四月2019 08:33:49.556	2998	60.6	-6.546	55.4	6.431
8X	08四月2019 08:33:49.556	2998	66.2	-6.127	60.4	7.738
8Y	08四月2019 08:33:49.556	2998	36.01	-9.823	28.59	10.05
9X	08四月2019 08:33:49.534	2998	84.4	-9.127	68.0	29.63
9Y	08四月2019 08:33:49.534	2998	55.1	-9.024	43.17	18.99
10X	08四月2019 08:33:49.534	2998	58.2	-9.169	19.85	42.06
10Y	08四月2019 08:33:49.534	2998	53.5	-9.448	18.47	30.34
11X	08四月2019 08:33:49.534	2998	52.5	-9.883	26.72	23.95
11Y	08四月2019 08:33:49.534	2998	59.1	-9.835	18.72	30.82

图 6-4　第二次加重后机组空载状态下轴振列表

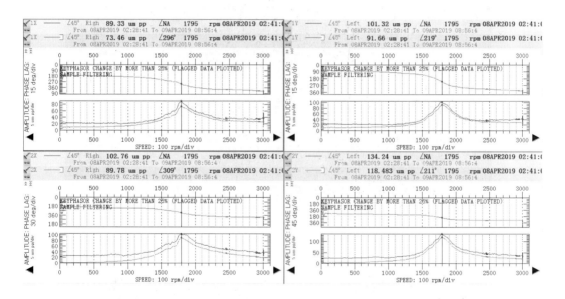

图 6-5　第二次加重后升速过程高压转子轴振波德图

1. 振动测试

2013 年 11 月 23 日 24:00，3 号机组挂闸冲转，600r/min 摩检无异常后，3 号机组继续提升转速。升速至 1518r/min 后，2 瓦振动达到跳机值，同时 3 瓦振动也有大幅增长。3 号机组打闸降速，怀疑振动增大是由于启动过程中，机组动静部件有碰磨。在 600r/min 保持，待振动恢复后再次冲转。升速至 1509r/min 时，2 瓦振动再次达到跳机值，机组降速投盘车。

两次启动升速波德图相似，随着转速提升，振动增长明显，转速下降，振动也随之下降。图 6-6～图 6-9 所示是第二次升、降速图谱。

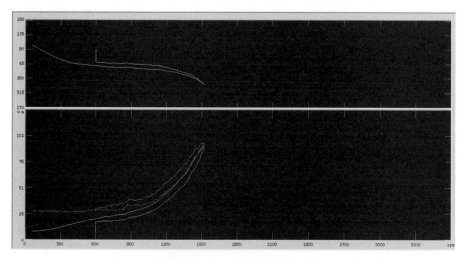

图 6-6　1X 升降速波德图

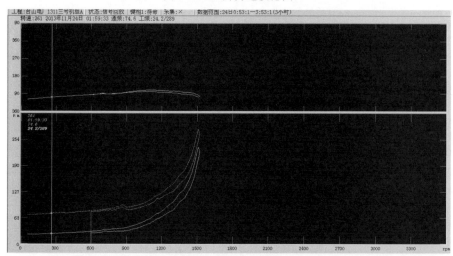

图 6-7　2Y 升降速波德图

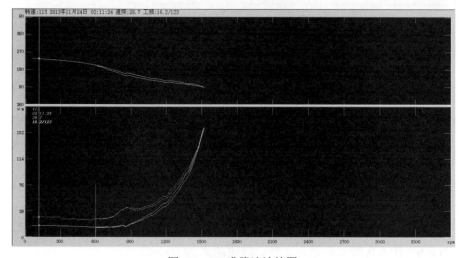

图 6-8　3X 升降速波德图

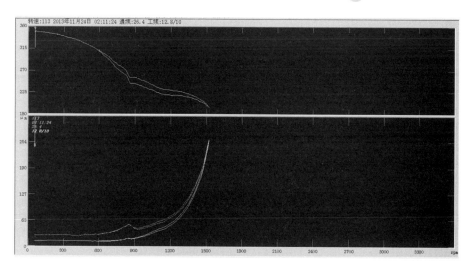

图 6-9　3Y 升降速波德图

通过振动数据分析，判断是中压转子存在较大不平衡质量，下一步工作的重点是通过现场动平衡降低过临界振动。

2. 动平衡实验

在中压末级两端平衡孔加配重螺栓，同侧各加 400g。

在启动前，将原临界区进行修改，同时提高临界区升速率至 500r/min^2。将 1、2、3、4 瓦报警值提高至 180μm，适当降低轴封供气压力和温度，波德图如图 6-10 所示。

平衡后，再次启动升速至 1640r/min 后，3 瓦振动再次达到跳机值，机组打闸降速，振动数据如图 6-11 所示。

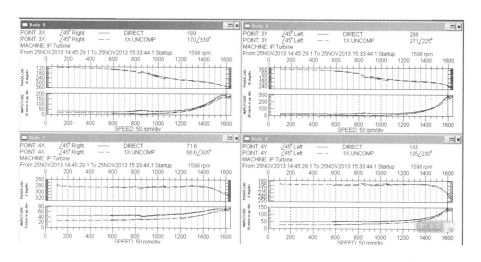

图 6-10　1、2、3、4 瓦升速波德图

保留上次加重，在中压平衡孔再加 600g。

调整加重后，3 号机组成功定速，波德图如图 6-12 所示，振动数据如图 6-13 所示。

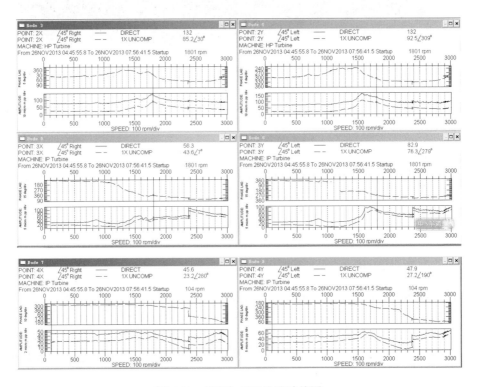

图 6-11　1640r/min 振动数据

图 6-12　调整加重后升速波德图

之后，机组做超速试验，3270r/min 时，振动如图 6-14 所示。

3. 结论及建议

3 号机组大修后启动过程中，振动大不能定速的根本原因是中压转子存在较大的不平衡质量，3 瓦振动大带动 2 瓦振动也有爬升；通过加重，中压转子两端轴承振动大幅降低，机组顺利定速，定速 3000r/min 时，振动良好，频谱分析表明，振动以工频分量为主；带负荷过程中，各测点振动值稳定；中压转子不平衡分量的来源比较复杂，有可能是叶片喷涂不均匀造成，也有可能是由于对轮中心调整有偏差。此外，轴承负载不合理引起振动异常与不平衡故障类似；目前，机组轴系振动良好，满足机组长期安全稳定运行需要。

Ch #	Channel Name	Machine Name	Amplitude Units	Speed Units
1	1X	HP Turbine	micro m pp	rpm
2	1Y	HP Turbine	micro m pp	rpm
3	2X	HP Turbine	micro m pp	rpm
4	2Y	HP Turbine	micro m pp	rpm
5	3X	IP Turbine	micro m pp	rpm
6	3Y	IP Turbine	micro m pp	rpm
7	4X	IP Turbine	micro m pp	rpm
8	4Y	IP Turbine	micro m pp	rpm

Sample 1657

Channel	Date/Time	Speed	Direct	Gap	1X Ampl	1X Phase	2X Ampl	2X Phase	0.5X Ampl	0.5X Phase
1	26NOV2013 07:55:56.7	3000	39.7	-10.1	28.5	97	8.62	245	0	nX<1
2	26NOV2013 07:55:56.7	3000	39.4	-9.19	29.5	30	7.31	82	1.04	nX<1
3	26NOV2013 07:55:56.7	3000	83.1	-9.72	32.4	34	22.7	261	1.04	nX<1
4	26NOV2013 07:55:56.7	3000	104	-9.03	45.9	285	20.6	74	3.66	nX<1
5	26NOV2013 07:55:56.7	3000	67.9	-9.99	57.2	50	3.40	MinAmp	0.784	nX<1
6	26NOV2013 07:55:56.7	3000	97.3	-8.87	84.4	282	4.96	162	1.57	nX<1
7	26NOV2013 07:55:56.7	3000	38.3	-9.50	18.0	177	12.5	275	0	nX<1
8	26NOV2013 07:55:56.7	3000	66.0	-9.46	56.2	65	14.1	94	0	nX<1

转速:2999　2013年11月27日 07:26:52

通　　道	通频振幅	一倍频幅／相	二倍频	直流（间隙V）	单位
01 5X(R)	34.8	21.8 / 62	9.5	1173 (-9.24V)	μm pp
02 5Y(R)	60.3	48.9 / 25	8.2	1159 (-9.13V)	μm pp
03 6X(R)	62.1	39.1 / 117	9.0	1281 (-10.10V)	μm pp
04 6Y(R)	75.3	43.7 / 347	14.1	1046 (-8.24V)	μm pp
05 7X(R)	30.3	3.2 / 32	16.5	1439 (-11.34V)	μm pp
06 7Y(R)	43.0	26.0 / 294	14.8	1082 (-8.53V)	μm pp
07 8X(R)	39.6	30.7 / 22	7.6	1299 (-10.24V)	μm pp
08 8Y(R)	66.5	54.8 / 248	15.0	999 (-7.88V)	μm pp
09 9X(R)	66.6	54.4 / 70	20.2	995 (-7.84V)	μm pp
10 9Y(R)	64.8	54.8 / 359	18.0	941 (-7.42V)	μm pp
11 10X(R)	53.6	26.4 / 155	32.2	953 (-7.51V)	μm pp
12 10Y(R)	68.1	44.7 / 51	27.0	1002 (-7.90V)	μm pp
13 11X(R)	54.3	12.7 / 94	37.7	1150 (-9.06V)	μm pp
14 11Y(R)	71.7	44.9 / 63	42.4	1159 (-9.13V)	μm pp

图 6-13　定速后振动数据

转速:3276　2013年11月27日 11:06:56

通　　道	通频振幅	一倍频幅／相	二倍频	直流（间隙V）	单位
01 5X(R)	32.9	19.2 / 107	8.5	1143 (-9.00V)	μm pp
02 5Y(R)	39.7	27.2 / 50	7.5	1153 (-9.08V)	μm pp
03 6X(R)	38.8	17.4 / 107	6.5	1291 (-10.17V)	μm pp
04 6Y(R)	56.9	32.4 / 7	12.2	1016 (-8.01V)	μm pp
05 7X(R)	27.8	4.4 / 304	16.2	1449 (-11.42V)	μm pp
06 7Y(R)	39.8	18.8 / 17	15.6	1052 (-8.29V)	μm pp
07 8X(R)	30.6	22.7 / 9	6.2	1289 (-10.16V)	μm pp
08 8Y(R)	68.1	58.9 / 268	9.4	973 (-7.66V)	μm pp
09 9X(R)	81.5	75.9 / 91	8.6	989 (-7.79V)	μm pp
10 9Y(R)	92.0	89.8 / 2	0.4	925 (-7.29V)	μm pp
11 10X(R)	75.4	56.2 / 138	23.6	941 (-7.42V)	μm pp
12 10Y(R)	82.6	66.2 / 33	8.4	986 (-7.77V)	μm pp
13 11X(R)	61.2	49.9 / 127	26.4	1148 (-9.05V)	μm pp
14 11Y(R)	74.5	56.0 / 38	31.1	1156 (-9.11V)	μm pp

图 6-14　3270r/min 时振动数据

6.1.3　600MW 低压转子现场动平衡

CZ 电厂 1 号机系哈尔滨汽轮机厂生产的 CLN600-24.2/566/566 汽轮机，超临界、一次中间再热、三缸四排汽、单轴、凝汽式汽轮发电机组，配 QFSN-600-2YHG 发电机，于 2006 年 5 月 25 日通过 168h 试运后正式投入商业运行。

该机组 2008 年 2 月进行扩大性小修，小修中对 2 号低压缸进行了揭缸检查，2008 年 2 月 28 日检修后首次启动后机组振动较大，主要表现为发电机前瓦轴振达到 170μm，同时低压缸轴振和瓦振均较修前增加较多，5 瓦轴振达到 130μm 并有不断爬升的趋势。笔者对该机组的振动及检修历史数据进行全面分析，判断振动主要源于中心调整导致轴承负载的变化，同时伴有轻微的碰磨故障导致振动出现爬升。

根据诊断制定了首先消除碰磨故障，并于调停期间在低－发对轮添加试重降低发电机振动，然后根据处理效果进一步处理低压缸振动的方案。在低－发对轮加试重后，2008年3月8日机组调停后启动，7瓦轴振动合格，达到预期效果，停机后决定同时在两个低压缸4个末级叶轮平衡面同时添加试重，再次开机，3000r/min空载下除5瓦轴振在98μm外其他均在76μm以下。带负荷后5瓦轴振下降，满负荷时5瓦轴振降至90μm以下。全息动平衡处理后机组振动状态良好。

1. 测试系统

CZ 1号主机及给水泵汽轮机自备申克VIBRO CONTROL 4000振动监测系统（TSI），在1至9瓦的X方向（45R）和Y方向（45L）设置了由涡流探头（DS-1051）测量轴颈处的相对轴振动，同时在各轴承垂直方向加装速度探头（VS-069）测量瓦振。为便于分析比较，在测试过程中增加便携式Bently 208P-DAIU型振动分析系统。振动信号和键相信号（垂直方向）均自TSI键相缓冲输出。测量系统及传感器方位如图6-15所示。

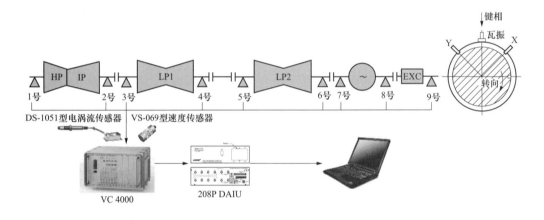

图 6-15　测试系统

2. 修后启动的振动特征

机组检修后于2008年2月28日上午9:30启动，升速至2000r/min暖机3h，在暖机过程，5瓦振动出现轻微的爬升，同时7瓦轴振动已超过报警值。定速3000r/min后，4、5瓦轴振均超过100μm，且5瓦轴振仍在继续爬升，在40min内5X轴振爬升量超过25μm，5瓦瓦振超过60μm，6瓦瓦振达到70μm，同时7Y在3000r/min下振动已达到176μm，振动超标已严重威胁到机组安全。当时现场人员参考检修前的振动历史数据（如表6-3所示，修前7瓦轴振均不超过40μm）认为主要是由于暖机时间不足以及运行参数不当（启动过程曾出现短暂的发电机密封瓦断油、低压轴封供汽温度不稳定等）导致的碰磨引起振动超标，决定降速避开碰磨点，但效果不理想，再次升速至3000r/min振动仍然维持在较高水平（如表6-2中最后一行所示），但通过一段时间的定速运行，碰磨部位已基本脱离，5瓦轴振趋于稳定。

表 6-2　　　　修后启动的轴振动数据（通频幅值 μm、工频幅值 μm∠工频相位°）

时间	转速	测点	3 瓦	4 瓦	5 瓦	6 瓦	7 瓦	8 瓦	9 瓦
2008.2.28 9:43	2000r/min	X	30 22∠177	41 23∠17	34 15∠318	51 41∠170	98 85∠108	73 56∠34	27 19∠41
		Y	35 25∠114	63 38∠307	33 14∠289	61 54∠100	126 102∠193	57 51∠293	34 26∠327
2008.2.28 12:48	2000r/min	X	39 30∠220	40 24∠1	55 38∠316	23 13∠149	82 71∠115	79 61∠137	57 52∠15
		Y	51 44∠137	55 36∠289	54 40∠235	31 18∠57	109 91∠203	57 47∠52	48 37∠290
2008.2.28 13:06	3000r/min	X	93 82∠267	102 83∠42	117 110∠17	60 51∠253	117 94∠168	78 71∠189	107 105∠39
		Y	77 69∠165	98 78∠299	114 97∠279	49 29∠164	170 145∠246	103 94∠93	70 66∠301
2008.2.28 13:49	3000r/min	X	81 72∠275	105 88∠42	143 139∠32	79 68∠247	104 85∠173	76 66∠206	109 108∠38
		Y	76 69∠176	99 77∠305	133 116∠288	44 27∠130	176 152∠255	96 88∠107	79 75∠290
2008.2.28 17:31	3000r/min	X	91 80∠271	114 95∠43	145 138∠30	72 60∠249	107 83∠178	89 84∠190	109 107∠33
		Y	81 71∠176	108 87∠305	130 115∠290	40 21∠129	173 148∠260	122 115∠95	79 73∠288

表 6-3　　　　　　　　　　　修前振动历史数据（通频幅值 μm）

工况	测点	3 瓦	4 瓦	5 瓦	6 瓦	7 瓦	8 瓦	9 瓦
558MW	X	80	70	86	45	36	33	101
	Y	72	73	71	28	31	32	114

3. 振动问题分析

机组本次检修后 4～8 瓦轴振均较检修前明显增大，振动增大主要以工频为主，停机过程 5 瓦振动（波德图如图 6-16 所示）也较开机过程有明显增加，同时在暖机过程和定速后振动都出现不同程度的爬升，爬升量主要以工频为主同时工频相位有 10°～20°的变化，转子在启动过程存在临时热变形，现场关于存在碰磨故障的判断是正确的，但在处理措施上存在问题，违反了《二十五项反措》中"严禁降速暖机"的要求，从安全角度应该打闸停机，盘车 4h 后再启动；从振动分析的角度，降速暖机并不能使碰磨导致转子的临时热弯曲得到恢复，致使再次升速至 3000r/min 测量的振动值仍包含了转子临时热变形的影响，导致在确定平衡方案时精度下降。

检修后启动中的碰磨故障是可以肯定的，但这并不是造成振动严重超标的主要原因，在暖机初期 7 瓦轴振就已经超过报警值，这种水平的振动在检修前的历次启动中都未出现过。本次检修仅对 2 号低压缸进行揭缸检修，吊出转子进行汽汽封调整，对轮找中心，对 1 号内缸及隔板套中分面变形间隙大进行研磨处理，同时 4～9 号轴承进行翻瓦检查等工作。由于只对 2 号低压缸进行揭缸检查，低-低对轮中心是在半实缸状态校核，修后半实缸中心高低差为 1 号低压转子较 2 号高 0.155mm，是标准值的上限。2 号低压缸扣缸后，复测中心 1 号低压转子仅高 0.01mm，低-低对轮检修数据见表 6-4。正常情况下找中心时，两低压缸均为半实缸状态，扣缸后全实缸中心上下发生偏差不大，但本次检修仅对 2 号低压缸揭缸检查，扣缸后 2 号低压缸由于上半缸及隔板和隔板套重量的原因使汽缸下沉，同时内缸中分面间隙大加大了法兰螺栓的紧力，导致半实缸中心比全实缸中心偏差较大。部分文献认为不对中会导致较大的二倍频分量，在汽轮发电机组的实测结果中并不支持这种观点，4、5 号轴承处轴心轨迹并未呈现 8 字形或香蕉形，均较为规则，如图 6-17 所示。中心的变化对不平衡状态会产生一定的影响，但更为重要的是轴系扬度曲线的变化将对轴承载荷分配产生明显的影响，现场监视检修后 4 瓦的瓦温 85℃ 明显高于修前 75℃，说明由于中心高低差的影响 4 瓦负载明显加大。与此同时，低-低对轮中心状态修前右张口偏大（0.11mm），调整中心至全实缸 0.03mm，低-发对轮中心发电机转子偏高 0.44mm 偏右 0.145mm，调整中心至 2 号低压转子高 0.095mm 偏右 0.025mm，造成检修人员按标准调整中心后，轴系中心较修前出现较大偏差，修后的振动变大与此有密切关系。

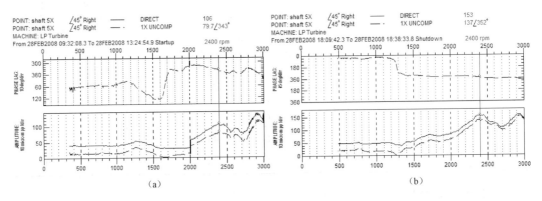

图 6-16　检修后启动 5X 相对轴振波德图

（a）升速波德图；（b）降速波德图

表 6-4	低-低对轮检修数据			（mm）
低-低对轮中心	张口		中心差	
	上下	左右	上下	左右
标准值	下张口 0.203±0.05	0±0.05	2 号低压转子高 0.15±0.05	0±0.05
修前半实缸实测值	下张口 0.245	1 号转子偏右 0.11	2 号低压转子高 0.12	2 号低压转子右 0.04
修后半实缸实测值	下张口 0.22	1 号转子偏右 0.05	2 号低压转子高 0.155	2 号低压转子右 0.04
修后全实缸实测值	下张口 0.22	1 号转子偏右 0.03	2 号低压转子高 0.01	2 号低压转子右 0.04

4. 发电机振动处理

分析确认振动是由于本次检修中心调整所致，但考虑到检修时间的限值无法再次进行中心调整，决定通过动平衡手段改善振动。由于线路问题机组有一周的停机时间，首先对可能发生碰磨的部位间隙进行检查，并在确认低压轴封、油挡、密封瓦等间隙符合要求后，确定动平衡方案。平衡处理的目标主要是降低 5、7 瓦的振动，考虑到碰磨对振动的影响，并没有根据同类型机组的影响系数在低压转子和发电机转子同时添加平衡试重，而是首先处理在 3000r/min 下振动已趋于稳定的发电机转子振动，在低-发对轮配重以改善发电机转子振动；然后，根据发电机平衡效果再确定低压缸的配重方案。

在调停期间在低-发对轮安装三块平衡螺钉合计 735g，2008 年 3 月 8 日启动 2000r/min 暖机 3h 后顺利定速 3000r/min，平衡后 7 瓦轴振合格，平衡后的振动数据见表 6-5。

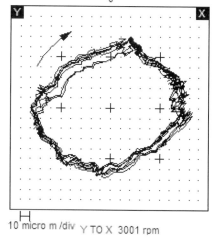

图 6-17　检修后 3000r/min 下
5 瓦处通频轴心轨迹

表 6-5　　　　低-发对轮试重后的振动数据（通频幅值 μm、工频幅值 μm∠工频相位°）

时间	转速	测点	3 瓦	4 瓦	5 瓦	6 瓦	7 瓦	8 瓦	9 瓦
2008.3.8	3000r/min	X 轴振	94 83∠259	98 82∠39	116 106∠17	47 38∠260	92 76∠233	38 28∠179	75 73∠36
		Y 轴振	78 69∠159	96 80∠293	107 95∠79	38 18∠172	84 61∠159	49 40∠88	62 58∠304

5. 低压缸振动处理

从表 6-5 数据分析，发电机转子平衡后，7 瓦轴振合格；由于消除了碰磨点，3000r/min 下 5 瓦振动没有出现爬升现象，且振动值降至 120μm 合格范围内，但 4、5 瓦轴振动仍偏大，离报警值较近，为了确保带负荷后振动达标，决定对低压转子进行动平衡处理。4、5 瓦振动相位接近，通过三维全息谱分解，两低压转子均呈现较大的力偶不平衡分量，如果在低-低对轮加重应该能获得较好的平衡效果，但哈汽与上汽转子平衡面配置有所区别，哈汽在两低压转子间的连接短轴上没有设置平衡位置，因此将平衡面确定为两低压转子末级叶轮，在四个面同时添加试重，构建两组反对称平衡试重，电厂已备有 350g 和 400g 两种规格的平衡螺钉，最终在 3、4 瓦处各配重 350g，逆转向 260°（3 瓦），5、6 瓦处各配重 400g，逆转向 70°（5 瓦）。添加平衡试重后，2008 年 3 月 8 日晚 22:10 热态启机直接定速 3000r/min，除 5 瓦轴振动偏大（接近 100μm）外，其余都达到优秀水平。

以上平衡试验均一次添加试重就将目标值降至合格范围内，平衡前后 5~8 瓦轴振效果对比如图 6-18 的工频三维全息谱所示，平衡效果良好。低压末级叶轮试重后的振动数据见表 6-6。

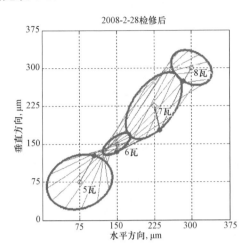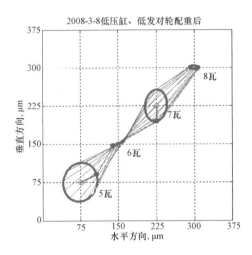

图 6-18　平衡前后工频三维全息谱

表 6-6　　　　　　　　　低压末级叶轮试重后的振动数据（通频幅值）　　　　　　　　（μm）

时间	转速	测点	3 瓦	4 瓦	5 瓦	6 瓦	7 瓦	8 瓦	9 瓦
2008.3.8	3000r/min	X	52	47	99	36	73	28	72
		Y	48	55	97	34	75	27	69
		瓦振	10	13	42	30	—	—	6

6. 处理后带负荷振动效果

带负荷后在 400MW 以下，5 瓦振动有爬升的趋势，随着负荷增加和稳定运行时间的延长，5 瓦轴振和瓦振都有接近 20μm 的下降。带负荷振动数据见表 6-7。

表 6-7　　　　　　　　　　　　带负荷振动数据（通频幅值）　　　　　　　　　　　　（μm）

工况	测点	1 瓦	2 瓦	3 瓦	4 瓦	5 瓦	6 瓦	7 瓦	8 瓦	9 瓦
389MW 2008-3-9	X	41	36	57	45	115	42	62	35	90
	Y	51	33	52	53	105	47	61	38	84
	瓦振	9	9	13	14	59	20	—	—	6
526MW 2008-3-24	X	47	37	55	34	89	25	38	32	93
	Y	41	45	53	45	85	41	41	32	87
	瓦振	9	10	15	17	41	12	—	—	6

6.1.4　600MW 发电机转子现场动平衡

TS 电厂 3 号 600MW 亚临界四缸四排汽轮发电机组，共 11 个轴承。2007 年 9 月在大修前的停机振动测试中发现 10 瓦（发电机后瓦）轴振和瓦振偏大，监测数据显示 10 瓦 X、Y 轴振分别达到 125μm 和 109μm，X 方向盖振达到 50μm。为判断 10 瓦振动与无功是否存在关联，在停机前做了保持有功功率不变、改变无功功率的试验，在有功负荷

345MW 下，无功在 145、80、0Mvar 分别停留 30min，测量振动变化趋势。试验结果表明，无功功率变化对 10 瓦轴振影响较小，排除了该机组存在匝间短路故障的可能。对停机振动测试进行分析，10 瓦轴振瓦振均偏大，瓦振超过 50μm，可能与该轴承自位性能较差有关，建议检查轴瓦接触面；同时，10 瓦振动偏大，并存在较大的二倍频分量，怀疑与励发对轮中心有关，应复查该对轮中心；发电机及集电环存在一定的不平衡量。大修中翻瓦检查，发现 9、10 号轴承下瓦枕与瓦体接触不良，同时瓦枕外圆与端盖轴承挡内圆也存在接触不良，重新研磨后合格。鉴于大修中发现了 9、10 瓦的接触问题，故开会讨论，确定在大修中不加平衡配重，待启动后视检修后振动状态来定平衡方案。

2007 年 11 月修后启动发现发电机后瓦振动较修前有明显好转，在空载 3000r/min 下，10 瓦 X 和 Y 两个方向振动分别为 80μm 和 66μm。电气试验后，2007 年 11 月 3 日清晨 6:30 顺利并网，带初始负荷（60MW）4h，准备超速试验。带负荷后，各瓦振动均出现一定的变化，比较关心的 10 瓦振动在电气试验中振动就已经出现爬升，带负荷后振动较空载时有 10μm 的爬升，爬升量主要以工频分量为主。超速前带 60MW 的 10 瓦 X 和 Y 两个方向振动分别为 95μm 和 76μm。该机组历史资料数据显示，3 号机带高负荷后 10 瓦振动将进一步爬升，为避免带满负荷后振动超标，决定在超速试验后添加平衡配重降低 10 瓦振动。

平衡试重的加重大小和角度，主要从以下两个方面考虑：

（1）10 瓦轴振在更高负荷下的振动爬升量的预计，历史数据显示 10 瓦爬升量在 30μm 左右，通过动平衡试验保证振动不超标要求平衡掉 40μm 的工频分量；

（2）励发对轮配重对 9 瓦、10 瓦振动均会产生影响，由于空载下 9 瓦轴振已接近 79μm，配重角度在平衡励发 10 瓦振动的同时尽量能降低 9 瓦振动，实现单面平衡的最佳效果。

由于集电环和发电机共用一个轴承，为三支承型式，故将与 10 瓦相邻的 8、9、10、11 瓦作为研究对象，如图 6-19 所示。该机组发电机转子振动在带负荷后可能超标，符合轴系单面平衡的第一个条件。选择集电环与发电机转子间对轮为加重面。

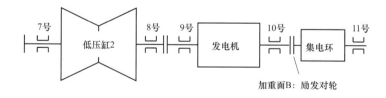

图 6-19　某 600MW 汽轮发电机组低压缸、发电机、集电环示意图

平衡前四个轴承处工频振动特征列于表 6-8，原始振动的三维全息谱如图 6-20 所示。虽然 9 瓦振动工频分量也较大，但由于该瓦带负荷后爬升量小，只要能保证单面加重后增加 9 瓦振动不超过 10μm，就能确保发电机各轴承振动均在 85μm 以下。

表 6-8 平衡前空载下机组振动数据

测点	工频幅值（μm）	工频相位（°）	测点	工频幅值（μm）	工频相位（°）
8X	38	354	10X	56	341
8Y	59	247	10Y	47	255
9X	72	57	11X	35	23
9Y	61	330	11Y	22	287

注 测量时间 2007 年 11 月 3 日。

现用轴系单面平衡的判据二、三来判断能否在低压缸 I 末级叶轮根部继续添加配重来实现发电机转子的整体平衡。

（1）利用该厂 5 号机组（同类型）在 2006 年调试时在加重面 B 加重的迁移矩阵（见图 6-21），计算添加试重 1000g∠0° 的迁移矩阵

$$\boldsymbol{R_B} = \begin{bmatrix} r_8 \\ r_9 \\ r_{10} \\ r_{11} \end{bmatrix}_{4\times4} = \begin{bmatrix} -19.4875 & 12.1772 & 21.9020 & 1.9960 \\ -7.1818 & 2.5769 & -5.0086 & 3.2742 \\ -40.4226 & -34.7035 & -30.8663 & 47.8503 \\ -11.9012 & -17.8714 & -18.8804 & 15.7435 \end{bmatrix} \tag{6-1}$$

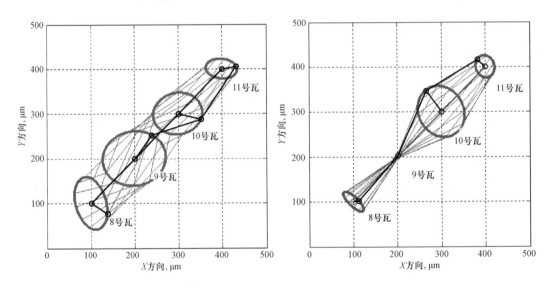

图 6-20 工频原始振动 图 6-21 B 面迁移矩阵（添加单位试重 1000g∠0° 的纯试重振动响应）

（2）将 10 号轴承的振动作为平衡目标，利用迁移矩阵计算 B 面平衡配重使纯试重振动响应在 10 号轴承上的初相点和原始振动初相点镜面对称，计算结果为 T_B = 436g∠45°；

（3）添加配重 T_B = 436g∠45° 所产生的振动响应模拟出来，模拟结果如图 6-22 中的粗实线所示，从图中可以看出原始振动初相点，和纯配重产生的振动响应初相点在 10

号轴承处完全对称。

（4）从图 6-22 考察配重是否满足单面轴系平衡的第二个条件。由于平衡计算时以降低 10 号轴承振动为目标，配重响应在 10 号轴承处的初相点与原始振动初相点成镜面对称，同时相邻的 9 号轴承基本没有影响，8、11 号轴承处配重响应初相点落在阴影面积之内，符合单面平衡判据三。

（5）决定采用单面轴系平衡法，由于加重位置的限制，实际加重 428g 在键槽逆转向 41°。添加配重后实测的平衡效果如图 6-23 所示，振动工频特征值列于表 6-9，各轴承振动均降到振动标准范围之内。

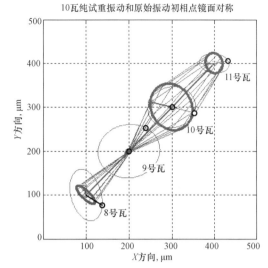

图 6-22　模拟添加配重 T_B 的纯配重振动响应（粗实线）与原始振动（细实线）的比较

表 6-9　　　　　　　　　　添加配重 p=428g∠41°后实测振动

测点	工频幅值（μm）	工频相位（°）	测点	工频幅值（μm）	工频相位（°）
8X	38	24	10X	14	304
8Y	68	262	10Y	2	45
9X	76	61	11X	18	39
9Y	58	334	11Y	6	0

注　空载 3000r/min，测量时间 2007 年 11 月 4 日。

不难发现本次单面平衡成功的原因在于：在原始振动较大的 10 号轴承处，配重初相点基本与原始振动初相点对称；11 号轴承配重初相点落在阴影面积以内，虽然 9 号轴承处配重初相点落在移相椭圆外，但由于配重对该振动影响较小，如图 6-24 所示，平衡后的振动仍符合振动标准。这说明通过移相椭圆来预测平衡效果是十分科学的。当现场平衡条件符合基于移相椭圆的单面平衡判据时，单面平衡法也能获得很好的轴系平衡效果。

6.1.5　600MW 集电环小轴现场动平衡

本节对 600MW 机组集电环小轴的具体平衡操作进行介绍，处理对象仍为 JW 3 号上海超临界 600MW 汽轮发电机组。轴系和测试系统如图 6-25 所示。

6.1.5.1　启机过程的振动问题分析

机组于 2006 年 9 月 1 日 14:40 第一次启动冲转，采用高、中压缸联合启动方式，启动前偏心为 56μm。在 600r/min 下检查听音后，转速升至 2350r/min 暖机 0.5h，然后升至 2850r/min 进行阀切换，6、7 瓦振动在阀切换期间工频振动爬升较快，现场人员发现 6 瓦轴承箱电机侧油挡处有火星冒出，为保证安全转速未达到 3000r/min 即打闸停机。如图 6-26 所示，7X 轴振在降速过程波德图中过临界振动大于升速过程，转子由于碰磨已存在一定的临时热弯曲。停机后检查，发现 6 瓦轴承箱电侧外油挡与轴颈有明显碰磨痕迹，将外油挡修刮增大间隙。

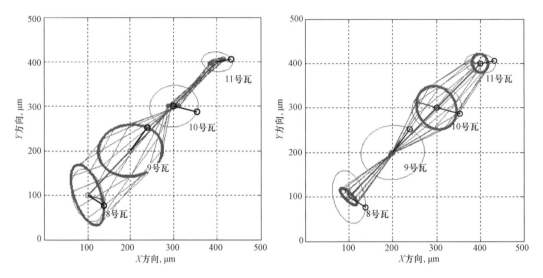

图 6-23 加配重 428g∠41°后测量的残余振动   图 6-24 配重 428g∠41°的振动响应
（粗实线）与原始振动（细实线）   （粗实线）与原始振动（细实线）

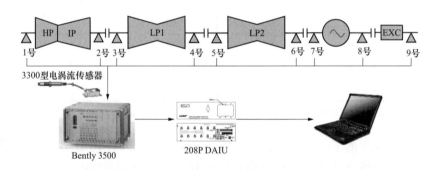

图 6-25 测试系统

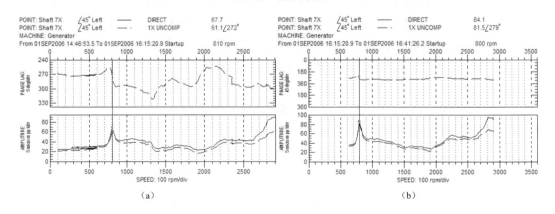

图 6-26 首次启动 7X 相对轴振波德图

（a）升速波德图；（b）降速波德图

处理 6 瓦处油挡碰磨故障后，机组于 2006 年 9 月 1 日晚 22:40 第二次启动冲转，启动前盘车状态偏心为 58μm。在 600r/min 下检查听音后，转速升至 2350r/min 暖机 0.5h，然后升至 2850r/min 进行阀切换，后定速在 3000r/min。由于现场 TSI 显示的 5 瓦轴振动超过 180μm，后打闸停机。在本次启机过程中，发现 2～6 瓦处轴振较第一次启动过程有较大幅度增加，以 5X 轴振为例，2910r/min 下第二次启机振动较第一次增大近一倍，两次启机 5X 轴振波德图如图 6-27 所示。前两次振动数据见表 6-10，第三次启机定速 3000r/min 振动数据见表 6-11。

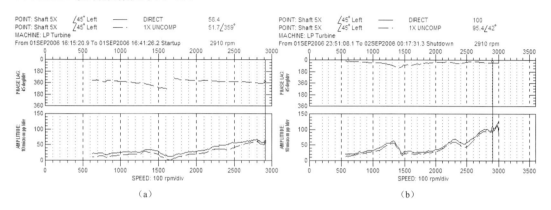

图 6-27　首次启动 5X 相对轴振波德图

（a）升速波德图；（b）降速波德图

表 6-10　　　　　　　　　　　　前两次启机 2900r/min 下振动数据

时间	工况	测点	4 瓦	5 瓦	6 瓦	7 瓦	8 瓦	9 瓦
2006-9-1 16:15	2910r/min	X 轴振	40 24∠218	58 52∠359	46 30∠174	90 64∠303	85 57∠145	91 62∠215
2006-9-1 23:51	2910r/min	X 轴振	113 102∠333	99 94∠43	61 44∠234	104 80∠303	87 60∠140	92 65∠224
		Y 轴振	—	109 105∠149	115 101∠10	88 83∠19	74 60∠249	129 108∠314

表 6-11　　　　　　　　　　　　第三次启机定速 3000r/min 振动数据

时间	工况	测点	4 瓦	5 瓦	6 瓦	7 瓦	8 瓦	9 瓦
2006-9-19 05:43	3000r/min	X 轴振	52 27∠12	48 39∠18	53 43∠280	76 65∠327	75 62∠180	103 83∠252
		Y 轴振	47 23∠131	59 38∠139	46 43∠14	78 63∠29	84 66∠243	119 88∠344

在启动过程的振动监测过程中，机组呈现如下振动特征：

（1）从监测的 X 方向相对轴振来看，在第一次启机升速过程中，发电机及励磁机的 7、8、9 瓦处轴振较汽轮机各瓦大。在 2900r/min 时，除 9 瓦轴振超过报警值外，机组整体振动均在 125μm 的报警值以下，1X～6X 在 76μm 内，初步可以判断汽轮机侧轴系平衡状态较好。

（2）在第一次启机升速过程中，在 2350～2900r/min 的升速过程中，$3X$～$7X$ 轴振的高倍频分量明显增加，机组存在一定的碰磨故障。现场人员也发现 6 瓦油挡处有火星冒出。

6.1.5.2　现场动平衡

由于出现问题，机组短时间内无法并网，电厂希望利用这段时间将振动处理至合格范围内。通过对第三次启机过程振动数据的分析，8、9 瓦振动以工频分量为主，且幅值和相位稳定。9 瓦轴振动可通过对集电环中部风扇槽加配重来校正其不平衡质量，与此同时 8 瓦与 9 瓦轴振动的工频相位相差小于 90°，在发电机-集电环对轮上加重不但可以降低 8 瓦轴振，同时还可进一步减小 9 瓦轴振。2006 年 12 月 1 日机组首次进行动平衡加重，在集电环风扇槽加重 196g，9 瓦轴振动降低 20μm，但未达到理想水平。2006

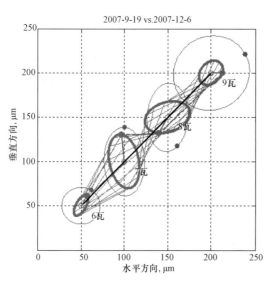

年 12 月 5 日根据首次加重后的数据调整动平衡配重，在集电环风扇槽继续加 186g，同时在发电机－集电环对轮上加重255g。机组实施调整配重后于 2006 年 12 月 6 日启动，定速后 8、9 瓦轴振动比平衡前大幅降低，X、Y 方向轴振动均在 80μm 以内。平衡前后 6、7、8、9 瓦轴振工频三维全息谱图如图 6-28 所示，图中细实线为平衡前振动，粗实线为平衡后振动，可以看出动平衡取得良好效果。机组于 2007 年 1 月 18 日并网，并顺利通过 168h 试运，期间振动均合格。表 6-12 列出动平衡过程机组定速3000r/min 振动数据。满负荷下，振动数据见表 6-13。

图 6-28　平衡前后工频三维全息谱

表 6-12　　　　　　　　　　　　　　平衡过程振动数据

时间	配重	测点	6 瓦	7 瓦	8 瓦	9 瓦
2006-12-1 3000r/min 空载	集电环加重 196g	X 轴振	42 32∠261	64 50∠319	80 60∠161	75 52∠242
		Y 轴振	58 43∠2	65 55∠21	78 51∠270	109 84∠2
2006-12-6 3000r/min 空载	集电环再加重 186g 发励对轮再加重 255g	X 轴振	26 13∠296	66 55∠330	68 39∠107	51 23∠218
		Y 轴振	39 25∠1	53 44∠29	75 50∠219	70 31∠307

表 6-13　　　　　　　　　　　　　　满负荷下振动数据

测点	1 瓦	2 瓦	3 瓦	4 瓦	5 瓦	6 瓦	7 瓦	8 瓦	9 瓦
X 轴振	35 26∠276	55 43∠75	62 36∠30	58 29∠24	62 53∠30	45 32∠237	59 48∠315	70 49∠183	78 59∠256
Y 轴振	29 21∠34	43 32∠165	61 42∠122	47 29 124	73 65/137	63 53∠346	53 43∠356	75 71∠278	80 74∠352

6.1.5.3 结论

（1）新机组在启动中很容易发生碰磨故障，在随后的启动中应严格遵照《二十五项反措》中"热态启动不少于 4h"的规定，充分释放由于碰磨造成的转子临时热变形。

（2）在本次振动处理中，动平衡作为一种有效的减振手段效果良好，通过在电环风扇槽和发电机-集电环对轮上同时加重，成功将发电机和集电环各瓦轴振降至合格范围内。

6.2 1000MW 机组现场动平衡

6.2.1 1000MW 发电机转子现场动平衡

HM 电厂 2 号机组为东方汽轮机有限公司生产的 N1000-25.0/600/600，额定负荷 1036.499MW，超超临界、一次中间再热、单轴、四缸四排汽、单背压凝汽式型汽轮机，旁路配置为 35%高压一级大旁路。发电机为东方电机股份有限公司制造的水氢氢冷却、静止自并励汽轮发电机。该发电机组为东方首批国产化百万机组，其轴系振动测量系统见图 6-29。

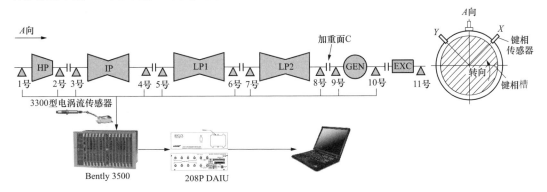

图 6-29   东方 1000MW 发电机组轴系振动测量系统

该机组于 2009 年 8 月 29 日 15:30 冲转，经过相关试验后逐步将机组负荷带至 1036MW。机组振动如表 6-14 及图 6-30 所示。发电机 9 瓦振动接近 125μm 报警值，工频分量达到 111μm。为确保机组安全稳定运行，决定对发电机进行现场高速动平衡。为确保一次配重成功，加重方案借鉴了多台 600MW 机组发电机动平衡试验数据，确定在低-发对轮单面配重，并通过单面平衡轴系平衡准则模拟了单面加重对相邻低压转子振动的影响，最后确定实际加重：低发对轮 711g 在逆转向 318°。

表 6-14 　　　　　　　　　　平衡前满负荷机组振动数据

测点	工频幅值（μm）	工频相位（°）	测点	工频幅值（μm）	工频相位（°）
7X	11	335	9X	111	188
7Y	23	138	9Y	43	273
8X	24	140	10X	72	215
8Y	16	237	10Y	22	66

注   测量时间 2009 年 8 月 30 日。

模拟验算及平衡过程如下：

（1）在发电机和低压缸之间的对轮（平衡面 C）加重，除了通过移相椭圆计算 9 瓦的配重响应与原始振动响应对称外，最为关键的问题是保证在降低 9 瓦振动的同时，相邻的 2 号低压转子振动仍在合格范围内。

（2）利用东方 600MW 超临界机组在低-发对轮加重的历史数据，计算添加试重的迁移矩阵，然后通过发电机转子、低压转子重量和跨距、加重面半径及加重面至相邻轴承的距离对迁移矩阵（见图 6-31）进行适当修正

$$\boldsymbol{R}_C = \begin{bmatrix} r_7 \\ r_8 \\ r_9 \\ r_{10} \end{bmatrix}_{4\times4} = \begin{bmatrix} -65.2432 & 12.3054 & 22.6403 & 28.9406 \\ -49.5090 & 26.0397 & 24.2071 & 14.6803 \\ -24.5547 & 57.2474 & 23.3420 & 15.9983 \\ 3.6766 & 64.5345 & 8.5755 & -0.1858 \end{bmatrix} \tag{6-2}$$

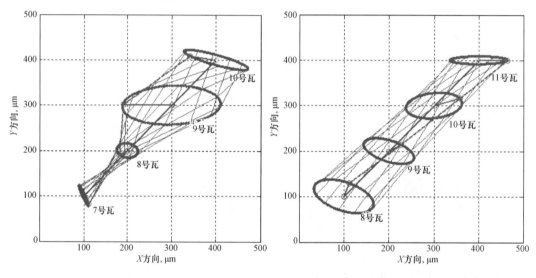

图 6-30　工频原始振动

图 6-31　B 面迁移矩阵（添加单位试重 1000g∠0° 的纯试重振动响应）

（3）将 10 号轴承的振动作为平衡目标，利用迁移矩阵计算 C 面平衡配重使纯试重振动响应在 10 号轴承上的初相点和原始振动初相点镜面对称，计算结果为 $T_C = 1706g\angle 323°$；

（4）添加配重 $1706g\angle 323°$ 所产生的振动响应模拟出来，模拟结果如粗实线所示，从图 6-32 中可以看出原始振动初相点，和纯配重产生的振动响应初相点在 10 号轴承处完全对称。

（5）从图 6-32 考察配重是否满足单面轴系平衡的第二个条件。由于平衡计算时以降低 10 号轴承振动为目标，配重响应在 9 号轴承处的初相点与原始振动初相点成镜面对称，而 7 瓦和 8 瓦侧配重响应初相点都落在了相应的移相椭圆之外，如果按此 $1706g\angle 323°$ 添加，模拟得到的平衡效果如图 6-33 粗实线所示，相邻的 7 瓦和 8 瓦振动将超标，不满足单面平衡判据三。

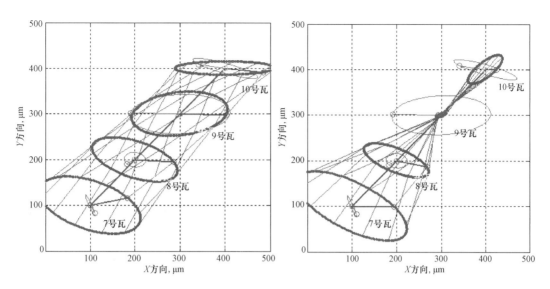

图 6-32 模拟添加配重 T_C 的纯配重振动响应
（粗实线）与原始振动（细实线）的比较

图 6-33 模拟添加配重 T_C 后的残余振动
（粗实线）与原始振动（细实线）的比较

（6）为了满足平衡判据三，采用优化算法，适当降低实际加重重量，并轻微调整加重角度。实际加重 711g 在键槽逆转向 318°。添加配重后实测的平衡效果如图 6-34 所示，振动工频特征值列于表 6-15，各轴承振动均降到振动标准范围之内。

表 6-15　　　　　　　　　　　　平衡后满负荷机组振动数据

测点	工频幅值（μm）	工频相位（°）	测点	工频幅值（μm）	工频相位（°）
7X	58	325	9X	68	181
7Y	43	107	9Y	23	269
8X	19	5	10X	28	198
8Y	14	153	10Y	25	79

通过分析优化后配重 $P = 711g \angle 318°$ 振动响应初相点，如图 6-35 所示。首先确保了在 9 瓦的移相椭圆内，满足了单面平衡判据的第二个条件；同时相邻的 10 号轴承的振动响应初相点也在移相椭圆内。8 号轴承振动响应初相点，恰好在移相椭圆上，该处振动在平衡前后变化量不大；轴系好像一根杠杆，以 8 瓦为支点，当 9 瓦附近对轮加配重后，撬动 7 瓦振动发生较大变化。虽然 7 瓦轴承振动响应初相点没有落在移相椭圆内，但由于该轴承原始振动小，振动增加后仍满足振动安全要求，满足了单面平衡判据三。适当放大 7 瓦振动以获取降低 9 瓦振动，轴系整体振动更为均衡。

6.2.2　1000MW 低压及发电子转子动平衡处理

6.2.2.1　机组参数

PH 电厂汽轮机是上海汽轮机有限公司引进德国西门子技术生产的 1000MW 超超临界

汽轮机，型号为 N1000-26.25/600/600（TC4F），汽轮机型式是超超临界、一次中间再热、单轴、四缸四排汽、双背压、凝汽式汽轮机、采用八级回热抽汽。轴系简图如图 6-36 所示。

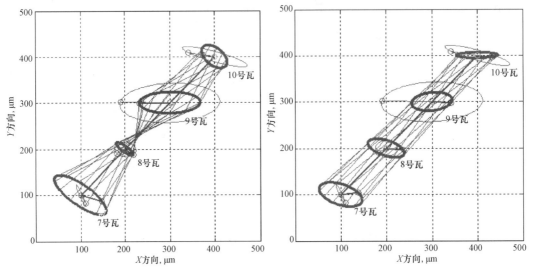

图 6-34　加配重 711g∠318°后测量的残余振动（粗实线）与原始振动（细实线）　　图 6-35　配重 711g∠318°的振动响应（粗实线）与原始振动（细实线）

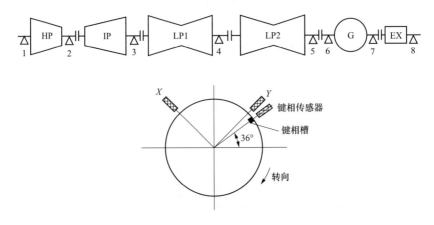

图 6-36　轴系简图

机组安装有 Epro MMS6000 TSI 系统和北京华科同安 TDM 系统。机组传感器类型及布置见表 6-16。

表 6-16　　　　　　　　　　　　　机组传感器类型及布置

轴承类别		1	2	3	4	5	6	7	8
轴振 X/Y	安装角	45L/R	45L/R	45L/R	45L/R	45L/R	45L/R	45L/R	45L/R
	说明	传感器为 PR6423 型，灵敏度为 8V/mm，DCS 显示为单峰值的矢量合成							
瓦振	安装角	双45R	双45R	双45R	双45R	双45R	双135L	双135L	45L/R
	说明	传感器为 PR9268/601，灵敏度为 28.6mV/mm/s，DCS 显示为有效值							

轴承类别		1	2	3	4	5	6	7	8
键相		安装在 2 瓦处的右水平偏上 36°位置，从机头看发电机，机组顺时针旋转							
定值	跳机	采用瓦振，1～5 号轴承 11.8mm/s，6～8 号轴承 14.7mm/s，二取二							
	报警	瓦振 1～8 轴承 9.3mm/s，轴振仅报警，单峰 80μmH 和 130μmHH							

6.2.2.2 第二次启动振动

（1）升速过程波德图如图 6-37～图 6-39 所示。

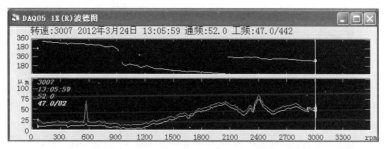

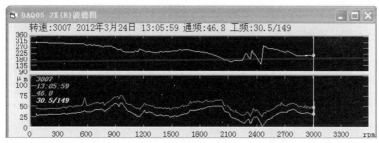

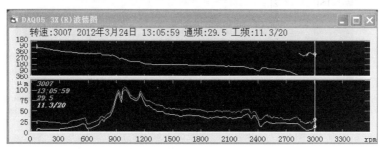

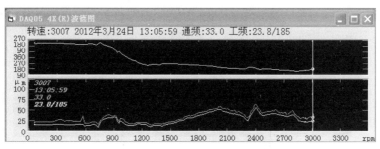

图 6-37 升速过程轴振 X 方向波德图（一）

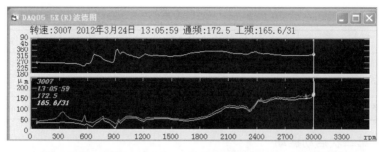

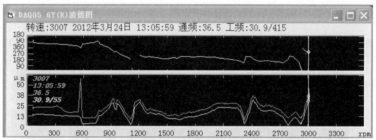

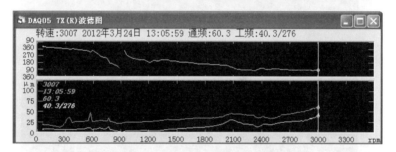

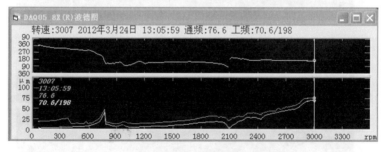

图 6-37 升速过程轴振 X 方向波德图（二）

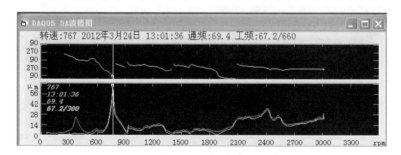

图 6-38 升速过程 5A 瓦振波德图

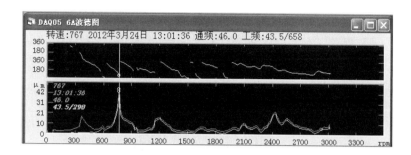

图 6-39　升速过程 6A 瓦振波德图

（2）定速 3000r/min 振动数据如图 6-40～图 6-42 所示。

转速:3008	2012年3月24日 13:06:17					
通　　道	通频振幅	一倍频幅 /相	二倍频	直流 (间隙V)		单 位
01 1X(R)	52.5	49.6 / 80	1.0	1150	(-9.20V)	μm pp
02 2X(R)	45.3	31.8 / 145	6.8	974	(-7.80V)	μm pp
03 3X(R)	25.6	11.8 / 26	3.6	1048	(-8.39V)	μm pp
04 4X(R)	33.1	24.8 / 185	3.5	1076	(-8.61V)	μm pp
05 4Y(R)	19.4	14.4 / 216	1.5	1172	(-9.37V)	μm pp
06 5X(R)	180.5	168.3 / 31	16.1	915	(-7.32V)	μm pp
07 5Y(R)	88.4	83.8 / 157	12.3	1231	(-9.85V)	μm pp
08 6X(R)	93.4	84.3 / 51	5.8	935	(-7.48V)	μm pp
09 6Y(R)	38.3	32.3 / 61	3.6	1169	(-9.35V)	μm pp
10 7X(R)	63.3	40.9 / 277	27.4	1130	(-9.04V)	μm pp
11 7Y(R)	69.5	41.9 / 125	20.4	1087	(-8.69V)	μm pp
12 8X(R)	76.6	70.6 / 198	9.8	1190	(-9.52V)	μm pp
13 8Y(R)	83.1	76.9 / 303	9.9	1263	(-10.11V)	μm pp
14 8Y(ABS)	1.1	0.0 / NA	0.0	3	(-0.02V)	μm pp
15 5A	25.1	23.0 / 112	0.3	4	(0.12V)	μm pp
16 6A	8.6	6.5 / 218	0.7	3	(0.09V)	μm pp

图 6-40　定速 3000r/min 振动数据

转速:3009	2012年3月24日 13:27:14					
通　　道	通频振幅	一倍频幅 /相	二倍频	直流 (间隙V)		单 位
01 1X(R)	66.3	61.4 / 60	3.6	1149	(-9.19V)	μm pp
02 2X(R)	57.3	44.6 / 140	6.6	979	(-7.83V)	μm pp
03 3X(R)	33.8	20.3 / 38	4.0	1066	(-8.53V)	μm pp
04 4X(R)	35.5	27.8 / 169	4.3	1062	(-8.49V)	μm pp
05 4Y(R)	28.0	23.5 / 210	2.3	1198	(-9.58V)	μm pp
06 5X(R)	237.5	226.1 / 23	19.6	970	(-7.76V)	μm pp
07 5Y(R)	118.9	114.5 / 151	18.1	1232	(-9.86V)	μm pp
08 6X(R)	103.9	94.9 / 42	8.3	935	(-7.48V)	μm pp
09 6Y(R)	45.3	40.5 / 62	4.1	1198	(-9.59V)	μm pp
10 7X(R)	63.9	45.4 / 272	27.3	1134	(-9.07V)	μm pp
11 7Y(R)	58.8	44.1 / 99	21.8	1107	(-8.86V)	μm pp
12 8X(R)	78.8	72.6 / 201	10.0	1160	(-9.28V)	μm pp
13 8Y(R)	98.6	91.8 / 307	15.3	1235	(-9.88V)	μm pp
14 8Y(ABS)	1.3	0.0 / NA	0.0	3	(-0.02V)	μm pp
15 5A	29.2	27.3 / 100	1.4	4	(0.13V)	μm pp
16 6A	10.2	8.4 / 219	1.2	3	(0.09V)	μm pp

图 6-41　3000r/min 定速 20min 振动数据

转速：2999	2012年3月24日	13:45:47				
通　道	通频振幅	一倍频幅 /相	二倍频	直流（间隙V）	单　位	
01 1X(R)	82.4	69.3 / 51	5.3	1150 (-9.20V)	μm pp	
02 2X(R)	65.6	51.9 / 141	6.1	977 (-7.82V)	μm pp	
03 3X(R)	31.4	18.3 / 44	3.6	1072 (-8.57V)	μm pp	
04 4X(R)	33.3	22.4 / 164	3.6	1066 (-8.52V)	μm pp	
05 4Y(R)	24.8	20.6 / 203	2.1	1167 (-9.33V)	μm pp	
06 5X(R)	235.1	223.6 / 20	19.5	985 (-7.88V)	μm pp	
07 5Y(R)	126.9	122.5 / 147	18.0	1201 (-9.61V)	μm pp	
08 6X(R)	97.6	88.0 / 30	7.5	916 (-7.33V)	μm pp	
09 6Y(R)	36.9	32.0 / 34	3.3	1179 (-9.44V)	μm pp	
10 7X(R)	70.5	49.1 / 278	26.6	1119 (-8.95V)	μm pp	
11 7Y(R)	57.3	29.6 / 115	21.6	1097 (-8.77V)	μm pp	
12 8X(R)	90.4	86.9 / 208	10.0	1174 (-9.39V)	μm pp	
13 8Y(R)	110.5	103.8 / 307	15.5	1250 (-10.00V)	μm pp	
14 8Y(ABS)	1.0	0.0 / NA	0.0	3 (-0.02V)	μm pp	
15 5A	29.3	26.9 / 97	1.1	4 (0.13V)	μm pp	
16 6A	11.2	8.7 / 215	1.0	3 (0.10V)	μm pp	

图 6-42　降速前 3000r/min 振动数据

（3）振动分析及处理方案。

1）大修后首次启动 5 瓦定速后轴振偏大，在定速过程有 55μm 的爬升，振动特征主要以工频分量为主，初步判断振动爬升与膨胀不到位导致的动静碰磨有关。

2）在停机前（定速运行约 40min）5 瓦轴振 X 方向达到 235μm，振动已趋于稳定，工频分量为 224μm。

3）确定在二号低压转子进行现场动平衡处理，在二号低压转子两侧末级叶轮反对称加重 710g。

6.2.2.3　第三次启动振动

（1）定速 3000r/min 振动数据如图 6-43～图 6-45 所示。在 2 号低压转子添加平衡试重，2011 年 3 月 24 日晚 21:17 再次启动升速至 3000r/min。

转速：3009	2012年3月24日	21:27:00				
通　道	通频振幅	一倍频幅 /相	二倍频	直流（间隙V）	单　位	
01 1X(R)	27.8	23.1 / 69	1.4	1156 (-9.25V)	μm pp	
02 2X(R)	59.5	45.9 / 162	7.3	983 (-7.86V)	μm pp	
03 3X(R)	27.6	11.4 / 4	4.1	1065 (-8.52V)	μm pp	
04 4X(R)	32.8	23.1 / 119	2.3	1087 (-8.70V)	μm pp	
05 4Y(R)	20.5	14.8 / 199	1.3	1171 (-9.37V)	μm pp	
06 5X(R)	148.9	142.4 / 8	12.5	999 (-7.99V)	μm pp	
07 5Y(R)	79.6	74.9 / 139	10.0	1221 (-9.77V)	μm pp	
08 6X(R)	68.8	58.9 / 320	3.6	916 (-7.33V)	μm pp	
09 6Y(R)	55.8	51.5 / 342	4.9	1183 (-9.47V)	μm pp	
10 7X(R)	54.3	30.0 / 261	25.5	1142 (-9.13V)	μm pp	
11 7Y(R)	43.4	21.5 / 83	19.3	1109 (-8.87V)	μm pp	
12 8X(R)	71.4	65.3 / 197	8.8	1163 (-9.30V)	μm pp	
13 8Y(R)	82.5	76.4 / 290	10.9	1245 (-9.96V)	μm pp	
14 8Y(ABS)	0.8	0.0 / NA	0.0	3 (-0.02V)	μm pp	
15 5A	21.9	20.5 / 67	0.2	4 (0.12V)	μm pp	
16 6A	9.3	7.1 / 234	0.4	3 (0.09V)	μm pp	

图 6-43　定速 3000r/min 振动数据

（2）带负荷 700MW 振动数据如图 6-46 所示。

（3）带负荷 900MW 振动数据如图 6-47 所示。

（4）带负荷 1000MW 振动数据如图 6-48 所示。

转速:3009	2012年3月24日 21:48:00				
通　道	通频振幅	一倍频幅 /相	二倍频	直流（间隙V）	单　位
01 1X(R)	31.0	25.5 / 42	1.9	1157 (-9.25V)	μm pp
02 2X(R)	72.0	57.6 / 155	7.9	983 (-7.87V)	μm pp
03 3X(R)	26.5	12.6 / 17	4.4	1074 (-8.59V)	μm pp
04 4X(R)	39.9	27.4 / 107	1.6	1078 (-8.62V)	μm pp
05 4Y(R)	23.4	17.4 / 188	1.0	1177 (-9.42V)	μm pp
06 5X(R)	174.9	167.9 / 5	13.9	1046 (-8.36V)	μm pp
07 5Y(R)	99.1	94.1 / 138	13.0	1200 (-9.60V)	μm pp
08 6X(R)	82.0	74.1 / 304	4.3	902 (-7.22V)	μm pp
09 6Y(R)	67.4	63.3 / 331	6.4	1198 (-9.58V)	μm pp
10 7X(R)	60.4	42.0 / 275	25.9	1135 (-9.08V)	μm pp
11 7Y(R)	43.0	14.5 / 112	20.8	1102 (-8.81V)	μm pp
12 8X(R)	92.3	87.8 / 206	8.1	1149 (-9.19V)	μm pp
13 8Y(R)	106.3	100.1 / 296	13.8	1237 (-9.90V)	μm pp
14 8Y(ABS)	1.0	0.0 / NA	0.0	3 (-0.02V)	μm pp
15 5A	27.6	26.4 / 61	0.8	4 (0.13V)	μm pp
16 6A	10.7	9.0 / 233	0.7	3 (0.09V)	μm pp

图 6-44　3000r/min 定速 20min 振动数据

转速:3009	2012年3月24日 22:09:16				
通　道	通频振幅	一倍频幅 /相	二倍频	直流（间隙V）	单　位
01 1X(R)	57.0	51.1 / 49	2.9	1157 (-9.26V)	μm pp
02 2X(R)	75.0	61.6 / 150	7.9	982 (-7.86V)	μm pp
03 3X(R)	32.8	16.3 / 2	3.9	1069 (-8.55V)	μm pp
04 4X(R)	37.8	28.0 / 96	1.6	1068 (-8.54V)	μm pp
05 4Y(R)	23.3	18.4 / 183	1.4	1164 (-9.31V)	μm pp
06 5X(R)	175.9	171.1 / 358	11.9	1041 (-8.33V)	μm pp
07 5Y(R)	105.3	100.4 / 131	11.8	1186 (-9.49V)	μm pp
08 6X(R)	87.9	84.4 / 292	3.6	888 (-7.10V)	μm pp
09 6Y(R)	72.1	68.3 / 322	6.4	1188 (-9.50V)	μm pp
10 7X(R)	61.5	42.9 / 275	25.5	1127 (-9.02V)	μm pp
11 7Y(R)	39.8	7.0 / 145	20.4	1097 (-8.78V)	μm pp
12 8X(R)	100.1	97.0 / 206	7.5	1153 (-9.22V)	μm pp
13 8Y(R)	113.9	108.8 / 294	14.8	1242 (-9.94V)	μm pp
14 8Y(ABS)	0.9	0.0 / NA	0.0	3 (-0.02V)	μm pp
15 5A	29.0	27.4 / 52	1.2	4 (0.13V)	μm pp
16 6A	10.5	9.1 / 228	0.8	3 (0.09V)	μm pp

图 6-45　3000r/min 定速约 40min 振动数据

转速:3000	2012年3月26日 01:23:54				
通　道	通频振幅	一倍频幅 /相	二倍频	直流（间隙V）	单　位
01 1X(R)	73.1	60.0 / 350	10.3	1099 (-8.79V)	μm pp
02 2X(R)	116.5	95.4 / 134	10.0	963 (-7.71V)	μm pp
03 3X(R)	61.5	46.5 / 16	0.8	1052 (-8.42V)	μm pp
04 4X(R)	40.5	32.9 / 87	2.1	1035 (-8.28V)	μm pp
05 4Y(R)	30.8	26.6 / 175	1.1	1138 (-9.10V)	μm pp
06 5X(R)	179.4	165.5 / 11	18.5	989 (-7.91V)	μm pp
07 5Y(R)	106.6	105.0 / 147	15.8	1235 (-9.88V)	μm pp
08 6X(R)	94.0	84.8 / 283	6.4	894 (-7.15V)	μm pp
09 6Y(R)	78.1	73.5 / 323	7.9	1157 (-9.25V)	μm pp
10 7X(R)	106.1	98.8 / 253	26.9	1125 (-9.00V)	μm pp
11 7Y(R)	130.6	123.1 / 100	20.0	1086 (-8.69V)	μm pp
12 8X(R)	132.3	125.9 / 190	11.8	1163 (-9.30V)	μm pp
13 8Y(R)	164.5	158.1 / 297	23.1	1252 (-10.01V)	μm pp
14 8Y(ABS)	1.1	0.1 / NA	0.0	3 (-0.02V)	μm pp
15 5A	32.3	30.7 / 39	1.8	4 (0.13V)	μm pp
16 6A	12.7	10.9 / 226	0.6	3 (0.09V)	μm pp

图 6-46　带负荷 700MW 稳定

转速:2999　2012年3月26日 10:41:31

通　　道	通频振幅	一倍频幅 /相	二倍频	直流 (间隙V)	单 位
01 1X(R)	57.0	37.3 / 40	6.3	1058 (−8.47V)	μm pp
02 2X(R)	88.6	64.4 / 130	8.9	921 (−7.37V)	μm pp
03 3X(R)	96.8	68.3 / 42	1.0	1042 (−8.33V)	μm pp
04 4X(R)	64.3	58.5 / 90	2.0	1030 (−8.24V)	μm pp
05 4Y(R)	40.0	35.8 / 187	1.6	1140 (−9.12V)	μm pp
06 5X(R)	153.0	137.5 / 23	20.5	935 (−7.48V)	μm pp
07 5Y(R)	99.3	95.6 / 169	15.6	1294 (−10.35V)	μm pp
08 6X(R)	124.3	114.9 / 279	6.8	929 (−7.43V)	μm pp
09 6Y(R)	103.8	98.8 / 320	12.4	1150 (−9.20V)	μm pp
10 7X(R)	123.0	115.9 / 252	28.9	1129 (−9.03V)	μm pp
11 7Y(R)	177.9	168.4 / 98	21.9	1084 (−8.67V)	μm pp
12 8X(R)	143.5	136.1 / 186	12.9	1186 (−9.49V)	μm pp
13 8Y(R)	184.8	177.5 / 300	25.6	1263 (−10.10V)	μm pp
14 8Y(ABS)	1.0	0.0 / NA	0.0	3 (−0.02V)	μm pp
15 5A	37.8	36.2 / 36	1.2	5 (0.13V)	μm pp
16 6A	15.5	13.1 / 233	0.7	3 (0.09V)	μm pp

图 6-47　带负荷 900MW 稳定

转速:2998　2012年3月26日 13:20:24

通　　道	通频振幅	一倍频幅 /相	二倍频	直流 (间隙V)	单 位
01 1X(R)	61.1	45.1 / 35	6.6	1068 (−8.55V)	μm pp
02 2X(R)	87.9	65.5 / 134	9.1	940 (−7.52V)	μm pp
03 3X(R)	80.8	69.9 / 42	0.5	1044 (−8.35V)	μm pp
04 4X(R)	63.1	59.5 / 89	1.9	1034 (−8.27V)	μm pp
05 4Y(R)	38.4	36.1 / 185	1.5	1139 (−9.11V)	μm pp
06 5X(R)	151.4	132.1 / 16	21.3	912 (−7.30V)	μm pp
07 5Y(R)	93.8	92.1 / 164	16.1	1296 (−10.36V)	μm pp
08 6X(R)	136.3	122.5 / 281	7.9	934 (−7.47V)	μm pp
09 6Y(R)	107.5	102.5 / 320	14.4	1148 (−9.19V)	μm pp
10 7X(R)	121.4	113.6 / 251	28.9	1130 (−9.04V)	μm pp
11 7Y(R)	167.4	159.6 / 97	22.4	1074 (−8.59V)	μm pp
12 8X(R)	149.4	142.3 / 183	13.1	1200 (−9.60V)	μm pp
13 8Y(R)	188.9	181.4 / 297	27.3	1266 (−10.13V)	μm pp
14 8Y(ABS)	0.8	0.0 / NA	0.0	3 (−0.02V)	μm pp
15 5A	40.5	38.1 / 35	2.4	5 (0.13V)	μm pp
16 6A	15.8	13.2 / 228	0.8	3 (0.09V)	μm pp

图 6-48　带负荷 1000MW

（5）振动分析及处理方案。

1）对比平衡前图 6-40～图 6-42 与平衡后图 6-43～图 6-45 的三种空载状态（刚定速、20min、40min），5 号轴承的 X 方向相对轴振整体有 40μm 的下降，5Y 有 15μm 的下降，但 5 号轴承振动变化不明显；在 2 号低压转子两侧末级叶轮加反对称试重，对 4 号轴承振动影响不明显，对 6 号轴承 Y 方向轴振有增加 25μm 的影响。动平衡对抑制 5 号轴承的轴振工频分量效果良好。

2）带负荷过程，对比空载定速 40min 和 900MW 负荷稳定的振动数据，5X 相对轴振动有 25μm 的下降，6X 相对轴振动有 50μm 的增加，7X 和 7Y 相对轴振动分别有 60μm 和 125μm 的增加，8X 和 8Y 相对轴振动有 50μm 和 75μm 的增加。

3）负荷 900MW 时，集控室 DCS 显示 5、7、8 瓦轴振动（单峰合成）均超过报警值，分别为 100、129、109μm，6 瓦轴振动 82μm 也接近报警值。

4）分析认为发电机转子在带负荷后存在较大的热不平衡量，特别是 7 号轴承的相对轴振，在 900MW 时 7Y 振动 167μm 是空载下 40μm 的 4 倍。

5）动平衡方案：二号低压转子两侧末级叶轮各再反对称加重 850g，角度汽侧 350°、励侧 170°；7 瓦励-发对轮加重 856g∠289°；8 瓦集电环风扇槽加重 655g∠90°。

6.2.2.4 第四次启动振动

（1）定速 3000r/min 振动数据如图 6-49 所示。在 2 号低压转子末级叶轮、励-发对轮、集电环风扇槽 4 个平面同时添加平衡试重，2011 年 3 月 27 日 17:25 再次启动直接升速至 3000r/min，随即并网带负荷。

转速:3009	2012年3月27日 17:33:35				
通 道	通频振幅	一倍频幅/相	二倍频	直流(间隙V)	单 位
01 1X(R)	93.5	90.3 / 60	8.5	1126 (-9.01V)	μm pp
02 2X(R)	34.5	19.0 / 157	3.8	977 (-7.81V)	μm pp
03 3X(R)	41.8	33.1 / 350	1.3	1060 (-8.48V)	μm pp
04 4X(R)	59.1	45.3 / 63	2.1	1092 (-8.73V)	μm pp
05 4Y(R)	26.8	21.5 / 175	1.9	1179 (-9.43V)	μm pp
06 5X(R)	97.1	89.1 / 355	10.5	890 (-7.12V)	μm pp
07 5Y(R)	58.0	50.9 / 134	6.5	1281 (-10.25V)	μm pp
08 6X(R)	94.6	88.6 / 239	3.8	974 (-7.79V)	μm pp
09 6Y(R)	98.6	93.9 / 294	5.3	1171 (-9.37V)	μm pp
10 7X(R)	49.4	24.0 / 308	27.3	1154 (-9.24V)	μm pp
11 7Y(R)	50.4	33.0 / 242	20.5	1101 (-8.81V)	μm pp
12 8X(R)	62.0	58.3 / 227	10.6	1213 (-9.70V)	μm pp
13 8Y(R)	48.5	41.4 / 306	8.8	1255 (-10.04V)	μm pp
14 8Y(ABS)	1.0	0.1 / NA	0.1	3 (-0.02V)	μm pp
15 5A	24.4	21.5 / 21	1.1	5 (0.13V)	μm pp
16 6A	11.1	9.0 / 225	0.6	3 (0.10V)	μm pp

图 6-49　定速 3000r/min 振动数据

（2）带负荷 800MW（稳定 2h）振动数据如图 6-50 所示。

转速:3001	2012年3月27日 21:30:38				
通 道	通频振幅	一倍频幅/相	二倍频	直流(间隙V)	单 位
01 1X(R)	97.0	75.3 / 20	11.8	1093 (-8.74V)	μm pp
02 2X(R)	112.9	89.5 / 137	11.4	959 (-7.67V)	μm pp
03 3X(R)	55.1	36.3 / 0	0.5	1045 (-8.36V)	μm pp
04 4X(R)	63.8	54.4 / 44	2.4	1044 (-8.35V)	μm pp
05 4Y(R)	30.8	26.4 / 160	1.9	1142 (-9.13V)	μm pp
06 5X(R)	105.1	93.9 / 25	12.0	872 (-6.97V)	μm pp
07 5Y(R)	63.9	58.4 / 154	11.3	1268 (-10.15V)	μm pp
08 6X(R)	136.0	127.1 / 235	6.0	941 (-7.53V)	μm pp
09 6Y(R)	112.4	106.8 / 291	11.8	1147 (-9.14V)	μm pp
10 7X(R)	105.3	91.3 / 274	28.9	1139 (-9.11V)	μm pp
11 7Y(R)	122.1	101.8 / 130	21.9	1071 (-8.57V)	μm pp
12 8X(R)	116.0	112.0 / 209	12.1	1191 (-9.53V)	μm pp
13 8Y(R)	131.6	125.8 / 314	18.5	1248 (-9.98V)	μm pp
14 8Y(ABS)	1.0	0.0 / NA	0.1	3 (-0.02V)	μm pp
15 5A	29.9	26.9 / 21	3.3	4 (0.13V)	μm pp
16 6A	15.9	13.3 / 228	0.9	3 (0.09V)	μm pp

图 6-50　800MW 振动数据

（3）带负荷 700MW（稳定 2h）振动数据如图 6-51 所示。

（4）带负荷 1000MW 振动数据如图 6-52 和图 6-53 所示。2011 年 3 月 28 日 11:00 从 550MW 开始升负荷，11:50 负荷至 1000MW。

（5）振动分析及处理方案。

1）针对带负荷后 5、7、8 瓦的振动超过报警值，采用了 4 个平面同时配重，平衡后在相同稳定负荷下，振动有明显改善。

转速:3001	2012年3月27日 23:03:31				
通　　道	通频振幅	一倍频幅 /相	二倍频	直流（间隙V）	单　位
01 1X(R)	96.1	80.3 / 1	15.4	1093 (-8.74V)	μm pp
02 2X(R)	152.8	132.9 / 130	14.9	968 (-7.75V)	μm pp
03 3X(R)	56.5	36.9 / 310	3.8	1045 (-8.36V)	μm pp
04 4X(R)	72.5	65.8 / 43	2.9	1033 (-8.26V)	μm pp
05 4Y(R)	33.1	27.8 / 139	1.5	1146 (-9.17V)	μm pp
06 5X(R)	84.0	75.1 / 30	9.0	880 (-7.04V)	μm pp
07 5Y(R)	60.1	56.9 / 161	8.6	1273 (-10.18V)	μm pp
08 6X(R)	146.5	143.1 / 229	5.5	933 (-7.47V)	μm pp
09 6Y(R)	112.9	109.3 / 286	11.8	1147 (-9.17V)	μm pp
10 7X(R)	102.5	86.9 / 276	28.6	1137 (-9.10V)	μm pp
11 7Y(R)	112.4	88.0 / 137	21.5	1070 (-8.56V)	μm pp
12 8X(R)	120.3	117.0 / 212	12.3	1191 (-9.53V)	μm pp
13 8Y(R)	130.3	125.0 / 312	17.9	1249 (-9.99V)	μm pp
14 8Y(ABS)	1.0	0.0 / NA	0.0	3 (-0.02V)	μm pp
15 5A	28.7	25.4 / 16	3.4	4 (0.12V)	μm pp
16 6A	16.0	13.1 / 226	0.7	3 (0.09V)	μm pp

图 6-51　700MW 振动数据

转速:3002	2012年3月28日 11:50:35				
通　　道	通频振幅	一倍频幅 /相	二倍频	直流（间隙V）	单　位
01 1X(R)	63.9	47.3 / 21	10.6	1074 (-8.59V)	μm pp
02 2X(R)	105.9	83.3 / 122	12.4	921 (-7.37V)	μm pp
03 3X(R)	1.1	0.0 / NA	0.0	146 (-1.17V)	μm pp
04 4X(R)	72.8	59.6 / 37	2.6	1036 (-8.29V)	μm pp
05 4Y(R)	29.9	24.6 / 168	2.1	1144 (-9.15V)	μm pp
06 5X(R)	98.8	89.6 / 31	16.4	903 (-7.22V)	μm pp
07 5Y(R)	79.8	74.6 / 167	12.6	1285 (-10.28V)	μm pp
08 6X(R)	154.1	146.5 / 238	4.6	930 (-7.44V)	μm pp
09 6Y(R)	115.3	110.4 / 285	11.8	1147 (-9.17V)	μm pp
10 7X(R)	95.3	82.8 / 272	27.5	1137 (-9.10V)	μm pp
11 7Y(R)	102.0	84.6 / 118	20.5	1078 (-8.62V)	μm pp
12 8X(R)	109.3	104.8 / 211	13.9	1197 (-9.57V)	μm pp
13 8Y(R)	128.5	122.3 / 313	18.5	1256 (-10.05V)	μm pp
14 8Y(ABS)	0.9	0.0 / NA	0.0	3 (-0.02V)	μm pp
15 5A	30.8	28.4 / 16	2.7	5 (0.14V)	μm pp
16 6A	16.5	13.3 / 224	0.4	3 (0.09V)	μm pp

图 6-52　1000MW 振动数据（刚升至满负荷）

转速:2997	2012年3月28日 15:45:07				
通　　道	通频振幅	一倍频幅 /相	二倍频	直流（间隙V）	单　位
01 1X(R)	51.1	37.8 / 56	3.6	1062 (-8.50V)	μm pp
02 2X(R)	82.4	64.6 / 127	9.9	920 (-7.36V)	μm pp
03 3X(R)	1.0	0.0 / NA	0.0	146 (-1.17V)	μm pp
04 4X(R)	88.3	78.1 / 54	1.3	1031 (-8.25V)	μm pp
05 4Y(R)	34.6	31.1 / 170	2.0	1144 (-9.15V)	μm pp
06 5X(R)	99.0	82.6 / 45	20.9	905 (-7.24V)	μm pp
07 5Y(R)	85.4	78.3 / 180	14.5	1297 (-10.38V)	μm pp
08 6X(R)	185.8	179.6 / 248	9.4	923 (-7.38V)	μm pp
09 6Y(R)	146.3	142.1 / 295	17.9	1144 (-9.16V)	μm pp
10 7X(R)	125.4	117.8 / 262	29.3	1134 (-9.07V)	μm pp
11 7Y(R)	170.8	157.5 / 114	22.3	1077 (-8.62V)	μm pp
12 8X(R)	141.8	135.5 / 194	12.8	1209 (-9.67V)	μm pp
13 8Y(R)	160.8	153.0 / 304	25.0	1271 (-10.17V)	μm pp
14 8Y(ABS)	1.0	0.0 / NA	0.0	3 (-0.02V)	μm pp
15 5A	42.1	39.2 / 16	3.5	5 (0.13V)	μm pp
16 6A	18.3	15.2 / 226	0.5	3 (0.09V)	μm pp

图 6-53　1000MW 振动数据（振动稳定）

2）动平衡后 7Y 轴振在定速 3000r/min 下工频振动 33μm∠242°；励发对轮加重前第三次启动定速 3000r/min 下工频振动 22μm∠83°，二者相位相差 160°，说明平衡配重将不平衡方位矫正至反向位置；对比平衡前后 700MW 时 7Y 数据分别为 123μm∠100° 和 88μm∠137°，说明发电机转子带负荷后的热不平衡量远大于原始不平衡量，带负荷后振动主要体现为热不平衡量的影响，在 7 瓦处的平衡配重还应加大，用于补偿带负荷后的热不平衡量。

3）5 瓦振动通过在二号低压转子两侧末级叶轮再次加重，平衡状态已明显好转，振动较大的 5X 轴振降低 50μm，5Y 轴振降低 20μm，但瓦振没有明显改善；原因之一是瓦振布置在右 45° 方向，对应轴振的 Y 方向，Y 向轴振改变原本就不大，故相应的瓦振改变不大；另外，该瓦振与轴振的对应关系看，在相同轴振下该瓦振较常规偏大，怀疑该轴承自位能力较差，接触部位存在卡涩，建议对 5 号轴承翻瓦检查。

4）如果机组短暂停机没有翻瓦机会，建议先对 6 瓦轴振进行处理，对于该瓦轴振超标有两方面原因，一是 2 号低压转子动平衡对 6 瓦的影响，但不是主要原因；二是带负荷后的热不平衡量，这是主要原因。如果降低 2 号低压转子平衡配重，将会造成 5 瓦振动超标，因此，建议降低 6 瓦振动在低发对轮加配重 1100g∠135°。励发对轮已有平衡块见图 6-54。

5）降低 7 瓦轴振可继续加重 1200g∠342°；降低 8 瓦轴振可继续加重 1000g∠135°，由于 90° 附近已近加重，为减少加重弧长，平衡块应加高一倍，增加单块的重量。7 瓦加重方案由于该位置已经有平衡螺钉，故应加工带头螺钉，加 1mm 垫板锁止螺钉（见图 6-55）。取下与键相零位相邻的两个 581g 螺钉，加工两个带头六角螺钉，与垫片合计重 2362g，替换原两个 581 克螺钉。7 瓦和 8 瓦的动平衡可以同时进行。

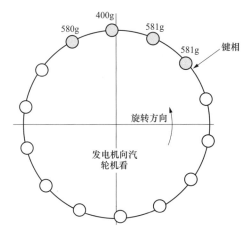

图 6-54　励发对轮已有平衡块

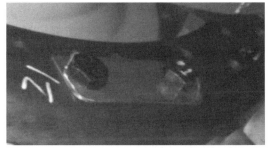

图 6-55　锁止螺钉示意图

6）上述步骤 3）、4）、5）建议不要同时进行，有条件可以先检查 5 瓦，再对 6 瓦进行动平衡，最后对 7 瓦和 8 瓦同时平衡。

注：以上平衡块角度按从键相槽逆转向计算。

7

核电机组及燃气轮机振动诊断案例

 ## 7.1 1000MW 核电半速机组故障诊断

7.1.1 1000MW 核电半速机组现场动平衡

LA核电厂二期工程4号汽轮发电机组是东方电气-ALSTOM联合设计制造的1086.94MW机组，高中压合缸，两个低压缸为双流对称布置。发电机是四极半转速同步发电机，转子轴头悬挂带有旋转整流器的无刷励磁机。汽轮发电机组轴系总长度约55m，共设计有8个支撑轴承，均为三瓦块结构的可倾瓦，推力轴承位于2号轴承座内，设计3台50%容量的电动给水泵。汽轮发电机组基础采用弹性隔振基础。

自2011年5月份首次启动以来，4号机组低压B转子两端轴承振动偏大，频谱分析表明振动以工频分量为主，借4号机停机检修机会，在低压转子两端平衡盘上对称加重。7月20日，4号机组平衡后启动。

7.1.1.1 机组参数

1. 汽轮机

型号：ARABELLE型；

型式：冲动式、单轴、一次中间再热、三缸四排汽的凝汽式；

额定转速：1500r/min；

盘车转速：8r/min；

旋转方向：从汽轮机向发电机看为逆时针；

额定功率：1086.94MW；

新蒸汽：64.3bar/280.1℃/1613.4kg/s；

再热蒸汽：9.354bar/268.8℃；

凝汽器压力：5.6kPa；

抽汽级数：7级。

2. 高中压转子

转子级数：高压9级，中压4级；

转子重量：105 000kg（含叶片）；

转子长度：12.788m。

3. 低压转子

转子级数：2×2×5 压力级；

转子重量：180 800kg（单个转子，含叶片）；

转子长度：11.950m；

末级叶片高：1430mm。

4. 发电机

型号：4 POLE synchronous TA-1200-78；

最大容量：1278MW；

频率：50Hz；

功率因子：0.9；

氢气压力：0.3MPa；

连接方式：星型；

转子重量：233 000kg；

转子长度：7.95m；

额定电压：24kV；

额定电流：30 739A；

冷却方式：水氢氢；

励磁方式：无刷励磁；

励磁电压：446V；

励磁电流：5791A（额定），2156A（空载）。

5. 设计临界转速

转子和轴系设计临界转速见表 7-1 和表 7-2。

表 7-1　　　　　　　　　　　转子设计临界转速　　　　　　　　　　（r/min）

临界转速	高中压转子	低压转子 1	低压转子 2	发电机转子
一阶临界	953	1039	1039	885
二阶临界	>2200	>2200	>2200	1778～2127

表 7-2　　　　　　　　　　　轴系设计临界转速　　　　　　　　　　（r/min）

临界转速	一阶	二阶	三阶	四阶	五阶	六阶	七阶
一阶临界	890	964	1055	1097	1804	2140	2144
对应转子临界	GEN 一阶	HIP 一阶	LP1 一阶	LP2 一阶	GEN 二阶	GEN 二阶	LP2 二阶

7.1.1.2　轴振及瓦振测试

1. 机组配置的振动监测保护系统

机组分别设计有轴振和瓦振在线监视保护系统（4GME001AR 柜的 MMS6000 系统如图 7-1 所示），并配置有振动在线监测的 TDM 系统。

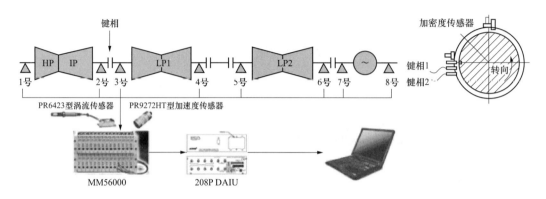

图 7-1 GME 系统轴振及瓦振测量系统图

2. 相对轴振测量系统

在每个轴承附近的轴颈设计了互为垂直安装的位移传感器，测量转轴的相对振动。振动传感器型号为德国 EPRO 公司 PR6423 型涡流传感器，灵敏度为 8V/mm。其安装方向为：从机头向机尾看，轴振 X 为垂直正上方，轴振 Y 为左水平。

3. 绝对瓦振测量系统

与轴振测量系统相对应，在每个位移传感器附近都分别安装加速度计，测量轴承座的绝对振动。振动传感器型号为德国 EPRO 公司 PR9272HT 型加速度计，灵敏度为 100mV/g。其安装方向分别为：从机头向机尾看，水平瓦振为左水平（90L），垂直瓦振为垂直正上方（0°）。

4. 键相器及转轴键相槽位置确认

机组在 2 瓦附近的轴段设计有永久的键相孔，并在该瓦左水平附近安装有两套涡流传感器测量键相信号。安装角度为：键相 1 约左水平 95L，键相 2 约左水平 110L。

7.1.1.3 平衡前后振动测试

平衡前多次启停，低压 B 转子两端轴承振动都偏大，振动幅值相位稳定，为说明平衡效果，平衡前数据选取 4 月 29 日做超速试验时所采集的。

由图 7-2 可以看出，平衡前 5 瓦和 6 瓦振动均偏大，特别是 6 瓦。6Y 测点振动约 83μm，振动以工频分量为主，约占 72%。

Ch #	Channel	Speed	Direct	Gap	1X Ampl	1X Phase	2X Ampl	2X Phase	0.5X Ampl	0.5X Phase
9	5X	1500	55.5	-11.4	25.1	258	2.09	MinAmp	0	nX<1
10	5Y	1500	60.7	-9.85	31.9	9	2.87	MinAmp	0.522	nX<1
11	6X	1500	72.6	-11.3	47.5	246	9.67	347	0	nX<1
12	6Y	1500	82.9	-9.19	58.8	343	9.93	171	0.784	nX<1
13	7X	1500	35.0	-11.9	8.10	315	6.01	20	0	nX<1
14	7Y	1500	38.7	-11.4	13.1	67	7.84	217	0.522	nX<1
15	8X	1500	16.2	-12.5	2.61	MinAmp	1.83	MinAmp	0	nX<1
16	8Y	1500	17.8	-10.3	2.87	MinAmp	4.18	320	0	nX<1

图 7-2 平衡前振动数据列表

在低压 B 转子两端平衡盘上各加重 1490g，具体位置见图 7-3。

图 7-3　加重位置

2011 年 7 月 20 日，4 号机组平衡后启动，500r/min 暖机 40min 后，直接升速至 1500r/min。升速曲线如图 7-4 所示，平衡后启动升速波德图如图 7-5 所示。

平衡后启动，定速 1500r/min 振动数据见图 7-6。6X 测点振动约为 51μm，与平衡前相比（见图 7-2），振动幅值下降明显，动平衡试验取得预期效果。

并网后，低压 B 转子两端轴承振动缓慢爬升，最高爬至 70μm，后缓慢下降。满负荷工况下，5 瓦和 6 瓦轴振均在 50μm 以下，达到规定的优秀值。

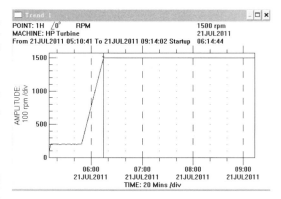

图 7-4　平衡后启动升速曲线

7.1.2　1000MW 核电半速机组高频振动故障诊断与处理

7.1.2.1　设备概况及整组启动振动情况

某核电站采用中广核集团具有自主品牌的 CPR1000 技术，其 1、2 号机组汽轮机为上海汽轮机有限公司引进德国 Siemens 技术生产的国产 HN-1000-6.4 型核电半转速汽轮

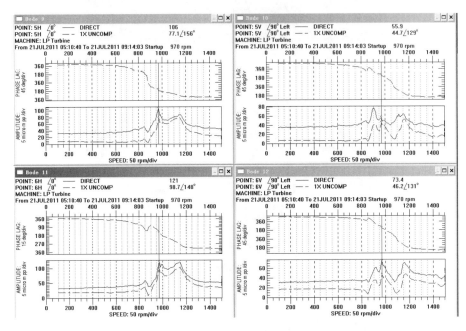

图 7-5 平衡后启动升速波德图

| | | | | | 1X | | 2X | |
Ch #	Channel	Speed	Direct	Gap	Ampl	Phase	Ampl	Phase
9	5X	1500	44.9	-9.89	24.0	319	4.18	300
10	5Y	1500	38.5	-11.3	15.9	212	2.61	MinAmp
11	6X	1500	51.2	-9.23	34.5	324	5.75	180
12	6Y	1500	42.6	-11.3	26.4	221	5.22	349
13	7X	1500	40.1	-11.0	20.6	34	7.84	208
14	7Y	1500	34.2	-11.5	11.5	288	5.75	10
15	8X	1500	26.9	-10.6	17.0	124	4.18	310
16	8Y	1500	30.0	-10.5	17.5	17	1.83	MinAmp

图 7-6 平衡后启动定速振动列表

机。机组以瓦振信号作保护，以轴振信号为参考，瓦振信号由排布安装在轴承箱右 45°方向（从汽轮机往发电机看，后文中提到的测点安装角度都是以汽轮机看发电机定义）的速度传感器采集。

1 号机组于 2013 年 12 月 28 日首次冲转到额定转速 1500r/min，冲转过程中，1、2、3 号瓦瓦振偏大，其中 1 号瓦的振动超过 10mm/s，接近保护动作值 10.5mm/s。技术人员进行了多次检查和处理，但收效甚微，在后续多次冲转、并网等过程中，机组 1、2、3 号瓦的振动在冲转过程及低负荷工况下仍然超标，甚至发生了几次汽轮机振动大跳闸事件。

测试结果显示，瓦振（如没有特别说明，均指 1、2、3 号瓦瓦振）偏大主要是频谱中含有较大比例的高频分量。因短时间内未能查明异常振动来源，为保证工程进度，将振动保护跳机时间由 0.1s 延至 1s，将振动信号频率采集范围由 10～500Hz 缩小为 10～300Hz，机组方可开展下一步调试工作。

随后，2 号机组在调试阶段也出现了相同的振动故障，CPR1000 技术的 2 台机组都遇到瓦振因高频振动超标，严重影响设备的安全性及工程进度。由于设备厂家没有可供参考的案例及解决方案，出版文献中也鲜见核电或火电机组相关高频振动故障的报道，给问题的解决增加了难度。

7.1.2.2 振动试验分析

由于核电机组对安全性的要求极为苛刻，滤波只能是一种临时手段，高频振动故障必须彻底解决。为了分析高频振动来源，保障机组安全稳定运行，利用机组检修的机会，对机组的振动特性进行了全面测试，包括启停机、升降负荷过程振动测试，轴承箱振动特性试验，轴承箱盖固有频率测试，汽轮机平台激振力传递路径识别等试验。

1. 启停机和升降负荷过程振动测试

针对机组瓦振大，且主要发生在冲转及低负荷功率平台的特点，对机组大小修的启停机和升降负荷过程中振动变化情况进行全面的测试。从测试结果来看，机组振动故障特征具有较好的重复性；现场检查发现，缺陷处理前后仅振动幅值略有变化；在测试过程中还发现，轴承箱盖 45°方向与轴承箱中分面振动差别较大，在轴承箱盖上附加质量后可明显降低前者的振动，但对后者的影响不明显。

2. 轴承箱振动特性试验

在机组启停机和升降负荷过程中，对瓦振异常的 1、2、3 号瓦对应的轴承箱进行了振动特性试验。采用便携式振动测试仪表测量轴承箱不同位置的振动，具体测点布置及 1 号轴承箱各测点在 370MW 负荷状态下的振动如图 7-7 所示。

从图 7-7 可以看到，轴承箱上测点的振动较小，基本都小于 1.5mm/s，而轴承箱盖上测点的振动较大，其中以左 45°和右 45°方向两个测点的振动最大。频谱分析显示，轴承箱盖上测点的振动工频分量很小，高频分量占比很大，高频分量中以470Hz 左右的分量为主；而轴承箱上其他测点的振动较小，主要是工频分量。

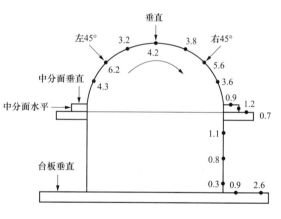

图 7-7 轴承箱振动特性试验结果

3. 轴承箱盖固有频率测试

利用机组小修的机会，对存在振动故障的 1、2、3 号瓦所在轴承箱进行试验模态分析，并对 4、5、6 号瓦所在轴承箱也进行测试，以方便比较。

试验采用锤激法，单点激励，多点响应，由力锤敲击轴承箱产生激励信号，加速度传感器拾取响应信号，经数据采集分析系统处理分析得到频响函数，从而识别出轴承箱固有频率。测试是在盘车状态下进行，测得各轴承箱盖频响函数的峰值对应频率基本相同，1、4 号瓦轴承箱盖的测试结果如图 7-8 所示。

从测试结果可知，轴承箱盖的频响函数最大值对应的频率约 470Hz，与高频振动主频率一致。

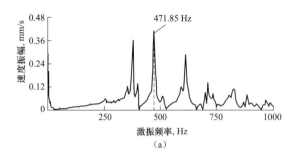

（a）

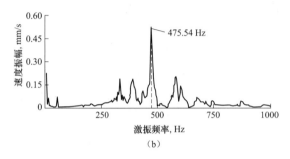

（b）

图 7-8　锤击法测试得到的轴承箱盖频响函数

（a）1 号瓦处轴承箱盖测点频响函数；

（b）4 号瓦处轴承箱盖测点频响函数

4. 激振力传递路径识别试验

通过对上述试验数据的分析，基本排除了高频振动激振力来源于转子的可能。利用机组大小修的启停机机会，在轴承座台板、猫爪、进汽管支吊架横梁及进汽管道等高频激振力可能传递的路径上布置传感器后进行激振力传递路径识别试验，以追踪瓦振的高频分量激振力来源。

识别试验结果表明：3、4 号进汽管道及支吊架振动与轴承箱振动趋势具有同步性，并网后都随着负荷升高而增大，负荷超过 80MW 后随负荷增加而减小，负荷超过 500MW 以后振动趋于稳定，并最终保持在良好范围；3 号进气管道振动较大，测得的振动峰值超过 80mm/s。大修后启动过程 3 号进汽管道的振动趋势及其频谱曲线如图 7-9 和图 7-10 所示

（因管道振动过大将传感器振落，振动趋势图中出现间断）。并网升负荷过程中各测点工频分量基本保持稳定，振动变化主要是由高频分量波动引起，高频分量具有波动性，如图 7-10 所示。

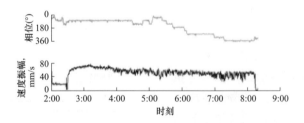

图 7-9　大修后启动过程 3 号进汽管道振动趋势

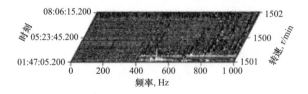

图 7-10　3 号进汽管道振动频谱曲线

7.1.2.3　振动故障诊断及处理建议

1. 振动特征

综合历次测试和各项试验可知，1、2、3 号瓦的振动具有以下特征：

（1）瓦振与负荷表现相关性。在低负荷区间，振动随负荷升高而增大，且伴随着一定的波动，在负荷为 80MW 时达到峰值；负荷进一步增加时，振动随负荷增加而减小，振动波动量也随负荷的增加而减小；负荷超过 500MW 以后振动趋于稳定，并最终保持在良好范围。瓦振的频谱特征、波动特性以及与负荷的相关性都表现出良好的重复性。

（2）机组轴承箱不同位置的振动特性差异明显。低负荷工况下，瓦振测点振动超标时，轴承箱中分面振动保持在优良范围内，前者以高频分量为主，且随高频分量的变化而波动，而后者以工频为主，受高频分量影响较小。

（3）瓦振及汽轮机平台各测点在不等的频带宽度范围内存在连续谱，振动幅值和振动主频率波动不定。轴承箱盖 45°方向振动存在连续谱的频段为 425～525Hz，振动主频率约 470Hz。

（4）进汽管道及支吊架振动与轴承箱、汽轮机平台及猫爪振动趋势具有同步性，其中 3 号进汽管道在并网升负荷过程中的振动峰值超过 80mm/s；频谱分析显示 3、4 号进汽管道的振动在 425～550Hz 和 750～1000Hz 内存在连续谱，振动主频率及幅值不稳定。

2. 故障诊断

（1）振动性质。通过现场加装测点比对，可以确定机组瓦振测点在低负荷状态下振动偏大是真实的，异常振动具有振动幅值和振动主频率波动不定及连续谱两大特征，从振动性质来说属于随机振动。

（2）支撑刚度分析。引起机组振动大的故障原因有两个，一是动刚度不足，二是激振力过大。支撑动刚度由结构刚度、共振、连接刚度 3 个要素组成。在 1500r/min 空载状态和高负荷状态下，机组 1、2、3 号瓦测点振动良好，可以排除结构刚度不足和工作转速下共振的可能。现场检测轴承箱连接刚度发现各点差别振动均正常，由此可以排除连接刚度异常造成振动增大。即机组 1、2、3 号瓦测点振动在低负荷下振动偏大是激振力增大所致。

（3）激振力分析。在并网升负荷过程中，机组轴振始终稳定且维持在优良水平，轴振频谱中未出现约 470Hz 的高频振动分量，可排除轴承箱高频激振力来源于转子的可能，即高频激振力是由外界传递至汽轮机本体的。

在低负荷状态下，振动随负荷变化而变化，打闸停机后，调节汽门全部关闭，轴瓦振动迅速下降，从运行上来看，只有各调节汽门开度变化这一因素改变了进汽量，即管道汽流力是一个重要的相关变量；另一方面，现场测试结果表明，进汽管道的振动与机组轴承箱盖的振动趋势具有一致性和同步性，且都存在不稳定波动，不稳定振动连续谱的频谱范围也基本相同，说明进汽管道和轴承箱盖的高频激振力来源相同，可以确定机组轴瓦高频振动的激振力来源于不稳定汽流力。

（4）激振力及传递路径分析。不稳定汽流力经进汽管道、汽缸传递至轴承箱盖。在低负荷状态下，不稳定汽流力高频分量主要分布在 425～550Hz 和 750～1000Hz 两个频段范围，不稳定汽流力经进汽管道、汽缸传递至轴承箱盖上，其中的 470Hz 成分引发轴承箱盖不稳定共振；由模态测试结果可知，轴承箱盖在 470Hz 附近存在固有频率，对频率为 470Hz 的激振力非常敏感，且轴承座截面左 45°和右 45°位置对应该阶模态振型的反节点，进一步放大了频率为 470Hz 激振力作用时的瓦振测点位置的振动。这就较好地解释了轴承箱分面在机组瓦振超标时，振动依然保持在优良水平，以及试验人员站立在轴承箱盖上可显著降低瓦振的原因。负荷高于 500MW 时，不稳定汽流力很小且高频分量基本观察不到，瓦振降低至优良范围，高频分量也随之消失不见。

3. 处理建议

根据以上故障诊断分析结果，提出以下建议：

（1）降低激振源是最根本的措施。测试结果表明，3 号进汽管道在低负荷状态下的振动偏大，明显高于其他进汽管道，是机组瓦振超标的直接激振力来源。

流体管道的激振力通常来源于两个方面，一是动力机械，二是流体压力脉动。机组 3 号进汽管道振动与负荷有关，即与进汽量有关。因此，可以确定振动超标是不稳定汽流脉动引起的，可考虑的解决方案包括改善管道内的汽流状态参数及改变蒸汽管道的几何配置情况。

从现场可操作性方面考虑，建议通过优化改变调节汽门的开启程序和方式，改变管道内汽流的物理参数，以降低进汽管道不稳定汽流力。对比振动测试结果及阀门开度曲线可知，机组 1、2、3 号瓦振动及 3 号进汽管道在负荷为 80MW 时达到最大，此时调节汽门 GV1、GV2、GV3、GV4 的开度分别为 0.80%、0.75%、6.56%、0.61%。经多方论证与核算，决定对 Siemens 给定的阀门开度曲线进行适度修改，将低负荷状态下 GV1、GV2、GV4 的开度增大为 1.76%、1.75%、1.72%，同时将 GV3 的开度减小至 4.46%，以使各蒸汽管道进汽更加均匀。

此外，从设计方面考虑，在管路中设置集箱、空腔缓冲器、滤波缓冲器或蓄压缓冲器等，也能降低不稳定汽流力，但难度较大，成本较高，建议在优化配汽方式效果不明显之后再行实施。

（2）降低传递至轴承箱上的激振力。由于汽流激振力难以彻底消除，建议降低管道振动，减小由进汽管道传递至轴承箱上的力。根据蒸汽管道振动分析及现场实际情况，采取在确保管道热膨胀正常和管道系统应力合格的前提下，在管道适当位置设置刚性约束，如固定支架、导向支架、滑动支架或限位装置，必要时设置阻振器或阻尼器；另外，在蒸汽管道与基础之间设立隔振装置，可从传递路径上阻隔汽流激振力的传递，降低低负荷下的瓦振。因检修工期紧张，建议在下次大修中实施。

（3）开展瓦振安全性评估。机组瓦振测点反映的是轴承箱盖的振动，不能代表轴承座的真实振动，尤其是在低负荷状态下的振动超标，仅是测点位置及附近的局部小范围超标。建议将瓦振测点安装到轴承座上，以了解其真实振动。从测试结果分析，机组可在额定工况长期安全稳定运行，但 3 号进汽管道在低负荷工况下振动已超标，应尽快解决，具体可参考前述所列措施。

7.1.2.4 处理效果

根据振动故障诊断结果制定了解决方案，因检修工期紧张且厂家技术人员未能及时到位，方案未能在 1 号机组上实施。2 号机组正处调试阶段，冲转过程也遇到与 1 号机组相同的振动故障，实施了方案中提出的优化配汽后，2 号机组进汽管道和瓦振测点的振动明显好转，机组不采取滤波的方式即可成功冲转升速、并网带负荷；3 号进汽管道优化前、优化后的振动分别为 76、32mm/s；1 号瓦优化前、优化后的瓦振分别为 11.4、4.3mm/s。

7.2 F 级蒸汽-燃气联合循环机组故障诊断

7.2.1 F 级燃气轮机可倾轴承损坏引发的低频振动故障分析

7.2.1.1 机组介绍

某发电公司 4 号燃机是 GE 公司生产的 9FA（350MW）燃气-蒸汽联合循环发电机组，轴系由燃气轮机、高中压、低压、发电机和励磁机转子组成，励磁机尾端悬臂布置。轴系共有 8 个轴承，1～5 号为可倾瓦轴承，6～8 号为椭圆轴承。轴系布置如图 7-11 所示。

4 号机配备了本特利振动监测系统，在 1 号-8 号轴瓦轴颈附近左、右 45°分别安装了两套电涡流传感器，测量轴系各转子转轴相对振动。在 1、2、7、8 号轴承上布置了瓦振传感器，测量轴承座振动。试验时在 4 号轴承座上加装了临时测量用的瓦振传感器。

一段时间以来，该机组 4、5 号轴承振动出现了不稳定波动，对机组安全运行产生了一定影响。

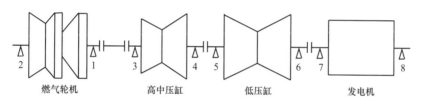

图 7-11 燃气轮发电机组轴系图

7.2.1.2 机组不稳定振动现象

在带负荷运行状态下对机组振动进行了测试。

图 7-12 给出了 5 号轴承振动变化情况。振动具有突发性，振动突增和突降持续时间

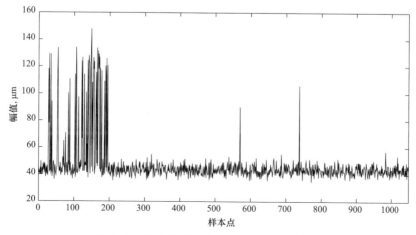

图 7-12 带负荷运行时 5x 测点振动变化情况

很短，在 10s～20s 左右。振动波动具有很强的随机性和无规律性。试验时，机组在稳定工况下运行，运行上没有任何操作。查阅历史曲线可知，不稳定振动主要发生在 4、5 号轴承上，在相邻 3、6 号轴承上也有表现。5 号轴承波动幅度更大，波动次数更频繁。

图 7-13 给出了 4X 轴振和 4 号轴承瓦振变化情况。4X 轴振出现大幅随机性波动时，4 号轴承瓦振稳定，没有波动，幅值一直很小。

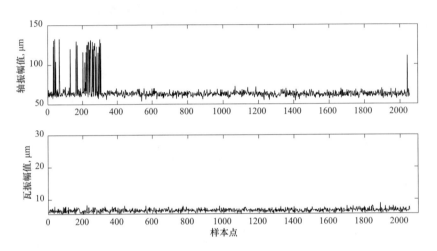

图 7-13　4X 轴振和 4 号轴承瓦振变化情况

以 4X、5X 测点为例，图 7-14 和图 7-15 分别给出了振动小和大时的波形和频谱图。波动状态下测点波形发生了畸变，带有较明显的低频抖动特征，频谱图上则出现了幅值较大的 12.5Hz 左右的低频分量。波动发生后低频分量幅值已经超过工频分量，成为影响振动的主要因素。整个过程中，50Hz 工频分量幅值和相位基本稳定，其他频率分量波动幅度也很小。

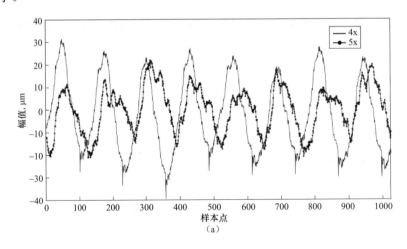

图 7-14　振动小和振动大时的波形图（一）

（a）振动小时

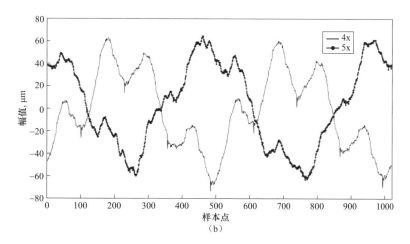

图 7-14 振动小和振动大时的波形图（二）

（b）振动大时

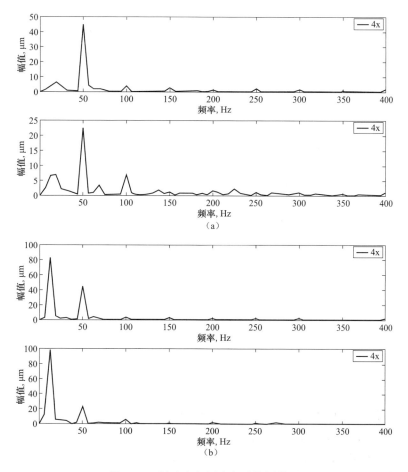

图 7-15 振动小和振动大时的频谱图

（a）振动小时；（b）振动大时

图 7-16 给出了波动前后 4、5 号轴承轴心轨迹图。波动发生前，4 号轴承的轴心轨迹总体上稳定，但出现了很多毛刺。5 号轴承的轴心轨迹也有点乱，多个周期之间轴心轨迹的重合度不高。波动发生后，2 个轴承的轴心轨迹形状都发生了较大变化，轴心轨迹形状都很紊乱。

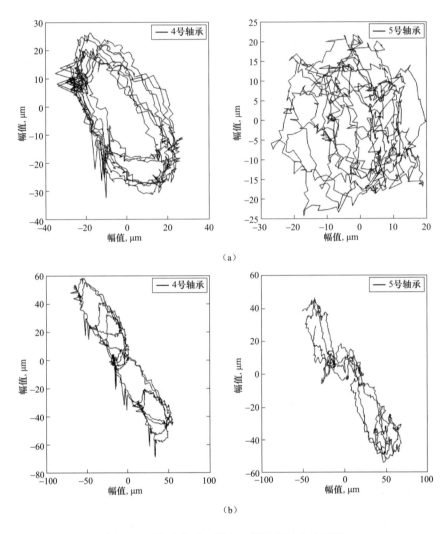

图 7-16　波动前后 4 号和 5 号轴承轴心轨迹图

（a）波动发生前；（b）波动发生后

没有波动时，4、5 号轴承轴颈中心位置稳定。波动发生时，4、5 号轴承的轴颈中心也会出现沿着水平方向的大幅度瞬态波动，波动幅度约有 0.1mm，如图 7-17 所示。与此同时，3 号轴承轴颈中心则比较稳定。

运行一段时间以来，振动波动频率增加，幅度也有所增大。查阅历史运行数据可知，经历过一次启停后，振动波动现象有所恶化。例如，某次开机，3000r/min 定速初期，振动出现了连续性的波动。带负荷运行一段时间后，波动才逐渐减小。

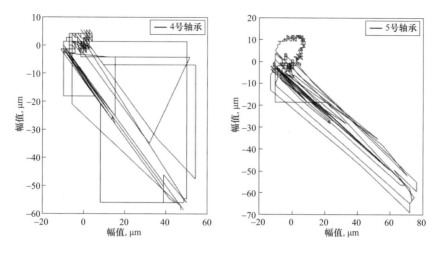

图 7-17　波动时轴颈中心位置变化情况

试验表明，振动波动和润滑油温之间有一定关联，如图 7-18 所示。润滑油温提高后，容易发生波动。油温降低后，波动频率明显降低，运行期间内偶尔发生了几次波动。

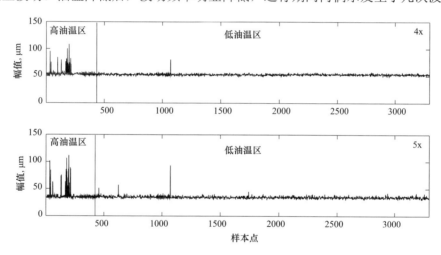

图 7-18　润滑油温试验过程中振动变化情况

7.2.1.3　振动原因分析

1. 信号可靠性

4、5 号轴振大幅度波动时，瓦振并没有波动，波动带有很强的随机性，而且 12.5Hz 低频频率在工程上也很少见，找不到对应的故障频率点，如：转子系统固有频率、油膜涡动和油膜振荡频率等，故障分析时很多人认为波动是因测量系统受到干扰而引起的。

根据监测数据，认为波动时的振动信号是可靠的：

（1）振动波动与润滑油温之间有一定的对应关系，而电磁干扰等外界因素与润滑油温之间的关系不大；

（2）3、4、5、6 号轴承 X 和 Y 方向上的振动（合计 8 个测点）同步发生波动。

2. 故障部位

不稳定振动突出表现在 4、5 号轴承上，距离这两个轴承越远，波动幅度越小，可以判定故障主要发生在 4、5 号轴承上。

4、5 号轴承相距较近，难以准确判断故障到底发生在哪个轴承上。考虑到 5 号轴承波动幅度更大、频率更为频繁，故障严重性比 4 号轴承更严重些，初步认为 5 号轴承发生故障的可能性更大些。

3. 故障原因

不稳定振动频率主要为 12.5Hz 的低频分量，可以排除转子不平衡、不对中等强迫振动故障。

油膜失稳是最为常见的低频振动故障。油膜涡动和振荡时的频率分别为半频和转子系统固有频率，这 2 个频率和本机组波动发生时的振动频率都不同。油膜失稳故障容易发生在轻载轴承上，本机组 5 号轴承瓦温较高，达到 113℃，说明轴承载荷较重。提高润滑油温、降低润滑油黏度，对油膜失稳故障有一定的抑制效果，机组发生的振动波动现象正好与此相反。油膜失稳故障的发生具有突然性，振动发生后通常可以持续一段时间，不太可能出现 10~20s 时间间隔内忽大忽小现象。根据上述分析，可以排除轴承油膜失稳故障。

振动波动和润滑油温有一定关联，说明轴承工作状态对振动波动有影响。轴承工作状态与以下两个因素有关：

（1）润滑油供油不足。当润滑油供油不足时，轴承瓦温会较高。润滑油温降低后，油黏度增大，润滑性能变好，对这类不稳定振动有一定的抑制效果；

（2）可倾瓦块损伤。该机组 4、5 号轴承采用可倾瓦设计，可倾瓦块背部柱销磨损后，瓦块摆动幅度增大，容易发生瓦块与轴颈之间的碰撞，使轴颈上受到力的冲击作用，瞬间改变轴颈中心位置，激发不稳定振动。润滑油温降低后，滑油黏度增大，可以增大可倾瓦块与轴颈之间的间隙，减少瓦块与轴颈碰撞，对抑制这类不稳定振动有效果。

7.2.1.4 振动处理方案

根据上述分析，可以认为轴承工作状态劣化是导致机组振动波动的主要原因。建议采取以下措施：

（1）加强对不稳定振动的监测，防止振动进一步恶化，并做好生产应急处理预案。

（2）可以通过降低润滑油温、开启交流润滑油泵、增加轴承供油压力等方式来缓解振动。

（3）振动波动时，加强对 4、5 号轴承声音的监听，看看有无金属部件碰撞等异音，特别是在停机过程中。

（4）如振动进一步恶化，建议停机，重点针对 4 号、5 号轴承进行检查，包括瓦块磨损情况、上瓦块乌金出油边与轴颈之间的碰撞情况、瓦块背部柱销孔磨损情况、瓦块乌金表面颜色等。扩大 4、5 号轴承节流孔板直径，增大这两个轴承的润滑油流量。同时，检查油管路（包括滤网等）是否存在堵塞。

7.2.1.5 检查结果

图 7-19 给出了该机组采用的可倾轴承结构。可倾轴承由 6 个可倾瓦块组成，上下各有 3 个瓦块。在每个瓦块的背部设计有柱销。图 7-20 给出了 5 号轴承打开后的情况。检查发现，5 号轴承上瓦块背部柱销中有 1 个已经断裂，并导致该瓦块出油边与轴颈之间发生碰撞。该部位处乌金局部碎裂。检查结果确认了此前对故障原因的怀疑。

利用本次检修机会，对该轴承进行了更换，并对更换新轴承后的轴系中心进行了复核和调整。检修后开机，机组振动状况良好，不稳定振动波动现象消失。

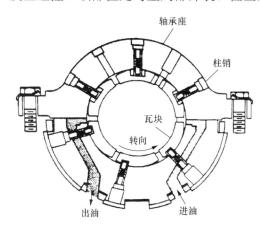

图 7-19 可倾轴承结构

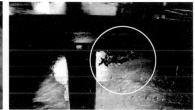

图 7-20 5 号轴承检查情况

7.2.1.6 结论

（1）机组带负荷运行时的阵发性振动波动是由于可倾瓦块柱销断裂引起的；

（2）柱销断裂后，瓦块与轴颈之间发生碰撞，导致轴颈中心瞬态横移，轴心轨迹上出现毛刺，多周期轴心轨迹的重复性较差。振动频率中出现了 12.5Hz 的低频分量，振动波动和润滑油温之间有一定关联。根据上述现象，可以对可倾轴承瓦块故障进行诊断。

7.2.2 F 级燃气轮发电机匝间短路故障

7.2.2.1 SNYDB2 号燃气轮发电机转子匝间短路的诊断

NYDB 电厂三台机组均为三菱、东方联合体生产的 F 级单轴联合循环机组。机组配置型式为 1 台燃气轮机+1 台汽轮机+1 台发电机+1 台余热锅炉，燃气轮机、蒸汽轮机、发电机布置在一根轴上，额定转速 3000r/min。

燃气轮机型号为日本三菱重工株式会社制造的 M701F 型，压气机为 17 级轴流式，压缩比 17，采用环管形 DLN 型燃烧室，共 20 个燃烧器，4 级透平，排气流量 2409.1t/h，排气温度 587℃，排气压力 3.3kPa（g）。

蒸汽轮机为日本三菱/东汽制造的 TC27-35.4 型，蒸汽压力 HP/IP/LP：10.28/3.42/0.441MPa（a），蒸汽温度 HP/IP/LP：538/566/249.7℃，蒸汽流量 HP/IP/LP：287.4/313.8/53.2t/h；排汽压力 4.93kPa（g），排汽流量 377.3t/h。

发电机由三菱电机/东方电机制造，额定出力 407.69MW/482MVA，功率因数 0.85，频率 50Hz，采取全氢冷冷却方式。机组采用发电机-变压器-线路组接线，直接接入 220kV 系统。厂用电系统采用 6kV 和 0.4kV 两级电压。

燃气轮机联合循环发电机组，以日启停（DSS）的调峰方式运行。燃气轮发电机启动时采用静态频率转换（static frequency converter，SFC）装置，将发电机作为电动机运行，拖动整套轴系由 3r/min 升速，转速 600r/min 左右燃机点火，此后作为电动机运行的发电机和燃机共同对轴系做功，拖动机组转速不断上升，当达到 2000r/min 时（称为燃机的自持转速），SFC 按固定斜率降低出力，至 2100r/min 左右，SFC 出力降到零，发电机退出电动机运行状态，由燃气轮机单独做功，轴系继续升速至额定转速 3000r/min，发电机并网发电。

1. 发电机的临界转速振动异常特点

2007 年 4 月机组投产时，发电机 7 号轴一阶临界转速（750r/min）振动 66μm，二阶临界转速（2050r/min）振动 93μm，3000r/min 和带负荷振动 45μm 左右，振动情况良好。

运行半年后，2007 年 10 月，启动过程中 7 瓦轴振一阶临界转速振动超过 125μm 报警值，二阶临界转速振动到 130μm 左右。10 月下旬，7 瓦轴振一阶临界转速振动开始超过二阶临界转速振动幅值，一阶临界转速振动增大至 150μm，其后基本在 130～170μm 之间波动，二阶临界转速振动维持在 135μm 左右。

通过数据采集和 7 瓦轴振振动的测试分析，燃机发电机 7 号轴振动情况如下：

（1）投产后，发电机 7 瓦轴振一阶、二阶临界转速振动逐渐增加，超过报警值，有加快趋势；

（2）升速时 7 瓦轴振的一阶转速振动值大于降速过程中的一阶转速振动值，相差 1 倍左右；

（3）测试起机时 7 瓦轴振在过一阶临界时振动基频分量达 85%；

（4）运行中 6 瓦金属温度由投产时的 78℃，上升至 82℃；

（5）3000r/min 和负荷情况下，7 瓦、8 瓦轴振的振动值 50μm 左右，与投产时相当。

虽然在额定转速和带负荷时，发电机振动未超标，但是机组 DSS 的调峰运行方式，轴系临界振动故障对机组安全运行的影响很大。

类似于 7 瓦轴振的临界振动爬升情况，通常的原因是转子出现质量不平衡，或支撑状况恶化。如果发电机转子不平衡质量出现变化，除了临界转速振动有所反映，还一定会影响到 3000r/min 的振动，且升速和降速时的临界转速振动应同时出现异常，不平衡为主导原因的可能性较小。

在故障原因没有明确的情况下，按照常规的振动原因分析，逐一进行排除检查。

2007 年 10 月，利用短暂的 3 天停机，对 7 号轴承和发电机转子风叶进行目视外观检查，转子风叶未见松动，本体无松脱部件和硬摩擦现象，未发现引起转子质量不平衡的原因。

2007 年 11 月，发电机再次停机检查，重点检查 7 号轴承瓦面接触情况和结构件螺栓有无松动。结果发现顶轴油系统有杂质，造成 7、8 轴瓦和轴颈磨伤。进行轴瓦修补和砂修轴颈处理，启机后 7 号轴临阶振动情况无好转，一阶转速振动仍为 150μm，二阶转速振动 130μm。2 天后，启动过程一阶临界转速振动迅速增大，超过 200μm，12 月底超过 250μm。

此时，临界转速振动故障严重威胁机组安全，通过启、停机测试及频谱分析，临界转速振动故障特征如下：

（1）7 瓦轴振过一阶临界转速的振动，开机过程较停机过程大 130μm 以上，且相位变化较大；

（2）两次停机及两次启机的重复性较好，两次开机过临界转速振动对比，幅值变大、相位稳定；

（3）停机、开机过临界转速时，间隙电压相差较大；

（4）过临界瓦振超过 100μm，对机组安全构成极大威胁。

根据数据分析和现场情况，采取处理措施，包括修复损伤的轴颈、降低 7 号轴瓦的顶部间隙、抬高 7 号轴承的标高。希望借此措施，提高油膜刚度，并通过现场轴瓦解体检查，从中发现新的、关键的重要缺陷。可惜事与愿违，启机后情况继续恶化，7 瓦轴振过一阶临界转速振动超过 290μm。

其后进行 5min 内升速至 1180r/min 后，停机的振动试验，排除发电机转子通电流后热不平衡量的影响，通过启动和停止过程临界转速振动幅值比较，相差 200μm，怀疑转子在启动过程中受到 SFC 电磁力影响。根据测试数据和分析，实施了解联轴器调整中心；更换轴瓦和轴承套的措施，以排除对中不良和改善支撑部件的接触面不好的影响。同时，对发电机进行全面的检查和电气试验，发现发电机转子存在匝间短路的缺陷。

2. 发电机转子匝间短路的判断

（1）转子绕组的直流电阻测量是判断匝间短路的最基本方法之一，与出厂数据比较，相对变化率+0.497%，数据未超出标准，且为正的变化率，排除一些测量影响因素和连接情况外，不能说明匝间短路的存在。

（2）转子绕组交流阻抗和功率损耗的测量被认为是反映转子绕组匝间短路较为灵敏的方法之一，交流阻抗的测量当发生匝间短路时，相对正常绕组，电流上升，去磁作用增强，阻抗下降。同时，功率损耗的增加与电流的平方正相关，反映也更灵敏。在相同条件下，与原始（或前次）的测量数据进行比较，不应有显著变化。考虑各种影响因素，同等条件下，行业内一般将 10%的变化率作为判断参考标准。

1）与出厂时静态交流阻抗的比较。由于出厂数据未能提供损耗值，所以对交流阻抗和出厂数据进行比较。交流阻抗相对出厂值变化-8.4%，同型新机组投产一年后，均存在线圈紧固件的应力释放过程，阻抗会变化-10%左右，试验未发现转子异常。

2）腔内、腔外交流阻抗的比较。一般情况下，转子在腔内时，磁阻相对腔外小，交流阻抗和损耗大。但测试数据腔内交流阻抗小于腔外交流阻抗 4.3%，这是疑问之一；疑问之二是损耗异常，腔外损耗比腔内损耗增加 5.8%。由于转子空气间隙高达 98mm，型号相同的其他发电机，正常情况下，转子腔内、腔外交流阻抗和功率损耗几乎相同。

3）与出厂时 3000r/min 交流阻抗和损耗的比较。由于该机型采用 SFC 启动方式，现场测量 3000r/min 工况下的数据和出厂时 3000r/min 的数据进行了比较，数据变化-31%，与另一台同机型相差-9.2%的数据相比，该变化率引起了重视，见表 7-3。

表 7-3   现场试验交流阻抗与出厂对比表

项目	试验条件	试验电压（V）	测量电流（A）	交流阻抗（Ω）
现场试验	膛内 3000r/min	220	60.36	3.644
出厂试验	膛外 3000r/min	220	41.75	5.27

3. 利用脉冲法（RSO）进一步判断

由于交流阻抗和损耗异常，又不能明确匝间短路的存在，为此，引入了 RSO（repetitive surge oscilloscope）匝间短路诊断新技术。RSO 诊断技术利用转子绕组的对称结构，分别从转子的正、负两极向转子注入高频脉冲信号，将高频脉冲的响应波形进行 180°的换相重叠，通过比较对称性，验证转子是否存在匝间短路，在掌握转子线圈结构和长度的情况下，能够通过波长计算匝间短路的位置。当不知道线圈结构尺寸时，现场通过短接线匝可以大概的判断位置，该转子 RSO 诊断的波形如图 7-21 所示。

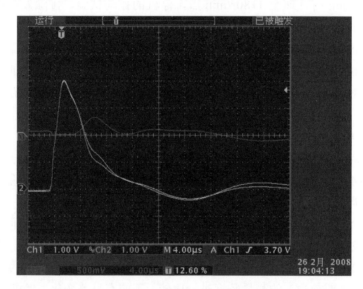

图 7-21   RSO 诊断波形

试验表明，波形异常，转子绕组有金属性匝间短路现象。

4. 两极分担电压法进一步确认匝间短路和位置

转子交流阻抗和损耗的异常，以及 RSO 诊断存在匝间短路后，为明确匝间短路及其位置，现场又采用两极分担电压法（转子两极的对接采用外部焊接工艺）进行测试，两极分担电压差 13%，远大于 3%的控制标准，进一步明确存在匝间短路，并查找短路位置在Ⅱ极 8 号线圈。

5. 临界振动和转子励磁电流之间的关系验证

实施调整中心、更换轴瓦和轴承套的措施，明确发电机转子存在匝间短路，2008 年 3 月启机后，7 号轴一阶临界转速振动增大至 326μm，继续恶化，其他特征与最初情况一致。

通常匝间短路导致短路点局部过热烧损绝缘、转子线圈过热变形和温度升高,限制无功出力,有时也会引起一系列的轴承振动问题。说明转子匝间短路影响振动,是因为转子线圈受热不平衡或线圈膨胀受阻,导致转子质量产生不平衡。

7 号轴一阶临界转速振动故障与转子热变形的特征存在差异,一是带负荷时(励磁电流大),振动小;二是停机过程(热量大),振动小;三是额定转速和二阶临界转速(离心力大),振动小。

于是进行升转速至 800r/min,立即停机的试验,如果发电机转子因匝间短路受热导致的不平衡,7 号轴承应出现上升和下降过程 2 次经过一阶临界转速(750r/min)的振动峰值,试验结果仅启动过程一阶临界转速振动高,下降过程一阶临界转速振动未出现峰值,故障特征分析和试验结果均不支持上述观点。

通过前述检查和试验后,故障原因倾向与 SFC 启动发电机有关。SFC 启动时,定子施加功率电源,转子也注入励磁电流,如在转子惰走的过程中注入励磁电流,激励出高的临界振动幅值,一方面可以说明转子励磁电流和振动的关系,另一方面可以排除定子部件对临界转速振动的影响。

为验证相关性,其后分别进行了两次降速过程加励磁的试验。一次加励磁电流到890A(与 SFC 启动时转子励磁电流相同),在降速过一阶临界转速时,7 号轴振动明显大幅增加,由 85μm(不加励磁)上升到 270μm;第二次加励磁电流到 200A,降速过一阶临界转速时,7 号轴振动 90μm,此试验表明 7 号轴承临界转速振动故障与转子励磁电流有关,与励磁电流的大小成正比。

6. 转子匝间短路缺陷的进一步检查

发现发电机转子匝间短路缺陷并验证转子励磁电流和临界转速振动故障的关系后,进行了转子匝间短路情况的进一步检查。

(1)动态交流阻抗。图 7-22 所示为发电机转子交流阻抗的试验波形,上升过程中650~1900r/min 的交流阻抗突变–6%左右,下降过程中交流阻抗的同值突变区间为 400~1200r/min,说明该转速区域可能存在不稳定的动态匝间短路。

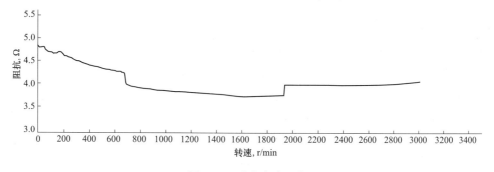

图 7-22 动态交流阻抗

(2)感应波形。感应波形如图 7-23 所示,根据计算,1400r/min 时,Ⅱ极 6 号、8号槽存在匝间短路;当转速大于 2000r/min 以后,仅存在Ⅱ极 8 号槽的匝间短路。结合交流阻抗测试数据,说明Ⅱ极 8 号槽为稳态的匝间短路,Ⅱ极 6 号槽为动态匝间短路。

通过解体检查，分别在汽端 II 极的 8 号线圈发现匝间绝缘位移和汽端 II 极的 6 号线圈的短路点，与试验结果一致。

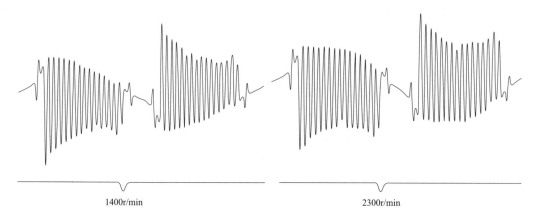

1400r/min   2300r/min

图 7-23　感应波形

7. 临界振动故障的原因

按照发电机振动故障分析树，通过试验分析和逐项排除，可能引起 7 号轴承临界转速振动故障的原因已基本排除，故障原因归纳为以下两点：

（1）不平衡电磁力：转子匝间短路。

（2）支撑系统：发电机和汽机对中不良，标高不够，7 瓦负荷轻，轴承稳定性差。

首先分析发电机和汽机对中不良对 7 号轴承临界转速振动的影响。同型号发电机转子安装时对中不良，导致号 7 轴承虚高 1mm，相当严重的支撑系统缺陷。试运的数据表明，当支撑系统故障时，转子无匝间短路缺陷情况下，启机与惰走时 7 号轴承过临界转速振动幅值相当，见表 7-4。

表 7-4　　　　　　　　　支撑系统缺陷时的启停机过临界振动数据

时间	工况	7X（μm）	7Y（μm）	8X（μm）	8Y（μm）	励磁电流
2009.6.13	启机 784r/min	85	138	34	53	890A
2009.6.13	停机 773r/min	49	144	28	43	

这一现象说明发电机 7 号轴临界转速振动故障的原因，不是单纯的支撑系统故障引起。一是启动通过临界转速的振动幅值远大于降速过程的振动幅值，不符合支撑故障的现象；二是故障的振动幅值高达 300μm，远高于 150μm，说明还存在激振力的作用。

燃气轮发电机启动时采用 SFC，将发电机作为电动机运行，转子中通入励磁电流，当发生转子匝间短路时，表现临界转速振动高的故障现象。

相关研究资料表明，当转子发生匝间短路时，一旦加励磁，会发生轴振动的变化，有磁不平衡引起的振动和热不平衡引起的振动。

通过前述的分析，排除转子匝间短路造成热不平衡的因素后，引起发电机转子振动的原因可以归结于磁不平衡引起的振动。当 2 极发电机发生匝间短路时，N 极和 S 极下磁感应强度发生变化，根据电磁铁吸引力的计算公式 $F = \frac{1}{2} \times B^2 \times A/\mu$，电磁吸引力 F 与磁感应强度 B 的平方成正比，导致 N、S 极下的电磁力发生变化，发生转子磁不平衡的振动。

如果将这个力等效的离心力作为不平衡量加在转子上，那么就能评价磁的不平衡量。说明匝间短路造成不平衡的电磁力，是临界振动故障的激振力。

无独有偶，相同型号的发电机运行 1 年后，7 号轴承同样出现了通过 2 阶临界转速时，振动逐渐增加，达到 122μm 的故障现象，一阶临界转速、额定转速、下降过二阶临界转速振动值均正常。测试动态交流阻抗如图 7-24 所示，1500～3000r/min 区域，阻抗值突变－6%左右，按前述的检查和分析结论，说明 1500～3000r/min 区域转子存在 1 匝的动态匝间短路，并激励 2 阶临界转速振动高的故障现象。

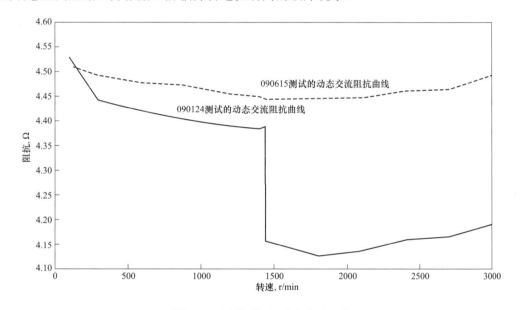

图 7-24　同类型机组动态交流阻抗

8. 结论

燃气发电机采用 SFC 启动，发电机匝间短路对 DSS 运行方式的机组安全威胁严重，因发电机转子匝间短路引起的临界振动故障，通过分析和试验，呈现的特征总结如下：

（1）发电机转轴临界振动随运行时间逐渐增加，并呈加快趋势；

（2）SFC 启动时临界转速振动幅值远高于惰走（转子中无电流）临界转速振动幅值，数值可相差 1 倍以上；

（3）出现匝间短路的转速区间，其振动故障表现在相应的临界转速上，运行情况表明，转子匝间短路对临界转速的影响显著，对其他转速也有影响，但相对临界来说影响较小；

（4）试验说明，当转子发生匝间短路，转子中通入励磁电流，发电机临界转速振动增加，且振动幅值与转子电流趋势一致；转子匝间短路造成的临界转速振动分量中，以

频为主；动态匝间短路 1 匝，会造成－6%左右的交流阻抗突变。

7.2.2.2　SNYDB 电厂 1 号燃气轮发电机转子匝间短路的诊断

SNYDB 电厂 1 号机组自 2010 年 11 月后，启动过发电机一阶临界的振动频繁超越 125μm 的报警值。为分析故障原因，笔者及相关人员共同开展启、停机及正常运行过程中的振动测量、转子动态交流阻抗及损耗试验、振动与各类工况之间的相关性试验等。

1. 振动测试数据

（1）带负荷振动。1 号机组 2010 年 12 月 7 日 18:57 开始振动测试直至 23:10 机组解列，在带负荷过程振动趋势如图 7-25～图 7-27 所示。特别是在 23:00 之后，在 17min 内，发电机 7 瓦轴振 7X 从 74μm（工频分量 35μm）降低为空载降速前的 56μm（工频分量 11μm），7Y 从 55μm（工频分量 13μm）降低为空载降速前的 51μm（工频分量 7μm），8 瓦轴振也轻微下降。调阅 DCS 记录数据，在这 17min 内励磁电流从 23:00 负荷 130MW 时的 1905A，降到解列时 11:08 的 1238A，11:10 灭磁，11:17 为进行降速加励磁试验将励磁电流增加到 800A。

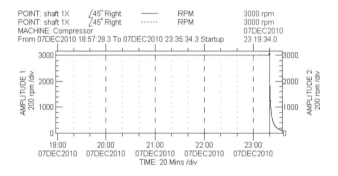

图 7-25　2010 年 12 月 7 日转速趋势图

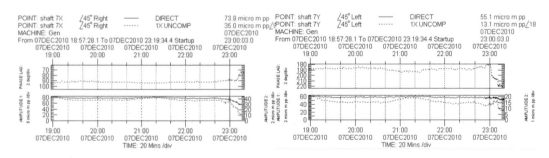

图 7-26　2010 年 12 月 7 日 7 瓦振动趋势图

（2）加励磁降速过程振动。1 号机组 2010 年 12 月 7 日晚 21:19 将励磁加至 800A 后开始降速，测试结果表明在发电机一阶临界附近 735r/min 时，7 瓦轴振出现明显振动尖峰，7X 和 7Y 振动峰值达到 153μm 和 281μm。相邻的 6 瓦和发电机 8 瓦轴振在 735r/min 下也出现振动峰值，但振幅较 7 瓦轴振小。6、7、8 瓦轴振波德图如图 7-28～图 7-30 所示。

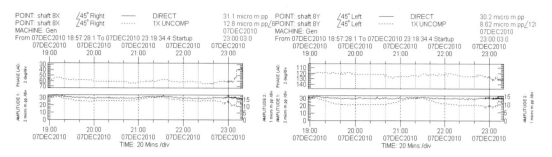

图 7-27　2010 年 12 月 7 日 8 瓦振动趋势图

735r/min 振动尖峰处，频谱分析主要以工频分量为主。

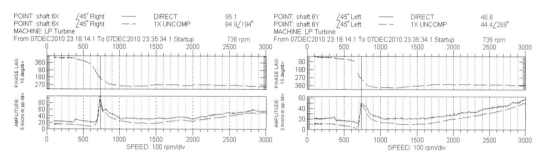

图 7-28　2010 年 12 月 7 日加 800A 励磁降速 6 瓦轴振波德图

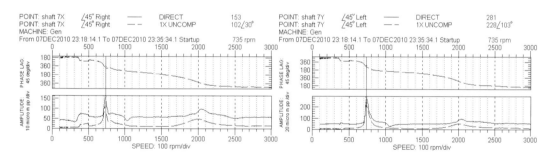

图 7-29　2010 年 12 月 7 日加 800A 励磁降速 7 瓦轴振波德图

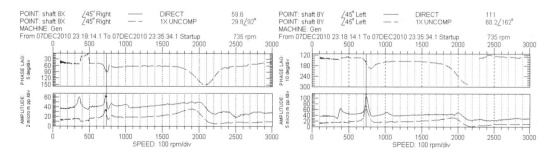

图 7-30　2010 年 12 月 7 日加 800A 励磁降速 8 瓦轴振波德图

（3）升速过程振动。1 号机组 2010 年 12 月 8 日晨 05:30 正常启动，测试结果表明在发电机一阶临界附近 755r/min 时，7 瓦轴振出现明显振动尖峰，7X 和 7Y 振动峰值达到 98μm 和 148μm。相邻的 6 瓦和发电机 8 瓦轴振在 755r/min 下也出现振动峰值，但振幅较 7 瓦轴振小。6、7、8 瓦轴振波德图如图 7-31～图 7-33 所示。

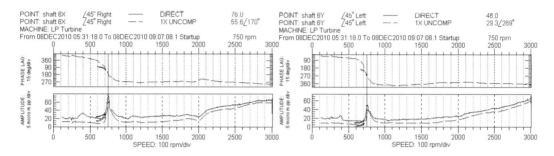

图 7-31　2010 年 12 月 8 日启动 6 瓦轴振波德图

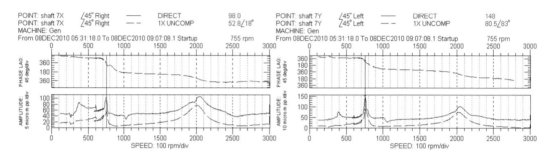

图 7-32　2010 年 12 月 8 日启动 7 瓦轴振波德图

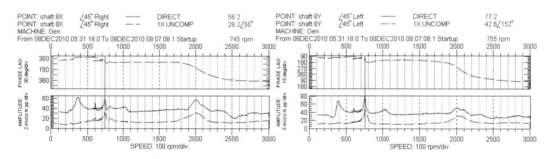

图 7-33　2010 年 12 月 8 日启动 8 瓦轴振波德图

（4）正常停机。1 号机组 2010 年 12 月 9 日晚正常停机，转子未加励磁电流，测试结果表明在发电机一阶临界附近 755r/min 时，轴振 7X 和 7Y 仅为 64μm 和 70μm。7、8 瓦轴振波德图如图 7-34 和图 7-35 所示。

2. 电气试验及分析

（1）东部电厂在 10 月 14 日～11 月 17 日期间，分别在 1 号发电机停机惰走过程中，向转子绕组中注入 800A 和 400A 的励磁电流，以判断振动和励磁电流的相关性，结果见表 7-5。

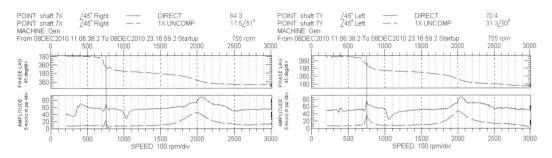

图 7-34　2010 年 12 月 8 日正常停机降速 7 瓦轴振波德图

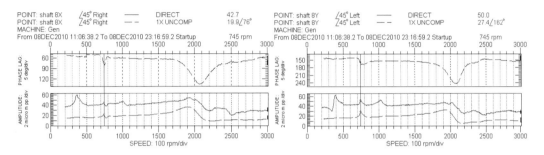

图 7-35　2010 年 12 月 8 日正常停机降速 8 瓦轴振波德图

表 7-5		惰走过程中，$7X$ 与 $7Y$ 随励磁电流的关系		
时间	速度（r/min）	$7X$（μm）	$7Y$（μm）	励磁电流 I_f（A）
10 月 14 日	750	63	74	0
10 月 31 日	750	60	70	0
11 月 15 日	750	62	77	0
11 月 16 日	750	135	250	800
11 月 17 日	750	82	112	400

　　从表 7-5 中的数据来看，1 号发电机转子转速下降时，转子绕组不加励磁电流时，转子轴振过临界振幅都不大，仅为 60～77μm，而加励磁电流时，其在过一阶临界时的振幅很大，高达 250μm，相比之下，两者差异很大，而这两者之间的区别仅在于一个加了励磁电流，一个没有加励磁电流，并且在施加的励磁电流减半时，转子的轴振也大约减小了一半。因此，可以断定，转子的异常轴振与励磁电流有着密切的关系，准确地说，7 号轴振与励磁电流且呈正相关的关系。

　　（2）12 月 8 日上午，进行了"保持有功不变、仅调无功"的试验，试验结果如图 7-36 所示。首先，有功稳定在 350MW，无功则从红线 EF 处（90MVar）开始增加，直至红线 GH 处（160Mvar），然后维持无功 160Mvar 约 30min。从图 7-36 中可以看到，在 EF～GH 这一阶段，随着无功的增加，$7X$ 从 73.12μm 增大到 77.36μm，$7Y$ 则从 54.64μm 增大到 57.52μm，两者均随着无功的增加而增加。并且当无功随后保持稳定后，$7X$ 和 $7Y$ 仍在继续增加，表现出明显的延续性，并最终趋于稳定（图 7-36 中红线 IJ 左

331

侧）。接着，仍保持有功（350MW）不变，将无功从 160Mvar 调回至 86Mvar，即图 7-36
中的红线 IJ 至红线 KL 之间的曲线。在这一阶段，随着无功的减少，7X 从 80.5μm 降
至 74.16μm，7Y 则从 59.3μm 降至 54.4μm，两者均随着无功的减少而下降，试验数据见
表 7-6。

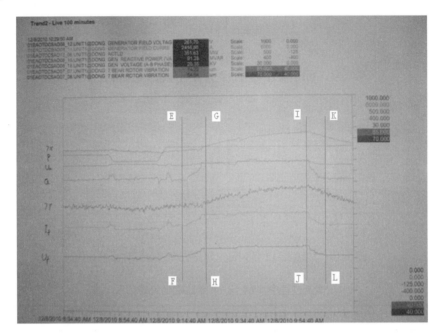

图 7-36　保持有功不变，仅调节无功时，7X 和 7Y 的变化曲线

表 7-6　　　　　　　　　保持有功 P=350MW，7X 和 7Y 随无功 Q 的试验数据

图 7-36 中坐标	EF	GH	IJ	KL
Q（Mvar）	90	160	160	86
7X（μm）	73.12	77.36	80.5	74.16
7Y（μm）	54.64	57.52	59.3	54.4

　　然后，进行了保持无功（86Mvar）不变、仅调节有功的试验，试验结果如图 7-37 所示。
从图 7-37 中可见，在红线 AB～CD 的区域内，有功负荷从 350MW 下降至 300MW，7X 从
73.4μm 降至 72.08μm，7Y 则从 54.08μm 降至 53.36μm，7X 和 7Y 随有功下降而下降的趋
势比较明显。并且在有功负荷稳定后，即红色 CD 线右边，7X 和 7Y 的下降曲线也仍会
延续一段时间。

　　实际上，调节无功是通过调节励磁电流来实现的，而调节有功的变化，自动励磁系
统也会相应地少量调节励磁电流的变化。因此，图 7-36 和图 7-37 中 7X 和 7Y 随无功和
随有功的变化，其本质上都是随励磁电流的变化而变化的，也就是说，它们本质都是因
励磁电流的变化引起来的，并且与励磁电流存在着正相关性。

　　上述事实说明，转子的异常轴振是由转子电气方面的故障造成的。而转子方面能引

起转子振动异常的电气因素几乎是唯一的，那就是转子绕组发生了匝间短路故障。

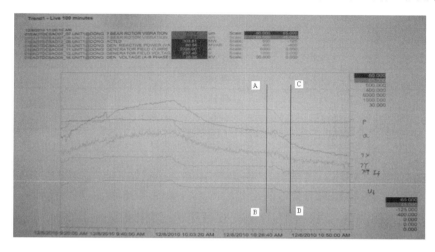

图 7-37 保持无功不变，仅调节有功时，7X 和 7Y 的变化曲线

（3）在 12 月 8 日晚上 1 号发电机停机后，进行了转速下降期间的动态交流阻抗及损耗试验，试验结果见表 7-7。

表 7-7   转子绕组动态交流阻抗及损耗试验结果

转速（r/min）	试验电压（V）	电流（A）	阻抗（Ω）	损耗（W）
3000	219.6	53.03	4.142	6859.4
2800	219	52.97	4.138	6831.7
2600	218.9	53.28	4.111	6850.1
2200	219.2	53.97	4.062	6892.7
2100	219.1	54.11	4.051	6882.4
2000	219	54.36	4.031	6883.5
1800	219	54.57	4.015	6868.2
1700	219	54.64	4.008	6852.5
1600	219.4	52.52	4.17	6518.1
1500	219.4	52.56	4.176	6513.6
1400	219.5	52.56	4.177	6508
1300	219.5	52.56	4.176	6506.2
1200	219.5	52.45	4.185	6505.4
1100	219.5	52.28	4.199	6498.9
1000	219.6	52.26	4.202	6495.1
900	219.6	52.18	4.209	6498.6
800	219.7	52.09	4.219	6504.6
700	219.6	51.97	4.227	6498.2
600	219.6	51.81	4.24	6507.1

转速（r/min）	试验电压（V）	电流（A）	阻抗（Ω）	损耗（W）
500	219.7	51.67	4.252	6542.3
400	219.3	51.42	4.267	6516.1
210	219.7	49.18	4.468	6268.6
200	219.6	49.14	4.469	6257.9
100	218.8	48.56	4.507	6242.7
4（盘车）	219.3	45.22	4.85	5969.4
0	219.2	45.36	4.833	5977

将表 7-7 中的试验数据以曲线的形式绘出来，如图 7-38 和图 7-39 所示。图 7-38 是阻抗随转速变化的关系曲线，图 7-39 则是损耗随转速变化的关系曲线。

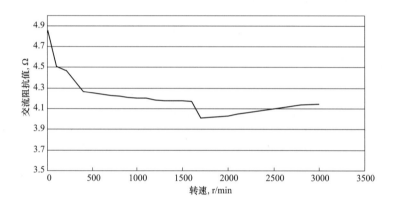

图 7-38　转子转速下降过程中交流阻抗随转速的变化曲线

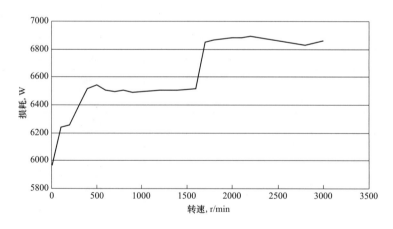

图 7-39　转子转速下降过程中，损耗随转速的变化曲线

从图 7-38 和图 7-39 可以明显看出，在转子转速下降过程中，转子绕组的阻抗及损耗存在着多次突变的现象，在这些突变点上，阻抗和损耗均有 3%～5% 的突变率，这就证明，1 号发电机转子绕组的确存在着匝间短路故障。

3．结论及建议

经验表明，对于同一厂家同批次生产的发电机，其设计、结构、生产工艺、材料均相同，如果发电机在运行后相近的时间内出现同样的缺陷，说明该类型发电机具有同样的质量隐患。因此，结合该电厂三台发电机的运行情况来看，从 2007 年的 2 号发电机转子，到 2008 年底的 3 号发电机转子，再到 2010 年 11 月份的 1 号发电机转子，三者都具有相同的故障特征。因此，根据处理经验，1 号发电机转子出现匝间短路的可能性也是非常大的，建议尽快处理。

7.2.3　F 级燃气轮机压气机失速引发的不稳定振动故障

7.2.3.1　机组介绍

某发电公司 2 号机是 GE 公司生产的 PG9171E 型燃气轮机，输出功率为 126.1MW。由额定功率为 1000kW 的启动马达、17 级的轴流式压气机、由 14 个燃烧室组成的燃烧系统和 3 级透平转子组成。轴流式压气机转子和透平转子用刚性联轴器连接。图 7-40 所示为燃气轮发电机组轴系简图。燃气轮机组轴系设计有 3 个支撑轴承，配置了本特利振动监测系统，在 1、2、3 号轴瓦顶部安装了振动传感器，用于测量轴承座振动，根据轴承座振动对机组进行保护。

图 7-40　燃气轮发电机组轴系图

2018 年 4 月，该机组检修后开机。在机组升速和带负荷运行过程中，多个轴承出现了较大幅度的振动波动。对机组出现的振动问题先后进行了 2 次测试和分析。

7.2.3.2　机组不稳定振动现象

1．首次开机振动情况

图 7-41 给出了机组检修后首次开机过程中 1、2、3 号轴承振动随转速变化的情况。从图中可以看出，在机组启动过程中各测点振动信号中工频分量幅值小于 80μm，3000r/min 下各测点振动信号中工频分量幅值小于 30μm，说明燃气轮机组转子平衡状态良好。但是在 2400r/min-2600r/min 区间内，1、2、3 号轴承振动通频幅值出现了大幅度波动，突出表现在 1 号轴承和 3 号轴承上，在 2 号轴承上也有比较明显的反应。

图 7-42 和图 7-43 分别给出了振动波动时各点波形图和频谱图。从图 7-42 可以看出，振动波动时，1、2、3 号轴承的振动波形图均发生了畸变。从图 7-43 可以看出，1 号轴承和 3 号轴承振动频谱中出现了较大幅度的 20.90Hz 左右低频分量，2 号轴承振动频谱中出现了较大幅度的 15.68Hz 低频分量，低频分量幅值已经超过工频分量，成为影响振动幅值的主要因素。

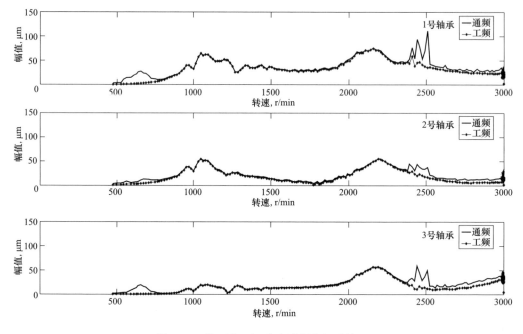

图 7-41　第 1 次开机升速过程中振动情况

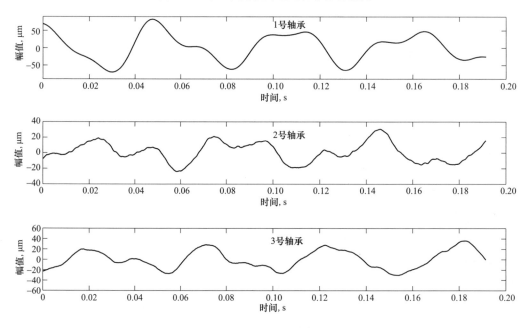

图 7-42　振动波动时的波形图

　　图 7-44 给出了燃气轮机机组定速带负荷过程中各点振动情况。在低负荷状态下，各点振动幅值有小幅度波动。随着负荷的增加，振动波动幅度减小。图 7-45 给出了带负荷初期 3 个轴承振动的频谱图，从图中可以看出，1 号轴承出现了 18.8Hz 低频分量，2 号轴承出现了 375Hz 高频分量，3 号轴承出现了 6.3Hz 超低频分量。不同轴承上表现出来的振动频谱特征不完全相同，这种情况在以往的机组运行过程中比较少见。

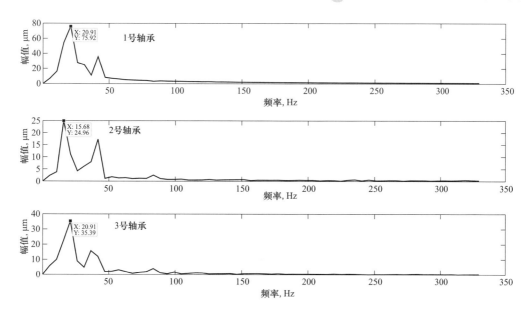

图 7-43　2500r/min 下频谱图

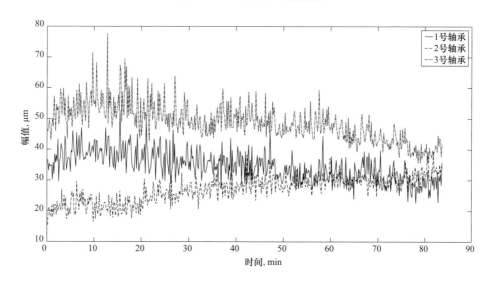

图 7-44　3000r/min 和带负荷过程中各点振动

2. 第 2 次开机振动情况

第 1 次开机,燃气轮机组连续运行 2 天后停机。停机过程中振动虽有波动,但幅度不大。第 3 天再次开机时出现较大幅度振动。随后连续开了 3 次机,都因振动大而停机。第 4 次开机,没有跳机,燃气轮机组升速到 3000r/min。

图 7-46 给出了升速过程中各测点振动变化情况。升速到 2400r/min 后,振动突然增大。与第 1 次开机不同的是,随着转速的进一步升高,虽然工频分量幅值减小了,但总振动幅值却越来越大,主要表现在 1、3 号轴承上,以 1 号轴承最为突出。从升速过程中 1 号测点振动频谱随转速变化情况可以看出,转速升高到 2400r/min 后,频谱图上出现了

大幅度低频分量，频率约为 21.04Hz。升速过程中该频率一旦出现，即被锁定，不随转速变化。图 7-47 给出了 3000r/min 下各测点振动频谱图。

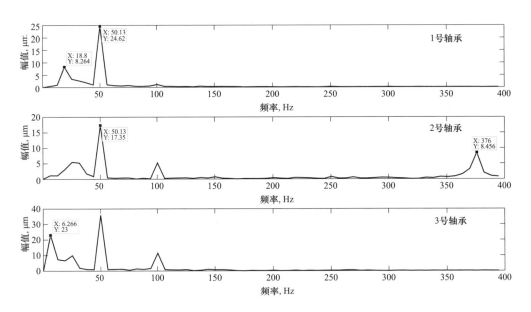

图 7-45　带负荷运行时各点振动频谱图

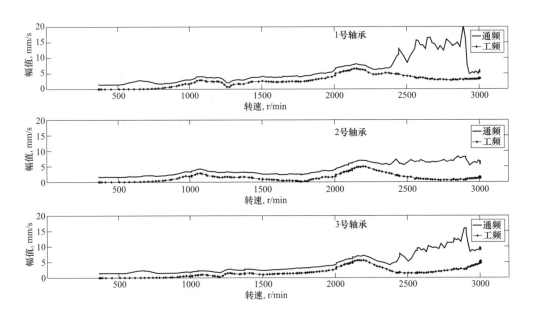

图 7-46　第 2 次开机升速过程中各点振动变化

3. 振动特征

根据多次开机过程中的振动测试数据可以发现，该燃气轮机组上发生的不稳定振动具有以下特征：

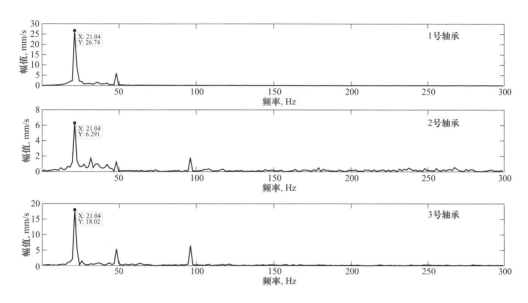

图 7-47　3000r/min 定速下各点频谱图

（1）升速到一定转速后以及在定速运行时，都有可能发生这种振动。振动一旦发生，振动幅值即呈现大幅随机性波动；

（2）随机性振动主要表现在 1 号轴承上，同时对 2、3 号轴承也有一定的影响；

（3）振动波动时，出现大幅度低频分量，低频分量频率为 20Hz 左右。升速过程中也有可能出现 6.3Hz 超低频以及 375Hz 的高频分量；

（4）振动一旦发生，振动频率被锁定，不随转动频率变化。

7.2.3.3　振动原因分析

通过以上的测试结果可以看出，低频分量是导致该燃气轮机组振动的主要原因。与燃气轮机组低频振动相关的可能故障主要包括气流激振、油膜失稳和压气机失速。

从图 7-41 可以看出，该机组一阶和二阶临界转速分别为 1080r/min 和 2150r/min，对应频率分别为 18.0Hz 和 35.8Hz。该燃气轮机组振动发生在转速升高到两倍一阶临界转速之后（2500r/min），低频频率（21Hz 左右）与转子一阶固有频率（18Hz）相近，该频率在转速升高过程中被锁定，上述振动现象和滑动轴承油膜失稳很像，有发生油膜失稳的可能性。

油膜失稳是指旋转的轴颈在滑动轴承中带动润滑油高速流动，一定条件下高速油流反过来激励轴颈所产生的一种强烈自激振动现象。油膜失稳的主要特征有：①油膜失稳发生在转速高于失稳转速之后，失稳转速通常在相应转子一阶临界转速的两倍值以上；②油膜失稳故障发生后的振动频率近似等于相应转子一阶临界转速所对应的频率；③油膜失稳故障一旦发生，会在一个比较宽的转速范围内存在，而故障频率保持不变。转速降低到失稳转速以下，失稳才会消失；④油膜失稳故障的发生具有突发性。失稳转速以前，故障频率点所对应的幅值较小，而且时隐时现，失稳转速之后，振动幅值将突然增大。油膜失稳故障主要与轴承结构参数、轴承载荷、润滑油参数等有关。本次检修对轴承进行过检查，没有发现轴承间隙超差等设计方面的问题。查询运行记录可知，运行状态下各轴承温度正常，没有发现轴承载荷过高或过低现象。提高轴承润滑油温后启机，同样发生了大幅振动。根据上述分析，可以初步排除油膜失稳故障。

该燃气轮机组上发生的失稳现象和气流激振也很相似。气流激振故障与机组负荷等因素有关。负荷越大，流量越大，气流激振力越大，越容易发生气流激振。但是分析发现，该机组故障主要发生在升速和定速带负荷初期，该期间流量较低。随着负荷的增加，流量增大而振动反而减小，因此可以排除气流激振故障。

该机组检修后启动时，在 2500r/min 附近 2 瓦上出现了 375Hz 和 15.68Hz 分量，3 瓦上出现了 6.3Hz 分量，这些频率分量都不能用气流激振和油膜失稳来解释。

在排除气流激振和油膜失稳故障可能性后，更多的疑点指向燃气轮机组压气机失速。压气机在非设计状态下工作时，由于流量变化与转速变化不协调导致来流对压气机叶片的迎角增大。当超过某个极限后，叶片通道中的气流将产生分离，产生大幅气流脉动，进而导致大幅不稳定振动。该现象称之为燃气轮机组压气机失速。

7.2.3.4 振动处理方案

1. 入口导叶角度对振动影响分析

该型燃气轮机组设计有进气可调导叶 IGV，安装在压气机最前端，由液压控制系统和可转导叶回转执行机构组成。IGV 有 16 组叶片，每组 4 片，共计 64 片。如果进口导叶角度固定，燃气轮机组压气机空气流量改变时，气流绝对速度角度变化，会在叶腹和叶背产生气流脱离。如果导叶角度可调，压气机空气流量变化时，改变可转导叶角度可以改变气流绝对速度方向，保证气流进入动叶的相对速度方向恒定不变，使得气流轴向速度与圆周速度相匹配，从而抑制气流脱离。燃气轮机组升速和带负荷初期，压气机进气量较小，IGV 开度较小，带负荷到一定程度后，进气量与设计值接近，IGV 开启到较大角度以免产生负冲角引起不稳定流动。

2. 故障处理方案

该燃气轮机组没有配备水洗装置，经过长时间运行后，燃气轮机组压气机叶片存在一定程度的积垢。叶片积垢后，压气机进气量减少，压气机各级气流流动偏离设计状态，压气机压比减小，原来设计的 IGV 开度就相对偏大，导致一级动叶气流冲角偏移，使压气机叶片处于失速状态。

停机后对 IGV 开度进行了检测。检查发现，IGV 角度与控制画面给出的指令相比，有不同程度的正偏差。叶片积垢后，流量减小，IGV 开度可能也偏大。根据检查和分析结果，决定修改控制指令，减小 IGV 阀开度 1°，使得 IGV 角度满足机组实际运行情况需求。然后再次开机观察燃气轮机组轴系振动情况。

3. IGV 开度调整前后振动情况

图 7-48 给出了 IGV 开度调整前后两次开机过程中各点振动随转速变化情况。IGV 开度调整后，升速过程中 2500r/min 后的振动大幅度减小，振动信号主要以工频分量为主，IGV 开度调整取得了很好的减振效果。

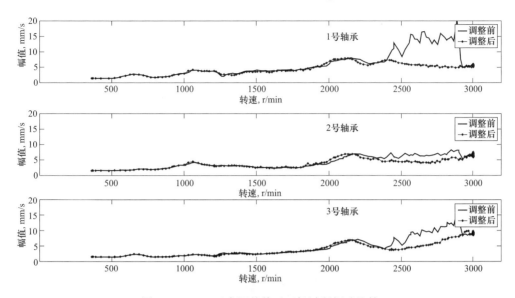

图 7-48　IGV 开度调整前后开机过程振动比较

7.2.3.5　结论

针对某台大型燃气轮机组发生的不稳定振动，通过对多次启停机过程和带负荷过程的振动测试，总结了燃气轮机组上发生的不稳定振动特征。通过深入研究振动特征，结合现场实际处理，结果表明，本机组不稳定振动不是由油膜失稳导致，而是由于压气机失速引发的。通过调整入口导叶（IGV）开度，解决了不稳定振动故障。主要结论如下：

（1）燃气轮机组在启动升速和定速带负荷初期所发生的不稳定振动主要是由于燃气轮机组中压气机失速所引起的。失速故障发生后，出现了较大幅度的低频分量，成为振动的主要影响因素。低频频率虽然与转子一阶固有频率相近，但并不完全相同；

（2）IGV 角度偏差及燃气轮机组压气机叶片积垢，导致升速和定速带负荷初期因空气流量较小而引发燃气轮机组压气机失速。通过适当减小 IGV 角度，有效地减小了燃气轮机组振动。在燃气轮机组检修时，应重视对 IGV 角度的标定和校准工作；

（3）压气机失速故障和油膜失稳故障特征有很强的相似性，但其故障机理完全不同，油膜失稳故障治理方案并不适用于压气机失速故障。故障诊断时应注意区分二者之间的差异，选择合理的振动故障处理方法。

7.2.4　F 级燃气轮机 3S 离合器不稳定振动故障

7.2.4.1　机组介绍

ZY 电厂 5 号机为上海电气（安萨尔多）的 F 级单轴联合循环机组，该机组轴系上设置了自动同步啮合装置（3S 离合器），将汽轮机与发电机连接或脱开。如图 7-49 所示，机组采用单轴布置，发电机位于燃机和蒸汽轮机中间，发电机与蒸汽轮机采用自动同步啮合装置连接，汽轮机为轴向排汽。由余热锅炉侧排过去依次为：燃机－压气机－发电机－自动同步啮合装置－蒸汽轮机－凝汽器。当离合器输入侧（汽轮机低压转子）转速倾向超过离合器输出侧（汽轮机高中压转子）转速时，离合器将自动啮合，以连接汽轮机低压转子与高中压转子；当离合器输入侧转速相对于输出侧变慢时，离合器将自动分离，以断开汽轮机低压转子，如图 7-50 所示。

机组新建调试期间，燃气轮发电机与汽轮机啮合及并网带负荷过程中经常会出现突变振动。

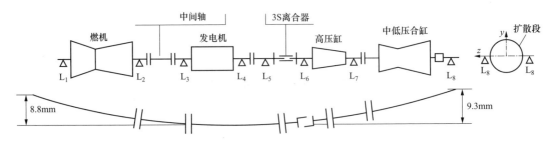

图 7-49 单轴布置联合循环发电机组

图 7-50 3S 离合器

7.2.4.2 机组不稳定振动现象

在机组启动及带负荷运行状态下对机组振动进行了测试。图 7-51～图 7-53 给出了 5 号轴承（3S 离合器）振动主要图谱。振动具有波动性，振动突增和突降持续时间很短，振动波动具有很强的随机性和无规律性。

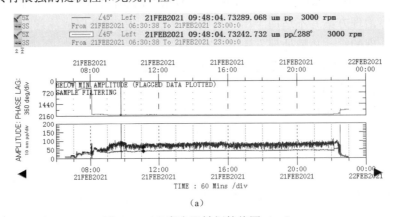

（a）

图 7-51 3S 离合器轴振趋势图（一）

（a）5X

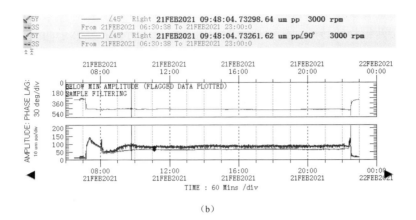

（b）

图 7-51　3S 离合器轴振趋势图（二）

（b）5Y

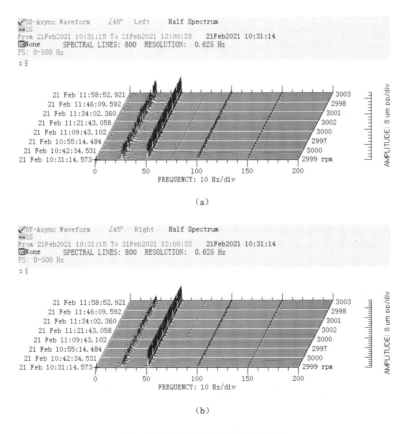

（a）

（b）

图 7-52　3S 离合器轴振瀑布图

（a）5X；（b）5Y

7.2.4.3 振动分析及处理

自动同步啮合装置啮合状态下就是一齿轮联轴器。作为旋转轴系的重要组成部分，不仅起到连接两根旋转转子，传递扭矩的作用，而且还可以补偿转子间的径向位移、转角位移和轴向位移。与其他类型联轴器相比，具有体积小、传递扭矩大等特点。自动同步啮合装置由四个主要子组件组成：输入组件、继动螺旋滑动组件、主螺旋滑动组件和输出组件。带有自动同步啮合装置的联合循环机组均遇到了不同程度的振动故障，一些机组启动时，需要经过多次啮合后才能投运，对机组安全性和可靠性产生了很大影响。自动同步啮合装置两侧轴承乌金经常出现碎瓦现象。

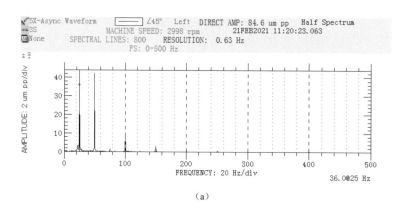

（a）

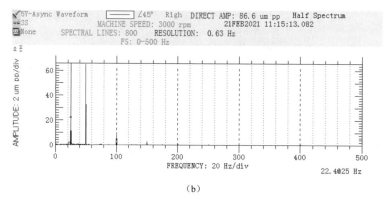

（b）

图 7-53　3S 离合器典型轴振频谱

（a）5X；（b）5Y

高转速下啮合时，两转子之间的连接具有一定的随机性，从而引起多次啮合过程中轴颈中心位置的无规律变化。频谱图上以半频分量为主，则振动性质是油膜涡动。目前的处理方法，包括：轴系动平衡试验、轴承参数优化、轴承标高调整、调整 3S 离合器的啮合状态等，前 3 种方法是旋转机械不稳定处理常见方法，根据 3S 离合器的物理特性，找出最佳的啮合位置和状态，降低因啮合引起的不稳定振动，已有公开文献发表。

　　从现场实际情况来看，轴系动平衡试验对于降低油膜涡动的效果非常有限，轴承参数优化、调整 3S 离合器的啮合状态在现场实现较为困难，调整轴承标高在现场可操作性较强。但轴承标高调整量为多少，这个大多都依据经验，缺乏数据支撑。

　　采用前述章节中动态调整转子中心抑制汽流激振方法来消除或抑制 3S 离合器的不稳定振动。以某天机组启动后，3S 离合器振动突变前后振动数据为依据（见表 7-8），分析轴承标高的调整量。3S 离合器 X 方向和 Y 方向的间隙电压变化量分别为 0.62V、0.32V，则转子中心位置相当于向上抬，转子中心位置变化如图 7-54 所示。通过计算可知，转子中心位置向上抬量约为 90 微米（X 方向和 Y 方向的合成值）。现场实施时，将 3S 离合器的标高提高 100μm，处理后 3S 离合器不稳定振动大幅好转，效果良好，如图 7-55 所示。

表 7-8　　　　　　　　　　　　3S 离合器典型振动列表

时间	测量通道标识	6X（HP）	6Y（HP）	5X（3S）	5Y（3S）
8:15:28	转速	3000		3000	
	间隙电压	−7.74	−7.8	−8.81	−8.04
	振动	68	63	68	99
		25/249	33/123	24/331	75/262
9:30	转速	3000		3000	
	间隙电压	−7.71	−7.81	−8.19	−7.72
	振动	56	102	80	105
		24/202	68/130	69/274	94/234

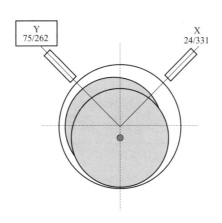

图 7-54　转子中心位置变化示意图

7.2.5　F 级燃气轮机低压叶片断裂故障

7.2.5.1　叶片断裂故障的诊断

　　QW 电厂 1 号机组为三菱、东方联合体生产的 F 级单轴联合循环机组。机组配置型式为 1 台燃气轮机+1 台汽轮机+1 台发电机+1 台余热锅炉，燃气轮机、蒸汽轮机、发电机布置在一根轴上，额定转速 3000r/min。燃气轮机型号为日本三菱重工株式会社制造的 M701F 型，压气机为 17 级轴流式压缩比 17，采用环管形 DLN 型燃烧室，共 20 个燃烧器，4 级透平；燃气轮机排气流量为 2409.1t/h，排气温度为 587℃，燃排气压力为 3.3kPa（g）。

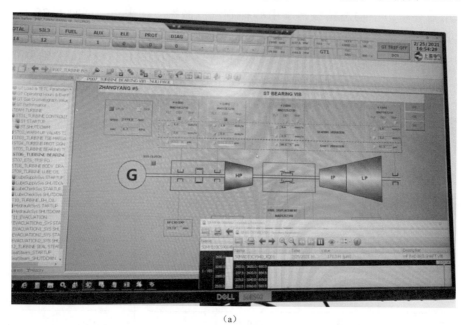

（a）

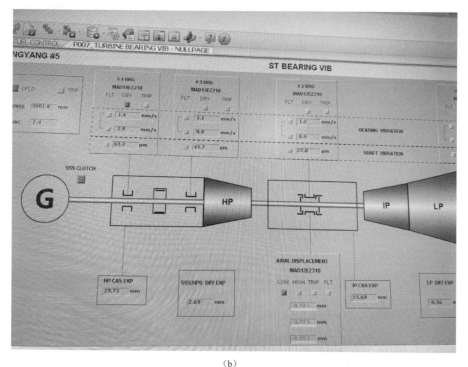

（b）

图 7-55　调整标高前后 3S 离合器振动（振动显示值为复合值）

（a）标高调整前；（b）标高调整后

蒸汽轮机为日本三菱/东汽制造的 TC27-35.4 型，蒸汽压力分别为 HP/IP/LP 10.28/3.42/0.441MPa（a），蒸汽温度为 HP/IP/LP 538/566/249.7℃，蒸汽流量为 HP/IP/LP 287.4/313.8/53.2t/h；排汽压力为 4.93kPa（g），排汽流量为 377.3t/h。

2011 年 6 月 11 日 14:15QW 电厂 1 号机振动突增，4～7 号瓦对应测点的振动都有很大变化，突增过程仅 1s，突增后振动维持在高位稳定，其中 5 号瓦振动增至 4 倍以上，如表 1 所示。同时，通过对比前两次正常启、停机的振动数据，发现振动突增后停机过临界振动幅值增大改变，见表 7-9 和表 7-10。

表 7-9   故障前后各测点振动情况   （μm）

通频	3x	4x	4y	5x	5y	6x	6y	7y
故障前	37	18	20	21	18	29	31	28
故障后	36	63	51	94	85	62	87	42

表 7-10   故障前后部分测点测得降速过程的临界转速   （r/min）

过临界振动	4X		5X		6X	
	转速 （r/min）	幅值 （μm）	转速 （r/min）	幅值 （μm）	转速 （r/min）	幅值 （μm）
6 月 9 日停机	1835	31	1351	17	1482	23
6 月 11 日故障后停机	1835	84	1355	146	1485	106

运行过程中振动故障突增原因分析：

一般来说，振动突增的原因为旋转部件脱落、对轮发生错位、动静部件剧烈碰磨、信号突变。

对轮错位通常是由于机组负荷存的较大变化引起的，一般只对对轮两侧轴承造成较大影响，而本次振动发生变化的轴承较多，因此可能性较小。

剧烈摩擦是由于局部摩擦引起转子热弯曲导致的，前期动静部件摩擦引起热弯曲的过程较为缓慢，因此排除此项可能。

信号突变只会影响对应测点的振动值，不会对其他测点造成影响，而本次 4～7 瓦的振动都发生变化，因此排除此项可能。

根据启、停机数据对比，事故后部分测点对于临界转速处振动幅值发生很大变化，说明有新的不平衡量出现，且本次振动突变时间仅为 1s，随后稳定在高位。因此判断低压转子旋转部件脱落的可能性较大，特别是低压反向叶片的断裂可能性最大。

7.2.5.2 叶片断裂问题分析

2011 年 6 月 20 日，受电厂委托，对揭缸后叶片断裂情况进行检查。发现 1 号机组低压转子汽端第五级叶片断裂，断裂长度约 15cm，断裂叶片导致相邻静叶磨损严重，如图 7-56～图 7-58 所示。

通过揭缸检查，证明之前判断是准确的，低压转子汽端第五级叶片断裂，断裂长度约 15cm，重量约 800g。

图 7-56　叶片断裂处

图 7-57　静叶磨损严重

QW 电厂 1 号机是东方汽轮机厂设计制造的同类型机组中首台发生叶片断裂事故的机组，第五级叶片工作环境恶劣，断裂原因较复杂。叶片断口呈现高周疲劳特征，在不稳定汽流激振和离心力等作用下导致叶片断裂；不排除其他级叶片有缺陷和断裂的潜在风险，建议对低压转子叶片进行全面检查，以防类似事故发生。

图 7-58　叶片断口

7.2.6　某 F 级燃气轮机压气机轮盘裂纹

DB 电厂 2 号机组为三菱、东方联合体生产的 F 级单轴联合循环机组。2009 年 5 月机组日启停 1、2 瓦轴振动不断爬升，如图 7-59 所示，1、2 号轴承处相对轴振在每日启动及带负荷过程振动整体幅值不断提高，且振动在过去每日随负荷较为平稳状态，变为每日随时间振动不断爬升，从图 7-59 右侧第四日趋势图可以看出负荷下降振动仍不断爬升，而且振动随时间的爬升速度不断在加剧。

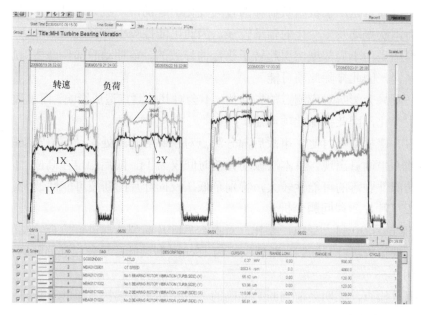

图 7-59　DB 电厂 2 号机组 1、2 号轴承连续 4 日轴振曲线

现场采用 DAQ 采集系统从 TSI 引出振动信号测量，测量结果如图 7-60 所示，对比该机组 2007 年 12 月数据，很显然 2 号轴承处轴振变化要大于且快于 1 号轴承处轴振变化，变化幅值主要以工频分量为主，$2X/2Y$ 工频分量从不足 40μm 增加一倍以上接近 90μm，且 $2X/2Y$ 两个方向的工频分量相位均有-30°左右的变化，二倍频分量变化不明显。

转速:2999	2009年5月22日 14:45:54				
通 道	通频振幅	一倍频幅 /相	二倍频	直流 (间隙V)	单 位
01 1X(R)	51.1	40.7 / 29	4.9	1330 (-10.48V)	μm pp
02 1Y(R)	51.4	40.9 / 133	3.8	1262 (-9.95V)	μm pp
03 2X(R)	91.0	87.6 / 263	4.1	894 (-7.04V)	μm pp
04 2Y(R)	77.9	73.2 / 349	4.6	835 (-6.58V)	μm pp
05 3X(R)	53.2	39.5 / 247	11.2	1401 (-11.04V)	μm pp
06 3Y(R)	46.2	32.7 / 335	10.7	1288 (-10.15V)	μm pp
07 4X(R)	39.8	27.8 / 258	4.8	1238 (-9.75V)	μm pp
08 4Y(R)	37.4	23.7 / 317	7.6	1389 (-10.95V)	μm pp
09 5X(R)	23.7	16.1 / 243	7.1	1121 (-8.83V)	μm pp
10 5Y(R)	25.9	16.4 / 255	6.5	1371 (-10.80V)	μm pp
11 6X(R)	46.3	41.6 / 6	2.8	999 (-7.87V)	μm pp
12 6Y(R)	39.7	37.1 / 83	4.3	1224 (-9.65V)	μm pp
13 7X(R)	32.0	19.4 / 105	19.0	896 (-7.06V)	μm pp
14 7Y(R)	27.2	14.1 / 188	15.9	879 (-6.93V)	μm pp
15 8X(R)	32.7	27.0 / 340	1.9	833 (-6.57V)	μm pp
16 8Y(R)	32.4	27.2 / 75	5.6	817 (-6.44V)	μm pp

图 7-60　DB 电厂 2 号机组振动爬升后的振动特征值

鉴于 HZ 燃机电厂同类型机组也出现过该类振动逐日爬升故障，以工频分量增加为主，检查发现压气机三级轮盘出现的裂纹问题，该故障出现时运行小时及启停机次数与 DB 电厂 2 号机组相当，通过 1、2、3 号轴承振动工频幅值及相位变化分析，怀疑 DB 电厂 2 号燃机轴承振动趋势逐渐增大的原因是燃机压气机第三级轮盘盘面与拉杆螺栓接触面处出现了裂纹，建议在征求制造商意见后立即检查处理，机组揭缸检查后发现在压气机第三级轮盘盘面与拉杆螺栓接触面处也存在裂纹。裂纹部位示意如图 7-61 所示。

传统研究裂纹转子的振动特性，建立在运行中转子裂纹处于不断"开闭"变化的模型上，因此推导出类似于隐式发电机转子由于大、小齿导致刚度不对称，在升速过程存在副临界，即 1/2 倍一阶临界转速处出现共振峰值，以及定速运行中二倍频分量的不断增大。而拉杆转子在轮盘处的该裂纹发展过程的振动特征不同于传统转子横向裂纹，是因为轮盘处的裂纹扩展主要是导致拉杆预紧力分布发生变化，使转子刚度整体下降，产生类似热弯曲的振动特性。

准确判断裂纹故障需要深入的理论分析，更需要大量的数据积累，从上述案例中制造商最后确认裂纹位置及程度均依靠自身所积累的大量运行数据，以及提炼出的振动特征与故障间的关联关系。

2019 年 10 月 ZY 电厂 1 号 9E 燃机也出现振动逐日爬升现象，如图 7-62 所示，1 号轴承瓦振测点为 BB1 和 BB2，中间 2 号轴承瓦振测点为 BB3，3 号轴承瓦振测点为 BB4

和 BB5，4 号轴承瓦振测点为 BB10 和 BB11，从图中可以看出 3 号轴承瓦振 BB4 和 BB5 增加显著，主要以工频分量为主，1、3、4、5 号轴承处相对轴振的特征值如图 7-63 所示，2 号轴承没有轴振测点，测点布置如图 7-64 所示。按照前述的分析，怀疑该拉杆转子也可能出现了裂纹故障，或周向各拉杆紧力存在不均匀。燃机揭缸检查发现，2 号轴承处的紧固螺栓已经断裂，这是导致振动逐日爬升最为直接的原因。拉杆转子返厂后，测量转子跳动量最大值为 0.13mm，为 GE 公司出厂规范值 0.038mm 的 3 倍，说明转子已存在明显的弯曲，虽然未发现裂纹，但如此大的弯曲变形需要立即处理，揭缸检查达到预期目的，同时也说明准确分析和判断裂纹等恶性故障还需要更为深入的研究。

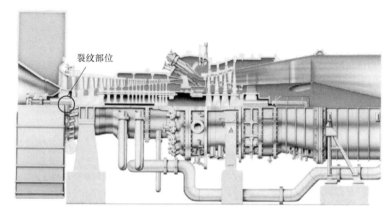

图 7-61　裂纹部位示意

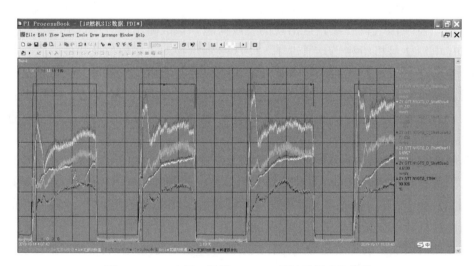

图 7-62　ZY 电厂 1 号机 1、3、4 号轴承振动趋势图

CH#	Channel Name	Speed(P)	Direct	Avg Gap	1XAmplitude	1X Phase	2XAmplitude	2X Phase
1	1X	3001	61.4	-9.797	58.0	34	0.687	122BMA
2	1Y	3001	183	-8.206	174	228	5.790	124
3	3X	3001	129	-11.319	101	109	14.04	244
4	3Y	3001	167	-9.637	138	82	13.04	252
5	4X	3001	66.6	-9.382	61.0	1	1.859	115BMA
6	4Y	3001	87.5	-11.296	81.5	149	12.21	66
7	5X	3001	90.3	-9.516	87.6	4	5.236	189
8	5Y	3001	173	-9.336	173	154	6.835	333

图 7-63　轴振特征值

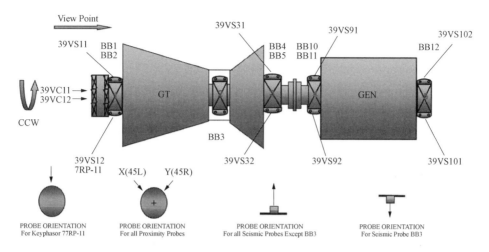

图 7-64　振动测点布置图（瓦振为 BB*，轴振为 39VS**）

参 考 文 献

[1] 钟一谔，何衍宗，王正，等. 转子动力学 [M]. 北京：清华大学出版社，1987.

[2] 施维新，石静波. 汽轮发电机组振动及事故 [M]. 北京：中国电力出版社，2008.

[3] 寇胜利. 汽轮发电机组的振动及现场平衡 [M]. 北京：中国电力出版社，2007.

[4] 陆颂元. 汽轮发电机组振动 [M]. 北京：中国电力出版社，2000.

[5] 张学延. 汽轮发电机组振动诊断 [M]. 北京：中国电力出版社，2007.

[6] 杨建刚. 旋转机械振动分析与工程应用 [M]. 北京：中国电力出版社，2007.

[7] 屈梁生. 机械故障的全息诊断原理 [M]. 上海：科学出版社，2008.

[8] 张征平，刘石，姚森敬，等. 大型发电机转子故障分析与诊断 [M]. 北京：中国电力出版社，2011.

[9] 刘石，刘兴久，等. 超临界 600MW 机组检修后振动异常的分析及处理 [J]. 振动、测试与诊断. 2009，29（04）：406-409.

[10] S. LIU，B. LI，C. WANG，etc. Online Fatigue Monitoring System For Steam Turbine Rotor in Power Plants Considering Sub-Synchronous Oscillation [J]. Applied Mechanics and Materials，v 229-231，p 1162-1165，2012，Mechanical and Electrical Technology IV.

[11] SHI LIU，CONG WANG，BING LI，etc. Sensitivity Analysis of 1000MW USC Unit's Shafting Torsional Vibration Based on ANSYS [J]. Applied Mechanics and Materials，v 226-228，p 162-165，2012，Vibration，Structural Engineering and Measurement II.

[12] LIU SHI，CHEN JUNGUO，WANG FEI. Analysis and Treatment of oil whirl on ultra-supercritical 1000MW unit [C]. Proceedings of The 8th IFToMM International Conference on Rotor Dynamics：579-583. September 12-15，2010 / KIST，Seoul，Korea.

[13] 刘石，王飞，等. 引进型 600MW 发电机组轴系振动特征及处理 [J]. 大电机技术. 2009（05）：4-8.

[14] 刘石，陈君国，王飞，等. 超超临界 1000MW 机组油膜涡动故障分析和处理 [J]. 汽轮机技术，2010，52（5）：3739～376.

[15] 刘石，徐林峰，冯永新. 国产 10kV 干式铁芯并联电抗器振动问题研究 [J]. 变压器. 2009，46（9）：31-34.

[16] 刘石. 新装超临界 600MW 机组振动问题分析及处理 [J]. 南方电网技术. 2009，3（51）：126-130.

[17] 刘石，徐自力，邓小文. 基于 Pulse 系统的叶片试验模态识别技术 [J]. 广东电力. 2012，25（1）：23-26.

[18] 张征平，刘石. 大型汽轮发电机转子匝间短路故障在线诊断方法 [J]. 电力自动化设备. 2012，32（8）：148-152.

[19] 肖小清，刘石，冯永新，等. 发电机转子弯曲振动问题分析与处理 [J]. 振动、测试与诊断，2011，31（2）：259-261.

［20］温广瑞，刘石．基于多传感信息的转子无试重现场动平衡方法研究［C］．2011 国际功能制造与机械动力学会议．2011．

［21］阚伟民，邓少翔，田丰，等．600MW 汽轮机组调节阀控制方式切换中振动问题分析及配汽优化［J］．热力发电，2009，38（12）：68-72．

［22］高庆水，刘石，冯永新．300MW 汽轮发电机组轴瓦异常振动诊断分析及处理［J］．广东电力，2011，24（5）：93-95．

［23］刘宝富，刘石．在线监测和分析系统在 600MW 超超临界机组故障诊断中的应用［J］．内蒙古电力技术，2010，28（5）：40-43．

［24］李江峰，刘石，冯永新．某 1000MW 机组动静碰磨故障诊断与特征分析［J］．广东电力，2010，23（6）：65-68．

［25］冯永新，刘石，徐自力．试验模态分析中抑制频率混叠的采样改进措施［J］．汽轮机技术，2012，54（2）：133-134．

［26］郭力，胡斌，李柏岩，等．燃气轮机发电机临界转速振动故障的诊断［J］．广东电力，2010，23（4）：81-85．

［27］SHI LIU，LIANGSHENG QU．A new field balancing method of rotor systems based on holospectrum and genetic algorithm［J］．Applied Soft Computing，2008，8（1）：446-455．

［28］S．LIU，A modified low-speed balancing method for flexible rotors based on holospectrum［J］．Mechanical Systems and Signal Processing，2007，21（2）：348-364．

［29］刘石，屈梁生．全息谱技术在轴系现场动平衡方法中应用［J］．热能动力工程，2009，24（1）：24-30．

［30］SHI LIU．A new balancing method for flexible rotors based on neuro-fuzzy system and information fusion．Fuzzy Systems and Knowledge Discovery，Second International Conference，FSKD 2005，Proceedings，Part1［C］．Lecture Notes in Computer Science．Germany：Springer-Verlag GmbH，2005，Vol.3613：757-760．

［31］SHI LIU，LIANGSHENG QU．Application of adaptive neuro-fuzzy inference system in field balancing．Proceedings of 2005 ASME International Mechanical Engineering Congress and Exposition［C］．Orlando，Florida USA，2005．

［32］刘石，屈梁生．应用全息谱技术诊断热变形不均匀引起的振动故障［J］．热能动力工程，2004，19（4）：900-903．

［33］刘石，屈梁生．回转机械故障诊断中的三维全息谱技术［J］．西安交通大学学报，2004，38（9）：891-894．

［34］刘石，屈梁生．全息谱技术在现场动平衡前故障诊断中的应用［J］．振动、测试与诊断，2004，24（4）：270-274．

［35］刘石．轴承座热态标高变化的振动特征识别与诊断［J］．汽轮机技术，2004，46（5）：379-381．

［36］SHI LIU．A modified balancing method for flexible rotors based on multi-sensor fusion［J］．Journal of Applied Sciences，2005，5（3）：465-469．

［37］刘石，游立元，等．大型汽轮发电机组瓦振波动问题及测试标准的思考［J］．华中电力，2009，

22（3）：1-6.

［38］刘石，杨群发. 超临界 600MW 机组振动问题分析与轴系平衡［J］. 广东电力，2007，20（9）：43-46.

［39］刘石，刘涛. 提高转子应力在线监测数学模型精度的研究［J］. 热能动力工程，2000，15（6）：670-678.

［40］杨毅，高庆水，张楚，等. CPR1000 技术核电机组高频振动故障诊断与处理［J］. 广东电力，2016，29（1）：22-26.

［41］刘石，万文军，高庆水，等. 基于温度场变化的发电机定子端部绕组振动主动控制［J］. 发电技术，2018，39（1）：23-29.

［42］刘石. 基于全息谱技术的柔性转子动平衡新方法［D］. 西安：西安交通大学，2006.

［43］杨卫国，甘地，祝铁军，等. 可倾轴承损坏引发的燃气轮发电机组低频振动故障分析［J］. 燃气轮机技术，2019，32（01）：67-71.